国家开放大学
THE OPEN UNIVERSITY OF CHINA

水工钢筋混凝土结构

(第2版)

赵 瑜 主 编
李凤兰 副主编

中央广播电视大学出版社 · 北京

图书在版编目（CIP）数据

水工钢筋混凝土结构／赵瑜主编．—2 版．—北京：中央广播电视大学出版社，2014.7（2017.3 重印）

ISBN 978－7－304－06600－0

Ⅰ.①水… Ⅱ.①赵… Ⅲ.①水工结构—钢筋混凝土结构—开放大学—教材 Ⅳ.①TV332

中国版本图书馆 CIP 数据核字（2014）第 139039 号

水工钢筋混凝土结构（第 2 版）
SHUIGONG GANGJIN HUNNINGTU JIEGOU
赵　瑜　主　编
李凤兰　副主编

出版·发行：中央广播电视大学出版社
电话：营销中心 010－66490011　　总编室 010－68182524
网址：http://www.crtvup.com.cn
地址：北京市海淀区西四环中路 45 号　　邮编：100039
经销：新华书店北京发行所

策划编辑：申　敏　　版式设计：赵　洋
责任编辑：王　可　　责任校对：张　娜
责任印制：赵联生

印刷：北京密云胶印厂　　印数：6501～7500
版本：2014 年 7 月第 2 版　　2017 年 3 月第 5 次印刷
开本：787×1092　1/16　　印张：22.25　　字数：493 千字

书号：ISBN 978－7－304－06600－0
定价：31.00 元

第2版前言

本书共分十一章，主要内容为钢筋混凝土和预应力混凝土结构构件设计的基本理论及其应用。

本书内容的编写主要按照国家行业标准《水工混凝土结构设计规范》（SL 191—2008、DL/T 5057—2009），同时也参考了国内的其他相关规范。本书是在2003版的《水工钢筋混凝土结构》教材的基础上修订完成的。

本书主要突出基本理论的掌握和应用，为便于自学，每一章除附有学习指导、本章小结、习题以外，还有提示旁白。提示旁白是本书的一个重要特点，它提供了一种交互式学习方式，也反映了编者长期教学的经验体会和独到见解。

本书由华北水利水电大学有多年丰富教学经验的教师进行修编。具体分工如下：赵瑜教授编写绪论、第1～4章和附录；张晓燕副教授编写第5章和第9章；李凤兰教授编写第8章；张建伟副教授编写第6、7、10章。全书由赵瑜担任主编，李凤兰担任副主编。

本书在修编过程中参考了国内同行的论文资料、著作和教材，在此谨致谢忱。

由于编者水平有限，本教材中难免存在不妥之处，恳请读者批评指正。

编　者

2014年5月

第1版前言

本书是根据中央广播电视大学开放教育试点工作办公室下达的水利水电工程专业教学计划编写的“水工钢筋混凝土结构”课程的通用教材。全书共分十章，主要内容为钢筋混凝土和预应力混凝土结构构件设计的基本理论及其应用。

本书编写时主要依据国家行业标准《水工混凝土结构设计规范》（SL/T 191—96），同时也参考了国内的其他有关规范，如《混凝土结构设计规范》（GB 50010—2002）等。

本书主要突出基本理论的掌握和应用，为便于自学，每一章除附有学习指导、本章小结、习题以外，还有提示旁白。提示旁白是本书的一个重要特点，它提供了一种交互式学习方式，同时也反映了编者长期教学的经验体会和独到见解。

本书由中央广播电视大学开放教育试点工作办公室组织华北水利水电学院有多年丰富教学经验的老师编写。具体分工如下：第0、1、2章由赵瑜编写；第3、4章和附录由赵瑜、陈爱玖共同编写；第5章由李凤兰编写；第6、7章由靳彩编写；第8、10章由赵瑜、李凤兰共同编写；第9章由潘丽云编写。全书由华北水利水电学院赵瑜教授担任主编、李凤兰副教授担任副主编。本书由郑州大学刘立新教授、华北水利水电学院赵顺波教授、李树瑶教授等专家审定，刘立新教授为主审。

本书在编写过程中参考了国内同行的论文资料、著作和教材，在此谨致谢忱。由于编者水平有限，本教材中难免存在不妥之处，恳请读者批评指正。

编　者

2003.5

目　　录

第0章 绪论

学习指导

教学要求：1. 了解钢筋混凝土结构受力性能的复杂性及配筋对其受力性能的影响。
2. 掌握混凝土结构的优缺点及发展方向。
3. 学会正确理解和应用设计规范。

学习重点：1. 钢筋混凝土梁与素混凝土梁的差别。
2. 钢筋与混凝土共同工作的条件。
3. 钢筋混凝土结构的优缺点及发展方向。

0.1 混凝土结构的基本概念

混凝土结构是以混凝土为主要材料制成的结构，包括素混凝土结构、钢筋混凝土结构和预应力混凝土结构等❶。其中，素混凝土结构是指由无筋或不配置受力钢筋的混凝土制成的结构；钢筋混凝土结构是指由配置受力钢筋的混凝土制成的结构；预应力混凝土结构是指由配置受力的预应力钢筋通过张拉或其他方法建立预加应力的混凝土制成的结构。其中，钢筋混凝土结构在工程中应用最为广泛。

0.1.1 钢筋混凝土结构的特点

众所周知，混凝土是一种抗压能力较强而抗拉能力很弱的建筑材料（其抗拉强度一般只有抗压强度的1/20～1/8），且破坏时具有明显的脆性性质，这就使得素混凝土结构的应用受到很大限制❷。例如，一根截面为200 mm×300 mm、跨长为2 500 mm、混凝土立方体强度为22.5 N/mm^2 的素混凝土简支梁，跨中承受13.5 kN的集中力，就会因梁底拉应力超过混凝土的抗拉强度而使混凝土受拉开裂，有效受力面积减小，导致整根梁迅速受拉断裂破坏［如图0－1(a)所示］，混凝土抗压强度高的特点未得到充分利用，且无明显预兆。但是，如果在这根梁的受拉区配置2根直径为20 mm、屈服强度为338.2 N/mm^2 的钢筋［如图0－1(b)所示］，则梁底开裂后，用钢筋来代替开裂的混凝土承受拉力，裂缝受到钢筋的约束而逐

❶“混凝土结构”这一广义概念是在《混凝土结构设计规范》(GBJ 10—89)中首先提出的，《水工混凝土结构设计规范》(SL 191—2008)认同这一概念。

❷ 主要用于以受压为主的基础和一些非承重结构。

渐向上发展，直到钢筋受拉屈服，受压区混凝土压碎而破坏。破坏时，梁能承受的集中力可增加到72.3 kN。由此可见，同样截面形状、尺寸及混凝土强度的钢筋混凝土梁可承受比素混凝土梁大得多的外荷载，破坏性质也得到了改善，即有明显的破坏预兆❶。

❶ 钢筋混凝土梁只是多配了2φ20的钢筋，造价增加不多，但承载力大大提高，破坏也呈延性特征，有明显的裂缝和变形发展过程，技术经济效益显著，详见第3章。

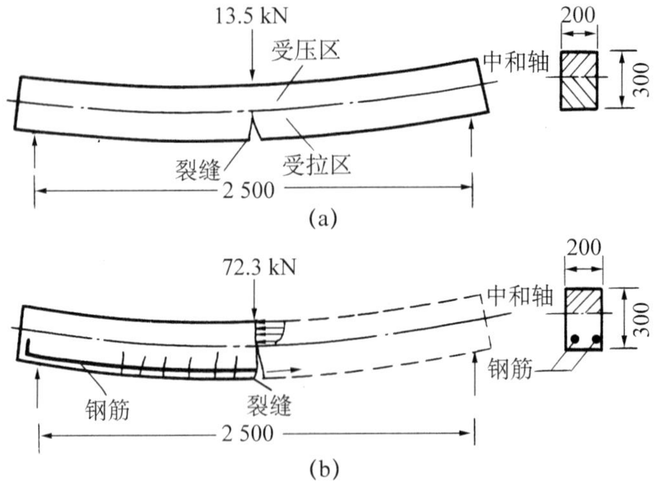

图0-1　素混凝土与钢筋混凝土简支梁的破坏情况对比

（a）素混凝土梁；（b）钢筋混凝土梁

从上述对比举例可以知道，在一般情况下，钢筋混凝土以混凝土承受压力、钢筋承受拉力，能比较充分、合理地利用混凝土和钢筋这两种材料的力学特性❷。钢筋有时也可以用来协助混凝土受压，改善混凝土的受压破坏性能，减少截面尺寸。

❷ 钢筋混凝土结构利用了混凝土的高抗压性能以及钢筋的高抗拉性能和良好的塑性。

钢筋和混凝土的物理、力学性能很不相同，但能够共同工作，其主要原因如下：

（1）钢筋与混凝土之间存在良好的黏结力，能牢固地形成一个整体，保证在荷载作用下，钢筋和外围的混凝土能够协调变形，相互传力，共同受力。❸

❸ 黏结作用是钢筋和混凝土共同工作的关键，否则钢筋将在混凝土中自由滑动，无法受力参与工作。

（2）钢筋和混凝土这两种材料的温度线膨胀系数接近［钢材为1.2×10^{-5}，混凝土为$(1.0\sim1.5)\times10^{-5}$］，当温度变化时，两者之间不会因产生很大的相对变形而破坏其结合。

0.1.2　钢筋混凝土结构的优点❹

❹ 只有了解了钢筋混凝土结构的优缺点，才能扬长避短，合理利用。

与其他结构相比，钢筋混凝土结构主要有如下优点：

（1）合理用材。能充分、合理地利用钢筋（高抗拉性能）和混凝土（高抗压性能）的受力性能。对于一般工程结构，其经济指标优于钢结构。

（2）耐久性好。在一般环境下，钢筋受到混凝土保护而不易生锈❺，

❺ 锈蚀还会降低钢筋直至构件的承载力，详见第8章。

混凝土的强度随着时间的增长还有所提高，所以其耐久性较好，不像钢结构那样，需要经常维修和保养。处于侵蚀性气体中或受海水浸泡的钢筋混凝土结构，经过合理设计和采取特殊的措施，一般也可以满足工程需要。

（3）耐火性好。混凝土是不良导热体，遭遇火灾时，钢筋因有混凝土包裹而不致很快升温到失去承载力的程度❶。这是钢、木结构所不能比拟的。

❶ 30 mm 厚的混凝土保护层可耐火约 2 h。

（4）可模性好。混凝土可根据设计需要，支模浇筑成各种形状和尺寸的结构，因而适用于建造形状复杂的结构及空间薄壁结构。这一特点是砌体、钢、木等结构所不具备的。

（5）整体性好。整体浇筑的钢筋混凝土结构整体性好，再通过合适的配筋，可以获得较好的延性，有利于抗震、防爆和防辐射，适用于防护结构。

（6）易于就地取材。混凝土所用的原材料中有占很大比例的石子和砂子，产地普遍，便于就地取材。另外，还可以有效地利用矿渣、粉煤灰等工业废料❷。

❷ 有利于环境保护。

0.1.3 钢筋混凝土结构的缺点

与其他结构相比，钢筋混凝土结构主要有如下缺点：

（1）自重偏大。相对于钢结构来说，钢筋混凝土结构自重偏大，这对于建造大跨度结构和高层建筑是不利的❸。

❸ 大型结构受力大，需要的构件尺寸大，自重必然大。随着材料的不断改性，这个矛盾逐步得到缓和。

（2）抗裂性差。由于混凝土的抗拉强度较低，所以正常使用时，钢筋混凝土结构往往带裂缝工作。裂缝的存在会降低其抗渗和抗冻能力，从而影响其使用性能。同时，还会导致钢筋锈蚀，影响结构物的耐久性，这对水工钢筋混凝土结构尤为不利。

（3）施工比较复杂且工序多。需要支模、绑钢筋、浇筑、养护，工期长。现浇钢筋混凝土使用模板多，木材耗费量大❹。

❹ 仅对使用木模板来说。

（4）施工受季节和天气的影响较大。冬季和雨天施工困难，为了保证工程质量，需采取必要的措施。

（5）新老混凝土不易形成整体。混凝土结构一旦破坏，修补和加固比较困难❺。

❺ 随着纤维加固等技术的发展，这一情况有了明显改善。

0.1.4 钢筋混凝土结构的分类

按不同的分类方式，钢筋混凝土结构可进行如下分类：

（1）按结构的构造外形，钢筋混凝土结构可以分为杆件系统和非杆件系统。其中，杆件系统如梁、板、柱等❻；非杆件系统如空间薄壁结构、厚基础和大体积混凝土结构等。

❻ 杆件系统，即构件，这是本书研究的重点。

（2）按结构的受力状态，钢筋混凝土结构可以分为受弯构件、受压构件、受拉构件和受扭构件等。

（3）按结构的制造方法，钢筋混凝土结构可以分为整体式、装配式和装配整体式❶。

① 整体式结构。整体式结构是在工地现场先架立模板、绑扎钢筋，然后浇筑混凝土而成的结构。

② 装配式结构。装配式结构是预先制成各种构件，然后运往工地装配而成的结构。

③ 装配整体式结构。装配整体式结构是一部分为预制装配式构件，另一部分为现浇混凝土而成的结构，预制装配式部分可以作为现浇部分的模板和支架。

（4）按结构的初始应力状态，钢筋混凝土结构可以分为普通钢筋混凝土结构和预应力钢筋混凝土结构。其中，预应力钢筋混凝土结构是在普通钢筋混凝土结构承受使用荷载以前，预先对混凝土施加压力，造成人为的压应力状态，使产生的压应力可以全部或部分地抵消使用荷载引起的拉应力❷。

0.2　混凝土结构的发展简况

混凝土结构从 19 世纪中叶开始采用以来❸，距今仅 150 多年，但发展极为迅速，它已成为现代工程建设中应用非常广泛的建筑结构。为了克服混凝土结构的缺点，发挥其优势，以适应社会建设不断发展的需要，对混凝土结构的计算理论、材料研究、结构形式及施工技术等方面的研究也在不断地发展。

（1）计算理论方面。从把材料看作弹性体的容许应力古典理论（结构内力和构件截面计算均套用弹性理论，采用容许应力设计方法），发展为考虑材料塑性的极限强度理论，并迅速发展为按极限状态的计算体系❹。目前在工程结构设计规范中已采用基于概率论和数理统计分析的可靠度理论，混凝土的微观断裂机制、强度理论及非线性变形的计算理论等方面也有很大进展。有限元方法和现代测试技术的应用❺，使得混凝土结构的计算理论和设计方法向更高的阶段发展，并日趋完善。

（2）材料研究方面。混凝土主要是向高强、轻质、耐久、易成型及具备某种特殊性能的高性能混凝土等方向发展。早期钢筋和混凝土的强度都比较低，目前强度为 100 ～ 200 N/mm^2 的高强混凝土已在工程中实际应用❻。各种轻质混凝土（重度仅为 14 ～ 18 kN/m^3，强度可达 50 N/mm^2，自

❶ 整体式结构的整体性好，刚度大，但施工受季节影响。其他两种结构，施工受季节影响小，效率高，但整体性差，对抗震和防渗不利。

❷ 大大提高了混凝土结构的抗裂能力，详见第 9 章。

❸ 1928 年，法国工程师制成了预应力混凝土构件，开创了预应力混凝土的应用时代。

❹ 奠定了现代钢筋混凝土结构的基本计算理论基础。

❺ 有限元方法和试验相结合，为无法按结构力学进行受力分析的复杂结构的分析计算提供了可靠保证。

❻ 提高材料强度是发展钢筋混凝土结构的重要途径。《水工混凝土结构设计规范》（SL 191—2008）仅列到 C60 级的混凝土，但《混凝土结构设计规范》（GB 50010—2010）已列到 C80 级。

重减少20%～30%)，如陶粒混凝土、浮石混凝土和炉渣混凝土等的应用，能有效地减小地震作用，节约材料，降低造价。各种具有特殊性能的混凝土，如纤维（钢纤维、玻璃纤维等）混凝土、聚合物混凝土、耐腐蚀混凝土、微膨胀混凝土和水下不分散混凝土等的应用，可以提高混凝土的抗裂性、耐磨性、抗渗和抗冻能力等，对混凝土的耐久性十分有利。另外，品种繁多的外加剂也在工程中得到应用，对改善混凝土的性能起很大的作用。

钢筋的发展方向是高强、防腐、较好的延性和良好的黏结锚固性能等。我国用于普通混凝土结构的钢筋强度已达400 N/mm^2，预应力构件中将采用强度为1 570～1 860 N/mm^2的高强钢丝和钢绞线。业已开发了综合性能良好的钢筋，如低松弛高强预应力钢丝、钢绞线等。为了提高钢筋的防腐性能，带有环氧树脂涂层的热轧钢筋已开始在某些有特殊防腐要求的工程中应用。这样就使得大跨度结构、高层建筑、高耸结构和具备某种特殊功能的钢筋混凝土结构的建造成为可能。

(3) 结构形式方面。预应力混凝土结构由于抗裂性能好，可充分利用高强度材料，各种应用发展迅速。近几年来，钢板与混凝土或钢板与钢筋混凝土组成的结构、型钢与混凝土组成的结构、外包钢混凝土结构及钢管混凝土结构也已在工程上逐步推广应用❶。这些高性能新型组合结构具有充分利用材料强度、较好的适应变形能力（延性）、施工较简单等特点，从而大大拓宽了钢筋混凝土结构的应用范围。

(4) 施工技术方面。水工钢筋混凝土结构常因整体性要求而采用现浇混凝土施工，尤其是大型水利工程的工地建有拌和楼（站）集中搅拌混凝土，并可将混凝土运至浇筑地点，这给机械化现浇混凝土施工带来很大方便。建筑工程中虽广泛采用标准化（设计标准化、制造工业化、安装机械化）的装配式或装配整体式结构❷，施工上具有一定的优越性，但随着一些大型建筑工地预拌混凝土（或称为商品混凝土）、泵送混凝土及滑模施工等新技术的应用，既保证了混凝土的质量，又节约了原材料和能源，减少了环境污染，从而实现了文明施工，这就使得建筑工程中现浇整体式结构得到了较为迅速的发展。采用预先在模板内填实粗骨料，再将水泥浆用压力灌入粗骨料空隙中形成的压浆混凝土，以及用于大体积混凝土结构（如水工大坝、大型基础）、公路路面与厂房地面的碾压混凝土，它们的浇筑过程都采用了先进的机械化施工，浇筑工期可大为缩短，并能够节约大量材料，从而获得较高的经济效益。

另外，使用的模板和钢筋绑扎技术也有一定的发展。在模板方面，除目前使用的木模板、钢模板、竹模板、硬塑料模板以外，今后将向多功能方向发展。发展薄片、美观、廉价又能与混凝土牢固结合的永久性模板，

❶ 组合结构的设计计算，有的已颁布技术规程，有的已有成熟的理论或正在研究之中。两种（或两种以上）材料的有机组合可以充分发挥各自的长处，创造出多种形式的组合结构，适应各种不同的受力要求，取得很好的综合经济效益。

❷ 装配式结构采用工厂预制、现场吊装方法，施工方便，但构件接头难以可靠处理，整体性差；装配整体式结构采用部分预制、部分现浇方法，其性能介于整体式结构与装配式结构之间。

将使模板可以作为结构的一部分参与受力，还可以省去装修工序。使用透水模板可以滤去混凝土中多余的水分，大大提高混凝土的密实性和耐久性。在钢筋的连接成型方面，正在大力发展各种钢筋成型机械和绑扎机具，以减少大量的手工操作。除现有的绑扎搭接、焊接、螺栓及挤压连接方式以外，随着化工胶结材料的发展，还出现了胶接方式。

(5) 工程应用方面。目前钢筋混凝土结构的跨度和高度都在不断地增大。在房屋建筑工程中，最高的钢筋混凝土高层建筑（阿联酋迪拜塔）已达828 m；在水利工程中，最高的钢筋混凝土坝高达285 m；在桥梁工程中，预应力高强混凝土公路桥的跨度已超过600 m；在高耸结构与特种结构中，最高的预应力混凝土电视塔高达549 m。某些有特殊要求的结构，如核电站安全壳和压力容器、海上采油平台、大型蓄水池、储气罐和储油罐等结构，对抗裂和抗腐蚀能力要求较高，采用预应力混凝土结构有其独特的优越性，这是其他材料不可比拟的。

总之，随着科学技术的发展和对混凝土结构研究的深入，混凝土结构的缺点正在得到克服和改善，混凝土结构在土木工程领域中将得到更为广泛的应用，发展前景更加广阔。

0.3 本课程的目的、任务和特点

1. 本课程的目的和任务

本课程是水利水电工程专业较为重要的专业基础课程。学习本课程的主要目的和任务如下：掌握水工钢筋混凝土及预应力混凝土结构构件设计计算的基本理论和构造知识，为学习有关专业课程及顺利地从事混凝土建筑物的结构设计和研究工作奠定基础。

2. 本课程的特点

本课程具有以下几个特点[1]：

(1) 本课程是研究钢筋混凝土材料的力学理论课程，但因为钢筋混凝土不是理想的弹性材料，故与研究弹性体的“材料力学”有很大的不同。学习时，应注意它们之间的异同点。钢筋混凝土的力学特性和强度理论较为复杂，同时还受到钢筋和混凝土这两种材料配比关系的影响，故难以用力学模型和数学模型来推导建立。因此，目前钢筋混凝土结构的计算公式常常是经大量试验研究并结合理论分析建立起来的，由受力性能试验到理论和试验分析，再到工程应用。学习时，还应注意每个理论的适用范围和条件，并能在实际工程设计中正确运用这些理论和公式。

(2) 在本课程中要学习有关构造知识和构造规定[2]。在结构设计时，

[1] “建筑材料”和“工程力学”是本课程重要的先修基础课程，但“建筑材料”主要研究材料的物理性能，本课程主要利用力学概念研究钢筋混凝土结构的受力性能。

[2] 构造规定是对结构设计中一些不便计算、不必计算和施工等方面的要求做出的具体规定，是经过长期的科学试验和工程经验总结出来的。

计算与构造是同样重要的，是设计中不可缺少的内容，有时甚至更为关键。因此，要充分重视对构造知识的学习。在学习过程中，不必死记硬背构造的具体规定，但应注意弄懂其中的道理，通过平时的作业和课程设计，逐步掌握一些基本构造知识。

（3）学习本课程时，要学会运用设计规范。这是力学课程所没有的问题。为了贯彻国家的技术经济政策，保证设计质量，达到设计方法上必要的统一化、标准化，国家各部委制定了适用于各个工程领域的混凝土结构设计规范，对混凝土结构构件的设计方法和构造细节都做了具体规定。本课程的内容是以水利系统的《水工混凝土结构设计规范》（SL 191—2008）为主线、电力系统的《水工混凝土结构设计规范》（DL/T 5057—2009）为辅线编写的，在很多方面是与设计规范密切相关的，是对规范概念的理论解释和设计公式的应用指导。上述规范反映了国内外混凝土结构的研究成果和工程经验，是理论与实践的高度总结，设计人员一定要遵循，并能熟练应用[1]。

由于科学技术水平和生产实践经验是在不断发展的，设计规范也必然要不断进行修订和补充。因此，要用发展的眼光来看待设计规范，在学习和掌握钢筋混凝土结构理论和设计方法的同时，要善于观察和分析，不断进行探索和创新。

（4）本课程同时又是一门实践性很强的结构设计课程，主要讲授了依据规范进行杆件结构（如受弯、受压等受力构件）的设计，由构件设计到结构设计。结构设计是一个综合性的问题，需要考虑安全、适用、经济和施工的可行性等各方面因素。同一构件在给定荷载作用下，可以有不同的截面，需经过分析比较，才能做出合理的选择。因此，要搞好工程结构设计，除形式、尺寸、配筋数量等多种选择以外，往往需要进行适用性、材料用量、造价、施工等多项指标的综合分析；除要有坚实的基础理论知识以外，还必须通过实践工作，逐步增强对各种因素的综合分析能力。此外，为了培养从事设计工作的能力，必须掌握结构分析计算、整理编写设计书、绘制（人工或计算机辅助进行）施工图纸等基本技能。

[1] 目前，我国各部门制定的设计规范尚不统一，在运用时要注意规范的配套连续性，不要混用。例如，《水工混凝土结构设计规范》(SL 191—2008、DL/T 5057—2009)配套《水工建筑物荷载设计规范》（DL 5077—1997）和《水利水电工程结构可靠度设计统一标准》(GB 50199—94）等。

本章小结

（1）钢筋混凝土是把钢筋和混凝土这两种材料结合在一起共同工作、充分发挥它们各自优点的一种复合材料。在混凝土中配置一定形式和数量的钢筋形成钢筋混凝土构件后，可以使构件的承载力得到很大提高，构件的受力性能也会得到显著改善。

（2）钢筋和混凝土能够有效地结合在一起共同工作，其主要原因是钢筋和混凝土之间存在黏结力，使两者之间能够传递力和变形；钢筋和混凝土的温度线膨胀系数接近，这种黏结力不会因温度变化而丧失。

(3) 钢筋混凝土结构的主要优点是合理用材、耐久性好、耐火性好、可模性好、整体性好、易于就地取材等；主要缺点是自重偏大、抗裂性差、施工比较复杂且工序多、施工受季节和天气的影响较大、新老混凝土不易形成整体等。

(4) 混凝土材料的主要发展方向是高强、轻质、耐久、易成型及具备某种特殊性能的高性能混凝土等。钢筋的发展方向是高强、防腐、较好的延性和良好的黏结锚固性能等。

(5) 设计规范条文，尤其是强制性条文，是设计中必须遵守的法律性技术文件，遵守规范是为了使设计方法达到统一化和标准化，从而有效贯彻国家的技术经济政策，保证工程质量。但设计工作也不应被规范束缚，经过各方面的可靠性论证后，应积极采用先进的理论和技术。

习题

0-1 什么是混凝土结构?

0-2 在素混凝土结构中配置一定形式和数量的钢材以后，结构的性能将发生怎样的变化?

0-3 钢筋和混凝土是两种物理、力学性能不同的材料，它们为什么能结合在一起共同工作?

0-4 钢筋混凝土结构主要有哪些优点?

0-5 混凝土结构的主要发展方向是什么?

第1章

钢筋混凝土结构的材料

学习指导

教学要求：1. 掌握钢筋的品种和力学性能。
2. 熟悉钢筋混凝土结构对钢筋性能的要求和钢筋的选用原则。
3. 掌握混凝土各种强度的关系及其特性。
4. 了解混凝土的徐变和收缩现象及其对结构的影响。
5. 理解钢筋与混凝土的黏结性能[1]。

学习重点：1. 钢筋的品种和力学性能的基本指标、不同类型钢筋的应力-应变曲线及其区别、混凝土结构对钢筋性能的要求。
2. 混凝土的强度等级、各种强度指标、应力-应变曲线、变形模量、徐变和收缩现象及其对结构的影响。
3. 钢筋与混凝土的黏结力、钢筋的锚固与连接。

1.1 钢　　筋

1.1.1 钢筋的品种

1. 按化学成分划分

按化学成分，我国生产的建筑用钢筋可以分为碳素钢和普通低合金钢两大类[2]。

（1）碳素钢。按含碳量的多少，碳素钢又可以分为低碳钢（含碳量小于0.25%）、中碳钢（含碳量为0.25%～0.6%）和高碳钢（含碳量大于0.6%，但一般不超过1.4%）。含碳量增加，能使钢材的强度提高，性质变硬，但也使钢材的塑性和韧性降低，焊接性能会变差。

（2）普通低合金钢。普通低合金钢是在炼钢时对碳素钢加入少量（一般不超过3.5%）合金元素而形成的。合金元素锰、硅、钒、钛等可使钢材的强度、塑性等综合性能提高，从而使低合金钢钢筋具有强度高、塑性及可焊性好的特点，因而应用较为广泛。但可能存在的磷、硫是有害杂质，其含量超过0.045%后会使钢材变脆，塑性下降，且不利于焊接。

[1] 材料各自的力学性能及其共同工作的原理，这是掌握混凝土结构构件的受力性能、结构的计算理论和设计方法的基础。混凝土结构的有关计算和构造问题也都与材料的力学性能密切相关。要了解本章与“建筑材料”课程的联系和区别。“建筑材料”课程主要讨论材料本身的性能，而本章主要讨论对结构受力有影响的材料性能。

[2] 按国标碳素钢牌号的表示形式，如Q235-A.F，Q代表屈服点，数字表示屈服强度为235 N/mm^2；低合金钢的表示形式，如$40Si_2Mn$，表明含碳量为0.4%，含硅量为2%左右，含锰量小于1.5%。

2. 按加工工艺划分[1]

按加工工艺，我国生产的建筑用钢筋有热轧钢筋、冷加工钢筋、热处理钢筋、消除应力钢丝和钢绞线等。

（1）热轧钢筋。热轧钢筋是将钢材在高温状态下轧制而成的。根据其强度的高低，可以分为 HPB235、HRB335、HRB400、RRB400 等[2]，其中，H 代表热轧（Hot rolled），P 代表光面（Plain），B 代表钢筋（Bar），后三个级别中的第二个字母 R 代表带肋（Ribbed），第四个级别中的第一个字母 R 代表余热处理（Remained heat treatment）。

（2）冷加工钢筋。冷加工钢筋是将热轧钢筋在常温下冷加工后而成的。钢筋的冷加工工艺有冷拉、冷拔、冷轧带肋和冷轧扭等。

① 冷拉钢筋。冷拉钢筋是由热轧钢筋用机械拉伸而成的。

② 冷拔钢筋。冷拔钢筋是将钢筋用强力拔过比它本身直径还小的硬质合金拔丝模减径后而成的。

③ 冷轧带肋钢筋。冷轧带肋钢筋是由热轧圆盘条（母材）经冷轧减小直径，并使其表面形成月牙肋的变形钢筋。

④ 冷轧扭钢筋。冷轧扭钢筋是由热轧圆盘条（母材）经冷轧成扁平状并经扭转而成的。

冷加工后，钢筋的内部组织结构发生变化，其屈服强度能够提高，但伸长率明显下降，性质变脆，不利于承受冲击荷载和抵抗地震荷载作用。由于近年来可代替冷加工钢筋的高性能钢筋已经能够充分供应，故冷加工钢筋就不再推荐使用了，本书也不介绍此类钢筋。

（3）热处理钢筋。热处理钢筋是将热轧带肋钢筋再通过淬火和回火的调质处理后而成的[3]。热处理能显著提高其强度，但延伸率降低不多。钢筋的淬火是指钢筋经高温后突然冷却的过程，可使得强度大幅提高，但塑性下降；钢筋的回火是指钢筋经高温后逐渐冷却的过程，可在不降低强度的前提下消除淬火所产生的内应力，从而改善其塑性。腐蚀可导致热处理钢筋在高应力状态下产生裂隙，甚至脆断，因此，要注意对这种钢筋的使用保护。

（4）消除应力钢丝。消除应力钢丝是将钢筋拉拔后，经中温回火消除应力并进行稳定化处理的高强钢丝，主要有光圆钢丝、刻痕钢丝和螺旋肋钢丝三种。

① 光圆钢丝。光圆钢丝表面是光滑的，它是最基本的消除应力钢丝。

② 刻痕钢丝。刻痕钢丝是在光圆钢丝的表面上机械压痕而成的。

③ 螺旋肋钢丝。螺旋肋钢丝是由热轧圆盘条（母材）经冷轧减小直径后，在其表面冷轧成的带有斜肋的钢丝。

（5）钢绞线。钢绞线是由多根高强钢丝绞捻后，经低温回火处理，消除

[1] 一般以此来选择钢筋。

[2] 钢筋级别中的数字代表该级别钢筋的屈服强度（单位：N/mm^2）。

[3] 热处理钢筋主要有预应力混凝土结构所用的钢棒。

内应力而成的。7根钢丝捻制的钢绞线还可再经模拔制成型号为（1×7）C的钢绞线。

3. 按表面形状划分

按表面形状，我国生产的建筑用钢筋可以分为光圆钢筋和带肋钢筋两类。

（1）光圆钢筋。光圆钢筋表面是光滑的，与混凝土的黏结性较差，如图1-1(a) 所示。

（2）带肋钢筋。带肋钢筋表面有纵向凸缘（纵肋）和许多等距离的斜向凸缘（横肋）。

① 等高肋钢筋。由两条纵肋和纵肋两侧多道等距离、等高度及斜向相同的横肋形成的螺旋纹表面如图1-1(b)所示。若横肋斜向不同，则形成人字纹表面，如图1-1(c) 所示。这两种表面形状的钢筋称为等高肋钢筋，习惯上称为螺纹钢筋，现在国内基本上已不再生产。

② 月牙肋钢筋。斜向凸缘和纵向凸缘不相交，甚至无纵肋，剖面几何形状呈月牙形的钢筋，称为月牙肋钢筋，如图1-1(d) 所示。与同样公称直径的等高肋钢筋相比，凸缘处应力集中得到改善，但与混凝土之间的黏结强度略低于等高肋钢筋。

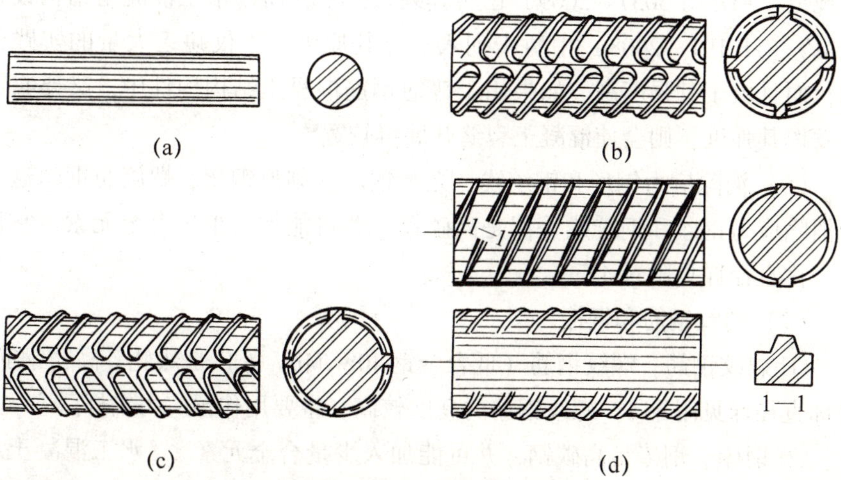

图1-1 钢筋表面及截面形状

（a）光圆钢筋；（b）螺旋纹钢筋；（c）人字纹钢筋；（d）月牙肋钢筋

4. 常用钢筋品种介绍[1]

（1）HPB235钢筋。HPB235级钢筋（Q235钢）是热轧光圆钢筋，直径为8～20 mm。盘条的直径为5.5～14 mm。它是一种低碳钢，质量稳定，塑性及焊接性能较好，但强度稍低，而且与混凝土的黏结性能稍差。因此，HPB235钢筋主要应用在厚度不大的板中或作为梁、柱的箍筋和构

[1] HPB235、HRB335、HRB400、HRB500钢筋相当于原来的Ⅰ、Ⅱ、Ⅲ、Ⅳ级钢筋。在图纸与计算中，这四种钢筋分别用Φ、Φ、Φ、Φ表示。RRB400钢筋用$Φ^R$表示，其余钢筋的表示符号见附录4。

造钢筋。

（2）HRB335钢筋。HRB335钢筋（低合金钢20MnSi）是热轧月牙肋钢筋，直径为6～50 mm。其强度、塑性和可焊性都比较好。由于强度比较高，为了增加钢筋与混凝土之间的黏结力，保证两者能共同工作，钢筋表面轧制成月牙肋。HRB335钢筋在工程中应用较为广泛。

（3）HRB400钢筋。HRB400钢筋（低合金钢20MnSiV、20MnSiNb、20MnTi等）是热轧月牙肋钢筋，直径为6～50 mm。它的塑性和可焊性也比较好，强度更高，是我国推荐使用的钢筋新品种。

（4）RRB400钢筋。RRB400钢筋（低合金钢K20MnSi）是余热处理月牙肋钢筋，是钢筋热轧后立即穿水进行表面冷却，然后利用芯部余热自身完成回火处理而形成的，直径为8～40 mm。在一般情况下，可作为HRB400钢筋使用，但焊接时会因受热而降低其强度，且其高强部分集中在钢筋表面，抗疲劳性能会受到影响，对钢筋表面进行机械加工时也会削弱其强度，因此，应用上受到限制。

（5）HRB500钢筋。HRB500钢筋（$40Si_2MnV$、45SiMnNb、$45Si_2MnTi$等）是新生产的热轧带肋钢筋，强度高，价格合理。《水工混凝土结构设计规范》（DL/T 5057—2009）已将其列入其中，而《水工混凝土结构设计规范》（SL 191—2008）中暂未列入。究其原因，不仅缺乏大量的实践经验，而且由于其强度高，如果用于普通钢筋混凝土结构构件中，又要它充分发挥其强度，则会使混凝土裂缝开展得较宽❶。

（6）消除应力钢丝和钢绞线。光圆钢丝、刻痕钢丝、螺旋肋钢丝这三种消除应力钢丝和钢绞线等都是高碳钢，并可能加入少量合金元素，它们的公称直径详见附录4❷。

（7）螺纹钢筋和钢棒。

① 螺纹钢筋。螺纹钢筋（低合金钢$40Si_2MnV$等）是热轧等高肋钢筋，公称直径详见附录4。螺纹钢筋的高度较高，主要用作预应力锚杆。

② 钢棒。钢棒是高碳钢，并可能加入少量合金元素。《水工混凝土结构设计规范》（SL 191—2008）中列入了螺旋槽和螺旋肋两种，公称直径详见附录4。钢棒强度高，延性好，具有可焊性和镦锻性，主要用于预应力结构构件中。

❶ 裂缝宽度与钢筋应力成正比，限制裂缝宽度就相当于限制钢筋应力，影响钢筋发挥其强度，所以普通钢筋混凝土结构不宜采用高强钢筋，详见第8章和第9章。

❷ 一般认为，直径$d<6$ mm的为钢丝。钢丝的直径越小，其强度越高。一般都用作预应力钢筋，详见第9章。

1.1.2 钢筋的力学性能

由于化学成分和制造工艺的不同，各种钢筋的机械性能有显著差别。按力学的基本性能，可以分为两种类型：一种是热轧钢筋HPB235、HRB335、HRB400、RRB400，力学性质相对较软，常称为软钢；另一种是消除应力钢丝、钢绞线、螺纹钢筋和钢棒，其力学性能高强而硬，常称为硬钢。

1. 软钢的力学性能

（1）钢筋的受拉应力－应变曲线。软钢从开始加载到拉断，有四个阶段，即弹性阶段、屈服阶段、强化阶段与破坏阶段。下面以 HPB235 钢筋的受拉应力－应变曲线为例来说明软钢的力学性能，如图 1－2 所示。

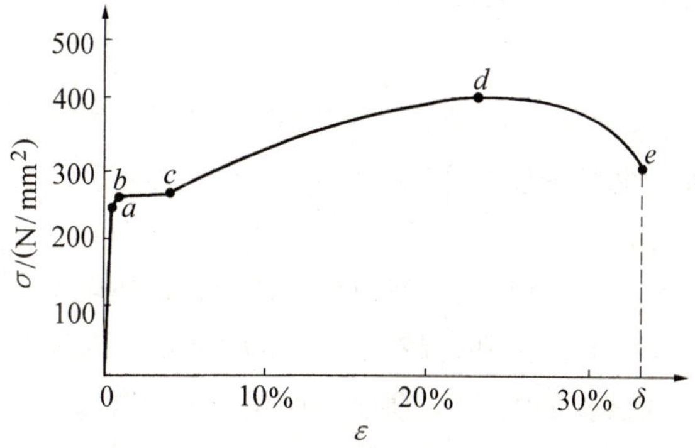

图 1－2 HPB235 钢筋的受拉应力－应变曲线

自开始加载至应力达到 a 点以前，应力与应变成线性关系，a 点称为比例极限[1]，$0a$ 段属于线弹性工作阶段。应力达到 b 点后，钢筋进入屈服阶段，产生很大的塑性变形，b 点应力称为屈服强度（流限），在应力－应变曲线中呈现一个水平段 bc，称为流幅（屈服台阶）。超过 c 点后，应力－应变关系重新表现为上升的曲线，此时为强化阶段。曲线最高点 d 的应力称为极限抗拉强度，此后钢筋试件产生颈缩现象，应力－应变曲线成为下降曲线，应变继续增大，到 e 点，钢筋被拉断而破坏。

[1] 比例极限是应力与应变成线性正比的上限，钢筋材料一般忽略 a、b 点应力的区别。

钢筋的受压应力－应变规律在达到屈服强度之前与受拉时相同，屈服强度也基本一样。但达到屈服强度之后，由于试件发生明显的塑性压缩，截面面积增大，因而难以给出明确的极限抗压强度。

钢材中的含碳量越高，强度就越高，伸长率就越小，流幅也相应缩短。如图 1－3 所示为不同级别软钢的应力－应变曲线。

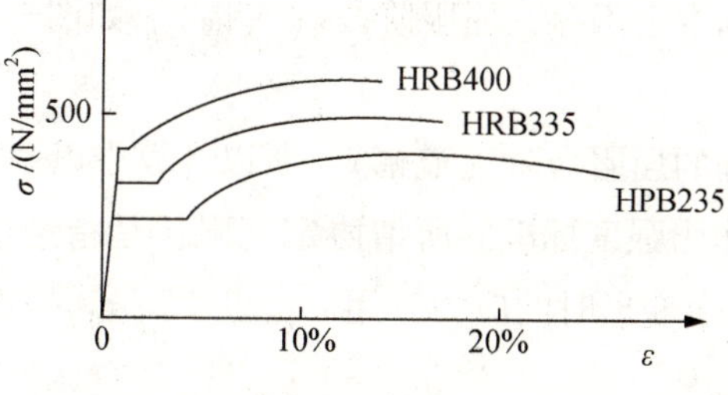

图 1－3 不同级别软钢的应力－应变曲线

（2）钢筋的性能指标。

① 强度指标。屈服强度（流限）f_y 是软钢的主要强度计算指标[1]。混凝土中的钢筋，当应力达到屈服强度后，荷载不增加，但应变会继续增大，使得混凝土裂缝开展过宽，构件变形过大，结构已不能正常使用[2]。因此，软钢钢筋的受拉强度限值以屈服强度为准。钢筋的强化阶段，即极限抗拉强度 $f_u(\sigma_b)$ 只作为一种安全储备[3]。

② 塑性指标。

A. 伸长率（延伸率）δ。在图 1－2 中，e 点所对应的横坐标称为伸长率 δ，它是钢筋塑性的标志[4]。伸长率越大，塑性越好。钢筋塑性除用伸长率标志以外，还用冷弯试验来检验。

B. 冷弯试验。冷弯就是把钢筋围绕直径为 D 的钢辊弯转 α 角而不发生裂纹、起层和断裂。钢筋的塑性越好，钢辊直径 D 可以越小，冷弯角 α 就越大。钢筋的弯曲试验如图 1－4 所示，图中，α 为弯曲角度，D 为弯心直径。冷弯试验能够检验钢筋的弯折加工性能，更能综合反映钢材性能的优劣。

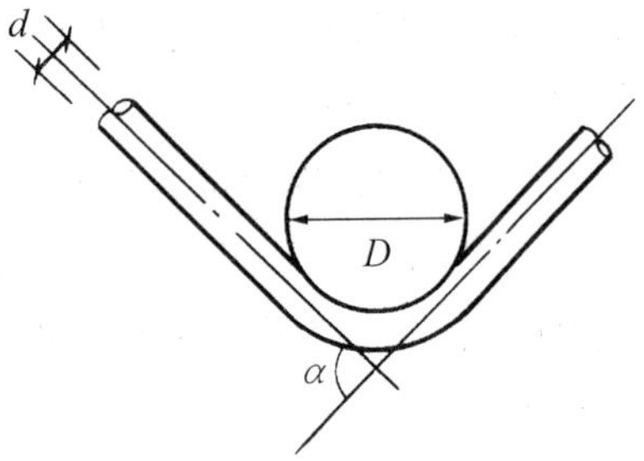

图 1－4　钢筋的弯曲试验

③ 弹性模量 E_s。钢筋在屈服前，其应力与应变的比值称为钢筋的弹性模量。

2. 硬钢的力学性能

硬钢强度高，但塑性差、脆性大。从加载到突然拉断，不像软钢那样有明显的阶段，基本上不存在屈服阶段（流幅）。如图 1－5 所示为硬钢的应力－应变曲线。

硬钢没有明确的屈服台阶（流幅），所以计算中以“协定流限”（也称为条件屈服点）作为强度标准。所谓协定流限，是指经过加载及卸载后尚存有 0.2% 永久残余变形时的应力，用 $\sigma_{0.2}$ 表示。$\sigma_{0.2}$ 一般相当于抗拉极限强度的 70%～90%[5]。

硬钢塑性差，伸长率小。因此，用硬钢配筋的钢筋混凝土构件，受拉

❶ 这是钢筋强度的设计依据。

❷ 这里可以看出，材料性能与结构性能直接相关。

❸ 可用屈服强度与极限强度的比值，即屈强比来反映钢筋的强度潜力。屈强比越小，强度储备越大。

❹ 塑性是指材料在破坏之前的非弹性变形大小。塑性好，说明破坏前的变形大，即有明显的破坏预兆，可以及时采取预防措施。这是一种较理想的破坏形式，称为塑性破坏。脆性破坏则相反。材料的塑性好坏直接影响结构构件的破坏性质。因此，选择材料时应慎重。

❺《水工混凝土结构设计规范》（SL 191—2008）对螺纹钢筋取为 0.8，其余与《混凝土结构设计规范》（GB 50010—2010）一样，均取为 0.85。

破坏时往往突然断裂，不像用软钢配筋的构件那样，在破坏前有明显的预兆。

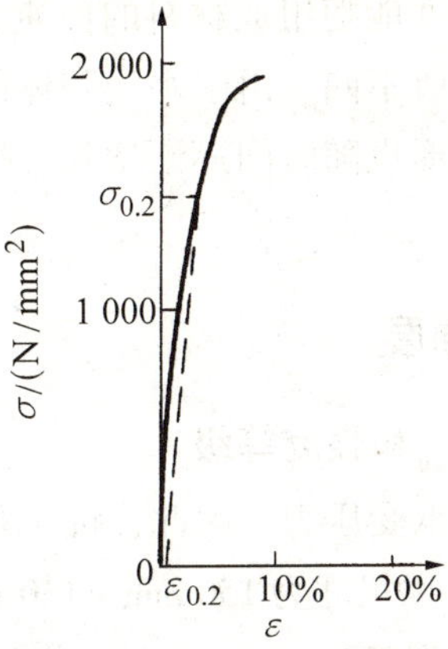

图1-5 硬钢的应力-应变曲线

1.1.3 钢筋的选用

1. 对钢筋的性能要求

（1）建筑用钢筋要求具有一定的强度（屈服强度和抗拉强度），应适当采用较高强度的钢筋，以获得较好的经济效益。

（2）钢筋应有足够的塑性（伸长率和冷弯性能），以使结构获取较好的破坏性质。

（3）钢筋应有良好的焊接性能，保证焊接后不产生裂纹和过大的变形，焊接处的钢筋强度不会降低过多。

（4）钢筋和混凝土之间应有足够的黏结力，保证两者共同工作。

2. 钢筋的一般选用原则

普通钢筋混凝土结构宜采用热轧钢筋 HPB235、HRB335、HRB400、RRB400❶，所用钢筋称为普通钢筋。

预应力混凝土结构宜采用高强钢丝、钢绞线等，所用钢筋称为预应力钢筋。

❶ 纵向受力钢筋多采用带肋钢筋。需要注意的是，生产中没有的钢筋直径，在构件设计中就不要选用。特殊钢筋的选用可参照相应的专业标准。

1.2 混凝土

混凝土是由水泥、砂子、石子和水按一定配合比组成的人造石材。混凝土的砂、石、水泥胶体中的晶体和未水化的水泥颗粒组成了错综复杂的弹性骨架，主要承受外力，并使混凝土具有弹性变形的特点。而水泥胶体中的凝胶、孔隙和界面初始微裂缝等，在外力作用下，使混凝土产生塑性变形。另外，在荷载作用下，混凝土中的孔隙、界面微裂缝等缺陷又往往是混凝土受力破坏的原因，微裂缝的扩展对混凝土的力学性能有重要的影响。

混凝土的强度和变形性能随组成材料的性质、配比、龄期、制作方法和养护条件等的不同而有所不同。由于水泥胶体的硬化过程需要多年才能完成，混凝土的强度和变形也随时间逐渐增长，所以混凝土的物理力学性能较为复杂。

1.2.1 混凝土的强度

1. 立方体抗压强度 f_{cu} 和强度等级

混凝土在结构中主要承受压力，因此，抗压强度是混凝土的重要力学指标[1]。我国规范[2]规定，以尺寸为 150 mm × 150 mm × 150 mm 的标准立方体试块，在标准条件下（温度 20 ℃ ± 3 ℃，相对湿度 ≥90% 的潮湿空气中）养护 28 d，用标准试验方法［加载速度 0.2～0.3 N/(mm^2 · s)］，试块表面不涂润滑剂，全截面受力测得的抗压强度称为立方体抗压强度，用 f_{cu} 表示。混凝土立方体试块的破坏如图 1－6 所示。

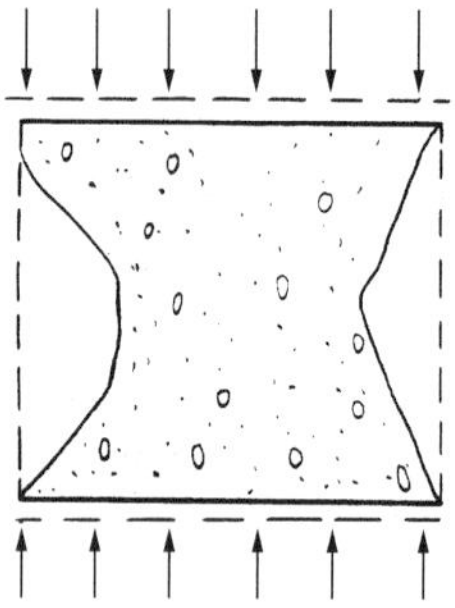

图 1－6　混凝土立方体试块的破坏

立方体抗压强度 f_{cu} 也可采用边长 200 mm 或边长 100 mm 的立方体试块进行测定。但是由于试件尺寸的影响，用 200 mm 试块测得的强度偏低，而用 100 mm 试块测得的强度偏高[3]。

规范规定，具有 95% 保证率的立方体抗压强度称为混凝土抗压强度标准值[4]，用 f_{cuk} 表示，并以此划分混凝土的强度等级，以符号 C 表示，单位为 N/mm^2（也可记作 MPa）。例如，C20 级混凝土，表示混凝土立方体抗压强度为 20 N/mm^2（20 MPa）。《水工混凝土结构设计规范》（SL 191—2008）规定，水利水电工程中所采用的混凝土强度分为 10 个强度等级，即 C15、C20、C25、C30、C35、C40、C45、C50、C55、C60[5]。

2. 棱柱体抗压强度——轴心抗压强度 f_c

由 150 mm × 150 mm × 300 mm 的棱柱体试件所测得的抗压强度称为棱

❶ 立方体抗压强度不是结构计算的实用指标，它是衡量混凝土强度高低的基本指标，并以其定义混凝土的强度等级。

❷ 这里“规范”主要是指《水工混凝土结构设计规范》（SL 191—2008）及其配套规范，下同。

❸ 试件尺寸对测试强度影响的原因在于边界条件（试验机压板与试件表面不涂润滑剂而产生相互摩擦）限制了试件的横向变形，使其裂缝不易发展。试件越小，约束越大，强度就越高；反之，则越低。这实际上也反映了应力状态对强度的影响。三者可以通过系数互换。

❹ 强度标准值的详细概念见第 2 章。

❺《水工混凝土结构设计规范》DL/T 5057—2009）中保留了 C10，其中，C50 以上属于高强度混凝土的范畴。

柱体抗压强度 f_c。f_c 低于立方体抗压强度，这是因为当试件高度增大后，两端接触面的摩擦力对试件中部的影响逐渐减弱所致。因此，f_c 随试件高度与宽度之比 h/b 而异。当 $h/b>2$ 时，f_c 基本趋于稳定。

钢筋混凝土受压构件的实际长度常比它的截面尺寸大得多。因此，与立方体抗压强度相比，棱柱体抗压强度能更好地反映受压构件中混凝土的实际抗压强度❶，它是一个实用的抗压强度指标。

❶ 立方体抗压试验不能代表混凝土在实际构件中的受力状态，只是用来在同一标准条件下比较混凝土强度水平和品质的标准。

试验指出，f_c 与 f_{cu} 大致成线性关系。国内对比试验得出，f_c/f_{cu} 的值平均为0.76。考虑到实际结构构件与试件制作和养护条件的差异、尺寸效应以及加荷速度等因素的影响造成的混凝土强度的差异，取用一个折减系数0.88，则规范偏安全地取用如下关系式：

$$f_c = 0.88 \times 0.76 f_{cu} = 0.67 f_{cu} \tag{1-1}$$

3. 轴心抗拉强度 f_t

混凝土的抗拉强度远小于其抗压强度，且不与抗压强度成比例增长。测定混凝土抗拉强度的方法有以下两种：

（1）直接拉伸法。如图1－7所示，对两端预埋钢筋的棱柱体试件（钢筋位于试件轴线上）施加拉力，试件破坏时的平均拉应力即为混凝土的抗拉强度。这种方式对试件尺寸及钢筋位置要求较严❷。

❷ 直接拉伸法要注意避免产生偏心而影响测试精度。

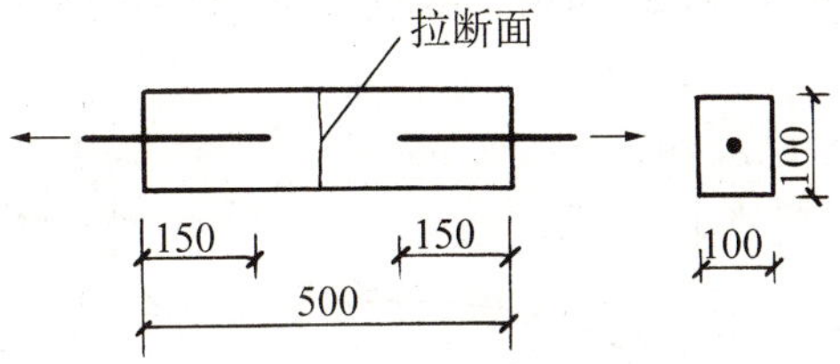

图1－7　混凝土直接受拉试验

（2）劈裂法❸。如图1－8所示，将立方体试件（或平放的圆柱体试件）通过圆弧垫块（加设三合板）施加线荷载。试件破坏时，在破裂面上产生与该面垂直且基本均匀分布的拉应力。此时，拉应力达到混凝土的抗拉强度 f_t，试件对半劈裂。根据弹性力学，可以计算出其抗拉强度为

❸ 劈裂法在垫条处的应力集中固定了开裂破坏面，影响了与直接拉伸法测试结果的一致性。

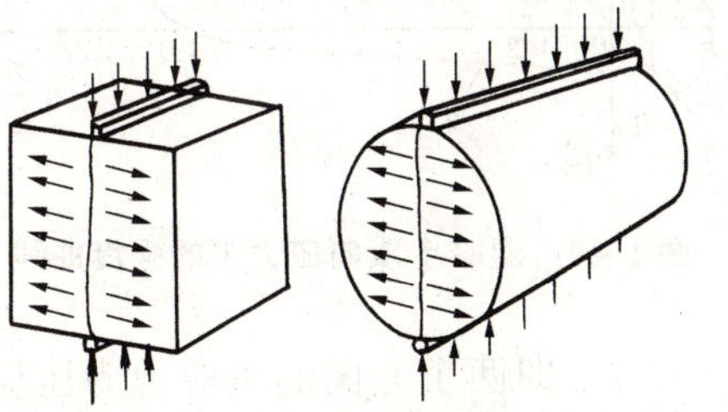

图1－8　混凝土劈裂受拉试验

$$f_t = \frac{2P}{\pi d^2} \tag{1-2}$$

式中：P——破坏荷载；

d——立方体的边长。

我国试验给出f_t与f_{cu}的关系为

$$f_t = 0.26 f_{cu}^{2/3} (N/mm^2) \tag{1-3}$$

式中：f_t——混凝土的轴心抗拉强度；

f_{cu}——混凝土的立方体抗压强度。

根据与轴心受压强度相同的理由，规范取用如下关系式：

$$f_t = 0.23 f_{cu}^{2/3} (N/mm^2) \tag{1-4}$$

4. 复合应力状态下混凝土的强度[1]

前面的抗压强度和抗拉强度，均是指单向受力条件下所得到的混凝土强度。但实际上，结构物很少处于单向受力状态。工程上经常遇到的都是一些双向或三向受力的复合应力状态，所以研究复合应力状态下的混凝土强度条件对进行合理设计是极为重要的。但由于测试技术的复杂性和试验结果的离散性，目前还未能建立起完整的强度理论。

根据现有的试验结果，可以得出以下几点结论：

(1) 双向受力下的强度。混凝土双向受力下的强度曲线如图1－9所示[2]。

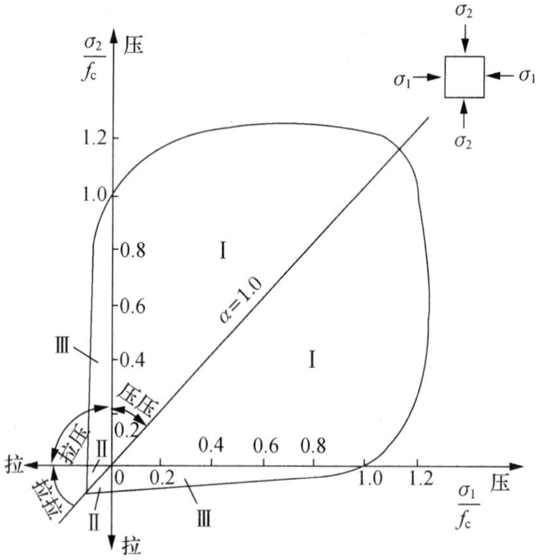

图1－9　混凝土双向应力下的强度曲线

① 双向受压（I区），即两个方向的主应力为压应力，第三方向的主应力为零时，混凝土的强度比单向受压的强度高。也就是说，一向强度随

[1] 用单轴应力状态下的强度表示实际结构中混凝土的破坏条件（强度准则）是不合理的，特别是对非杆件结构进行数值分析时（如有限元计算），其强度准则的合理选取将直接影响计算结果的精确度和正确性。

[2] 从图1－9中可以明确地看出双向受力时对混凝土破坏强度的影响，若σ_1、σ_2对应的坐标点在曲线上，则表明混凝土达到极限强度；若坐标点在曲线内，则说明混凝土没有破坏；若坐标点在曲线外，则表明混凝土已经破坏。

另一向压应力的增加而增加。

② 双向受拉时（Ⅱ区），混凝土一向抗拉强度基本上与另一向拉应力的大小无关。也就是说，双向受拉时的混凝土强度与单向受拉时的强度基本一样。

③ 一向受拉、一向受压时（Ⅲ区），混凝土的抗压强度随另一向拉应力的增加而降低。也就是说，混凝土的抗拉强度随另一向压应力的增加而降低。

④ 在单轴压应力 σ 及剪应力 τ 共同作用下，混凝土的破坏强度曲线也可以采用 σ 和 τ 为坐标来表示，如图 1－10 所示。图中，曲线表示当有拉应力存在时，混凝土的抗剪强度有所降低；当有压应力存在时，混凝土的抗剪强度有所提高，但当压应力过大时，混凝土的抗剪强度反而有所降低。同时，由于剪应力的存在，混凝土的抗压强度将低于单向受压的强度。

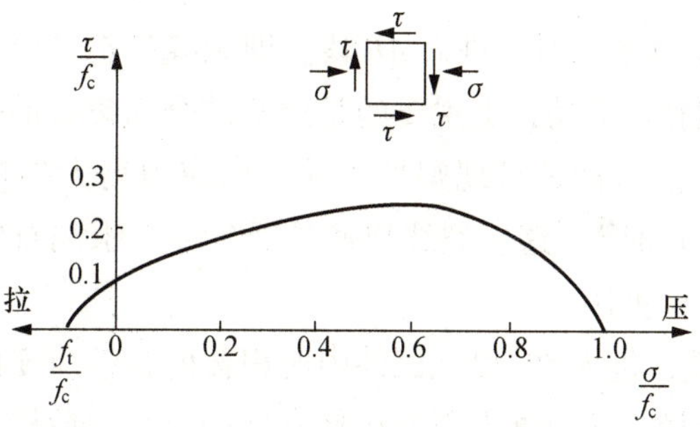

图 1－10 混凝土的复合受力强度曲线

（2）三向受力下的强度。三向受力下的混凝土强度规律与双向受力时基本相同，特别是在三向压力作用下，混凝土的强度会大大提高。

1.2.2 混凝土的变形

混凝土的变形有两类[1]：一类是由荷载作用引起的受力变形；另一类是由温度和干湿变化引起的体积变形。

1. 荷载作用下的混凝土变形

（1）混凝土在一次短期加载时的应力－应变曲线[2]。

① 混凝土的受压应力－应变曲线。采用棱柱体试件做短期一次加载的受压试验，可以得出其应力－应变曲线如图 1－11 所示。这条曲线包括上升段和下降段两个部分。

A. 当应力小于其极限强度的 30%～40%（A 点），即在 $0A$ 段时，由于应力较小，混凝土的变形主要是骨料和水泥胶块中的结晶体组成的骨架受力产生的弹性变形，而水泥胶体的黏性流动以及初始微裂缝变化的影响一般很小，所以应力－应变曲线接近直线。称 A 点为比例极限点。

[1] 混凝土变形的基本概念在“建筑材料”中已论及，这里主要讨论变形与结构受力性能之间的关系。

[2] 混凝土的应力－应变曲线是混凝土结构应力分析、承载力和变形计算的重要依据，也是利用计算机进行非线性分析的基础，一定要搞清楚。

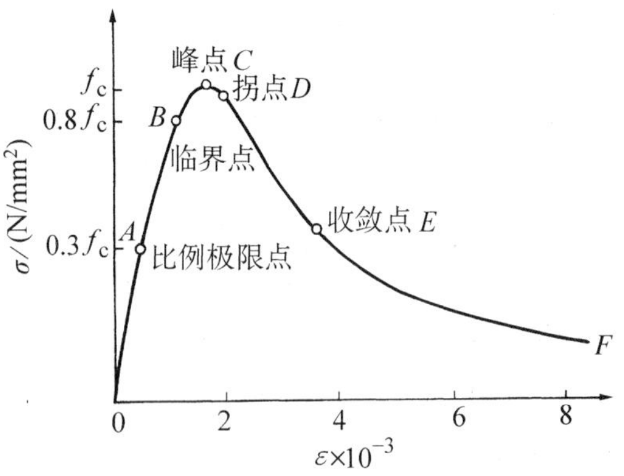

图1－11　混凝土的受压应力－应变曲线

B. 当应力继续增大时，进入 *AB* 段，即裂缝稳定扩展阶段。由于水泥胶块中凝胶体的黏性流动，更主要的是这些结合面裂缝的扩展和延伸，应力－应变曲线逐渐弯曲，呈现塑性性质。当应力增大到接近极限强度的80%左右（*B* 点）时❶，这些裂缝快速扩展延伸入水泥石中，并逐步连贯起来，应变增长得更快。

C. 继续加载，进入 *BC* 段。试件中所积蓄的弹性应变能保持大于裂缝发展所需要的能量，从而进入裂缝快速发展的不稳定阶段。当应力达到极限强度（*C* 点），裂缝全部连贯形成平行于受力方向的纵向裂缝，并在试件表面呈现时，试件也就达到了它的最大承载能力，开始破坏。此时达到的最大应力 σ_0 称为混凝土棱柱体抗压强度 f_c，相应的应变为 ε_0，一般为0.002左右。

D. 如果在普通材料试验机上进行抗压试验，则达到最大应力后，试件立即崩碎，呈脆性破坏特征，所得的应力－应变曲线如图1－11中的0*ABCD* 所示。如果试验机的刚度极大，或在试件旁附设高弹性元件与试件一同受压，以吸收试验机内集聚的应变能，则试验机在工作期间所积蓄的弹性变形就比较小。当应力达到最大应力 σ_0 时，试验机所释放出来的弹性能不致使试件立即破坏，应力－应变曲线进入下降段，从而可以测出混凝土的应力－应变全过程曲线❷，如图1－11中的0*ABCDEF* 曲线所示。*E* 点以后主裂缝已经很宽，结构内聚力已几乎耗尽，对于无侧向约束混凝土已失去结构意义，所以可取 *E* 点的应变为混凝土的极限压应变 ε_{cu}。ε_{cu} 越大，表示混凝土的塑性变形能力越大，即延性（指构件最终破坏之前经受非弹性变形的能力）越好。

② 混凝土的受拉应力－应变曲线。受拉应力－应变曲线与受压时类似，但它的极限拉应变 ε_{tu} 比极限压应变 ε_{cu} 小得多，应力－应变曲线的弯

❶ 加载速度越慢，实测强度越低。若在 $0.8f_c$ 状态下维持荷载不变，则会由于裂缝的持续发展而导致破坏，即临界点的应力可以作为长期抗压强度的依据。

❷ 受压应力－应变曲线的上升段（0*C* 段）比较成熟，可用抛物线公式模拟（见第3章）。下降段（*CE* 段）的离散性较大，有许多简化处理方法。另外，混凝土应力－应变曲线的形状及参数还受应力状态等因素的影响。具体可参阅有关专著。

曲程度也比受压时小，在受拉极限强度 f_t 的 50% 范围内，应力 - 应变曲线可以认为是一条直线。

③ 混凝土的破坏机制和影响因素。上述试验表明，混凝土的非弹性性质并非其组成材料本身的性质所致，而是它们之间的薄弱结合状态（界面裂缝）造成的，而混凝土的破坏也是由于骨料和水泥石的结合面上存在的界面裂缝不断扩展和延伸造成的。混凝土的这种内部裂缝逐步扩展而导致破坏的机制说明，即使在轴向压缩下，混凝土的破坏也是因为开裂而引起的，破坏的过程本质上是由连续材料逐步变成不连续材料的过程。

混凝土的破坏是微裂缝的发展导致横向变形引起的。对横向变形加以约束（如配置较密的箍筋来限制混凝土的横向自由扩张），就可以限制微裂缝的发展，从而提高混凝土的强度，也可以提高混凝土的变形能力。

随着混凝土强度的提高，上升段和峰值应变的变化不太显著，峰值应变有所增大。但是下降段的形状有较大的差异，混凝土的强度越高，下降段的坡度越陡，即当应力下降相同幅度时，变形越小。极限应变减小，塑性变差，破坏时脆性显著。加载速度较快时，强度提高，但极限应变将减小。

（2）混凝土的弹性模量、变形模量和剪切模量。❶

① 弹性模量。混凝土是弹塑性材料，联系应力 - 应变的材料模量是一个变数。一般把混凝土 $\sigma-\varepsilon$ 曲线过原点的切线的斜率作为混凝土的弹性模量，也称为初始弹性模量。但初始弹性模量不易从试验中测得其稳定值，可利用低应力下的割线模量来代表，一般是利用多次重复加载卸载后应力 - 应变曲线趋于直线的性质来求弹性模量❷，即把棱柱体试件加载至应力 $\sigma \leqslant 0.5f_c$，重复加载 5～10 次，应力 - 应变曲线基本上趋于平行过原点切线的直线（如图 1-12 所示），求出此直线的斜率，作为混凝土的弹性模量。不同强度的混凝土弹性模量可按下列经验公式计算❸：

$$E_c = \frac{10^5}{2.2 + \frac{34.7}{f_{cu}}}\ (\mathrm{N/mm^2}) \tag{1-5}$$

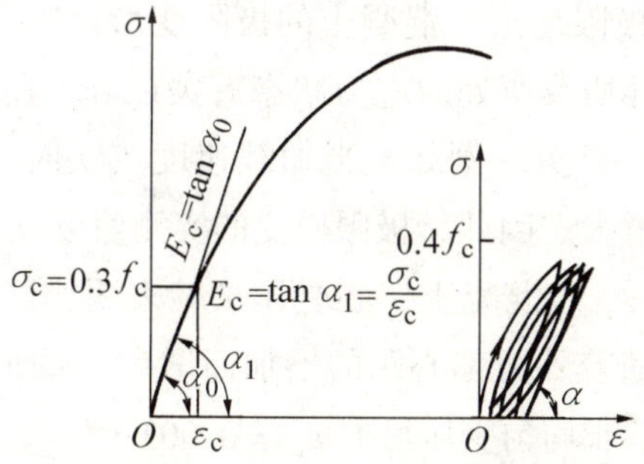

图 1-12 混凝土 $\sigma-\varepsilon$ 曲线与弹性模量的确定方法

❶ 这是结构内力分析、变形计算和抗裂验算时所用的参数。

❷ 也即取 $E_c=\sigma_c/\varepsilon_c$，对应于 ε_c 的 $\sigma_c=0.3f_c$（如图 1-11 所示）。这两种方法得到的结果很接近。

❸ 实际上，还受骨料性质和胶凝材料含量等因素的影响，并随龄期的增长而增长。

按式（1－5）计算的 E_c 列于附录4的表7中。

② 变形模量。当应力较大时，混凝土的塑性变形比较显著，就不能再用常值 E_c 来表达混凝土的应力与应变之间的关系了，此时应该由应力－应变曲线直接来求。

应力 σ_c 较大时的混凝土应力与应变之比称为变形模量，也称为弹塑性模量[1]，用 E'_c 表示，$E'_c=\sigma_c/\varepsilon_c$，$E'_c$ 与弹性模量 E_c 之间的关系可用弹性系数 ν 表示：

$$E'_c = \nu E_c \tag{1-6}$$

弹性系数 ν 是小于1的变数，随应力增大而减小。通常，当 $\sigma\leqslant 0.3f_c$ 时，$\nu=1$；当 $\sigma=0.5f_c$ 时，$\nu=0.8\sim0.9$；当 $\sigma=0.8f_c$ 时，$\nu=0.4\sim0.7$[2]。

③ 剪切模量。剪切模量

$$G_c = \frac{E_c}{2(1+\nu_c)}$$

式中：ν_c——混凝土的泊松比，弹性阶段可取 $\nu_c=0.167$，即 $G_c=0.43E_c$；接近破坏时，ν_c 可达0.5以上。

非线性分析时，还会用到切线模量 E''_c，几种模量的对比如图1－13所示。

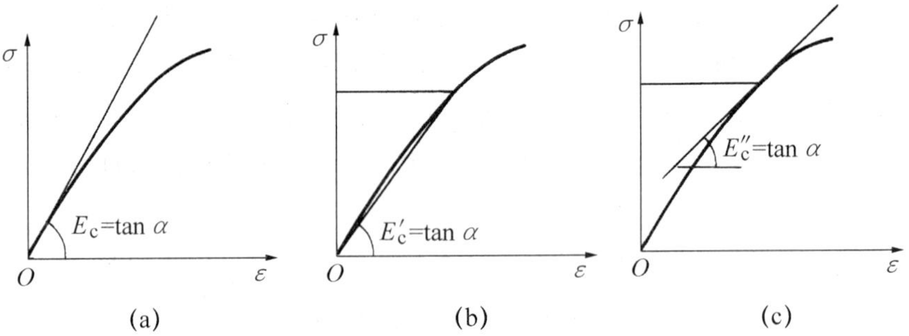

图1－13　混凝土的计算模量

（a）原点切线模量；（b）割线模量；（c）切线模量

（3）混凝土的极限变形。混凝土的极限变形反映了其受力破坏特征，除与混凝土本身的性质及所处的应力状态有关以外，还与试验方法（加载速度、量测标距等）有关。例如，当加载速度较快时，极限应变将减小；反之，极限应变将增大。因此，极限应变的实测值可以在很大范围内变化。

① 极限压应变 ε_{cu}。混凝土偏心受压试验表明，试件截面最大受压边缘的极限压应变还随着外力偏心距的增加而增大。因此，计算时，均匀受压可取 $\varepsilon_{cu}=0.002$，非均匀受压可取 $\varepsilon_{cu}=0.0033$[3]。

② 极限拉应变 ε_{tu}。混凝土受拉极限应变（极限拉伸值）ε_{tu} 比受压极

❶ 计算方法表明，其为割线模量。

❷ 受拉弹性模量可取为与受压弹性模量相同，但混凝土受拉即将开裂时的弹性系数可取 $\nu=0.5$，即 $E'_c=0.5E_c$。

❸ 均匀受压的构件在压应力达到最大应力 σ_0 时，混凝土已不能承受更大的荷载，极限压应变都按 $\varepsilon_{cu}=\varepsilon_0=0.002$ 考虑。而非均匀受压的构件在边缘混凝土应力达到 σ_0 时，可将部分应力传给附近应力较小的纤维，起到卸荷作用，构件不会立即破坏，只有当最外边缘的应变达到极限压应变 $\varepsilon_{cu}=0.0033$ 时才破坏。因此，有此结论。

限应变 ε_{cu} 小得多，实测值也极为分散，计算时，一般取 $\varepsilon_{tu}=0.0001\sim0.00015$。$\varepsilon_{tu}$ 反映了混凝土抗裂能力的大小，在水工结构中尤其受到重视。

（4）混凝土在长期荷载作用下的变形——徐变。混凝土在荷载的长期持续作用下，应力不变，变形也会随着时间增长。这种现象称为混凝土的徐变。

如图 1－14 所示为混凝土试件在持续荷载作用下，应变与时间的关系曲线。在加载的瞬间，试件就有一个变形，这个应变称为混凝土的初始瞬时应变 ε_0。当荷载保持不变并持续作用时，应变就会随时间增长。中小结构混凝土的最终总应变可达初始瞬时应变的 3～4 倍，即最终徐变 $\varepsilon_{cr\infty}$ 为初始瞬时应变的 2～3 倍。如果在时间 t_1 时把荷载卸去，变形就会恢复一部分，如图 1－14 中的虚线所示。

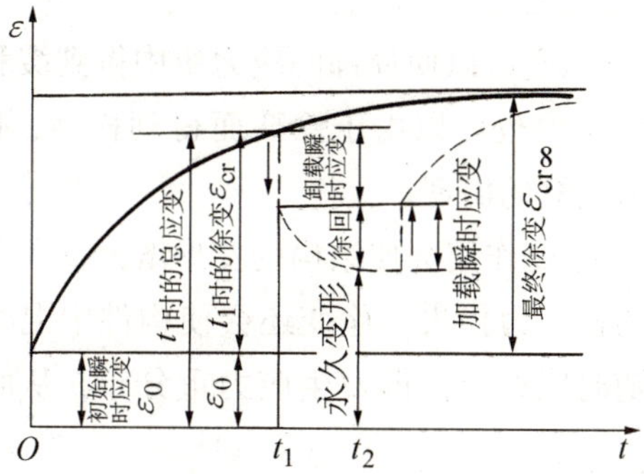

图 1－14　混凝土的徐变（应变与时间增长关系）

在卸载的瞬间，应变急速减少的部分是由混凝土弹性影响引起的，属于弹性变形；在卸载后的一段时间内，应变还可以恢复一部分，称为徐回[1]；剩下的应变不再恢复，称为永久变形。如果以后又重新加载，则瞬时应变和徐变又发生，如图 1－14 所示。

[1] 也称为弹性后效或徐变恢复。

① 产生徐变的原因。

A. 混凝土受力后，在应力不大的情况下，徐变缘于水泥石中凝胶体产生的黏性流动（颗粒间的相对滑动），要持续很长一段时间。

B. 在应力较大的情况下，骨料和水泥石结合面裂缝的持续发展导致徐变加大。

徐变与塑性变形不同。塑性变形主要是由混凝土中结合面裂缝的扩展延伸引起的，只有当应力超过材料的弹性极限后才发生，而且是不可恢复的；徐变不仅部分可恢复，而且在较小的应力时就能发生。

② 影响徐变的主要因素[2]。

[2] 从影响徐变的主要因素可知应如何改变徐变的大小。

A. 内部因素。内部因素主要是指混凝土内水泥胶体的影响。水泥胶体多，徐变就大。要减小徐变，应尽量减少水泥用量，减小水灰比，增加骨料所占体积及其刚度。

B. 环境影响。环境影响主要是指混凝土的养护条件以及使用条件下的温、湿度影响。养护温度越高，湿度越大，水泥水化作用越充分，徐变就越小。采用蒸气养护，可使徐变减小 20%～35%。试件受荷后，环境温度越低，湿度越大，以及体表比（体积与表面积的比值）越大，徐变就越小。

C. 应力条件。应力条件是引起徐变的直接原因，应力越大，徐变就越大。在低应力下，徐变与应力成线性关系，并逐步趋于稳定。在高应力下，将产生非线性徐变❶，徐变不能趋于稳定，要避免这种情况。

D. 加荷龄期。在同样的应力条件下，加荷越早，混凝土硬化越不充分，徐变就越大。

③ 徐变对水工混凝土结构的影响。

A. 有利的方面。徐变可以使局部的应力集中得到缓和；支座沉陷引起的应力及温度、湿度应力也可以由于徐变而得到松弛，即应力松弛❷。受拉徐变可以延缓收缩裂缝的出现。

B. 不利的方面。徐变作用会使结构的变形增大；在预应力混凝土结构中，它会造成较大的预应力损失；徐变还会使构件中混凝土和钢筋之间承担的荷载分配比例随时间改变，即发生应力重分布，从而使得理论计算产生误差。

2. 温度和干湿变化作用下的混凝土变形

混凝土在空气中结硬时，由于温、湿度及本身化学变化的影响，体积随时间增长而减小的现象称为收缩。而混凝土在水中结硬时，体积随时间增长而增大的现象称为膨胀❸。收缩变形随着时间而增长，初期收缩变形发展较快，两周内可完成收缩量的 25%，一个月内可完成 50%，三个月后增长缓慢，一般两年后趋于稳定。

混凝土处于自由状态时，收缩并不产生什么危害，只是构件尺寸的变化。但不少结构构件都不同程度地受到边界等的约束作用，如受到地基或支承条件的约束、大体积混凝土内外部的相互约束、混凝土受到钢筋的约束等，收缩因这些约束使混凝土产生拉应力，甚至使混凝土开裂，进而导致渗漏和钢筋锈蚀，严重影响结构的正常使用性能和承载能力。混凝土收缩还会使预应力混凝土构件产生预应力损失。因此，应注意混凝土收缩所产生的各种不利影响❹。

收缩应变的大小与混凝土的组成、配比、养护条件（内外温差和表面湿度）和施工工艺等有很大的关系。水泥用量多、水灰比大、振捣不密实、干燥环境下养护、构件外露表面积大等，都会使收缩应变增加。

❶ 一般应力超过 $0.5f_c$ 时将产生非线性徐变。当应力大于 $0.8f_c$ 时，由于裂缝的扩展，徐变的发展是不收敛的，甚至会导致混凝土破坏。因此，不要使混凝土经常处于高应力状态。

❷ 应力松弛是指当结构受外界约束而不能产生变形时，荷载应力将会随时间的增长而降低。

❸ 混凝土的收缩会带来危害，而膨胀变形较小且一般是有利的，在此不予讨论。

❹ 收缩与外力无关，收缩是由混凝土中凝胶体的化学反应（凝缩）、温度下降（冷缩）和水分减少（干缩）所引起的。其危害性是比较大的，应采取措施减小它的不利影响，如合理地分缝、分块降低约束，适当配筋来限制收缩裂缝等。具体可参阅有关文献。

1.2.3 混凝土的选用

根据混凝土结构工程的不同情况，并考虑与钢筋匹配来选用混凝土。

在水利水电工程中，素混凝土结构受力部位的混凝土强度等级不宜低于C15；钢筋混凝土结构的混凝土强度等级不宜低于C15。当钢筋混凝土结构采用HRB335、HRB400、RRB400钢筋或承受重复荷载时，为了保证必要的黏结力，混凝土的强度等级不宜低于C20；装配式及薄壁结构的混凝土强度等级不宜低于C20，以减轻自重；预应力混凝土结构则采用强度等级不低于C30的混凝土，当采用高强钢丝、钢绞线等作为预应力钢筋时，混凝土的强度等级不宜低于C40；当建筑物还有耐久性要求，如抗渗、抗冻、抗磨、抗腐蚀时，混凝土的强度等级尚需根据具体技术要求来确定。

1.3 钢筋与混凝土的黏结

1.3.1 钢筋与混凝土之间的黏结力

在钢筋混凝土结构构件中，钢筋混凝土受力后会沿钢筋和混凝土的接触面产生剪应力，通常把这种剪应力称为黏结力。钢筋和混凝土之间存在足够的黏结力[1]，从而使钢筋能很好地锚固在混凝土中，不致产生滑移现象，所以可保证两种材料结合在一起共同工作。

1. 黏结试验

可以通过钢筋的拔出试验来测定钢筋与混凝土接触面上黏结力的大小。把钢筋的一端埋在混凝土内，埋入长度为 l_a，在钢筋另外一端施加拉力，靠钢筋与混凝土接触面上产生的黏结力（钢筋表面单位面积上的黏结力），把拉力 P 传给混凝土。从图1－15中取出一小段钢筋，由力的平衡条件知，沿钢筋长度上的黏结力 τ 可按下式计算：

$$\tau = \frac{\Delta\sigma_s A_s}{u \cdot 1} = \frac{d}{4}\Delta\sigma_s \quad (1-7)$$

式中：$\Delta\sigma_s$——单位长度上的钢筋应力变化值[2]；

A_s——钢筋的截面面积；

u——钢筋的周长。

随着拉拔力的增加，钢筋与混凝土发生相对滑移，当拉拔力增大到一定程度后，黏结力达到黏结强度 τ_u[3]。钢筋滑移明显，若埋入长度不够，钢筋就会从混凝土中拔出，从而发生黏结锚固破坏。

对于光圆钢筋，破坏时，其表面有明显的纵向摩擦痕迹，形成剪切型

[1] 黏结力是在钢筋和混凝土接触面上阻止两者相对滑移的剪应力。若构件中的钢筋和混凝土之间既不黏结，钢筋端部也不加锚具，则在荷载作用下，钢筋与混凝土就不能共同受力。钢筋与混凝土是通过黏结力互相传力的。

[2] 只要在钢筋上粘贴应变片确定了钢筋应力的变化，就可以求得随之变化的黏结力。

[3] 钢筋即将拔出时的极限状态对应的黏结力，称为黏结强度。

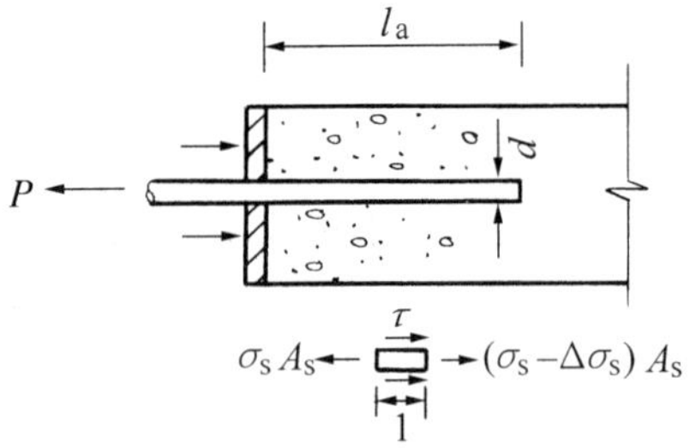

图 1－15　拉拔钢筋试验

破坏。

对于变形钢筋，接近破坏时，首先由于横肋挤压混凝土引起的环向或斜向拉应力而使钢筋周围的混凝土开裂（如图 1－16 所示），滑移变形加快。当混凝土保护层和钢筋之间的间距较小时，径向裂缝可以延展到构件和钢筋表面（如图 1－17 所示），产生劈裂裂缝[1]，机械咬合作用将很快丧失，产生劈裂式黏结破坏；如果钢筋周围的横向钢筋较多或混凝土的相对保护层厚度（保护层的厚度 c 相对钢筋的直径 d，即 c/d）较大，径向裂缝很难延展到构件表面，则肋前部的混凝土在水平分力和剪力的作用下，因肋间混凝土剪切强度不够，最终将被挤碎带出，发生沿肋外径圆柱面的剪切破坏，形成所谓的“刮梨式”拔出破坏。

[1] 若钢筋净距过小，则变形钢筋产生的这种黏结裂缝就会延展到相邻钢筋表面，从而影响钢筋与混凝土的黏结。若混凝土保护层过薄，黏结裂缝甚至会延展到构件表面，从而加快钢筋锈蚀。

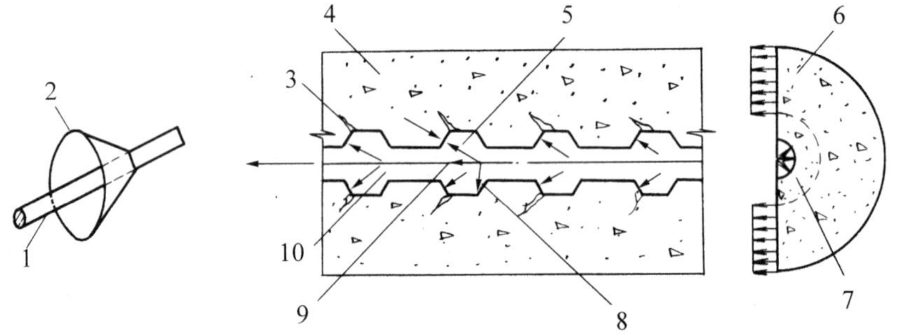

图 1－16　钢筋横肋对混凝土的挤压力

1—钢筋；2—圆锥破裂面；3—斜裂缝；4、6—混凝土；5—斜向挤压力；7—内裂缝区；8—斜向挤压力的径向分力；9—轴向分力；10—变形钢筋

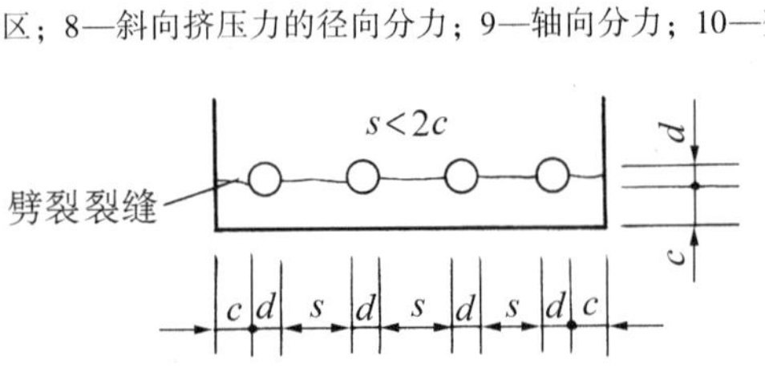

图 1－17　劈裂式黏结破坏

2. 黏结力的组成

试验表明，黏结力主要由以下三部分组成：

（1）水泥凝胶体与钢筋表面之间的化学胶着力（胶结力），即钢筋与混凝土接触面上的化学吸附作用力。这种吸附作用力一般很小，仅在受力阶段的局部无滑移区域起作用。当接触面发生相对滑移时，该力即消失❶。

（2）混凝土收缩，将钢筋紧紧握裹而产生的摩阻力（摩擦力）。摩阻力是由于混凝土凝固时收缩，对钢筋产生垂直于摩擦面的压应力。这种压应力越大，接触面的粗糙程度越大，摩阻力就越大❷。

（3）钢筋表面凹凸不平与混凝土之间产生的机械咬合力（如图 1－16 所示）。对于光圆钢筋，这种咬合力来自表面的粗糙不平；对于变形钢筋，由于表面凸出横肋对混凝土的挤压作用❸，其黏结力比光圆钢筋要大得多。

3. 影响黏结强度的因素

（1）混凝土强度。黏结强度都随混凝土强度等级的提高而提高，黏结强度基本上与混凝土的抗拉强度成正比例关系。

（2）钢筋的表面状况。钢筋的表面状况对黏结强度有影响，变形钢筋的黏结强度大于光圆钢筋。此外，当钢筋的表面为防止锈蚀涂环氧树脂时，表面较为光滑，黏结强度也将有所降低。

（3）混凝土保护层的厚度和钢筋的净间距。变形钢筋具有较高的黏结强度。但是，使用变形钢筋，在黏结破坏时，容易使周围混凝土产生劈裂裂缝（如图 1－17 所示）❹。钢筋外围的混凝土保护层太薄和钢筋间距太小，可能使外围混凝土因产生径向劈裂而降低黏结强度。增大保护层的厚度（相对保护层厚度 c/d），保持一定的钢筋间距（钢筋净距 s 与钢筋直径 d 的比值 s/d），可以提高外围混凝土的抗劈裂能力，有利于黏结强度的充分发挥，也能使黏结强度得到相应的提高。

（4）浇筑混凝土时钢筋的位置。黏结强度还与浇筑混凝土时钢筋的位置有关，浇筑深度超过 300 mm 的上部水平钢筋底面，由于混凝土的泌水、骨料下沉和水分气泡的逸出，形成一层强度较低的疏松空隙层，它将削弱钢筋与混凝土的黏结作用，因此，对于高度较大的梁，应分层浇筑和采用二次振捣。

1.3.2 钢筋的锚固与连接

1. 钢筋的锚固

为了保证钢筋在混凝土中锚固可靠，设计时，应该使钢筋在混凝土中有足够的锚固（埋入）长度 l_a，它可以根据钢筋应力达到屈服强度时钢筋才被拔出的条件来确定，即由图 1－15 中整个钢筋的受力平衡条件得到

❶ 光圆钢筋和变形钢筋的黏结机制的主要差别是，光圆钢筋的黏结力主要来自胶结力和摩阻力，作用很有限，因此，光圆钢筋的黏结强度是较低的。而变形钢筋的黏结力主要来自机械咬合作用。变形钢筋的横肋对混凝土的挤压如同一个楔，会产生很大的机械咬合力，从而提高了变形钢筋的黏结强度。

❷ 对于光圆钢筋，表面轻度锈蚀有利于增加摩擦力。

❸ 受反复荷载作用的钢筋，肋前后的混凝土均会被挤碎，导致咬合作用降低。

❹ 因劈裂裂缝是顺钢筋方向产生的，故其对钢筋锈蚀的影响比受弯垂直裂缝更大，将严重降低构件的耐久性。

$$f_y A_s = l_a \tau_m u$$

即

$$l_a = \frac{f_y A_s}{\tau_m u} = \frac{f_y d}{4\tau_m} \tag{1-8}$$

式中：τ_m——锚固长度范围内的平均黏结力，与混凝土强度及钢筋的表面形状有关。

其余符号的意义同前。

从式（1－8）可知，钢筋强度越高、直径越大、混凝土的强度越低，则要求锚固长度越长[1]。

对于受压钢筋，由于钢筋受压时会侧向鼓胀，对混凝土产生挤压，增加了黏结力，所以它的锚固长度可以短一些。

在设计中，如截面上钢筋的强度被充分利用，则钢筋从该截面起的锚固长度 l_a 不应小于附录6表21中规定的数值，而且要注意表中的修正要求。

为了保证光圆钢筋的黏结可靠性[2]，规范还规定受力的光圆钢筋末端必须做180°弯钩，弯后平直段的长度不应小于3d。钢筋弯钩的形式与尺寸如图1－18所示。

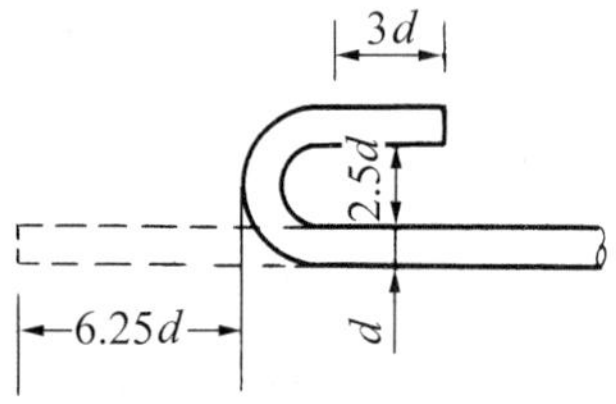

图1－18　钢筋弯钩的形式与尺寸

变形钢筋及焊接骨架中的光圆钢筋，由于其黏结力较好，故可不做弯钩。轴心受压构件中的光圆钢筋也可不做弯钩。变形钢筋采用机械锚固措施时，锚固长度可适当减小。

2. 钢筋的连接

（1）钢筋的连接方法。出厂的钢筋，为了便于运输，除小直径的盘条以外，每条长度多为6～12 m。在实际建筑中，往往会遇到钢筋长度不足，或需要采用施工缝、后浇带等构造措施时，就需要把钢筋接长。钢筋的连接方法主要有以下几种：

① 绑扎连接[3]。绑扎连接是在钢筋搭接处用铁丝绑扎而成（如图1－19所示）。采用绑扎连接接头时，钢筋之间力的传递是靠钢筋与混凝土之间的黏结力，因此，必须有足够的搭接长度。与锚固长度一样，钢筋强度越高、直径越大，要求的搭接长度就越长，但钢筋净间距的减小使劈裂裂缝更早出现，黏结强度降低。因此，规范规定：受拉钢筋的搭接长度 l_l >

[1] 按此条件确定锚固长度 l_a，可使锚固作用和钢筋强度都得到充分发挥。这是保证钢筋可靠锚固于混凝土中的基本锚固长度。实际锚固长度要求与钢筋的受力状态等有关，详见第4章。

[2] 对于强度较高的钢筋，均需做成变形钢筋，以保证钢筋与混凝土之间有足够的黏结强度，使钢筋的强度得以充分发挥。

[3] 绑扎连接是最常用、最简便的钢筋接长方法，但其可靠性不够好。

ζl_a 且 $l_1>300$ mm；受压钢筋的搭接长度 $l_1'>0.7\zeta l_a$ 且 $l_1'>200$ mm[1]。这里，l_a 为钢筋的锚固长度，可按附录6表21取用；ζ 为纵向受拉钢筋搭接长度修正系数，按表1-1取值。

[1] 钢筋接头面积百分率的概念及钢筋连接的其他要求，详见第4章。

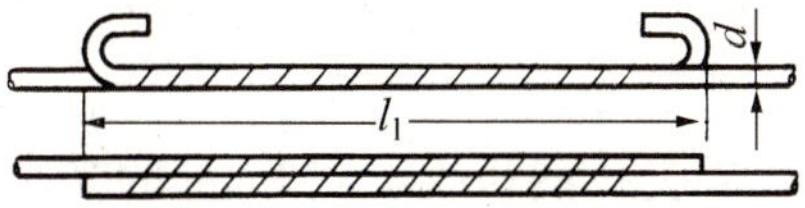

图1-19 钢筋绑扎搭接接头

表1-1 纵向受拉钢筋搭接长度修正系数

纵向钢筋搭接接头面积百分比	≤25%	50%	100%
ζ	1.2	1.4	1.6

② 机械连接[2]。采用挤压套筒或螺旋套筒连接（如图1-20所示）。挤压套筒连接是在两根待连接的钢筋端部套上钢套管，然后用大吨位便携式钢筋挤压机挤压钢套管，使之与带肋钢筋紧密结合，形成牢固接头；螺旋套筒连接是由专用套丝机在钢筋端部套成螺纹，然后用螺纹套筒旋接，并采用专用测力扳手拧紧。此方法简单易行、连接可靠、经济合理。

[2] 机械连接主要适用于竖向钢筋连接。

③ 焊接。焊接有闪光对焊搭接和电弧焊搭接（如图1-21所示）。粗钢筋的连接还可采用气压焊或电渣压力焊（详情可参考相关规程）。焊接质量有保证时，此方法较可靠。

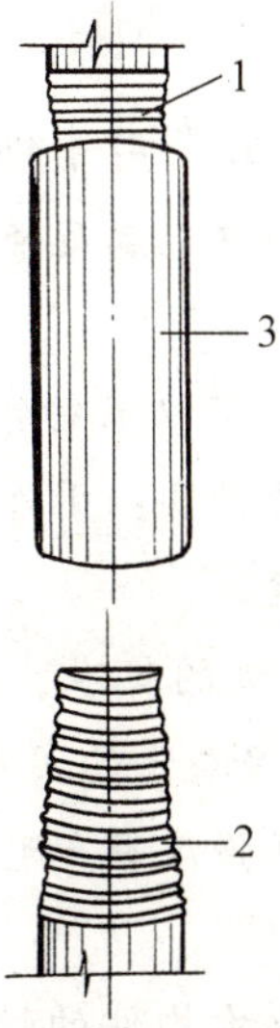

图1-20 锥螺纹钢筋的连接示意图

1—上钢筋；2—下钢筋；
3—套筒（内有凹螺纹）

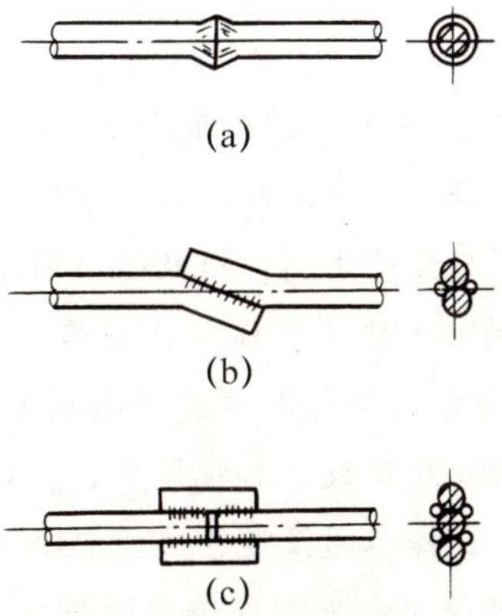

图1-21 钢筋焊接示意图

（a）闪光对焊搭接；
（b）、（c）电弧焊搭接

（2）钢筋的连接原则。连接是指将两根钢筋的端头在一定长度内并放，并采用适当的连接方法，将一根钢筋的力传给另一根钢筋。由于钢筋通过连接接头传力总不如整体钢筋，所以钢筋连接时应遵循如下原则：

① 轴心受拉或小偏心受拉以及承受振动的构件中的钢筋接头，不得采用绑扎接头。

② 直径 $d>28$ mm 的受拉钢筋或 $d>32$ mm 的受压钢筋的接头，不宜采用绑扎接头。

③ 接头应设置在受力较小处，并宜相互错开。

④ 在有条件的地方，钢筋的接头宜优先采用机械连接接头或焊接接头。这两种接头方法的具体要求可参见专门的技术规范❶。

❶ 目的都是保证传力可靠、受力合理。

3. 保证黏结锚固的构造措施

（1）对不同等级的混凝土和钢筋，要保证最小搭接长度和锚固长度。

（2）必须满足钢筋最小间距和混凝土保护层最小厚度的要求。

（3）在钢筋的搭接接头范围内，应加密箍筋。

（4）在钢筋端部采用设置弯钩等机械锚固措施。

本章小结

（1）有明显屈服点的钢筋（软钢）和无明显屈服点的钢筋（硬钢）的应力－应变曲线不同。屈服强度是软钢强度设计值的依据；对于硬钢，则取条件屈服强度 $\sigma_{0.2}$ 作为强度设计值的依据。

（2）热轧钢筋 HPB235、HRB335、HRB400、RRB400 等，通常用于钢筋混凝土结构；高强钢丝、钢绞线等，用作预应力钢筋。用于混凝土结构中的钢筋应满足强度、塑性、可焊性、与混凝土有可靠黏结等多方面要求。

（3）用于钢筋混凝土结构的钢筋，强度应适当高些，这样可以节约钢筋、降低造价。但若强度太高，用作受拉钢筋时，在正常使用阶段会使结构裂缝过宽；用作受压钢筋时，又受到混凝土极限压应变的限制，结构破坏时不能充分利于其强度。

（4）混凝土的立方体抗压强度指标作为评定混凝土强度等级的标准，我国规定，采用 150 mm 边长的立方体作为标准试块。混凝土的轴心抗压强度是混凝土的实用抗压强度指标，混凝土的轴心抗拉强度反映了其抗裂能力，它们都和立方体抗压强度有一定的关系。对于不同的结构构件，应选择不同强度等级的混凝土。

（5）混凝土的徐变和收缩对钢筋混凝土和预应力混凝土结构构件的性能有重要影响。虽然影响徐变和收缩的因素基本相同，但它们之间具有本质的区别。

（6）钢筋和混凝土之间的黏结力是它们能共同工作的基本条件，应当采取各种必要的措施加以保证。

习 题

一、思考题

1-1 我国混凝土结构用钢筋可分为几种类型？它们各有什么特点？

1-2 对用于钢筋混凝土结构中的钢筋有哪些要求？采用高强钢筋是否合理？

1-3 为什么进行钢筋混凝土结构设计时，将钢筋的屈服强度作为钢筋强度的计算指标？

1-4 混凝土的强度指标有哪几种？各用什么符号表示？它们之间有何关系？

1-5 与单向应力状态相比，复合应力状态下混凝土的强度有什么变化？有什么实际意义？

1-6 简述棱柱体试件在短期一次加载时受压应力-应变曲线变化的全过程及破坏的主要原因。

1-7 混凝土的弹性模量如何测定？什么是变形模量？变形模量与弹性模量有什么关系？

1-8 什么叫混凝土的收缩？影响收缩的主要因素有哪些？其对结构有什么影响？

1-9 什么叫混凝土的徐变？影响徐变的主要因素有哪些？其对结构有什么影响？

1-10 钢筋与混凝土的黏结力由哪几部分组成？影响黏结强度的主要因素是什么？

二、选择题

1-1 混凝土极限压应变值随混凝土强度等级的提高而（　　）。

A. 提高　　B. 减小　　C. 不变

1-2 对称配筋的钢筋混凝土构件，两端固定，由于混凝土收缩（未受外荷载），（　　）。

A. 混凝土产生拉应力，钢筋产生压应力

B. 混凝土和钢筋均不产生应力

C. 混凝土产生拉应力，钢筋中无应力

1-3 混凝土割线模量 E_c' 与弹性模量 E_c 的关系式 $E_c' = \nu E_c$ 中的 ν 值，当应力增高处于弹塑性阶段时，（　　）

A. $\nu > 1$　　B. $\nu = 1$　　C. $\nu < 1$

1-4 反映静载下钢筋塑性性能的指标主要是（　　）

A. 伸长率 δ　　B. 屈服强度 f_y　　C. 弹性模量 E_s

1-5 当混凝土双向受力时，它的抗压强度随另一方向压应力的增大而（　　）

A. 增加　　B. 减小　　C. 不变

三、填空题

1-1 钢筋的连接方法有______、______、______。

1-2 钢筋在混凝土中应有足够的锚固长度 l_a，钢筋的强度越______、直径越______、混凝土的强度越______，则钢筋的锚固长度 l_a 要求就越长。

1-3 按其外形，钢筋可以分为______和______两类。

1-4 混凝土在长期不变荷载作用下将产生______变形；混凝土随水分的蒸发将产生______变形。

1-5 混凝土均匀受压时的极限压应变一般可取为______，非均匀受压时的极限压应变可取为______，极限拉应变可取为______。

第2章

钢筋混凝土结构设计计算原则

学习指导

学习要求： 1. 了解结构设计的基本功能要求和设计目的。
2. 熟悉极限状态的定义及分类概念。
3. 掌握概率极限状态设计方法。
4. 熟练掌握荷载、材料强度与分项系数的取值。

学习重点： 1. 结构的功能要求和设计目的。
2. 极限状态的定义及分类。
3. 结构上的作用、作用效应、结构抗力，以及结构的可靠度、失效概率和可靠指标。
4. 材料设计参数的代表值。
5. 荷载的分类、荷载的代表值、荷载分项系数、荷载设计值的概念及其确定方法。
6. 按承载能力极限状态和按正常使用极限状态进行混凝土结构设计计算的方法。

2.1 结构的功能要求、极限状态和安全级别

2.1.1 结构的功能要求

结构设计的目的是使设计的结构能满足各种预定的功能要求，不仅需要保证其安全、可靠，而且要做到经济、合理。结构的功能包括以下三方面：

（1）安全性。要求结构在正常施工和正常使用时能承受可能出现的各种直接作用和间接作用，并要求在偶然事件（校核洪水位、地震等）发生时及发生后，结构仍能保持必需的整体承载力和稳定性。

（2）适用性。要求结构在正常使用荷载作用下具有良好的工作性能，如不发生影响正常使用的过大变形和振幅、不发生过宽的裂缝等。

（3）耐久性。要求结构在正常维护下具有足够的耐久性能，即要求结构在规定的环境条件下，在各种因素（混凝土碳化、钢筋锈蚀等）的影响

下，其承载力、刚度和裂缝控制性能不应随时间而过大地降低，导致结构在其预定使用期间内丧失安全性和适用性。

上述功能要求概括起来，称为结构的可靠性❶。结构的可靠性是指结构在规定的时间（设计基准期）❷内，在规定的条件❸下，完成安全性、适用性和耐久性等预定功能的能力。

结构的设计基准期❹是指设计规定的结构或结构构件不需进行大修即可按其预定目的使用的时期。各类工程结构的设计使用年限是不统一的，重要性不同的建筑物，其使用年限应不同。就总体来说，一般建筑结构的设计使用年限可为50年，桥梁应比房屋的设计使用年限长，水工大坝的设计使用年限则更长。

结构的可靠性和经济性常常是相互矛盾的。例如，在相同的荷载作用下，要提高混凝土结构的可靠性，一般可以采用加大截面尺寸、增加钢筋用量或提高材料强度等措施，但这将使建筑物的造价提高，导致经济效益下降。显然，这种可靠性与经济性的均衡受到多方面因素的影响，如国家的经济实力、设计工作水平、维护和修复支出等。

科学的设计方法就是能在结构的可靠性和经济性之间选择一种最佳的方案，使设计的结构既经济、合理，又具有足够的可靠度。

2.1.2 结构的极限状态

结构能满足功能要求，称为结构"可靠"或"有效"；否则，称为结构"不可靠"或"失效"❺。区分结构可靠与失效状态的标志是"极限状态"。

结构的极限状态是指整个结构或结构的一部分超过某一特定状态时就不能满足设计规定的某一功能要求，此特定状态称为该功能的极限状态。极限状态可以分为以下两大类❻：

1. 承载能力极限状态

这种极限状态对应于结构或构件达到最大承载能力或不适于继续承载的变形。当结构或构件出现下列状态之一时，就认为超过了承载能力极限状态：

（1）整个结构或结构的一部分失去刚体平衡（如发生滑移或倾覆等）。

（2）结构构件或连接因材料强度被超过而破坏（包括疲劳破坏），或因过度的塑性变形而不适于继续承载。

（3）结构变为机动体系。

（4）结构或结构构件丧失稳定（如压屈等）。

此外，对意外事件或偶然发生的事件，如地震、爆炸等，结构应具有良好的整体性。满足承载能力极限状态的要求是结构设计的首要任务，因

❶ 可靠性是指结构的各项功能满足设计要求，即结构是可靠的。结构的可靠性取决于结构抗力和荷载效应之间的相互关系。

❷ 即结构的设计使用年限。

❸ 指正常设计、正常施工、正常使用和正常维护。

❹ 结构的设计基准期虽与其使用寿命有联系，但不等同。超过设计使用年限的结构并不是不能使用，而是指它的可靠性降低了。

❺ 失效是指结构或结构的一部分不能满足设计所规定的某一功能要求。

❻ 依据《水利水电工程结构可靠度设计统一标准》（GB 50199—94）。

为这关系到结构能否安全的问题，一旦失效，后果将十分严重，所以应具有较高的可靠度❶水平。

2. 正常使用极限状态

这种极限状态对应于结构或构件达到影响正常使用或耐久性能的某项规定限值。当结构或构件出现下列状态之一时，即认为超过了正常使用极限状态：

（1）产生过大的变形，影响正常使用或外观。

（2）产生不良的局部破坏（如过宽的裂缝），对结构外形、耐久性及抗渗能力有影响，或者产生人们心理上不能接受的感觉。

（3）产生过大的振动，影响正常使用。

（4）产生影响正常使用的其他特定状态。

当结构或构件达到正常使用极限状态时，虽然会影响结构的使用性、耐久性或使人们的心理感觉无法承受，但一般不会造成生命财产的重大损失，所以正常使用极限状态设计的可靠度程度允许比承载能力极限状态的可靠度适当降低❷。

2.1.3 结构的安全级别

建筑物结构安全级别的选取直接影响结构的可靠性和经济性问题。

设计水工混凝土结构时，应根据水工建筑物的级别，采用不同的水工建筑物结构安全级别。水工建筑物的级别（见附录2表3）取决于其所在的水电工程等别（见附录2表2）及所起的重要程度。据此划分了水工建筑物结构安全级别（见附录3表4），共分为三级❸。

水工建筑物中结构或构件设计时的安全级别，可以根据其重要性和破坏对水工建筑物影响的大小，取与水工建筑物的结构安全级别相同或降低一级，但不得低于Ⅲ级。例如，三峡水利枢纽工程，按其规模、效益和重要性，工程等别应为一等，而其挡水和发电为一体的大坝一旦发生破坏，将引起巨大的生命财产损失，要确保可靠，此建筑物的级别应为1级，其结构安全级别也应为Ⅰ级，设计基准期就为100年，则大坝发电厂房中楼板梁等构件设计时的安全级别可为Ⅰ级或Ⅱ级。

2.2 结构上的作用、作用效应和结构抗力

2.2.1 结构上的作用和作用效应

1. 结构上的作用

施加在结构上的集中或分布荷载（如自重、设备重、风载等），以及

❶ 可靠度用来度量可靠性的大小，详见2.3节。

❷ 承载能力极限状态是关于安全性功能要求的，而正常使用极限状态是关于适用性和耐久性功能要求的。这两类极限状态的失效后果不同，可靠度水准要求就不同。

❸ 所在工程等别高、重要的建筑物，其结构安全级别就高。对有特殊安全要求的水工建筑物，其结构安全级别应经专门研究确定。

引起结构外加变形或约束变形的原因（温度变形、基础沉降等），均称为结构上的作用。前者以力的形式作用于结构上，称为直接作用，习惯上称为荷载；后者以变形的形式作用于结构上，称为间接作用。

在工程结构中，荷载是常见的作用。

按其随时间的变异性不同，结构上的荷载可以分为以下三类：

（1）永久荷载（恒荷载）。在设计基准期内，其值不随时间变化，或其变化与平均值相比可以忽略不计。例如，结构自重、土重等。

（2）可变荷载（活荷载）。在设计基准期内，其值随时间变化，且与平均值相比，其变化不可忽略。例如，吊车荷载、楼面堆放荷载、人群荷载、静水压力荷载、风荷载等[1]。

（3）偶然荷载。在设计基准期内，它不一定出现，但一旦出现，其量值将很大且持续时间较短。例如，地震、爆炸、撞击等。

结构上的作用随时间变异的分类可按照附录1表1。

按结构的反应特点，结构上的荷载又可以分为以下几类：

（1）静态荷载。静态荷载是指不使结构产生加速度，或产生的加速度可以忽略不计的荷载。例如，自重、楼面人群荷载等。

（2）动态荷载。动态荷载是指使结构产生不可忽略的加速度的荷载。例如，地震、设备振动等。动态荷载所引起的荷载效应不仅与荷载有关，还与结构自身的动力特征有关，因此，设计时，要考虑它的动力效应。

2. 作用效应[2]

作用效应是指在各种作用因素的作用下，于结构构件内所产生的内力和变形（如轴力、弯矩、扭矩、挠度、裂缝等），用 S 表示。

由于结构的作用（荷载）是随着时间、地点和各种条件的改变而变化的，是一个不确定变量，所以一般来说，由作用所决定的作用效应 S 也是一个随机变量。由于它的统计规律与荷载的统计规律是一致的，因此，一般只需研究荷载的变异情况。

2.2.2 结构抗力

结构抗力是指整个结构或构件承受内力和变形的能力（如构件的承载能力、抗裂度和刚度等），用 R 表示。

如图 2－1 所示为轴心受压钢筋混凝土短柱的承载力极限状态[3]，由力的平衡理论可知，其承载力是由混凝土的承载力和钢筋的承载力两部分组成的，即

$$N_u = f_y' A_s' + f_c A_c \qquad (2-1)$$

式中：N_u——轴心受压钢筋混凝土短柱的抗压承载力，即结构的抗力 R；

[1] 永久荷载，又简称恒载，一般也是位置不变的固定荷载；可变荷载，又简称活载，一般也是位置变化的移动荷载。荷载根据分布特征，又可以分为集中荷载（用 G、Q 表示）和分布荷载（用 g、q 表示）。偶然荷载常用符号 A 表示。

[2] 当“作用”为“荷载”时，其效应也可以称为“荷载效应”。荷载效应主要与荷载大小、荷载分布、结构尺寸和结构的支承约束有关。此外，还与荷载效应的计算模式有关。

[3] 此简单举例很明确地反映了影响结构抗力的主要因素和随机变化的原因。

A_s'——钢筋的截面面积；

A_c——混凝土的截面面积；

f_y'——钢筋的抗压强度。

f_c——混凝土的抗压强度。

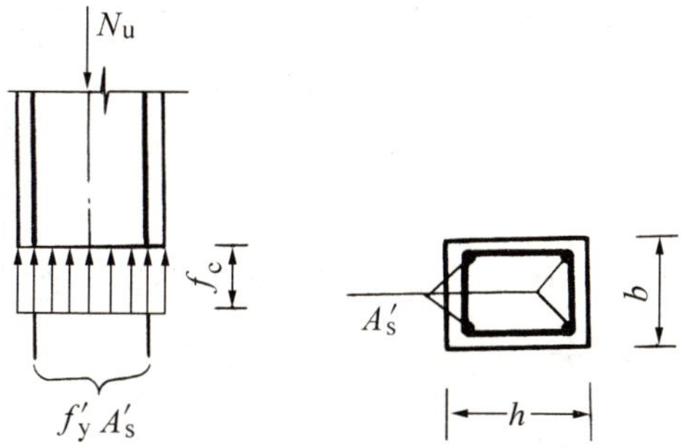

图 2-1 轴心受压钢筋混凝土短柱的承载力计算图

可见，截面尺寸和材料强度是决定结构抗力的主要因素。

在实际工程中，施工水平造成了材料强度的离散性、构件几何特征（尺寸偏差、局部缺陷等）的不定性，抗力计算模式也存在不定性，因此，由这些随机变化因素决定的结构抗力也是一个随机变量。

2.3 概率极限状态设计法

2.3.1 概率极限状态设计法的基本概念

概率极限状态设计法是，在结构达到不同极限状态的设计计算中应用了概率方法，把影响结构可靠度的因素（荷载和材料强度的变异性、荷载效应和结构抗力计算模式的不确定性等）都视作随机变量，并引入失效概率或可靠指标来度量结构的可靠度，形成以概率理论为基础的概率极限状态设计法❶。

1. 极限状态方程

一般可简单地将影响结构可靠性的因素归纳为荷载效应 S 和结构抗力 R 两个相互独立的随机变量，用荷载效应 S 和结构抗力 R 两个基本随机变量来描述结构的极限状态，则极限状态函数（或称为功能函数）为

$$Z = g(R, S) = R - S \qquad (2-2)$$

因为 R、S 是随机变量，所以功能函数 Z 也是随机变量。

显然，当 $Z>0$ 时，结构可靠❷；当 $Z<0$ 时，结构失效；当 $Z=0$ 时，结构处于极限状态。于是极限状态方程为

❶ 由于实际结构中的不确定性，因此，无论如何设计结构，都会有失效的可能性存在，只是可能性大小不同而已。为了科学、定量地表示结构可靠性的大小，采用概率方法是比较合理的。但有些因素，主要是部分荷载还没有取得实测统计资料，因此，实属近似概率设计方法。

❷ $Z>0$，表明结构抗力 R 能抵抗荷载效应 S 的作用，则结构可靠。

$$Z = g(R,S) = R - S = 0 \tag{2-3}$$

2. 可靠概率 p_s 和失效概率 p_f

结构能够完成预定功能（$R > S$）的概率称为可靠概率，用 p_s 表示，用来反映结构的可靠程度，即可靠度❶。结构的可靠度就是指结构在规定的时间内，在规定的条件下，完成预定功能的概率。不能完成预定功能（$R < S$）的概率称为失效概率，用 p_f 表示。显然，$p_f + p_s = 1$，即失效概率与可靠概率互补。p_f 小，p_s 就大，所以 p_f 能够反映结构的可靠程度。

❶ 结构的可靠性就是用可靠度来度量的。

由于 R、S 均为随机变量，假定服从正态分布，则功能函数 Z 的概率分布曲线也是一条正态分布曲线，如图 2-2 所示。

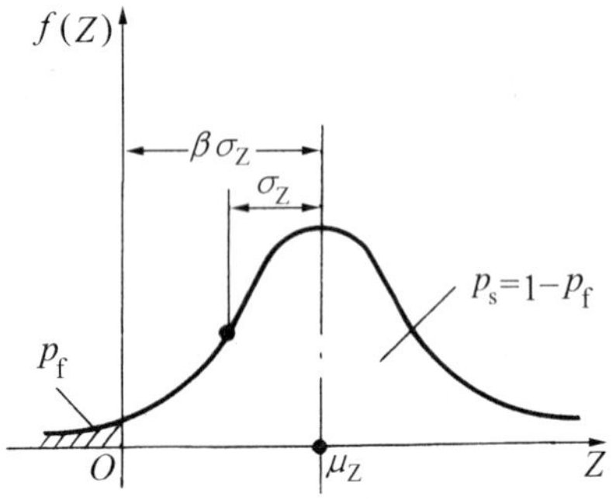

图 2-2 功能函数 Z 的概率分布曲线

从图 2-2 可以看出，所有 $Z = R - S < 0$ 的事件出现的概率等于原点以左、曲线以下与横坐标所围成的阴影部分的面积。这样，失效概率可以表示为

$$p_f = P(Z < 0) = \int_{-\infty}^{0} f(Z)\mathrm{d}Z \tag{2-4}$$

用概率论的观点来研究结构的可靠性，绝对可靠（$p_f = 0$）的结构是不存在的，这样做也是不经济的。但综合考虑结构所具有的风险和经济效益，只要失效概率足够小，小到人们可以接受的程度，就可以认为该结构是可靠的。这就是概率极限状态设计法的基本思想。

3. 可靠指标 β

若用 μ_R、μ_S 和 σ_R、σ_S 分别表示结构抗力 R 及荷载效应 S 的平均值和标准差，则由概率论可知，Z 的平均值 μ_Z 和标准差 σ_Z 分别为

$$\mu_Z = \mu_R - \mu_S \tag{2-5a}$$

$$\sigma_Z = \sqrt{\sigma_R^2 + \sigma_S^2} \tag{2-5b}$$

若 Z 为正态分布（如图 2-2 所示）❷，令 $\mu_Z = \beta\sigma_Z$ 后，转化为标准正态分

❷ 当 R、S 不是正态分布时，β 的计算较繁，具体分析方法参见本书文献 [16]。

布进行分析，则结构的失效概率 p_f 为

$$p_f = \Phi(-\mu_Z/\sigma_Z) = \Phi(-\beta) = 1-\Phi(\beta) \qquad (2-6)$$

式中：Φ（·）——标准正态分布函数。

可见，β 与 p_f 之间存在相应的关系，β 大则 p_f 小，β 小则 p_f 大。因此，β 和 p_f 一样，也可以作为衡量结构可靠性的一个指标，故称 β 为结构的可靠指标[1]，即

$$\beta = \frac{\mu_Z}{\sigma_Z} = \frac{\mu_R - \mu_S}{\sqrt{\sigma_R^2 + \sigma_S^2}} \qquad (2-7)$$

用 p_f 来衡量结构的可靠性，物理意义明确，已为国际公认。但是计算 p_f 在数学上比较复杂，因此，利用可靠指标 β 代替 p_f 来度量结构的可靠性。

4. 可靠度设计准则

按概率极限状态设计法的可靠度设计准则进行设计时，要使所设计的结构既可靠，又经济，就要使结构和构件在设计基准期内，在规定的条件下，失效概率低于一个允许的水平[2]，即

$$p_f \leqslant [p_f] \qquad (2-8a)$$

式中：$[p_f]$——允许的失效概率。

当用可靠指标 β 表示时，则为

$$\beta \geqslant \beta_T \qquad (2-8b)$$

式中：β_T——允许的可靠指标，或称为目标可靠指标。

这就是可靠度设计方法的表达式[3]。

目标可靠指标 β_T 遵循以下几项原则：

（1）建立在对原规范“校准”的基础上[4]。运用近似概率法对原有各类结构设计规范所设计的各种构件进行分析，反算出原规范在各种情况下相应的可靠指标 β。然后，在统计、分析的基础上，针对不同情况进行适当调整，确定合理、统一的目标可靠指标 β_T。

（2）β_T 与结构安全级别有关。安全级别要求越高时，一旦结构失效，对生命财产的危害程度以及对社会的影响就越大，因此，目标可靠指标就应越大。

（3）β_T 与构件破坏性质有关。延性破坏的构件在破坏前有明显的预兆，如构件的裂缝过宽、变形较大等，破坏过程较缓慢。属于延性破坏的构件有钢筋混凝土受弯、受拉等。而脆性破坏的构件在破坏前无明显的预兆，一旦破坏，其承载力将急剧降低，甚至断裂，如轴心受压、受剪、受扭等。因此，延性破坏构件的目标可靠指标可以稍低于脆性破坏构件[5]。

（4）β_T 与极限状态有关。承载能力极限状态是关系到结构构件是否安全的根本问题，正常使用极限状态的验算是在满足承载能力极限状态的前

[1] 因为 β 越大，结构的可靠度越高，所以 β 称为结构的“可靠指标”。

[2] 超过设计基准期，并不是结构就失效了，而是失效概率增加了。结构可靠度虽有所降低，但经过适当维修，仍可正常使用。

[3] 这是传统的定值安全系数法所不能反映的。

[4] 原规范是现行规范之前的规范，主指《水工钢筋混凝土结构设计规范》（SDJ 20—78）。先认为按原规范设计的结构，其可靠度水平总体上是合适的，然后根据安全级别、破坏性质和极限状态的不同进行调整。

[5] 延性破坏有明显的预兆，可及时采取措施，减少人身伤亡和财产损失，所以 β_T 可以稍低些。

提下进行的，只影响到结构构件的正常适用性和耐久性。因此，承载能力极限状态下的目标可靠指标应高于正常使用极限状态下的目标可靠指标❶。

《水工混凝土结构设计规范》规定，按承载能力极限状态（持久状况）设计时的目标可靠指标 β_T 如表 2－1 所示，它是运用近似概率法对原规范设计的七种典型钢筋混凝土构件（轴心受压、大偏心受压、小偏心受压、受弯、受剪、轴心受拉、小偏心受拉）在五种不同材料组合及五种不同荷载组合❷（还考虑了每一种荷载组合中若干个不同永久荷载与可变荷载的比值）下，一一分析计算相应的可靠指标 β，并统一调整后得出的❸。

❶ 安全第一，当然承载能力极限状态对应的 β_T 就应高些。

❷ 荷载组合的概念见 2.3 节。

❸ 对于正常使用极限状态计算，可靠指标 β_T 的研究还不够，《水利水电工程结构可靠度设计统一标准》（GB 50199—94）中没有给出具体规定，通常可取为 1～2。

表 2－1　结构构件承载能力极限状态设计的目标可靠指标 β_T

破坏类型	安全级别		
	Ⅰ级	Ⅱ级	Ⅲ级
延性破坏	3.7	3.2	2.7
脆性破坏	4.2	3.7	3.2

2.3.2　荷载的代表值

荷载的取值大小影响结构的可靠性与经济性，所以应根据不同极限状态的设计要求，规定不同的荷载量值，即荷载代表值❹。一般荷载有标准值、组合值、频遇值和准永久值四种代表值，其中，标准值是荷载的基本代表值，其他代表值是以标准值乘以相应的系数后得到的。

❹ 荷载效应与荷载直接相关，所以荷载大小必然影响结构的可靠性。

1. 荷载标准值

荷载标准值是指结构构件在使用期间正常情况下可能出现的最大荷载值。由于荷载本身具有随机性，因而最大荷载也是随机变量。

荷载标准值 S_k 的取值原则如下：

（1）有足够的实测资料时，按设计基准期内荷载最大值概率分布的某一分位值（使其保证率达到 95%）来确定，如图 2－3 所示❺。

❺ 设计时，荷载尽可能取大些，这样才能保证结构的可靠性，故规定取其概率分布的上限分位值。

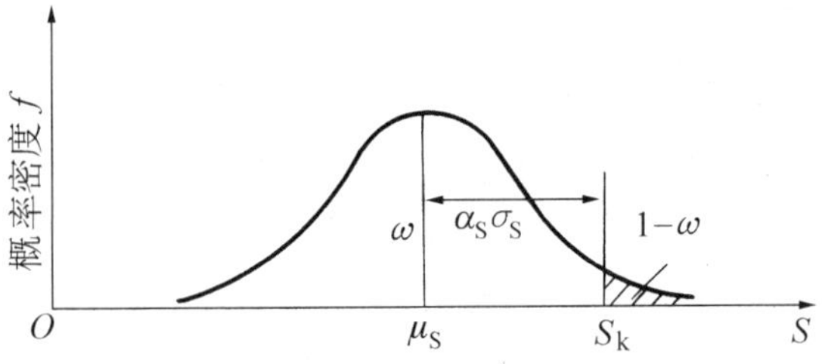

图 2－3　荷载概率分布

荷载标准值为

$$S_k = \mu_S + \alpha_S \sigma_S = \mu_S(1 + \alpha_S \delta_S) \qquad (2-9)$$

式中：μ_S——荷载的统计平均值；

σ_S——荷载的统计标准差；

δ_S——荷载的变异系数，$\delta_S = \sigma_S / \mu_S$；

α_S——荷载标准值的保证率系数。

按照国际标准化组织（International Organization for Standardization，ISO）的规定，荷载标准值由其概率分布的0.05分位值来确定，即实际荷载超过荷载标准值的可能性只有5%，也即荷载标准值具有95%的保证率[1]，对应的保证率系数 $\alpha_S = 1.645$。

（2）没有足够的实测资料时，可以从实际出发，根据已有的数值，经过分析判断，协定一个公称值作为它的标准值。

水工建筑物的荷载按《水工建筑物荷载设计规范》（DL 5077—1997）取用[2]。

2. 荷载组合值

当结构构件承受两种或两种以上的可变荷载时，考虑到各种可变荷载不可能同时以其最大值（标准值）出现，因此，除一个主要可变荷载以外[3]，其余可变荷载应在其标准值上乘以小于1.0的组合系数，对可变荷载标准值进行折减，使结构构件在两种或两种以上可变荷载参与组合的情况下与仅有一种可变荷载参与组合的情况具有大致相同的可靠指标。

荷载组合值 Q_c 可由可变荷载标准值 Q_k 乘以组合系数 ψ_c 得出，即

$$Q_c = \psi_c Q_k$$

在水工混凝土结构设计中，习惯上均不考虑可变荷载组合时的折减，也无足够的资料来确切地得出不同荷载组合时的组合系数。因此，《水工混凝土结构设计规范》给出的荷载效应设计表达式对参与组合的全部可变荷载都直接采用其标准值（相当于组合系数为 $\psi_c = 1.0$）。由此，在设计计算中，可能造成与仅有一种可变荷载组合情况下的结构可靠度不一致[4]。

3. 荷载频遇值

在正常使用极限状态的短期效应计算时，其荷载组合与承载能力极限状态不考虑荷载分项系数的基本组合相同，它反映的是设计基准期内的最大荷载效应组合。而这一般不是正常使用极限状态的荷载情况，不够合理。为此，在正常使用极限状态计算，但考虑短期效应时，可以根据不同的设计要求，分别采用荷载的标准组合[5]或频遇组合，由此产生了荷载频遇值，它可以根据设计基准期内被超越的总时间仅为一小部分，或其超越频率限于一个定值而确定，形成荷载效应的频遇组合。

[1] 国际上，习惯称此标准值为荷载的特征值。这里 S_k 通称恒载和活荷。

[2] 荷载规范就是根据这一基本原则，并适当考虑新旧规范的连续性，避免计算指标相差过大，确定了永久荷载标准值和可变荷载标准值。

[3] 主要可变荷载是指效应最大的一种荷载。

[4] 在水工混凝土结构设计中，没有考虑可变荷载组合带来的问题，还有待于进一步研究。

[5] 标准组合是指永久荷载和可同时出现的全部可变荷载均取标准值的荷载短期效应组合。荷载值较大，作用于结构产生的荷载效应值一般比长期组合的荷载作用时产生的效应值要大，但随着长期荷载的持续作用影响，长期组合下的荷载效应值会加大。长期组合在规范中取消了，但要了解其概念。

可变荷载频遇值 Q_f 可由可变荷载标准值 Q_k 乘以频遇值系数 ψ_f 得到，即

$$Q_f = \psi_f Q_k$$

4. 荷载准永久值

由于徐变的影响，混凝土结构的变形和裂缝宽度与荷载作用持续时间的长短有关。因此，按正常使用极限状态计算时，有些规范就规定，应分别按荷载效应的标准组合、准永久组合和频遇组合进行验算，以考虑荷载作用持续时间长短的影响。当考虑荷载长期效应时，永久荷载当然是一直作用的，而可变荷载不像永久荷载那样，在结构设计基准期内全部以其最大值长期作用在结构上，而是有时作用值大一点，有时作用值小一点，有时作用持续时间长一点，有时作用持续时间短一点。因此，在进行荷载效应长期组合计算时，可变荷载不应将其标准值作为它的代表值，而应按其在设计基准期内持续作用时间的长短和可变荷载超越总时间或超越次数，对其标准值进行折减，即应取折减后的“准永久值”作为它的代表值，形成荷载效应准永久组合。

所谓准永久值，是指可变荷载在结构设计基准期内经常作用的那一部分荷载，它对结构的影响类似于永久荷载。

可变荷载的准永久值 Q_q 可由可变荷载标准值 Q_k 乘以相应的准永久值系数 ψ_q 得出❶，即

$$Q_q = \psi_q Q_k$$

可见，荷载准永久值实际上是考虑荷载效应的长期组合而对可变荷载标准值的一种折减。

在《水工混凝土结构设计规范》中，裂缝宽度验算公式主要依据荷载作用下的结构构件试验结果，而水工结构中的大多数裂缝是由温度、干缩和支座沉降等因素引起的，因此，《水工混凝土结构设计规范》中的裂缝控制验算并不完全符合工程实际。同时，由于水利工程中荷载的复杂性和多样性，《水工建筑物荷载设计规范》（DL 5077—1997）中未能给出频遇值系数 ψ_f 和准永久值系数 ψ_q，故《水工混凝土结构设计规范》对正常使用极限状态只验算荷载效应的标准组合，这样也就不存在荷载频遇值和荷载准永久值❷。

2.3.3 材料强度的代表值

材料强度也是随机变量，其取值直接影响结构的可靠性与经济性。材料强度的代表值主要是指材料强度的标准值。材料强度的标准值是指使用期间正常情况下可能出现的最小值❸，以材料强度概率分布的某一分位值来确定，可由下式计算：

❶ 荷载规范根据可变荷载达到和超过准永久值的总持续时间与整个设计基准期的比值不大于 0.5 来确定准永久值 Q_q，即 ψ_q 值，此原为长期组合系数 ρ（均不大于 1）。ψ_c、ψ_f、ψ_q 的取值参见相关规范。

❷ 自然也就没有频遇组合和准永久组合。

❸ 设计时，材料强度应尽可能取低些，这样才能保证结构的可靠性。故取其概率分布的下限分位值，这与荷载标准值的定义正好相反。国际上也称为材料强度特征值。

$$f_k = \mu_f - \alpha\sigma_f = \mu_f(1 - \alpha\delta_f) \quad (2-10)$$

式中：f_k——材料强度的标准值；

μ_f——材料强度的统计平均值；

σ_f——材料强度的统计标准差；

δ_f——材料强度的变异系数；

α——材料强度的保证率系数。

按照国际标准化组织的规定，材料强度的标准值由材料强度概率分布的0.05分位值来确定，即材料的实际强度小于强度标准值的可能性只有5%，也即强度标准值具有95%的保证率，对应的保证率系数 $\alpha = 1.645$，如图2-4所示。

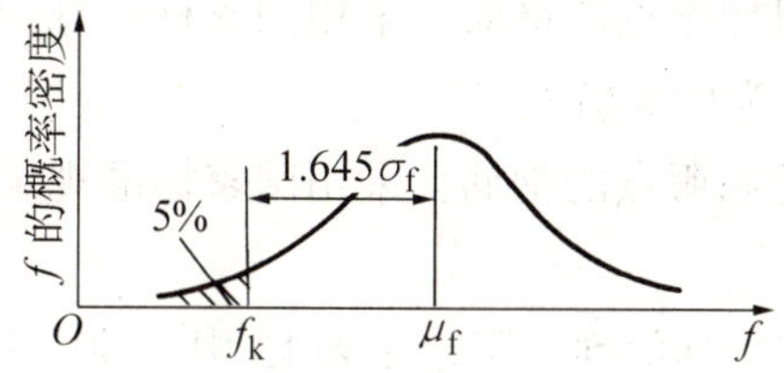

图2-4 材料强度概率分布

1. 混凝土强度标准值

（1）混凝土立方体抗压强度标准值 f_{cuk}。混凝土立方体抗压强度标准值，也称为混凝土强度等级❶，它具有95%的保证率，其值由下式决定❷：

$$f_{cuk} = \mu_{fcu} - 1.645\sigma_{fcu} = \mu_{fcu}(1 - 1.645\delta_{fcu}) \quad (2-11)$$

式中：μ_{fcu}——混凝土立方体抗压强度的统计平均值；

σ_{fcu}——混凝土立方体抗压强度的统计标准差；

δ_{fcu}——混凝土立方体抗压强度的变异系数。

（2）混凝土轴心抗压强度标准值 f_{ck}。混凝土棱柱体轴心抗压强度的统计平均值 μ_{fc} 与立方体抗压强度的统计平均值 μ_{fcu} 之间的实用关系为❸

$$\mu_{fc} = 0.67\mu_{fcu} \quad (2-12)$$

假定 $\delta_{fcu} = \delta_{fc}$，则轴心抗压强度标准值为

$$f_{ck} = \mu_{fc}(1 - 1.645\delta_{fc}) = 0.67\mu_{fcu}(1 - 1.645\delta_{fc})$$

$$= 0.67 \cdot \frac{f_{cuk}}{1 - 1.645\delta_{fc}}(1 - 1.645\delta_{fc}) = 0.67 f_{cuk} \quad (2-13)$$

（3）混凝土轴心抗拉强度标准值 f_{tk}。混凝土轴心抗拉强度的统计平均值 μ_{ft} 与立方体抗压强度的统计平均值 μ_{fcu} 之间的实用关系为

$$\mu_{ft} = 0.23\mu_{fcu}^{2/3} \quad (2-14)$$

采用与确定 f_{ck} 相同的方法，混凝土轴心抗拉强度标准值为

❶ 混凝土的强度等级是按强度标准值划分的。

❷ 根据统计规律找出 δ_{fcu} 就可确定 f_{cuk}。

❸ 详见1.2.1小节。

$$f_{tk}=\mu_{ft}(1-1.645\delta_{ft})=0.23f_{cuk}^{2/3}(1-1.645\delta_{fcu})^{1/3} \quad (2-15)$$

考虑到较高强度等级混凝土的脆性破坏特征比较显著，并且实践经验不足，对 C45、C50、C55 和 C60 等级的混凝土轴心抗压强度标准值和轴心抗拉强度标准值分别按式（2-13）和式（2-15）计算后❶，再分别乘以折减系数 0.98、0.97、0.965 和 0.96。由此可以得出混凝土不同强度等级时的轴心抗压强度标准值 f_{ck} 和轴心抗拉强度标准值 f_{tk}，如附录 4 表 11 所示❷。

2. 钢筋强度标准值

钢筋强度标准值取与国家标准（冶金部门）规定的钢筋检验标准统一❸。

（1）对于有明显屈服点的钢筋，采用国家标准规定的屈服强度，即出厂检验的废品限值作为标准值 f_{yk}。

（2）对于无明显屈服点的钢筋，采用国家标准规定的极限强度作为标准值 f_{ptk}。

普通钢筋的强度标准值列于附录 4 表 12 中，预应力钢筋的强度标准值列于附录 4 表 13 中。

2.4 极限状态计算的实用设计表达式

《水工混凝土结构设计规范》（SL 191—2008、DL/T 5057—2009）采用以概率为基础的极限状态设计方法，以可靠指标 β 度量结构构件的可靠度。但由于 β 值的计算比较繁杂，直接在设计中应用仍感不便，所以《水工混凝土结构设计规范》在可靠度分析的基础上，给出了用基本变量标准值和多个分项系数表示的实用设计表达式。在设计表达式中隐含了结构对失效概率的要求，设计出的构件已经具有某一可靠概率的保证。《水工混凝土结构设计规范》（SL 191—2008）在多个分项系数分析的基础上，进一步简化为单一安全系数表达的设计式，《水工混凝土结构设计规范》（DL/T 5057—2009）则完全继承了《水工混凝土结构设计规范》（DL/T 5057—1996）中多系数表达的设计式。

2.4.1 承载能力极限状态的设计表达式

《水工混凝土结构设计规范》规定，按承载能力极限状态设计时❹，应考虑下面两种荷载效应组合：

1. 基本组合

基本组合是持久状况或短暂状况下永久荷载与可变荷载的效应组合。

❶ 更高强度等级的混凝土还没有正式列入《水工混凝土结构设计规范》，但经试验研究和论证，是可以应用的。可参考《混凝土结构设计规范》（GB 50010—2010）。

❷ 水工规范得出的强度标准值与《混凝土结构设计规范》（GB 50010—2010）有所不同，但很接近。为了应用方便起见，最后取与《混凝土结构设计规范》（GB 50010—2010）相同。

❸ 国家标准规定的取值保证率（97.73%）要高于《混凝土结构设计规范》（GB 50010—2010）中规定的 95% 取值保证率。

❹ 结构设计的一般程序是先按承载能力极限状态设计结构构件，然后按正常使用极限状态进行验算（校核）。

（1）在《水工混凝土结构设计规范》（DL/T 5057—2009）中，对于基本组合，承载能力极限状态的设计表达式为

$$\gamma_0 \psi S \leqslant R/\gamma_d \quad 或 \quad \gamma S \leqslant R \text{[1]} \tag{2-16}$$

$$S = \sum_{i=1}^{n} \gamma_{Gi} S_{Gki} + \sum_{j=1}^{m} \gamma_{Qj} S_{Qkj} \tag{2-17}$$

$$R = R(f_c, f_y, a_k) \tag{2-18}$$

上述各式中：γ_0——结构重要性系数，对结构安全级别为Ⅰ、Ⅱ、Ⅲ级的结构构件，分别取为1.1、1.0、0.9；

ψ——设计状况系数，对应于持久状况、短暂状况、偶然状况，分别取为1.0、0.95、0.85；

S——荷载效应组合设计值[2]；

R——结构构件抗力设计值；

γ_d——结构系数，按表2-2取用；

γ_G、γ_Q——分别为永久荷载、可变荷载分项系数，按《水工建筑物荷载设计规范》（DL 5077—1997）取用，但不应小于《水工混凝土结构设计规范》（DL/T 5057—2009）的规定值（如表2-3所示）；

S_{Gk}、S_{Qk}——分别为永久荷载、可变荷载标准值产生的荷载效应；

R（·）——结构构件的抗力函数；

f_c、f_y——分别为混凝土、钢筋材料强度的设计值，按附录4表6、表8、表9取用；

a_k——结构构件几何参数的标准值。

[1] 为了方便与《水工混凝土结构设计规范》（SL 191—2008）对比，引入综合分项系数 $\gamma = \gamma_d \gamma_0 \psi$。

[2] 在本书以后各章的承载能力极限状态计算中，若不特别提出，所有内力设计值（N、M、V、T等）均指由各个荷载标准值乘以相应的荷载分项系数后所产生的效应总和。

表2-2 承载极限状态计算时的结构系数 γ_d

素混凝土结构		钢筋混凝土及预应力混凝土结构
受拉破坏	受压破坏	
2.0	1.3	1.2

注：1. 承受以永久荷载为主的构件，结构系数应按表中数值增加0.05。

2. 当新型结构或荷载不能准确估计时，结构系数可适当提高。

表2-3 《水工混凝土结构设计规范》（DL/T 5057—2009）中的荷载分项系数表

荷载类别	永久荷载 r_G	一般可变荷载 r_{Q1}	可控制的可变荷载 r_{Q2}
荷载分项系数	1.05（0.95）	1.2	1.1

注：当永久荷载对结构起有利作用时，取用表中括号内的数值。

应当注意的是，式（2－16）～式（2－18）中的 n 个永久荷载及 m 个可变荷载分别指不同设计状况中有可能同时出现的荷载，如不能同时出现，或不是同一个设计状况，就不应组合在一起❶。

❶ 荷载效应的最不利组合一定要搞清楚。

（2）在《水工混凝土结构设计规范》（SL 191—2008）中，对于基本组合，承载能力极限状态的设计表达式为

$$KS \leqslant R \tag{2-19}$$

$$S = \sum_{i=1}^{n} \gamma_{Gi} S_{Gki} + \sum_{j=1}^{m} \gamma_{Qj} S_{Qkj} \tag{2-20}$$

$$R = R(f_c, f_y, a_k) \tag{2-21}$$

上述各式中：K——承载力安全系数，应不小于表 2－4 中的数值❷；

S——荷载效应组合设计值，但《水工混凝土结构设计规范》（SL 191—2008）中对荷载分项系数进行了适当合理简化，全部按表 2－5 取值；

R——结构构件抗力设计值。

❷ 这里隐含的 γ_0，对Ⅲ级安全级别调整为 0.95。短暂状况下的 ψ 调整为 1.0。《水工混凝土结构设计规范》（SL 191—2008）取消了设计状况，改为基本组合（包含持久状况、短暂状况）和偶然组合（偶然状况）。

表 2－4　钢筋混凝土、预应力混凝土结构构件的承载力安全系数 K

水工建筑物级别	1		2、3		4、5	
水工建筑物结构安全级别	Ⅰ		Ⅱ		Ⅲ	
荷载效应组合	基本组合	偶然组合	基本组合	偶然组合	基本组合	偶然组合
K	1.35	1.15	1.2	1.0	1.15	1.0

注：1. 当荷载效应组合由永久荷载控制时，承载力安全系数 K 应增加 0.05。

2. 当结构的受力情况较为复杂、施工特别困难、荷载不能准确计算、缺乏成熟的设计方法或结构有特殊要求时，承载力安全系数 K 宜适当提高。

表 2－5　《水工混凝土结构设计规范》（SL 191—2008）中的荷载分项系数表❸

荷载类别	永久荷载		可变荷载	
	一般永久荷载 r_{G1}	特殊永久荷载 r_{G2}	一般可变荷载 r_{Q1}	可控制的可变荷载 r_{Q2}
荷载分项系数	1.05（0.95）	1.2（0.95）	1.2	1.1

注：1. 当永久荷载对结构起有利作用时，取用表中括号内的数值。

2. 特殊永久荷载是指通过公式推算出来的变异性稍大的永久荷载。

❸ 详见 2.4.3 小节“3. 荷载分项系数 γ_G、γ_Q 及荷载设计值”中的解释。

2. 偶然组合

偶然组合是在偶然状况下，永久荷载、可变荷载与一种偶然荷载的效应组合。对于偶然组合，承载能力极限状态的设计表达式按下列原则确定❹：

❹ 本书不予深入讨论。

（1）偶然荷载的分项系数取为1.0。

（2）参与组合的某些可变荷载，可以根据各类水工建筑物设计规范的规定进行适当折减。

2.4.2 正常使用极限状态的设计表达式

正常使用极限状态的验算是要保证结构构件在正常使用条件下，抗裂度[1]、裂缝宽度和变形满足规范的相应要求。

由于正常使用极限状态的验算是在承载力已有保证的前提下进行的，其可靠度 β 要求较低，所以与承载能力极限状态相比，各种参数的保证率可以适当降低[2]，材料强度采用标准值而不用设计值，即材料分项系数取为1.0；荷载也采用标准值，即荷载分项系数一律取为1.0，安全系数 K、结构系数 γ_d 和设计状况系数 ψ 也均取为1.0。

在正常使用极限状态验算时，应按荷载效应的标准组合进行[3]。

（1）对于《水工混凝土结构设计规范》（DL/T 5057—2009），正常使用极限状态的验算表达式为

$$\gamma_0 S_k(G_k, Q_k, f_k, a_k) \leqslant c \tag{2-22}$$

式中：c——结构的验算功能限值（裂缝宽度或挠度）；

γ_0——结构的重要性系数；

$S_k(\cdot)$——荷载效应标准组合时的功能函数；

G_k——永久荷载标准值；

Q_k——可变荷载标准值；

f_k——材料强度标准值，按附录4表11、表12取用；

其余符号的意义同前。

（2）对于《水工混凝土结构设计规范》（SL 191—2008），正常使用极限状态的验算表达式为

$$S_k(G_k, Q_k, f_k, a_k) \leqslant c \tag{2-23}$$

式中：各个符号的意义同前。

与《水工混凝土结构设计规范》（DL/T 5057—2009）不同的是，这里不再列入结构重要性系数 γ_0[4]。

需要注意的是，规范所规定的分项系数或安全系数都是可靠度要求的最低限值，当遇到新型结构缺乏设计经验、结构受力较为复杂或施工特别困难、荷载标准值较难正确确定，以及失事后较难修复或会引起巨大次生灾害等情况时，可以适当提高分项系数或安全系数。

2.4.3 《水工混凝土结构设计规范》中采用的分项系数[5]

《水工混凝土结构设计规范》（DL/T 5057—2009）在设计表达式中采

[1] 抗裂就是不开裂。

[2] 一定要注意与承载能力极限状态在各种参数取值上的不同之处。

[3] 在持久状况或短暂状况下，包括短期作用在内同时出现的全部可变荷载效应与永久荷载效应的标准组合。

[4] 与《水工混凝土结构设计规范》（DL/T 5057—2009）不同，《水工混凝土结构设计规范》（SL 191—2008）认为，裂缝和挠度验算只与环境条件等有关，而与安全级别基本无关，所以取消了 γ_0。

[5] 这些分项系数隐含了对可靠指标的要求。

用了五个分项系数，即结构重要性系数 γ_0、设计状况系数 ψ、荷载分项系数 γ_G 和 γ_Q、材料强度分项系数 γ_c 和 γ_s、结构系数 γ_d，它们构成并保证了结构的可靠度；《水工混凝土结构设计规范》（SL 191—2008）在多系数分析的基础上，将结构重要性系数 γ_0、设计状况系数 ψ、结构系数 γ_d 合并为一个承载力安全系数 K，然后与荷载分项系数 γ_G 和 γ_Q、材料强度分项系数 γ_c 和 γ_s 构成并保证了结构的可靠度。

1. 结构重要性系数 γ_0[1]

建筑物的重要性不同，其结构构件的安全级别就不同，要求目标可靠指标也不同（如表2－1所示）。为了反映这种要求，计算荷载效应时，可将其值乘以结构重要性系数 γ_0。《水工混凝土结构设计规范》通过结构可靠度分析，确定了不同结构安全级别时的系数 γ_0 值。

2. 设计状况系数 ψ[2]

结构在施工、运行、检修的不同时期可能出现不同的结构体系、荷载及环境条件，失效后果也不同，所以其可靠度水准要求也就不同。设计时，主要应考虑下列三种设计状况：

（1）持久状况。持久状况是指在结构运行使用过程中，不仅出现，而且持续时间很长，一般与设计基准期为同一量级的设计状况。

（2）短暂状况。短暂状况是指在结构施工（安装）、检修或使用过程中短暂出现的设计状况。

（3）偶然状况[3]。偶然状况是指在结构使用过程中，规定的出现概率很低、持续期很短的设计状况。

例如，断面为双槽一联的大型简支梁式输水渡槽，在运行使用阶段为持久状况，承受的主要荷载为自重、双槽正常水位水重，此时若失效，则后果严重。检修期间为短暂状况，承受的主要荷载为自重、单槽水重或双槽无水。特别是双槽无水时，与持久状况相比，承受的荷载少很多，失效后危害性也小得多，可靠度水准就可适当降低。但对于某些短暂状况，如施工期内的结构，此时支撑体系还不完善，失事概率反而更高，其安全度不宜降低，所以《水工混凝土结构设计规范》（SL 191—2008）对短暂状况下的结构重要性系数 γ_0 和设计状况系数 ψ 进行了适度提高。

上述三种设计状况均应进行承载能力极限状态设计。对持久状况，尚应进行正常使用极限状态设计；对短暂状况，可根据具体情况决定是否要进行正常使用极限状态设计；对偶然状况，则可不进行正常使用极限状态设计。

不同设计状况对结构的使用要求不同，可靠度水平也应该不同，《水工混凝土结构设计规范》针对不同的设计状况分别给出了不同的设计状况系数 ψ 值来调整[4]。

[1] 通过 γ_0 来调整荷载效应 S，从而实现建筑物的重要性不同、可靠度水准的要求不同。

[2] ψ 是《水工混凝土结构设计规范》特有的。

[3] 实际上是有偶然荷载作用的情况。此时，虽然荷载效应很大，但是持续时间很短。为经济起见，可靠度要求不宜过高。本书中没有涉及此内容。

[4] 与 γ_0 一样，ψ 也是用来调整荷载效应 S 的。γ_0、ψ 取大些，可靠度水平就高些。

3. 荷载分项系数 γ_G、γ_Q 及荷载设计值

荷载标准值按95%的保证率取值，则实际荷载仍有可能超过预定的标准值。为了考虑这一最不利情况，在承载能力极限状态的设计表达式中还引入了一个荷载分项系数（一般都大于1，在个别情况下也可以小于1）。荷载分项系数主要用来考虑荷载超过标准值的可能性。在水工建筑物设计中，它实质上就是"超载系数"，但也适当地反映了结构的可靠度要求。

荷载标准值乘以相应的荷载分项系数后即为荷载设计值❶。永久荷载和可变荷载的设计值可分别记为 $\gamma_G G_k$、$\gamma_Q Q_k$，其中，γ_G 和 γ_Q 分别为永久荷载和可变荷载的荷载分项系数。

从理论上来说，荷载设计值也应由荷载概率分布的某一分位值来确定，并且应该比荷载标准值具有更大的保证率❷。但是由于对大部分荷载来说，还没有足够完备的统计资料。因此，也无法采用统一的保证率系数，使所有荷载的设计值均处于同一保证率水平上，而只有通过两个系数 γ_G、γ_Q 来调控。

（1）γ_G、γ_Q 的确定原则。在水工设计中，对永久荷载分项系数 γ_G 和可变荷载分项系数 γ_Q 的确定主要依据结构构件所承受的荷载的变异程度大小。

① 对变异性很小的永久荷载，如构件自重和固定设备重等，其荷载分项系数就可以取得较小；对变异性稍大一些的永久荷载，如土压力、淤沙压力和围岩应力等，它们的标准值是经公式推算而来的，与实际值之间存在一定的误差，所需分项系数就应大一些；当永久荷载取值大一些对结构可靠性有利时，荷载分项系数则应取为小于1的数值❸。

② 对在作用过程中能够控制其不超出规定限值的某些可变荷载，即可控制的活载，如水电站厂房中按铭牌限值确定的吊车最大轮压力、设备重量按实际铭牌确定且堆放位置有严格控制并加垫木的安装间堆放设备荷载、水闸的闸门额定启门力，以及不可能发生超载的情况，如溢洪道挡水的水压力、开口渡槽的满槽水荷载及水池水荷载等，荷载分项系数显然也可取得小一些❹。

③ 对于不能控制或难以控制的一般可变荷载，如人群荷载、楼面堆货、车辆荷载等，它们的数值经常变化，且变化幅度比较大，这种可变荷载的分项系数就应取一个较大的值。对于变异性更大的自然界的一些可变荷载，如风荷载、雪荷载等，其荷载分项系数还应取得更大一些。

（2）γ_G、γ_Q 的取值规定❺。

①《水工混凝土结构设计规范》（DL/T 5057—2009）。荷载分项系数一般按《水工建筑物荷载设计规范》（DL 5077—1997）取用。但应该注意

❶ 永久荷载设计值为 $G=\gamma_G G_k$，可变荷载设计值为 $Q=\gamma_Q Q_k$。

❷ 在承载能力极限状态计算时，荷载用比标准值更大的设计值，以确保安全。这时，材料强度也用设计值。

❸ 荷载不是任何时候取大些都不利，如大坝的倾覆破坏，此时自重荷载等起有利作用，设计中就应取小些。当然，可变荷载就可以不计入。要区分清楚荷载的性质。

❹ 变异性小的荷载，取值可靠，误差小，考虑超载等影响的荷载分项系数就可以定得小一些，所以永久荷载的分项系数就应该小于可变荷载。

❺ 不同性质的荷载，其荷载分项系数不同，要能正确地在荷载组合中选择使用。

的是，在使用《水工混凝土结构设计规范》进行结构构件计算时，还应按该规范的规定，对某些可控制其不超出规定限值的可变荷载，若《水工建筑物荷载设计规范》中所规定的分项系数 $\gamma_Q < 1.10$ 时，则应取为 1.10；对于其他可变荷载，若所规定的分项系数 $\gamma_Q < 1.20$ 时，则应取为 1.20[1]。这主要考虑与过去规范的用量相比，按《水工混凝土结构设计规范》设计的结构构件的材料用量不致过多地减少，以及保证必要的设计延续性。

❶《水工建筑物荷载设计规范》和《水工混凝土结构设计规范》(DL/T 5057—2009) 相结合选择 γ_G、γ_Q，且有下限控制。但《水工混凝土结构设计规范》(SL 191—2008) 分类进行了定值简化，如表 2-5 所示。

对于《水工建筑物荷载设计规范》(DL 5077—1997) 中未规定的荷载 (如车辆荷载、屋面荷载等)，其分项系数可按表 2-3 取用。为方便查用，表 2-6 中列出了《水工建筑物荷载设计规范》中规定的主要荷载分项系数。

表 2-6 《水工建筑物荷载设计规范》中规定的主要荷载分项系数

荷　　载		荷载分项系数	荷　　载	荷载分项系数
自重	其作用对结构不利	1.05	静止土压力、主动土压力	1.2
	其作用对结构有利	0.95	地应力、围岩应力	1.0
静水压力、浮托力		1.0	水锤压力	1.1
浪压力		1.2	静冰压力、动冰压力、冻胀力	1.1
灌浆压力		1.3	楼面活荷载	1.2
雪荷载		1.3	风荷载	1.3
桥机与门机荷载		1.1	温度作用	1.1

②《水工混凝土结构设计规范》(SL 191—2008)。根据上述荷载分项系数的确定原则，《水工混凝土结构设计规范》(SL 191—2008) 的规定如下：

A. 对于变异性很小的自重和设备重等永久荷载，取 $\gamma_G = 1.05$。

B. 对于变异性相对较大的土压力、淤沙压力和围岩应力等永久荷载，取 $\gamma_G = 1.2$。

C. 对于一般可变荷载，取 $\gamma_Q = 1.2$。

D. 对于可控制的可变荷载，取 $\gamma_Q = 1.1$。

③ 当永久荷载的效应对结构有利时，取 $\gamma_G = 0.95$。

4. 材料强度分项系数 γ_c、γ_s 及材料强度设计值

由于材料的离散性和不可避免的施工误差等因素可能造成材料的实际强度低于其强度标准值，因此，在承载能力极限状态计算中引入混凝土强度分项系数 γ_c 和钢筋强度分项系数 γ_s 来考虑这一不利影响。

❷ 材料强度分项系数，或简称材料分项系数，其取值≥1.0。

材料强度标准值除以相应的材料强度分项系数后[2]，即为材料强度设

计值。因此，混凝土和钢筋的强度设计值可以分别表示为

$$f_c = \frac{f_{ck}}{\gamma_c}, \quad f_y = \frac{f_{yk}}{\gamma_s} \tag{2-24}$$

根据《水利水电工程结构可靠度设计统一标准》（GB 50199—94）的规定，材料强度设计值应取为强度总体分布的平均值减去 α_1 倍的标准差，即

$$f_c = \mu_{fc} - \alpha_1\sigma_{fc}, \quad f_y = \mu_{fy} - \alpha_1\sigma_{fy} \tag{2-25}$$

式中：α_1——材料强度设计值的保证率系数。

同样，材料强度设计值应比材料强度标准值具有更高的保证率。理论上，把 α_1 取为某一固定值也比较合理，这样，不同材料的强度设计值就可以处于同一保证率水平❶。但《水工混凝土结构设计规范》与荷载设计值取值相同，只通过两个系数 γ_c、γ_s 来调控，即

（1）对混凝土，取强度分项系数 $\gamma_c = 1.4$。

（2）对热轧钢筋，取强度分项系数 $\gamma_s = 1.1$；对预应力钢筋（钢丝、钢绞线等），取 $\gamma_s = 1.2$。

为应用方便起见，规范中直接给出了已隐含了材料分项系数在内的混凝土与钢筋的强度设计值，见附录4表6、表8、表9中所列，设计时，可直接查用。

5. 结构系数 γ_d

在承载能力极限状态设计中，荷载效应计算模式的不定性❷、几何尺寸的不定性、结构构件抗力计算模式的不定性，以及未能由荷载分项系数和材料强度分项系数反映的其他各种变异因素，统一由结构系数来考虑。

在水工结构设计中，结构系数直接与结构构件的可靠度水平有关❸。这是因为，荷载分项系数和材料强度分项系数已事先选定，所以可根据可靠度理论，由给定的目标可靠指标，用近似概率法确定设计表达式中最后一个分项系数，即结构系数 γ_d 值。

对于每一种结构构件，不同的材料组合、不同的荷载组合，由于其变异性不同，所以按规定的目标可靠指标求得的结构系数是不同的。为了使最终确定的结构系数为最优值，即按此结构系数和事先选定的荷载分项系数以及材料强度分项系数所设计的结构构件，在不同的设计条件下，均能较好地接近目标可靠指标，《水工混凝土结构设计规范》选择了水工钢筋混凝土结构常用的七种典型构件进行研究，并考虑了多种材料组合和荷载组合进行分析，最后取不同状况下结构系数的加权平均值作为最终的结构系数。其值列于表2-2中。

❶ 例如，《水工钢筋混凝土结构设计规范》（SDJ 20—78）中取 $\alpha_1 = 2$，相应的材料强度设计值的保证率为97.72%。现行规范中没有这样做。

❷ 计算模式是指计算简图或计算公式。这可能与实际情况不完全相符，存在不定性。

❸ 结构系数 γ_d 是《水工混凝土结构设计规范》特有的，而且与结构可靠度直接相关。

6. 承载力安全系数 K

《水工混凝土结构设计规范》（SL 191—2008）把结构重要性系数 γ_0、设计状况系数 ψ、结构系数 γ_d 合并为一个承载力安全系数 K。考虑水工结构的特点，γ_0 相应调整为 1.1、1.0、0.95；对应于持久状况和短暂状况的设计状况系数 ψ 均取为 1.0[1]，偶然状况的设计状况系数 ψ 仍取为 0.85。经三个系数合并取整后就得到了表 2-4 中所列的承载力安全系数 K（≥1.0）。

【例 2-1】[2] 某水电站厂房（Ⅱ级安全级别）采用 1.5 m×6 m 的大型屋面板，计算跨度 l_0=5.87 m，屋面找平层为 20 mm 厚的水泥砂浆、防水层为二毡三油、保温层为 80 mm 厚的泡沫混凝土，一块大型屋面板的自重为 10.53 kN，屋面板灌缝重量为 0.1 kN/m²，屋面活荷载为 0.6 kN/m²，雪荷载为 0.3 kN/m²，试求大型屋面板跨中的承载力极限状态弯矩设计值和用于承载力计算的 γM 和 KM。

解 （1）永久荷载[3]。

二毡三油：　　　　　0.35（kN/m²）

80 mm 厚的泡沫混凝土：6×0.08=0.48（kN/m²）

20 mm 厚的水泥砂浆：　20×0.02=0.40（kN/m²）

屋面板自重：　$\dfrac{10.53}{1.5\times6}=1.17$（kN/m²）

屋面板灌缝重量：　0.1（kN/m²）

合计：　　　　　　2.5（kN/m²）

所以永久荷载标准值为

$$g_k=2.5\times1.5=3.75\ (\text{kN/m})$$

（2）可变荷载。屋面活荷载标准值为

$$q_{1k}=0.6\times1.5=0.90\ (\text{kN/m})$$

雪荷载标准值为

$$q_{2k}=0.3\times1.5=0.45\ (\text{kN/m})$$

（3）屋面板跨中弯矩值。

① 按《水工混凝土结构设计规范》（DL/T 5057—2009）计算。Ⅱ级安全级别为

$$\gamma_0=1.0$$

持久设计状况为

$$\psi=1.0$$

查表 2-2，结构系数为

$$\gamma_d=1.2$$

[1] 这是考虑到短暂状况的失事概率可能反而较高，其安全度不应降低，与《水工混凝土结构设计规范》（DL/T 5057—2009）稍有不同。

[2] 例 2-1 和例 2-2 简单地给出了如下概念：荷载标准值和设计值及相应内力的计算方法；荷载效应 S 的通用表达式在具体计算中的体现；荷载组合的算法等。荷载效应 S（S_k），这里就是弯矩 M（M_k）。此外，还要注意两种规范（SL 191—2008）与（DL/T 5057—2009）的异同点。

[3] 由《水工建筑物荷载设计规范》（DL 5077—1997）查出二毡三油的单位面积重量；查出泡沫混凝土和水泥砂浆的重度，除以其厚度转换为单位面积荷载（kN/m²）；查出板自重，除以其面积转换为面荷载。这些面荷载全部乘以板宽，就得到了线荷载（kN/m），即均布荷载。

查表2-3和表2-6,

$$\gamma_G = 1.05,\ \gamma_{Q1} = 1.2,\ \gamma_{Q2} = 1.3$$

屋面活荷载与雪荷载不同时存在，因屋面活荷载效应较大，故取屋面活荷载参与组合进行计算，此为最不利组合。

根据材料力学计算方法，承受均布荷载的简支板跨中截面弯矩设计值为

$$M = \frac{(\gamma_G g_k + \gamma_{Q1} q_{1k}) l_0^2}{8}$$

$$= \frac{(1.05 \times 3.75 + 1.2 \times 0.90) \times 5.87^2}{8}$$

$$= 21.6\ (\text{kN} \cdot \text{m})$$

则用于承载力计算的 γM 为

$$\gamma M = \gamma_0 \psi \gamma_d M = 1 \times 1 \times 1.2 \times 21.6 = 25.92\ (\text{kN} \cdot \text{m})$$

② 按《水工混凝土结构设计规范》（SL 191—2008）计算。查表2-4，Ⅱ级安全级别为

$$K = 1.2$$

查表2-5,

$$\gamma_G = 1.05,\ \gamma_{Q1} = 1.2,\ \gamma_{Q2} = 1.2$$

同上，取屋面活荷载参与组合的最不利组合，承受均布荷载的简支板跨中截面弯矩设计值为

$$M = \frac{(\gamma_G g_k + \gamma_{Q1} q_{1k}) l_0^2}{8}$$

$$= \frac{(1.05 \times 3.75 + 1.2 \times 0.90) \times 5.87^2}{8}$$

$$= 21.6\ (\text{kN} \cdot \text{m})$$

则用于承载力计算的

$$KM = 1.2 \times 21.6 = 25.92\ (\text{kN} \cdot \text{m})$$ [1]

[1] 方法不同，结果相同。如果是雪荷载参与组合，就会有差别。

【例2-2】 试求例2-1的简支板跨中截面在正常使用极限状态验算时的弯矩值。

解 (1) 荷载标准值。永久荷载和可变荷载标准值的计算同例2-1。

永久荷载标准值为

$$g_k = 2.5 \times 1.5 = 3.75\ (\text{kN/m})$$

屋面活荷载标准值为

$$q_{1k} = 0.6 \times 1.5 = 0.90\ (\text{kN/m})$$

雪荷载标准值为

$$q_{2k} = 0.3 \times 1.5 = 0.45\ (\text{kN/m})$$

(2) 荷载效应的标准组合计算。同样，取屋面活荷载参与组合的最不利组合，承受均布荷载的简支板跨中截面弯矩标准值为

$$M_k = \frac{(g_k + q_{1k})l_0^2}{8}$$

$$= \frac{(3.75 + 0.90) \times 5.87^2}{8}$$

$$= 20.0 \text{ (kN·m)}$$

(3) 正常使用极限状态验算时的弯矩值。按《水工混凝土结构设计规范》(DL/T 5057—2009) 计算的正常使用验算时的弯矩值为

$$\gamma_0 M_k = 1.0 \times 20.0 = 20.0 \text{ (kN·m)}$$

按《水工混凝土结构设计规范》(SL 191—2008) 计算的正常使用验算时的弯矩值为

$$M_k = 20.0 \text{ (kN·m)}$$

本章小结

(1) 结构设计是解决如何处理结构上的作用、作用效应、结构抗力三者的关系问题的。由于结构上的作用、作用效应和结构抗力都是随机变量，为简化起见，假定它们服从正态分布，用概率论和数理统计方法进行分析。要理解和掌握这个分析方法，需要了解结构可靠度、结构的可靠概率和失效概率、结构的可靠指标以及荷载、材料的强度标准值和设计值等概念。

(2) 结构的极限状态可以分为承载能力极限状态和正常使用极限状态两种。在这两种极限状态中，一般情况下，超过承载能力极限状态所造成的后果比超过正常使用极限状态更严重，它所要求的可靠度水平相对就要高一些。因此，设计混凝土结构构件时，必须进行承载力计算。对于使用上需要控制变形和裂缝的结构构件，还需要进行变形和裂缝控制的验算。

(3) 荷载可以分为永久荷载、可变荷载和偶然荷载。设计中使用的荷载有标准值、组合值、频遇值和准永久值等多个代表值，不同的代表值适用于不同的设计场合，现行《水工混凝土结构设计规范》只用到了荷载标准值。

(4)《水工混凝土结构设计规范》(SL 191—2008、DL/T 5057—2009) 中承载能力极限状态和正常使用极限状态的计算公式是以概率理论为基础的，这两个规范在大部分条文上基本相同，但在实用设计表达式上存在很大的差别。《水工混凝土结构设计规范》(DL/T 5057—2009) 完全继承了原规范 (DL/T 5057—1996) 的设计方法，采用荷载标准值、材料强度标

准值以及结构重要性系数、设计状况系数、荷载分项系数、材料强度分项系数、结构系数五个分项系数来确保结构的可靠度。

(5)《水工混凝土结构设计规范》(SL 191—2008) 在多个分项系数分析的基础上，将结构重要性系数、设计状况系数和结构系数进一步合并简化为单一安全系数，再配合荷载标准值、材料强度标准值以及荷载分项系数、材料强度分项系数来确保结构的可靠度❶。

❶ 这两个规范本质上没有区别，只是表达形式上不一样。但要注意在某些参数取值上还是存在不同的。

(6) 在设计表达式中，采用结构重要性系数反映不同级别的建筑物对可靠性的不同要求；设计状况系数反映在施工、运行、检修不同时期对结构可靠性的不同要求；荷载取用具有95%保证率的分位值作为标准值，再乘以荷载分项系数，以考虑实际荷载仍有可能超过预定的标准值；材料强度取用具有95%保证率的分位值作为标准值，再除以材料强度分项系数，以考虑实际强度低于标准值的可能性。对于计算模式的不定性以及其他各种变异因素，统一用结构系数来考虑。结构系数的确定原则就是在上述四个系数确定之后，保证结构可靠指标等于目标可靠指标。

(7) 由于承载力问题一般比变形、裂缝问题更重要，因此，进行承载能力极限状态和正常使用极限状态计算时，在各个系数的取值上有所不同。

习 题

一、思考题

2-1 什么是结构的可靠性？它包括哪些具体的功能要求？

2-2 什么是承载能力极限状态？什么是正常使用极限状态？在设计中，为什么要提出这两种极限状态？

2-3 什么叫结构抗力、作用、作用效应、极限状态方程？

2-4 《水工混凝土结构设计规范》是如何保证结构的可靠指标的？

2-5 什么是材料的强度标准值和强度设计值？现行《水工混凝土结构设计规范》中是如何取值的？

2-6 什么是荷载的标准值和设计值？现行《水工混凝土结构设计规范》中是如何取值的？

2-7 在现行《水工混凝土结构设计规范》中，承载能力极限状态和正常使用极限状态的基本表达式如何？

2-8 按《水工混凝土结构设计规范》(SL 191—2008、DL/T 5057—2009)，计算水电站厂房底板在施工期的承载力时，取值有何不同？

2-9 γ_G 的取值在任何情况下都不应小于1.05。这个说法对否？为什么？

2-10 什么叫失效概率、可靠指标、目标可靠指标？

二、选择题

2-1 结构或构件承载能力极限状态设计时，若安全级别相同，则延性破坏和脆性破坏的目标可靠指标 β_T 的关系为（　　）。

A. 两者相等

B. 延性破坏时的目标可靠指标大于脆性破坏时的目标可靠指标

C. 延性破坏时的目标可靠指标小于脆性破坏时的目标可靠指标

2-2 正常使用极限状态计算时，《水工混凝土结构设计规范》（DL/T 5057—2009）中的内力值是指由各个荷载标准值所产生的荷载效应总和（　　）。

A. 乘以结构重要性系数 γ_0 后的值

B. 乘以结构重要性系数 γ_0 和设计状况系数 ψ 后的值

C. 乘以设计状况系数 ψ 后的值

2-3 结构在使用年限超过设计基准期后，（　　）。

A. 立即丧失其功能

B. 可靠度减小

C. 不失效则可靠度不变

2-4 结构设计的安全级别越高，其失效概率就应（　　）。

A. 越大　　B. 越小　　C. 二者无关

2-5 混凝土强度等级是由（　　）确定的。

A. f_{cuk}　　B. f_{ck}　　C. f_{tk}

三、填空题

2-1 结构可靠度是指结构在________内、在________下，完成预定________的概率。

2-2 对于荷载取值，一般荷载有________、________和________三种代表值。

2-3 水工混凝土结构设计时，主要应考虑________、________和________三种设计状况。

2-4 确定目标可靠指标 β_T 时应考虑的因素是________、________和________。

2-5 《水工混凝土结构设计规范》（DL/T 5057—2009）采用的分项系数是________、________、________、________和________。

四、计算题

2-1 已知某单跨简支梁，计算跨度为6.0 m，自重标准值为2.5 kN/m，其上作用的活荷载标准值为3.5 kN/m，Ⅱ级安全等级，试求梁的跨中截面弯矩设计值。

2-2 试求计算题2-1在正常使用极限状态验算时梁的跨中截面弯矩值。

第3章

钢筋混凝土受弯构件正截面承载力计算

学习指导

教学要求：1. 了解钢筋混凝土受弯构件的截面形式和一般构造要求。
2. 熟悉钢筋混凝土梁正截面受力全过程的应力－应变分布规律。
3. 掌握不同配筋率情况下正截面的破坏特征。
4. 熟练掌握钢筋混凝土受弯构件的正截面承载力设计与复核计算方法。

学习重点：1. 配筋率对受弯构件破坏特征的影响，适筋受弯构件在各个工作阶段的受力特点。
2. 单筋矩形截面、双筋矩形截面和T形截面正截面承载力的计算方法。
3. 受弯构件正截面的构造要求。

3.1 概　　述

受弯构件是指截面上通常有弯矩和剪力共同作用而轴力可以忽略不计的构件（如图3－1所示）❶。在实际工程中，经常遇到的水闸与船闸的底板、挡土墙的立板和底板、公路桥、工作桥以及水电站厂房屋盖的屋面板、屋面梁及吊车梁等，都属于受弯构件。

❶ 本章讨论的是 $l_0/h \geq 5$ 的一般受弯构件的设计计算。对于 $l_0/h < 5$ 的深梁受弯构件，受力性质将发生一定的改变，其设计计算方法另按《水工混凝土结构设计规范》的规定进行。

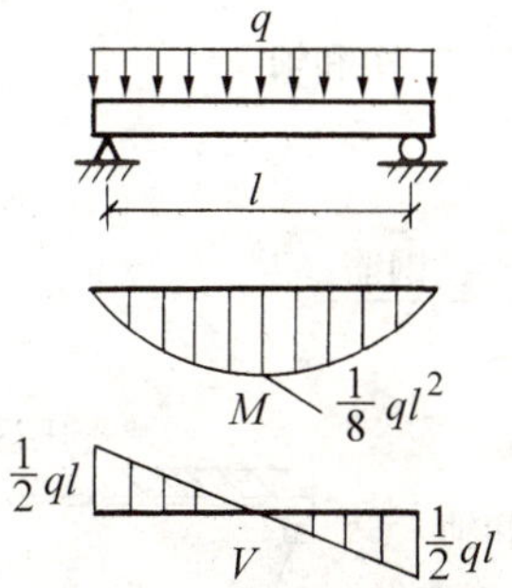

图3－1　受弯构件示意图

受弯构件在荷载等因素的作用下，可能发生两种破坏：一种是沿弯矩最大的截面破坏，破坏截面与构件的轴线垂直，称为正截面破坏；另一种是沿剪力最大或弯矩和剪力都较大的截面破坏，破坏截面与构件的轴线斜交，称为斜截面破坏。本章只讨论受弯构件的正截面承载能力计算，斜截面承载能力的计算问题将在第 4 章中介绍。

3.2 受弯构件的一般构造

钢筋混凝土构件的截面尺寸和受力钢筋数量一般是由承载力计算确定的，但为了施工方便并考虑计算中无法反映的因素，在构件设计中还必须满足一些构造要求❶。

❶ 构造要求为结构构件的初步设计提供了参考依据。

在设计规范中，对构造要求有专门的规定。受弯构件正截面的一般构造要求如下：

3.2.1 截面形状及尺寸

钢筋混凝土梁和板的截面可为任意对称形状，设计时，可以根据不同的要求采用不同的截面形式。例如，在现浇结构中，梁的截面常采用矩形或 T 形截面；在装配式结构中，为了减轻构件自重和增大截面惯性矩，常采用工形、Π形和空心形等截面。板的截面一般是实心矩形，根据使用要求，也有的采用空心板等。梁、板的一般截面形式如图 3 -2 所示。

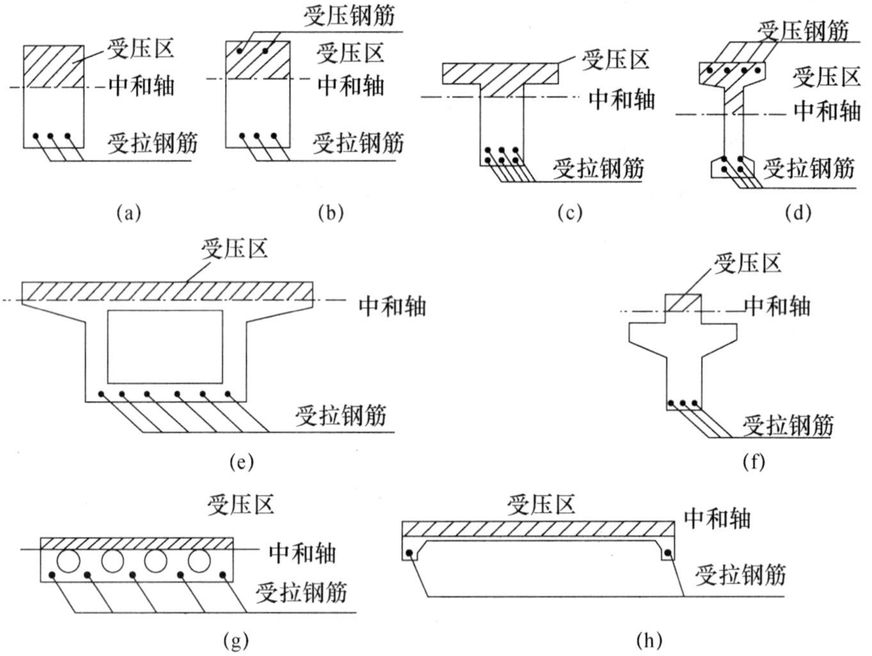

图 3 -2 梁、板的一般截面形式

(a) 单筋矩形梁；(b) 双筋矩形梁；(c) T 形梁；(d) 工形梁；(e) 箱形梁；(f) 花篮梁；(g) 空心板；(h) 槽形板

❷ 这里对截面尺寸大小的规定，主要考虑了刚度和施工方面的基本要求，然后应根据构件承载力、刚度和裂缝控制的计算要求及经济合理性进行调整。需要注意的是，一定要取整，且符合建筑模数。这为初选截面尺寸提供了依据。

为了统一模板尺寸，便于施工，对梁、板的截面尺寸规定如下❷：

1. 梁的截面尺寸

梁的高度 h 常根据刚度要求，取为跨度 l_0 的 1/12～1/8；矩形截面梁的宽度 b 按高宽比 $h/b=2\sim3$ 选择，T 形截面梁的肋宽 b 按高宽比 $h/b=2.5\sim4$ 选择。然后结合下列要求初步确定：

（1）矩形截面的宽度或 T 形截面的肋宽 b（mm）常取 120，150，180，200，220，250；250 mm 以上则以 50 mm 为模数递增。

（2）梁高 h（mm）常取 250，300，350，400，…，800，以 50 mm 递增；800 mm 以上则以 100 mm 递增。

2. 板的截面尺寸

一般的受力板，其厚度 h 可取为板跨度 l_0 的 1/35～1/12。考虑到施工方便和使用要求，板厚不宜小于 50 mm；在水工建筑物中，板的厚度不宜小于 100 mm。板厚在 250 mm 以下时，以 10 mm 递增；板厚在 250 mm 以上时，以 50 mm 递增；板厚超过 800 mm 时，则以 100 mm 递增❶。板的宽度一般由使用要求和布置条件确定。

对于预制构件，常要求构件轻薄，便于吊装和运输，因此，考虑截面尺寸时，级差尺寸可以根据具体情况适当地加以调整，不受上述规定限制❷。

❶ 水闸底板、尾水管底板等水工厚板，板厚常由稳定或运行条件决定。

❷ 在预制的薄腹梁中，其高宽比 h/b 有时可达 6 左右。

3.2.2 混凝土保护层❸

在钢筋混凝土构件中，为了保证钢筋不受外界因素作用而引起锈蚀，并使钢筋与混凝土牢固地黏结在一起，钢筋外面必须有足够的混凝土保护层（如图 3－3 所示）。纵向受力钢筋保护层的厚度不应小于钢筋直径及附录6 表 20 中所列数值❹，同时也不宜小于骨料最大粒径的 1.25 倍。

❸混凝土保护层是指受力主筋外表面至构件边缘的净距离。

❹ 保护层的厚度主要与环境条件（见附录 3）有关，环境越差，所需的厚度越大。

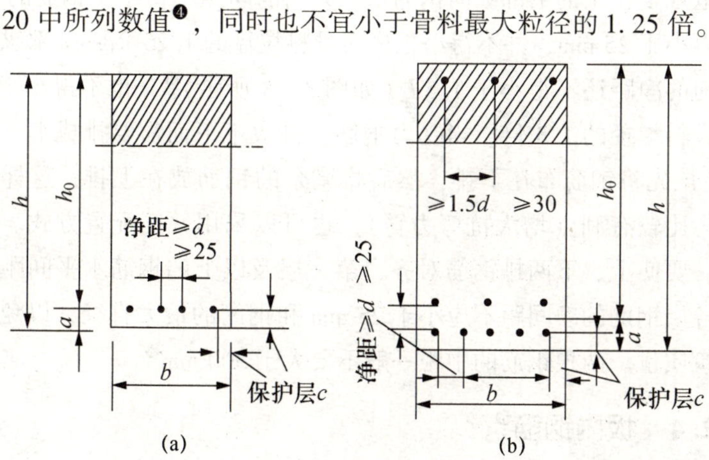

图 3－3 梁内纵向钢筋布置图

（a）单筋截面；（b）双筋截面

3.2.3 梁内钢筋[1]

梁内纵向受力钢筋的作用是承受弯矩，在梁受拉区布置纵向受拉钢筋以承担拉力，形成单筋截面，如图 3－3(a) 所示；有时由于弯矩较大，在受压区也布置钢筋（纵向受压钢筋），协助混凝土共同承担压力，形成双筋截面，如图 3－3(b) 所示。

1. 钢筋的直径

为了保证钢筋骨架的刚度，梁内纵向受力钢筋的直径不能太细。同时，为了防止混凝土裂缝过大和钢筋在混凝土中可能滑动，也不宜采用太粗的钢筋。梁内常用纵向受力钢筋的直径为 10～28 mm。

在同一根构件中，受力钢筋的直径最好相同。为了选配钢筋方便和节约钢材，有时也可以选用两种不同直径的钢筋。此时，应使两种钢筋的直径相差 2 mm 以上，以便施工时容易识别，但也不宜超过 4 mm，以使截面受力均匀。

2. 钢筋的根数

梁中受力钢筋的根数太多，会增加浇筑混凝土的难度；根数太少，又不足以选择弯起钢筋来满足斜截面抗剪要求。同时，如果钢筋的根数少而直径大，则受力不均匀，加工也不方便。在梁中，钢筋的根数至少为 2 根，以满足形成钢筋骨架的需要，钢筋的总数根据承载力计算确定。

3. 钢筋的间距及布置[2]

为了使混凝土和钢筋之间有足够的黏结力，并且为了避免钢筋太密而影响混凝土的浇筑质量，要求两根钢筋之间保持一定的距离。

规范规定，梁的下部纵向钢筋水平方向的净距不得小于钢筋的直径 d，同时不得小于 25 mm，并不得小于最大骨料粒径的 1.25 倍；上部纵向钢筋水平方向的净距还不得小于 $1.5d$（如图 3－3 所示）[3]，也不得小于 30 mm 和最大骨料粒径的 1.5 倍。当受力钢筋一排放不下而需要排成上、下两排时[4]，应该先将钢筋布在下排，然后将剩余的钢筋放在上排，这样布置对截面受力比较有利（增大抗弯力臂），也可以采用并筋配置方式。应该注意的是，要使上、下两排钢筋对齐，第三层及以上的钢筋水平间距应增加一倍，各层钢筋的净间距不应小于 25 mm 和钢筋的最大直径，以免影响混凝土浇筑质量。两根钢筋的中距一般不要大于 300 mm[5]。

3.2.4 板内钢筋[6]

1. 受力钢筋

一般厚度的板中受力钢筋的直径通常采用 6～12 mm，厚板的受力钢

❶ 梁内钢筋根据不同的需要，常设有抗弯钢筋（纵向受力钢筋）、抗剪腹筋（箍筋和斜筋）和构造钢筋（架立筋、腰筋等），这里先介绍抗弯纵筋的构造要求。梁内其他钢筋及钢筋骨架的概念将在第 4 章中讨论。一般起构造作用的钢筋都采用光面钢筋。

❷ 截面角部要配纵筋，以满足形成钢筋骨架的需要，其余在中部均布。

❸ 在图 3－3 中，h_0 称为截面有效高度，为纵向受拉钢筋合力点至截面受压边缘之间的距离。

❹ 要分清单筋、双筋截面和单排、双排布筋的不同。

❺ 以使截面受力均匀，并有效控制裂缝。

❻ 板中一般只有纵向受拉钢筋和分布钢筋。当受剪承载力不足时，需配抗剪斜筋。

筋直径可用12～25 mm，也有的采用更粗的钢筋。

为了使板受力均匀，并避免混凝土局部破坏，板中受力钢筋的间距 s（钢筋中线到中线之间的距离）不能太大❶。当板厚 $h \leqslant 200$ mm时，钢筋间距不应大于200 mm；当板厚为200 mm $< h \leqslant$ 1 500 mm时，钢筋间距不应大于250 mm；当板厚 $h >$ 1 500 mm时，钢筋间距不应大于300 mm。通常每米板宽采用6～10根钢筋。为便于施工，板中受力钢筋也不能太密，间距不应小于70 mm，即每米板宽中最多放14根钢筋。

❶ 板中钢筋宜配置稍密些，受力较好。但若太密，混凝土浇筑质量可能受影响。

2. 分布钢筋

在板中，垂直于受力钢筋还要布置分布钢筋（如图3－4所示）❷。其作用如下：

❷ 因板厚有限，分布钢筋一定要布置在受力钢筋内侧，以便增大截面抗弯力臂。

（1）将板面荷载均匀地传给受力钢筋。

（2）固定受力钢筋的位置。

（3）抵抗和分散由温度变化与混凝土收缩在垂直于板的跨度方向上所产生的拉应力。

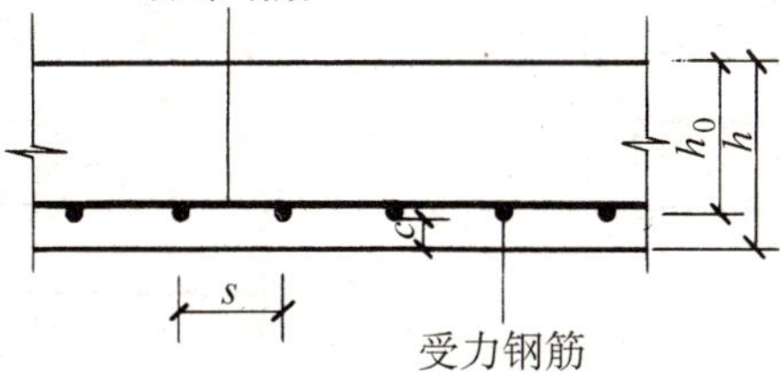

图3－4 板内钢筋布置图

每米板宽内分布钢筋的截面面积不少于受力钢筋截面面积的15%（集中荷载时为25%）；分布钢筋的直径在一般厚度的板中多用6～8 mm，钢筋间距不宜大于250 mm；当承受的集中荷载较大时，分布钢筋的间距不宜大于200 mm。承受分布荷载的厚板，分布钢筋的直径可采用10～16 mm，间距可为200～400 mm。当板处于温度变幅较大或不均匀沉陷的复杂条件，且在与受力钢筋垂直的方向所受约束很大时，分布钢筋宜适当增加。

不同钢筋直径的截面面积和不同钢筋间距时每米板宽中的钢筋截面面积分别列在附录5表14和表15中❸。

❸ 配合附录5表15，板的配筋一般用钢筋直径和间距表示，下面结合例题说明。

3.3 受弯构件正截面的试验研究

由于钢筋混凝土受弯构件正截面承载力的计算方法是建立在试验研究的基础上的，所以首先对钢筋混凝土受弯构件的正截面受力性能进行研究。

3.3.1 钢筋混凝土梁正截面工作的三个阶段

如图3－5所示的钢筋混凝土梁受到两个对称的集中荷载，在两个集中力之间的“纯弯段”（弯矩为常数，剪力为零）❶，荷载从零逐步增加到梁破坏为止，正截面上混凝土与钢筋的应力和应变不断增加。根据试验观察❷，在正常配筋的梁（钢筋的配置不过多，也不过少，又称为适筋梁）中，截面的受力工作状态可以划分为以下三个阶段：

❶ 忽略自重作用影响时，这种加载方式就形成了如图3－5所示的纯弯段。

❷ 试验中，利用安装在跨中的位移计量测跨中挠度，两端的位移计量测支座竖向位移；沿梁高两侧布置的应变测点（应变片结合手持应变仪）量测纵向变形；使用读数显微镜观察裂缝的出现与开展。

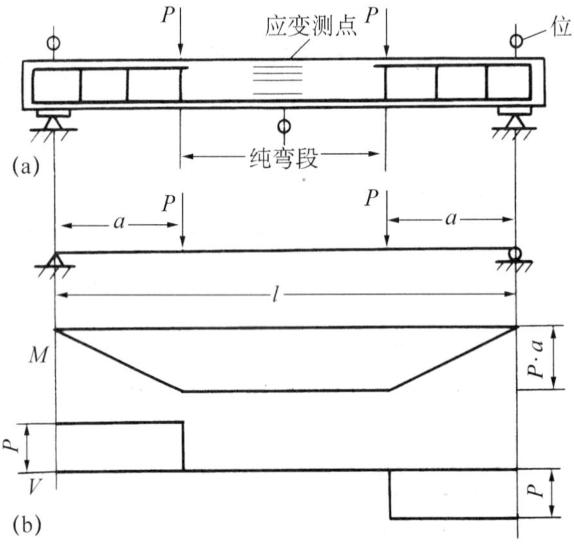

图3－5　正截面试验梁及其内力计算图

（1）第Ⅰ阶段（裂缝出现以前的阶段）。如图3－6(a)所示，在刚开始加载时，由于荷载（或者说截面上弯矩）很小，截面上混凝土和钢筋的应力也都很低，受拉区和受压区混凝土的应力分布图形都是三角形，材料基本处于弹性状态。

随着荷载的增加，受拉区的混凝土表现出塑性性质，其拉应力逐渐呈曲线分布，直到受拉边缘的混凝土达到极限拉应变，处于即将开裂的瞬间（第Ⅰ阶段末尾I_a状态），几乎整个受拉区混凝土的应力都达到混凝土抗拉强度f_t。受压区的混凝土还基本上处于弹性状态，压应力分布仍然接近三角形，混凝土的压应力也远小于它的抗压强度。此时，受拉区的混凝土还没有开裂，拉力由混凝土和钢筋共同承担。由于钢筋和它周围混凝土的变形协调，所以钢筋的应力很低，一般只有20～30 N/mm^2，远小于它的屈服强度f_y。这说明在受拉区的混凝土出现裂缝之前，主要由混凝土承担拉力，钢筋受力作用不大❸。

❸ 钢筋的应力由混凝土的极限拉应变乘以钢筋的弹性模量而得。可见，开裂前钢筋应力是很低的，对抗裂贡献是很有限的。

第Ⅰ阶段末尾Ⅰ$_a$状态是计算受弯构件抗裂弯矩时所采用的应力阶段。

（2）第Ⅱ阶段（裂缝出现以后的阶段）。当截面受力达到第Ⅰ阶段末尾Ⅰ$_a$状态后，在荷载稍有增加，混凝土的拉应力超过其抗拉极限强度时，如图3－6(b) 所示，构件开裂，受拉混凝土退出工作，拉力几乎全改由钢筋承担，因而钢筋的拉应力突然增高（应力重分布），但钢筋应力还小于屈服强度。受压区混凝土压应力的不断增大使受压区混凝土也呈现一定的塑性特征，应力分布由三角形变为平缓的曲线形。随着荷载的增加，裂缝加宽、加长，中和轴的位置也逐渐上移，钢筋应力不断增大，直至达到屈服强度f_y（应变为$\varepsilon_y = f_y/E_s$）而进入第Ⅱ阶段末尾Ⅱ$_a$状态。

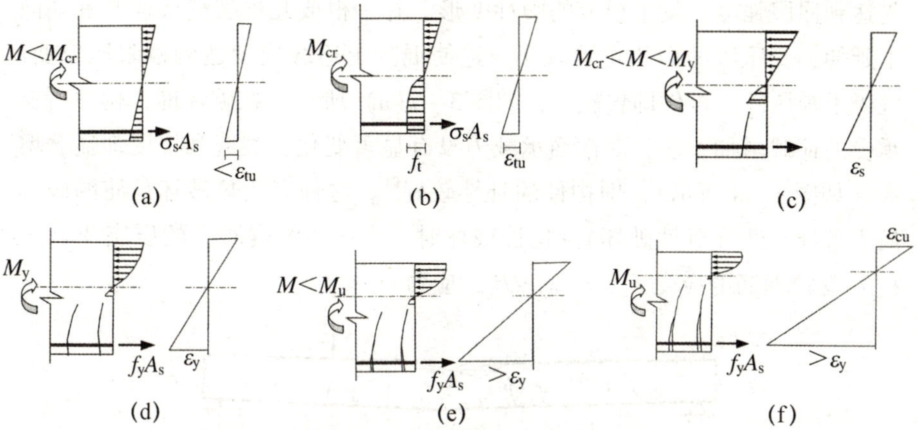

图3－6 钢筋混凝土受弯构件工作的三个阶段❶

（a）Ⅰ阶段截面应力和应变分布；（b）Ⅰ$_a$状态截面应力和应变分布；

（c）Ⅱ阶段截面应力和应变分布；（d）Ⅱ$_a$状态截面应力和应变分布；

（e）Ⅲ阶段截面应力和应变分布；（f）Ⅲ$_a$状态截面应力和应变分布

第Ⅱ阶段是计算受弯构件正常使用阶段变形和裂缝宽度时所依据的应力阶段❷。

（3）第Ⅲ阶段（破坏阶段）。如图3－6(c) 所示，当荷载继续增加，钢筋应力达到屈服强度后，即可认为梁已开始进入“破坏阶段”。此时，钢筋应力不增加（保持为f_y），而应变迅速增加，混凝土裂缝很快向上开展，截面中和轴不断上升，受压区的高度不断减小，混凝土的压应力不断增大，受压区混凝土塑性表现得更为充分，压应力图形呈现显著的曲线形❸。当边缘混凝土的压应变达到极限压应变ε_{cu}时（第Ⅲ阶段末尾Ⅲ$_a$状态），受压区出现一些纵向裂缝，最后受压区的混凝土被压碎，甚至崩落，从而导致构件完全破坏。

第Ⅲ阶段Ⅲ$_a$状态下构件所能承受的破坏弯矩，是作为承载力极限状态计算受弯构件正截面承载力时所依据的应力阶段。

❶ M_{cr}为抗裂弯矩，M_y为屈服弯矩，M_u为极限弯矩。

❷ 关于各个特征阶段的应力、应变状态及其在设计和验算中的作用，一定要搞清楚。

❸ 构件受压区的混凝土压应力图形变化完全取决于第1章中的应力－应变关系曲线，破坏时，最大压应力并不在构件的上边缘最大应变处，而是在上边缘下一点。

3.3.2 正截面的破坏特征

钢筋混凝土受弯构件正截面承载力的计算，是以构件截面破坏时的应力状态为依据的。为了正确地进行承载力计算，就必须对截面的破坏特征加以研究。

试验表明，对于截面尺寸和混凝土强度等级一定的受弯构件，其正截面的破坏特征主要与钢筋数量有关❶，可以分为以下三种情况：

❶ 纵向受力钢筋的配筋量可用配筋率 $\rho = A_s/(bh_0)$ 来衡量。详见 3.5.1 小节。

1. 适筋破坏情况

配筋量适中的梁，在开始破坏时，某一裂缝截面的受拉钢筋的应力首先达到屈服强度，发生很大的塑性变形，有一根或几根裂缝迅速开展并向上延伸，受压区的面积迅速减小，迫使混凝土边缘应变达到极限压应变，混凝土被压碎，构件即告破坏，如图 3－7(a) 所示。在破坏前，构件所能承受的荷载增加不多，即截面承载力没有显著变化，裂缝和挠度却显著增大（如图 3－8 所示），即构件的延性较好❷。这种有明显破坏预兆的破坏属于塑性破坏（延性破坏）。构件破坏时，受压边缘混凝土的压应变 $\varepsilon_c = \varepsilon_{cu}$；受拉钢筋的应变 $\varepsilon_s > \varepsilon_y = f_y/E_s$，应力 $\sigma_s = f_y$。

❷ 挠度的加大是裂缝导致截面刚度降低所致。

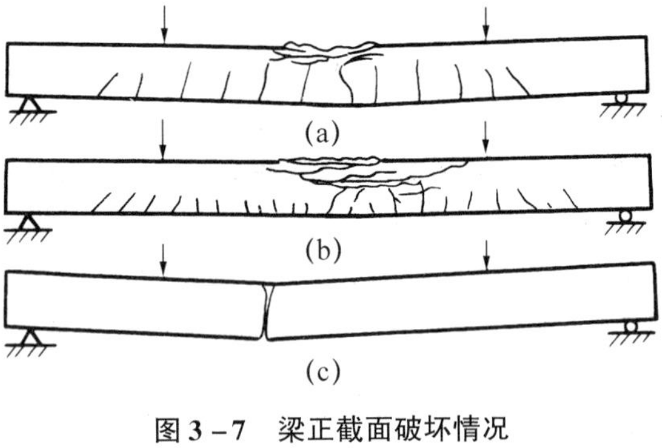

图 3－7　梁正截面破坏情况

(a) 适筋破坏；(b) 超筋破坏；(c) 少筋破坏

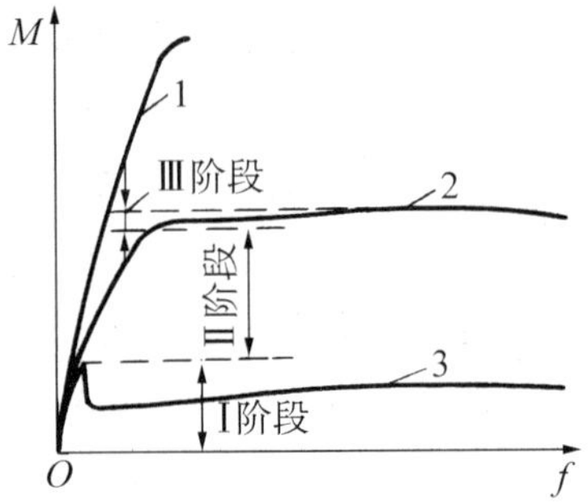

图 3－8　梁的弯矩－挠度关系曲线

1—超筋梁；2—适筋梁；3—少筋梁

2. 超筋破坏情况

当梁的配筋量较多时，在受拉区混凝土出现裂缝之前，截面的应力情况基本上与适筋梁相同。开裂后，钢筋配置较多，黏结约束力强，使得裂缝细而密，裂缝向上延伸也较慢，因而破坏时钢筋应力达不到屈服强度[❶]，构件的破坏主要是受压区混凝土应变达到弯曲极限压应变，混凝土被压碎而引起突然破坏，如图3－7(b) 所示。超筋构件的承载力控制于受压混凝土的抗压强度和截面大小，过多的钢筋并不能增加截面承载力，反而会使受拉钢筋的强度得不到充分发挥。超筋构件在混凝土压坏前变形较小（如图3－8所示)，破坏无明显预兆，呈脆性特征，对结构的安全不利，所以应避免采用。构件破坏时，受压边缘混凝土的压应变 $\varepsilon_c=\varepsilon_{cu}$；受拉钢筋的应变 $\varepsilon_s<\varepsilon_y$，应力 $\sigma_s<f_y$。

❶ 超筋梁钢筋配得过多，钢筋应力自然低；少筋梁正好相反。

3. 少筋破坏情况

当梁的配筋量较少时，一旦受拉区混凝土出现裂缝，钢筋的拉应力很快就达到屈服强度，甚至超过屈服强度而进入钢筋的强化阶段。如果钢筋的数量极少，则钢筋也有可能被拉断。虽然混凝土还没有被压碎，但由于钢筋的变形很大，引起构件的裂缝和挠度都很大（如图3－8所示)，构件已经不能正常工作，因此，可以认为构件已处于破坏状态，破坏时往往只有一条裂缝[❷]，如图3－7(c) 所示。构件一旦开裂，裂缝就快速向上发展，导致构件突然断裂破坏（残存的压区很小)，可以认为“一裂即坏”，无第Ⅱ阶段受力过程。破坏弯矩接近开裂弯矩，若考虑钢筋的后续承载能力(实际因变形过大，已不能使用)，则破坏弯矩甚至低于开裂弯矩（如图3－8所示)，承载力很低，受控于混凝土的抗拉强度和截面大小，混凝土的抗压能力没有得到发挥，破坏过程也很短，所以也属于脆性破坏[❸]，一定要避免采用。构件破坏时，受压边缘混凝土的压应变 $\varepsilon_c<\varepsilon_{cu}$；受拉钢筋的应变 $\varepsilon_s>\varepsilon_y$，应力 $\sigma_s>f_y$。

❷ 少筋构件由于其他裂缝还没有出现就已经破坏了，所以往往只有一条裂缝。

❸ 图3－8中少筋梁的变形虽然很大，但过程太短，故仍为脆性破坏。

综上所述[❹]，受弯构件正截面的破坏特征随配筋量多少而变化的规律如下：

❹ 通过裂缝、挠度和截面应力、应变的变化，可以综合反映出构件的受力破坏性。

(1) 配筋量太少时，配筋不起太大作用，承载力很小，破坏弯矩接近开裂弯矩，其大小取决于混凝土的抗拉强度和截面大小，破坏呈脆性。

(2) 配筋量过多时，虽具有较大的承载力，但配筋不能充分发挥作用，构件的破坏弯矩取决于混凝土的抗压强度和截面大小，破坏呈脆性。

(3) 配筋量适当时，具有适当的承载力，钢筋和混凝土都能充分发挥作用，破坏呈塑性，是理想的设计方案。

因此，合理的设计应保证发生适筋破坏。也就是说，在工程设计中，既要考虑承载力，也要考虑破坏时的变形能力，两者具有同样重要的意义。

因为在同样承载力的情况下，延性大的结构在破坏前具有明显的预兆，在避免人员伤亡和财产损失方面具有重要作用。

3.4 正截面受弯承载力计算原则

3.4.1 计算方法的基本假定[1]

钢筋混凝土构件正截面受弯承载力的计算方法，有以下四项基本假定：

（1）平截面假定[2]。构件正截面在弯曲变形以后仍保持为一个平面。试验表明，在各级荷载作用下，截面上的应变保持为直线分布。也就是说，任一点的应变与该点到中和轴的距离成正比。这一假定提供了变形协调的几何关系。虽然就裂缝截面来说，此假定不一定成立，但对于一定长度范围内的平均应变还是正确的，并且受压区混凝土压碎破坏也发生在一定长度范围内。这说明在一定标距内，即跨越若干条裂缝后，钢筋和混凝土的变形是协调的。

（2）截面受拉区的混凝土不参与工作。达到承载能力极限状态时，受拉区混凝土的作用相对来说很小，可以忽略不计[3]。

（3）受压区混凝土的应力－应变关系采用理想化的应力－应变曲线（如图 3－9 所示）。当混凝土压应变 $\varepsilon_c \leqslant 0.002$ 时，应力－应变曲线为抛物线，其表达式为

$$\sigma_c = 1\,000\varepsilon_c(1 - 250\varepsilon_c)\sigma_0$$

式中：σ_0——最大应力。

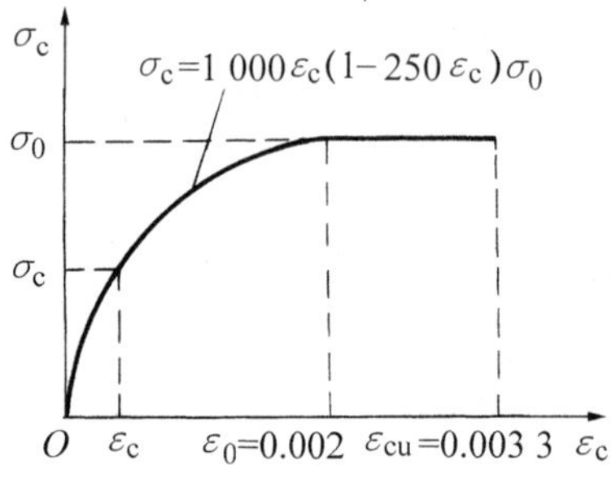

图 3－9 混凝土的 $\sigma_c - \varepsilon_c$ 设计曲线

当 $\varepsilon_c > 0.002$ 时，

$$\sigma_c = \sigma_0 = f_c$$

（4）有明显屈服点的钢筋（热轧钢筋、冷拉钢筋等），其应力－应变曲线可以简化为理想的弹塑性曲线（如图 3－10 所示）。当 $0 \leqslant \varepsilon_s \leqslant \varepsilon_y$[4]时，

[1] 为了建立正截面承载力计算的力学模型，必须对构件的受力特性做出基本假定。这些假定首先应该符合试验结果，然后考虑能简化极限状态的应力分布图，即给出明确的力学模型，以方便承载力计算公式的建立。

[2] 试验结果表明，梁的截面应变（实为一定标距内的平均应变）沿梁高始终呈线性变化，即符合平截面假定。这一结论对其他受力构件的正截面破坏也是成立的。

[3] 主要是因为混凝土的拉力较小，作用点又离中和轴较近，抗弯力矩的力臂很小。

[4] 软钢弹性阶段末尾 $\sigma_s = f_y$ 时的应变 $\varepsilon_y = f_y / E_s$。

$\sigma_s=\varepsilon_s E_s$；而当 $\varepsilon_s>\varepsilon_y$ 时，$\sigma_s=f_y$。这里，f_y 为钢筋抗拉强度设计值。

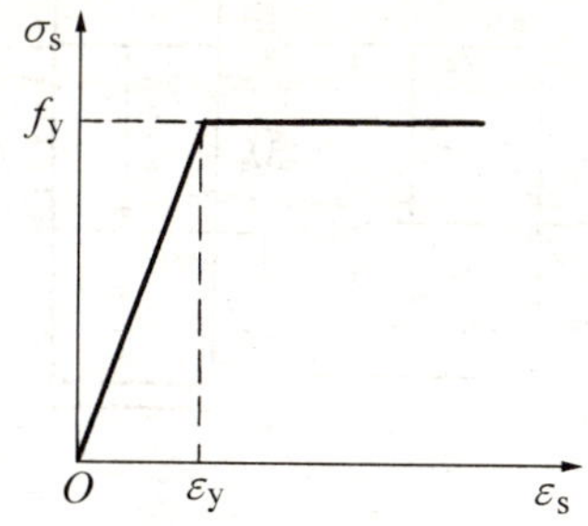

图 3-10　有明显屈服点钢筋的 $\sigma_s-\varepsilon_s$ 设计曲线

对于没有明显屈服点的钢筋（钢丝、钢绞线等），根据"协定流限"的定义，钢筋应力达到协定流限时，不仅有弹性应变，还有 0.2% 的永久残余应变。因此，钢筋应力达到其抗拉强度设计值 f_y 时，其相应的应变为 $\varepsilon_y=f_y/E_y+0.002$（如图 3-11 所示）。

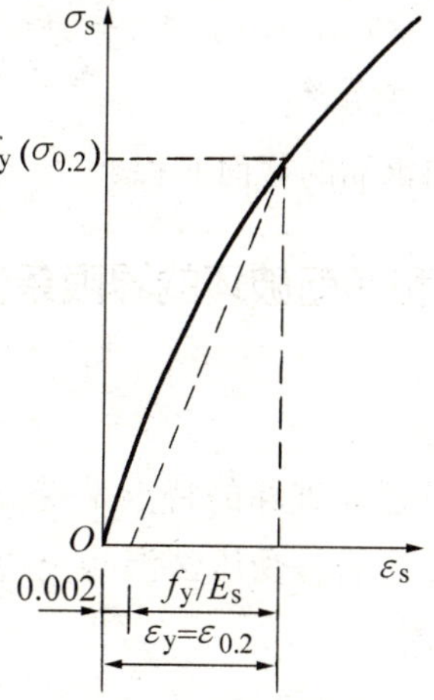

图 3-11　没有明显屈服点钢筋的 $\sigma_s-\varepsilon_s$ 设计曲线

3.4.2　正截面承载力计算的基本方程

如图 3-12(a) 所示为一单筋矩形截面的适筋梁，根据上述基本假定，破坏时截面应变分布、截面应力分别如图 3-12(b)、(c) 所示[1]。由于受压区混凝土的应力图形为曲线形，不便于计算，为了简化正截面承载力计算，采用等效的矩形应力图形代替曲线应力图形［如图 3-12(d) 所示］，应力则取为混凝土轴心抗压强度 f_c。根据两个应力图形合力相等和合力作用点不变的原则，可以求得矩形应力图形的受压区高度 x 与实际受压区高度 x_0 之间的关系为 $x=0.824x_0$，近似为 $x=0.8x_0$。

[1] 应力-应变关系决定了受压区应力图形如下：$\varepsilon_c>\varepsilon_0$ 为矩形分布；$\varepsilon_c\leqslant\varepsilon_0$ 为抛物线分布。

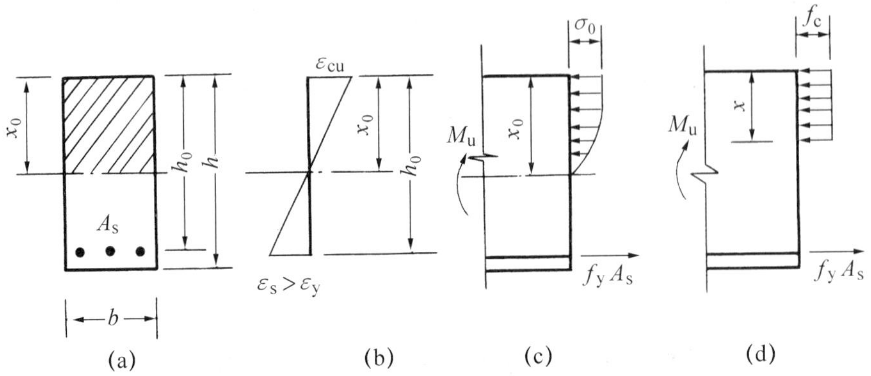

图 3-12　单筋矩形截面破坏时的受压区高度及混凝土应力图形的转化

(a) 单筋矩形截面；(b) 应变分布；(c) 应力图形；(d) 等效应力图形

由图 3-12(d)，正截面承载力计算的基本方程[1]为

$$M_u = f_c bx\left(h_0 - \frac{x}{2}\right) \tag{3-1a}$$

$$f_c bx = f_y A_s \tag{3-1b}$$

式中：M_u——正截面极限弯矩[2]；

A_s——受拉区纵向钢筋的截面面积。

[1] 根据力和力矩平衡条件推得。

[2] 即为受弯构件的截面抗力 R。

3.4.3　适筋破坏和超筋破坏的界限条件

1. 界限破坏

如上所述，受弯构件适筋破坏的特点是受拉钢筋的应力首先达到屈服强度 f_y，经过一段流幅变形后，受压区混凝土边缘的压应变达到其极限压应变 ε_{cu}，构件破坏。此时，

$$\varepsilon_s > \varepsilon_y = \frac{f_y}{E_s},\quad \varepsilon_c = \varepsilon_{cu} = 0.0033$$

超筋破坏的特点是在受拉钢筋的应力尚未达到屈服强度时，受压区混凝土边缘的压应变先达到其极限压应变，构件破坏。此时，

$$\varepsilon_s < \varepsilon_y,\quad \varepsilon_c = \varepsilon_{cu} = 0.0033$$

显然，在适筋破坏和超筋破坏之间必定存在一种界限状态。这种状态的特征是在受拉钢筋的应力达到屈服强度的同时，受压区混凝土边缘的压应变恰好达到极限压应变而破坏，即为界限破坏[3]。此时，

$$\varepsilon_s = \varepsilon_y,\quad \varepsilon_c = \varepsilon_{cu} = 0.0033$$

如图 3-13 所示。

[3] 界限破坏，又称为平衡破坏，是指钢筋和混凝土同时达到设计极限状态。

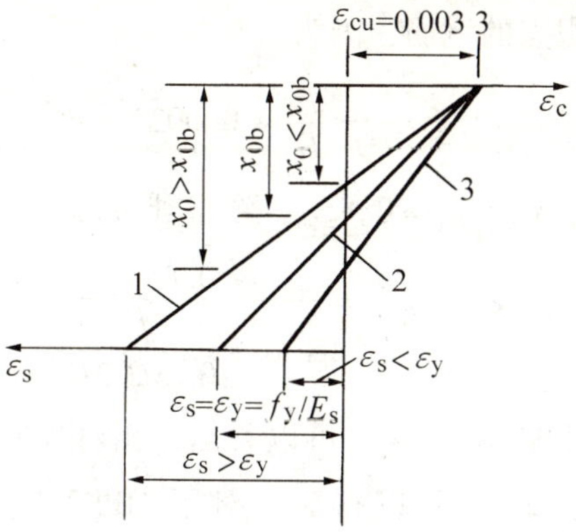

图3－13　适筋破坏、超筋破坏、界限破坏时的截面平均应变图

1—适筋破坏；2—界限破坏；3—超筋破坏

2. 界限条件

利用平截面假定所提供的变形协调条件，可以建立判别适筋破坏或超筋破坏的界限条件。现以图3－12中的单筋矩形截面为例加以说明。

在界限破坏状态，截面界限受压区的实际高度为 x_{0b}。由于在界限破坏时，

$$\varepsilon_s = \varepsilon_y,\quad \varepsilon_c = \varepsilon_{cu} = 0.003\,3$$

根据平截面假定，截面应变为直线分布（如图3－13所示），所以可按比例关系求出界限破坏状态时截面相对界限受压区高度 ξ_{0b}❶为

$$\xi_{0b} = \frac{x_{0b}}{h_0} = \frac{\varepsilon_{cu}}{\varepsilon_{cu} + \varepsilon_y} = \frac{0.003\,3}{0.003\,3 + \dfrac{f_y}{E_s}} = \frac{1}{1 + \dfrac{f_y}{0.003\,3E_s}} \qquad (3-2)$$

❶ 由三角形的相似比例关系建立 ξ_{0b} 的计算公式。

实际计算时，对于非界限破坏，常用矩形应力图形的受压区计算高度 x 代替实际受压区高度 x_0，用相对受压区计算高度 $\xi = x/h_0$❷代替 $\xi_0 = x_0/h_0$。对于界限状态，也用 x_b 代替 x_{0b}，用 ξ_b 代替 ξ_{0b}。显然，

$$x_b = 0.8x_{0b},\quad \xi_b = 0.8\xi_{0b}$$

❷ 下面会看到，相对受压区计算高度 ξ 是一个很有用的计算参数，并简称相对受压区高度。

由此可得

$$\xi_b = \frac{x_b}{h_0} = \frac{0.8}{1 + \dfrac{f_y}{0.003\,3E_s}} \qquad (3-3)$$

式中：ξ_b——相对界限受压区高度；

x_b——界限受压区计算高度；

h_0——截面的有效高度；

f_y——钢筋抗拉强度设计值，按附录4表8取用；

E_s——钢筋弹性模量，按附录4表10取用。

对于无明显屈服点的钢筋，因为

$$\varepsilon_y = \frac{f_y}{E_s} + 0.002$$

（如图 3－11 所示），代入 $\xi_b = 0.8\xi_{0b}$，经整理可得

$$\xi_b = \frac{x_b}{h_0} = \frac{0.8}{1.6 + \dfrac{f_y}{0.0033E_s}} \qquad (3-4)$$

从式（3－3）和式（3－4）可以看出，相对界限受压区高度 ξ_b 与钢筋等级有关❶。通过计算可以得到，对于 HPB235、HRB335、HRB400、RRB400 级钢筋，ξ_b 分别为 0.614、0.550、0.518、0.518。

3. 判断方法

由图 3－13 可以明显看出，当 $\xi_0 \leqslant \xi_{0b}$（或 $\xi \leqslant \xi_b$），即 $x_0 \leqslant x_{0b}$时，$\varepsilon_s \geqslant \varepsilon_y$，钢筋应力可以达到其屈服强度，因此，为适筋破坏（此时把界限破坏看作适筋破坏的一种临界状态）；而当 $\xi_0 > \xi_{0b}$（或 $\xi > \xi_b$）时，$\varepsilon_s < \varepsilon_y$，钢筋应力达不到屈服强度，因此，为超筋破坏。

进行构件承载力计算或复核时，要注意以下两点：

（1）对于《水工混凝土结构设计规范》（DL/T 5057—2009），若计算出的相对受压区高度 $\xi = x/h_0 \leqslant \alpha_1\xi_b$，则为适筋破坏；若 $\xi > \alpha_1\xi_b$，则为超筋破坏❷［沿用了原规范（DL/T 5057—1996）的做法：取 $\alpha_1 = 1.0$，实质上是允许混凝土受压区计算高度 x 达到 $\xi_b h_0$ 这一临界值，此时将发生临界破坏，破坏性质不好，相应的安全度就不太高］。

（2）对于《水工混凝土结构设计规范》（SL 191—2008），取 $\alpha_1 = 0.85$，若计算出的相对受压区高度 $\xi = x/h_0 \leqslant \alpha_1\xi_b = 0.85\xi_b$，则为适筋破坏；若 $\xi > 0.85\xi_b$，则为超筋破坏［为了更有效地防止发生超筋破坏、确保构件的延性，《水工混凝土结构设计规范》（SL 191—2008）规定了一个 0.85 的折减系数，进行更严格的限制］。

3.4.4 适筋破坏与少筋破坏的界限条件

从理论上来说，适筋梁与少筋梁的界限应是这种梁破坏时所能承受的弯矩 M_u（按Ⅲ$_a$ 状态计算），等于同一截面的素混凝土梁所能承受的弯矩 M_{cr}（按Ⅰ$_a$ 状态计算）❸。在这种特定状态下，梁的配筋率$\rho[\rho = A_s/(bh_0)]$原则上应该是适筋梁的最小配筋率 ρ_{min}。为了防止梁“一裂即坏”，适筋梁的配筋率应不小于 ρ_{min}。这样可以保证配筋率为 ρ_{min}的梁开裂后，虽然钢筋立即屈服，但最终发生混凝土压碎的适筋破坏特征。

附录 6 表 22 中列有《水工混凝土结构设计规范》规定的受弯构件最

❶ 相对界限受压区高度仅与材料性能有关，而与截面尺寸无关。

❷ 配筋量大，对裂缝的约束就强，破坏时的受压区高度也就越大，即相对受压区高度 ξ 随配筋率 ρ 的增加而增大，所以 ξ_b 实际对应了适筋梁的最大配筋率：$\rho_{max} = \alpha_1\xi_b f_c/f_y$，读者可以结合承载力公式（3－1a）和式（3－1b）推导。

❸ $M_{cr} = M_u$。

小配筋率❶。必须注意的是，对温度、收缩效应比较敏感（变形受到约束）以及处于恶劣环境中的结构构件，宜采用比表22中所列ρ_{min}较大的数值，以避免一旦开裂，裂缝开展过快、过宽。

❶ 设计要求$\rho \geq \rho_{min}$。在特殊情况下，ρ_{min}可按《水工混凝土结构设计规范》中的要求确定。

3.5 单筋矩形截面承载力计算

3.5.1 基本计算公式

1. 计算简图

根据上述分析，进行单筋矩形截面受弯构件正截面承载力计算时，计算简图如图3－14所示❷。

❷ 理解并掌握了计算简图的物理意义，就可以根据平衡条件建立计算公式，而不必死记硬背了。

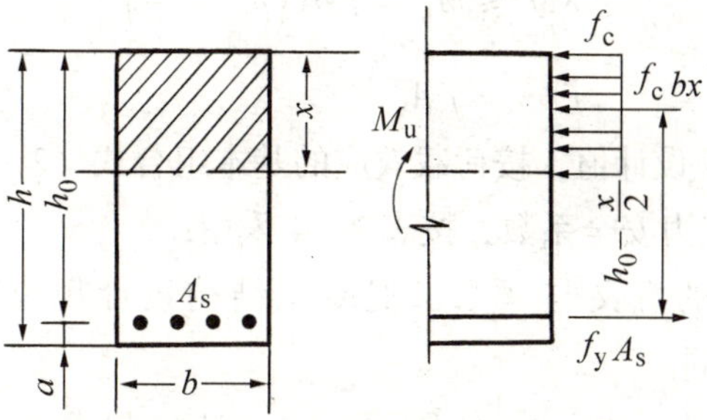

图3－14 单筋矩形截面受弯构件正截面承载力计算图

2. 基本公式

（1）设计表达式。根据计算简图和截面内力平衡条件，并满足承载力极限状态的计算要求，可得如下两个基本设计公式❸：

❸ 按照第2章的可靠度设计原则$\gamma S \leq R$或$KS \leq R$，得到此受弯构件正截面承载力设计计算公式。式（3－1a）只是给出了M_u的计算式，而不是设计公式。

① 在《水工混凝土结构设计规范》（DL/T 5057—2009）中，

$$\gamma M \leq M_u = f_c bx\left(h_0 - \frac{x}{2}\right) \qquad (3-5a)$$

$$f_c bx = f_y A_s \qquad (3-5b)$$

上述各式中：M——弯矩设计值，按荷载效应的基本组合式（2－17）计算；

M_u——截面极限弯矩值❹；

❹ 对纵向受拉钢筋合力点取矩而得。

γ——综合分项系数，$\gamma=\gamma_d\gamma_0\psi$❺；

❺ 为了方便计算，并与《水工混凝土结构设计规范》（SL 191—2008）中的K对比，简化为γ。

f_c——混凝土轴心抗压强度设计值，按附录4表6取用；

b——矩形截面的宽度；

x——混凝土受压区计算高度；

h_0——截面的有效高度，$h_0=h-a$，h为截面高度，a为纵向受拉钢筋合力点至截面受拉边缘之间的距离；

f_y——钢筋抗拉强度设计值，按附录4表2取用；

A_s——受拉区纵向钢筋的截面面积。

在确定截面有效高度 h_0 时，a 值可由混凝土保护层的最小厚度 c（查附录6表20）和钢筋直径 d 计算得出❶。钢筋单排布置时，$a=c+d/2$；钢筋双排布置时，$a=c+d+e/2$，其中，e 为两排钢筋的净距（如图3－3所示）。在一般情况下，可按钢筋直径 d 分别取20 mm（对梁）和10 mm（对板）来估算 a 值。例如，对一类环境条件，当梁内钢筋为单排布置时，可取 $a=40$ mm；当梁内钢筋为双排布置时，可取 $a=65$ mm；板内钢筋一般为单排布置，可取 $a=25$ mm。

❶ 要分清 a 与保护层厚度 c 之间的联系与区别。

② 在《水工混凝土结构设计规范》（SL 191—2008）中，

$$KM \leqslant M_u = f_c bx\left(h_0 - \frac{x}{2}\right) \tag{3-6a}$$

$$f_c bx = f_y A_s \tag{3-6b}$$

式中：M——弯矩设计值，按荷载效应的基本组合式（2－20）计算；

K——承载力安全系数，按表2－4采用；

其余符号的意义与《水工混凝土结构设计规范》（DL/T 5057—2009）相同。

（2）适用条件。式（3－5a）、式（3－5b）和式（3－6a）、式（3－6b）依据的是适筋构件破坏时所对应的应力状态，即基本公式只适用于适筋构件，而不适用于超筋构件和少筋构件。

为了保证构件是适筋破坏，应用基本公式时，应满足以下两个适用条件❷：

$$x \leqslant \alpha_1 \xi_b h_0 \tag{3-7}$$

$$\rho \geqslant \rho_{min} \tag{3-8}$$

❷ 若受压区计算高度 $x > \alpha_1\xi_b h_0$，则应加大截面尺寸或提高混凝土的强度等级；如计算出的配筋率 $\rho < \rho_{min}$，则应按 ρ_{min} 配筋。

上述各式中：ξ_b——相对界限受压区高度，按式（3－3）或式（3－4）取用；

ρ——纵向受拉钢筋配筋率，$\rho = A_s/(bh_0)$；

ρ_{min}——受弯构件纵向受拉钢筋的最小配筋率，对一般受弯构件，可按附录6表22取用；对截面尺寸较大的底板，应按现行规范另行确定最小配筋率；

其余符号的意义同前。

式（3－7）是防止配筋过多而发生超筋破坏；式（3－8）是防止配筋过少而发生少筋破坏。

（3）公式变换❸。在已知弯矩设计值 M、材料强度设计值 f_y 和 f_c，并初步拟定了截面尺寸 b 和 h 后，可利用式（3－5a）、式（3－5b）或式（3－6a）、式（3－6b）解二元二次方程，求出钢筋截面面积 A_s 和受压区计算高

❸ 公式变换之后，将使求解过程简单、明了。

度x。为了更方便计算，将式（3－5a）、式（3－5b）和式（3－6a）、式（3－6b）改写如下：

将$\xi = x/h_0$代入式（3－5a）、式（3－5b）和式（3－6a）、式（3－6b），并令

$$\alpha_s = \xi(1 - 0.5\xi) \tag{3-9}$$

则

$$KM(\text{或}\ \gamma M) \leqslant M_u = f_c b h_0^2 \alpha_s \tag{3-10}$$

$$f_c b \xi h_0 = f_y A_s \tag{3-11}$$

式（3－10）与式（3－11）的适用条件相应为

$$\xi \leqslant \alpha_1 \xi_b \tag{3-12}$$

$$\rho \geqslant \rho_{min} \tag{3-13}$$

3.5.2 截面承载力计算方法[1]

1. 截面设计

在进行截面设计中，通常是根据截面承受的弯矩设计值M和选用的材料强度等级，确定截面尺寸和配筋数量。

（1）材料选择。在适量配筋的受弯构件中，对正截面受弯承载力起主要作用的是钢筋强度和配筋量，混凝土强度的影响并不明显，所以混凝土的等级不宜太高[2]。由于裂缝宽度的限制，高强钢筋的强度也不能得到充分利用。

（2）截面尺寸确定。根据设计经验或者类似的结构，并考虑构造及施工方面的特殊要求，预先假定截面宽度b和截面高度h（按高跨比h/l来估计）。截面尺寸的确定应使计算出的实际配筋率满足$\rho \geqslant \rho_{min}$且处在常用配筋率范围内[3]。对于一般板和梁，常用配筋率的范围如下：板为$\rho = 0.4\%$～0.8%；矩形截面梁为$\rho = 0.6\%$～1.5%；T形截面梁为$\rho = 0.9\%$～1.8%。对于有特殊要求的构件，应灵活处理。例如，为了减轻预制构件的自重，有时也采用比常用配筋率略高的数值；对有抗裂要求的构件，其配筋率必将低于上述数值。

（3）内力计算。首先根据实际结构确定合理的计算简图，包括计算跨度[4]、支座条件、荷载形式等，然后进行荷载的最不利组合[5]，按材料力学或结构力学计算内力。

（4）钢筋截面面积计算及选用。

① 由式（3－10）求得

$$\alpha_s = \frac{KM(\text{或}\ \gamma M)}{f_c b h_0^2} \tag{3-14}$$

[1] 构件截面承载力计算一般有两类问题：截面设计和截面复核。

[2] 适筋破坏源于钢筋首先屈服，所以钢筋强度对承载力影响最为显著。适筋梁承载力对混凝土的强度等级不敏感，即混凝土强度等级的改变对配筋量影响很小。钢筋和混凝土的具体选择要求见第1章。

[3] 这个常用配筋率范围是从经济性角度提出来的，而不是受力性能所必须要求的。

[4] 特别是计算跨度的确定，详见例3－1和例3－3。

[5] 钢筋用量最多的组合，截面设计由其控制。

② 由式（3－9）求出

$$\xi = 1 - \sqrt{1 - 2\alpha_s} \quad (3-15)$$

[1]

验算 ξ 是否满足式（3－12）。如不满足，则应加大截面尺寸，提高混凝土的强度等级或采用双筋截面重新计算（见3.6节）。

[1] $\xi = 1 - \sqrt{1 - 2\alpha_s}$ 实为解方程(3－9)求根而得。

③ 按式（3－11）求得

$$A_s = \frac{f_c b \xi h_0}{f_y} \quad (3-16)$$

④ 计算配筋率为

$$\rho = \frac{A_s}{bh_0} \quad (3-17)$$

并检查是否满足式（3－13）。如不满足，则应按最小配筋率配筋，即取

$$A_s = \rho_{min} bh_0 \quad (3-18)$$

最好使求得的 ρ 在常用配筋率范围内。如不在常用配筋率范围内，则可以修改截面尺寸[2]，并重新计算，直到确定出合适的截面尺寸和钢筋数量。

[2] 配筋率 ρ 小，说明截面尺寸偏大；ρ 大，则相反。这样可做相应修改。

⑤ 由附录5选用钢筋直径和根数（现浇板中为直径和间距），并进行布置。实际采用的钢筋截面面积一般应等于或略大于计算所需的钢筋截面面积[3]，如小于计算所需的钢筋截面面积，则不应小于5%。

[3] 选择钢筋时，首先要满足计算面积，最后考虑构造要求，选定钢筋的直径和根数，并绘出配筋图。实用的钢筋面积以大于计算所需的钢筋面积为好，但一般也不要超过5%。

（5）截面配筋图绘制。配筋图上应表示截面尺寸和钢筋布置，并按适当比例正规绘制。

2. 截面复核

截面复核是在已知构件截面尺寸、受力钢筋截面面积、混凝土和钢筋等级的条件下，验算该正截面的承载能力，即计算实际的承载力大小，以此判断结构是否安全。一般还要判断结构设计是否合理、是否在适筋范围内。

（1）按式（3－11）计算相对受压区高度为

$$\xi = \frac{A_s f_y}{f_c b h_0} \quad (3-19)$$

并检查是否满足式（3－12）。如不满足，则表示截面属于超筋截面，承载力受混凝土受压区控制，于是取

$$\xi = \alpha_1 \xi_b \quad (3-20)$$

（2）由式（3－9）求出

$$\alpha_s = \xi(1 - 0.5\xi) \quad (3-21)$$

（3）按式（3－10）计算正截面受弯承载力为

$$M_u = \alpha_s f_c b h_0^2 \quad (3-22)$$

（4）当截面承受的弯矩设计值 M 已知时，按承载能力极限状态计算要

求，应满足

$$KM（或 \gamma K）\leqslant M_u \tag{3-23}$$

（5）若 $\rho < \rho_{min}$，则承载力过低，说明截面设计不合理❶。

❶ 此时的承载力大小等同于少筋梁。

【例 3－1】 某灌溉渠控制闸（5 级水工建筑物）的闸门用螺杆启闭机启闭，如图 3－15(a) 所示，启闭机支撑在两根梁上，试按《水工混凝土结构设计规范》（DL/T 5057—2009、SL 191—2008），计算其中一根矩形梁跨中截面所需的钢筋面积。

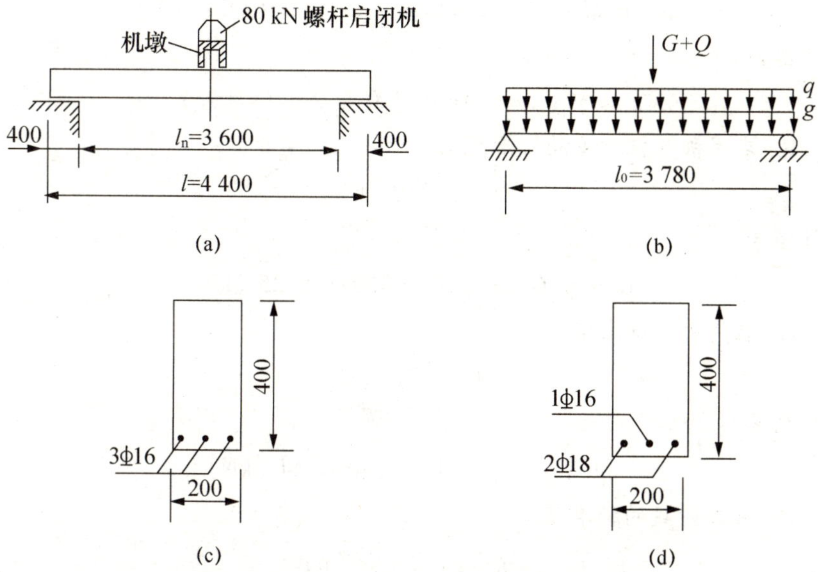

图 3－15　支撑启闭机梁、内力计算图及配筋图

（a）支撑启闭机梁；（b）内力计算图；

（c）（DL/T 5057—2009）规范结果；（d）（SL 191—2008）规范结果

资料： 闸门提升时启门力为 80 kN，启闭机和机墩重 10 kN，由两根梁承受，则每根梁承受作用于跨中的集中荷载标准值 $Q_k = 40$ kN（启门力）和 $G_k = 5$ kN（启闭机和机墩重）。

对于单孔小闸，启闭机梁承受的人群荷载主要为启闭机操作人员和管理人员，估计其标准值为 $q_k = 1.2$ kN/m。

假设梁宽 $b = 200$ mm，梁高 $h = 400$ mm。

采用 C25 混凝土和 HRB335 钢筋。

由附录 4 表 6 和表 8 查得，材料强度设计值 $f_c = 11.9$ N/mm²，$f_y = 300$ N/mm²；混凝土重度 $\gamma = 25$ kN/m³。

解　（1）按《水工混凝土结构设计规范》（DL/T 5057—2009）计算。

① 分项系数。由附录 3 表 4，5 级水工建筑物的结构安全级别为 Ⅲ 级，

则结构重要系数 $\gamma_0=0.9$；正常运行期为持久状况，设计状况系数 $\psi=1.0$。

由表 2-3 和表 2-6 查得荷载分项系数如下：梁自重、启闭机及机墩重等永久荷载，$\gamma_G=1.05$；人群荷载，$\gamma_{Q1}=1.20$（一般可变荷载）；启门力，$\gamma_{Q2}=1.1$（采用制造商厂家提供的最大启门力，属于可控制的可变荷载）。

由表 2-2 查得结构系数 $\gamma_d=1.2$。

② 荷载。

A. 梁自重的标准值为

$$g_k = bh\gamma = 0.2\times0.4\times25 = 2.0\ (\text{kN/m})$$

设计值为

$$g = \gamma_G g_k = 1.05\times2.0 = 2.1\ (\text{kN/m})$$

B. 启闭机及机墩重的标准值为

$$G_k = 5.0\ (\text{kN})$$

设计值为

$$G = \gamma_G G_k = 1.05\times5.0 = 5.25\ (\text{kN})$$

C. 启门力的标准值为

$$Q_k = 40\ (\text{kN})$$

设计值为

$$Q = \gamma_{Q2} Q_k = 1.1\times40 = 44\ (\text{kN})$$

D. 人群荷载的标准值为

$$q_k = 1.2\ (\text{kN/m})$$

设计值为

$$q = \gamma_{Q1} q_k = 1.2\times1.2 = 1.44\ (\text{kN/m})$$

③ 内力计算。启闭机梁两端搁置在墩子上，可按简支梁计算。计算简图如图 3-15(b) 所示。

梁的计算跨度 l_0 可取下列两者中的较小者[1]：

$$l_0 = l_n + a = 3.6+0.4 = 4.0\ (\text{m})$$

$$l_0 = 1.05 l_n = 1.05\times3.6 = 3.78\ (\text{m})$$

取计算跨度为 $l_0=3.78$ m，简支梁跨中弯矩设计值为

$$\begin{aligned}M &= \frac{1}{8}(g+q)l_0^2 + \frac{1}{4}(G+Q)l_0\\ &= \frac{1}{8}\times(2.1+1.44)\times3.78^2 + \frac{1}{4}\times(5.25+44)\times3.78\\ &= 52.86\ (\text{kN}\cdot\text{m})\end{aligned}$$

④ 配筋计算。该启闭机梁处于露天（二类环境条件），由附录 6 表 20 查得，混凝土保护层的最小厚度 $c=35$ mm，钢筋排成一排，所以

[1] 这里说明了简支梁计算跨度 l_0 的确定方法，其中，a 为梁的支承长度，l_n 为梁的净跨度。

$$a = c + \frac{d}{2} = 35 + \frac{20}{2} = 45\ (\text{mm})$$

则截面有效高度

$$h_0 = h - a = 400 - 45 = 355\ (\text{mm})$$

$$\gamma M = \gamma_d \gamma_0 \psi M = 1.2 \times 1.0 \times 0.9 \times 52.86 = 57.09\ (\text{kN} \cdot \text{m})$$

将各个已知数值代入基本设计公式（3－5a）和式（3－5b），可得

$$57.09 \times 10^6 = 11.9 \times 200x\left(355 - \frac{x}{2}\right)$$

$$11.920\,0x = 300 \times A_s$$

联立求解可得

$$\begin{cases} x = 70 < \xi_b h_0 = 195 \\ A_s = 603 \end{cases}$$

上述求解一元二次方程的计算比较麻烦，下面再利用系数 α_s 进行计算。

按式（3－10）求得

$$\alpha_s = \frac{\gamma M}{f_c b h_0^2} = \frac{57.09 \times 10^6}{11.9 \times 200 \times 355^2} = 0.190$$

$$\xi = 1 - \sqrt{1 - 2\alpha_s} = 1 - \sqrt{1 - 2 \times 0.190} = 0.213 < \xi_b = 0.550$$

满足要求。按式（3－11），求得

$$A_s = \frac{f_c \xi b h_0}{f_y} = \frac{11.9 \times 0.213 \times 200 \times 355}{300} = 600\ (\text{mm}^2)$$

与解联立方程式的计算结果基本相同。可以看出，对截面设计，利用系数法计算比解方程式运算简便，因此，一般都采用系数法进行计算。

$$\rho = \frac{A_s}{bh_0} = \frac{600}{200 \times 355} = 0.85\% > \rho_{min} = 0.20\%\ (\text{查附录6表22})$$

满足要求，且在矩形截面梁的常用配筋率范围（0.6%～1.5%）内。由计算可见，截面尺寸合适。

查附录5表14，选用3ф16（实际 $A_s = 603\ \text{mm}^2$）。钢筋配置如图3－15(c)所示。选用钢筋3ф16排成一层，需要的宽度为

2×35(两侧保护层厚度)+3×16(钢筋直径)+2×25(钢筋净距)
=168（mm）

小于梁宽200 mm，所以可排成一层。

（2）按《水工混凝土结构设计规范》（SL 191—2008）计算。

① 内力计算。荷载标准值与按《水工混凝土结构设计规范》（DL/T 5057—2009）计算的相同，

$g_k = 2.0\ \text{kN/m},\quad q_k = 1.2\ \text{kN/m},\quad G_k = 5.0\ \text{kN},\quad Q_k = 40\ \text{kN}$

永久荷载，$\gamma_G = 1.05$；人群荷载，$\gamma_{Q1} = 1.2$（一般可变荷载）；启门力，$\gamma_{Q2} = 1.1$（可控制的可变荷载）。

简支梁跨中弯矩设计值为

$$M = \frac{1}{8}(\gamma_G g_k + \gamma_{Q1} q_k) l_0^2 + \frac{1}{4}(\gamma_G G_k + \gamma_{Q2} Q_k) l_0$$

$$= \frac{1}{8} \times (1.05 \times 2.0 + 1.2 \times 1.2) \times 3.78^2 +$$

$$\frac{1}{4} \times (1.05 \times 5.0 + 1.1 \times 40) \times 3.78$$

$$= 52.86\ (\text{kN} \cdot \text{m})$$

② 配筋计算[1]。由表 2-4，查得 5 级水工建筑物基本组合时的安全系数 $K = 1.15$。与上面的计算过程类似，可得

$$\alpha_s = \frac{KM}{f_c b h_0^2} = \frac{1.15 \times 52.86 \times 10^6}{11.9 \times 200 \times 355^2} = 0.203$$

$$\xi = 1 - \sqrt{1 - 2\alpha_s} = 1 - \sqrt{1 - 2 \times 0.203} = 0.229 < 0.85\xi_b = 0.468$$

满足要求。

$$A_s = \frac{f_c \xi b h_0}{f_y} = \frac{11.9 \times 0.229 \times 200 \times 355}{300} = 645\ (\text{mm}^2)$$

$$\rho = \frac{A_s}{b h_0} = \frac{645}{200 \times 355} = 0.91\% > \rho_{min} = 0.20\%$$

满足要求，且在矩形截面梁的常用配筋率范围（0.6%～1.5%）内。

查附录 5 表 14，选用 2Φ18 + 1Φ16（实际 $A_s = 710\ \text{mm}^2$）。钢筋配置如图 3-15(d) 所示。

【例 3-2】 已知矩形截面梁 $b \times h = 250\ \text{mm} \times 500\ \text{mm}$，按《水工混凝土结构设计规范》（SL 191—2008）得到的跨中弯矩设计值 $M = 148\ \text{kN} \cdot \text{m}$。混凝土强度等级 C20，钢筋选用 HRB335 级，Ⅲ级安全级别，一类环境条件。试按《水工混凝土结构设计规范》（SL 191—2008）求所需的受拉钢筋截面面积 A_s。

解 由附录 4 表 6 和表 8 查得 $f_c = 9.6\ \text{N/mm}^2$，$f_y = 300\ \text{N/mm}^2$。由表 2-4 查得安全系数 $K = 1.15$。

一类环境条件，由附录 6 表 20 查得 $c = 30\ \text{mm}$，估计需配双层钢筋[2]，

$$a = c + d + \frac{e}{2} = 30 + 20 + \frac{25}{2} = 62.5\ (\text{mm})$$

实际可取整为 65 mm，

$$h_0 = h - a = 500 - 65 = 435\ (\text{mm})$$

[1] 计算表明，对 4 级、5 级水工建筑物，按《水工混凝土结构设计规范》（SL 191—2008）得到的钢筋用量比按《水工混凝土结构设计规范》（DL/T 5057—2009）得到的要大些。原因在于，前者的结构重要性系数 γ_0 从后者的 0.9 提高到 0.95。而对 1～3 级水工建筑物，两个规范的 γ_0 相同，计算的钢筋用量就基本相当。

[2] 是否双排布筋，开始不易判断，可以先按单排计算。若钢筋用量较多，单排布筋太密，就需改为双排布筋，重新计算钢筋用量。

则

$$\alpha_s = \frac{KM}{f_c b h_0^2} = \frac{1.15 \times 148 \times 10^6}{9.6 \times 250 \times 435^2} = 0.375$$

$$\xi = 1 - \sqrt{1 - 2\alpha_s} = 1 - \sqrt{1 - 2 \times 0.375} = 0.5 > 0.85\xi_b = 0.468$$

截面属于超筋破坏情况，这里将混凝土强度等级改用 C25 进行设计，$f_c = 11.9\ \text{N/mm}^2$。

$$\alpha_s = \frac{KM}{f_c b h_0^2} = \frac{1.15 \times 148 \times 10^6}{11.9 \times 250 \times 435^2} = 0.302$$

$$\xi = 1 - \sqrt{1 - 2\alpha_s} = 1 - \sqrt{1 - 2 \times 0.302} = 0.371 < 0.85\xi_b = 0.468$$

$$A_s = \frac{f_c \xi b h_0}{f_y} = \frac{11.9 \times 0.371 \times 250 \times 435}{300} = 1\,600\ (\text{mm}^2)$$

查附录5表14选用4Φ20+2Φ16（实际 $A_s = 1\,658\ \text{mm}^2$）。钢筋配置如图3-16所示。

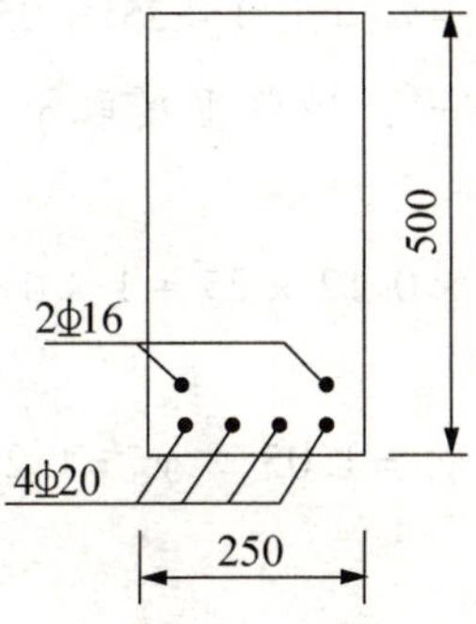

图3-16　截面配筋图

$$\rho = \frac{A_s}{bh_0} = \frac{1\,658}{250 \times 435} = 1.52\% > \rho_{min} = 0.15\%$$

满足要求，且基本在矩形截面梁的常用配筋率范围（0.6%～1.5%）内。由计算可见，改定后的方案基本合适。

例3-2也可以不提高混凝土的强度等级，而将截面尺寸改为250 mm×600 mm，读者可自行计算。

【例3-3】 如图3-17所示为一单跨简支板，板厚120 mm，板上有30 mm厚的水泥砂浆找平层❶，板的计算跨度为 $l_0 = 4.2$ m，板上活荷载 $q_k = 2.0\ \text{kN/m}^2$；采用C30混凝土、HPB235钢筋，试按《水工混凝土结构设计规范》（SL 191—2008）配置该板的钢筋。

❶ 水泥砂浆找平层只考虑其荷载作用，不能作为结构尺寸计入。

解 取板宽 $b = 1\,000$ mm 的板条作为计算单元，建筑物级别为2级，一类环境条件，则

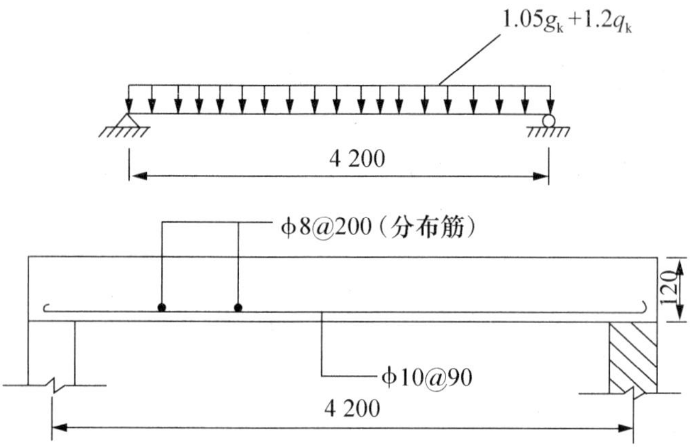

图 3-17　简支板计算及配筋图

$$K = 1.2,\quad c = 20\ (\mathrm{mm}),\quad a = c + \frac{d}{2} = 20 + \frac{10}{2} = 25\ (\mathrm{mm})$$

$$h_0 = h - a = 120 - 25 = 95\ (\mathrm{mm})$$

混凝土重度取 $\gamma_1 = 25\ \mathrm{kN/m^3}$，砂浆重度取 $\gamma_2 = 20\ \mathrm{kN/m^3}$，则荷载标准值为

$$g_k = bh\gamma_1 + bh_1\gamma_2 = 1 \times 0.12 \times 25 + 1 \times 0.03 \times 20 = 3.6\ (\mathrm{kN/m})$$

根据荷载性质，有

$$\gamma_G = 1.05,\quad \gamma_Q = 1.2$$

跨中弯矩设计值为❶

$$M = \frac{1}{8}(\gamma_G g_k + \gamma_Q q_k)l_0^2$$

$$= \frac{1}{8} \times (1.05 \times 3.6 + 1.2 \times 2) \times 4.2^2$$

$$= 13.6\ (\mathrm{kN \cdot m})$$

$$\alpha_s = \frac{KM}{f_c b h_0^2} = \frac{1.2 \times 13.6 \times 10^6}{14.3 \times 1\,000 \times 95^2} = 0.126$$

$$\xi = 1 - \sqrt{1 - 2\alpha_s} = 1 - \sqrt{1 - 2 \times 0.126} = 0.135$$

$$< 0.85\xi_b = 0.85 \times 0.614 = 0.522$$

满足要求。

$$A_s = \frac{f_c \xi b h_0}{f_y} = \frac{14.3 \times 0.135 \times 1\,000 \times 95}{210} = 873\ (\mathrm{mm^2})$$

$$\rho = \frac{A_s}{bh_0} = \frac{873}{1\,000 \times 95} = 0.92\% > \rho_{min} = 0.20\%$$

满足要求。

❶ 其内力计算简图为跨度 l_0 的受均布荷载作用的简支板。l_0 取下列三者中的较小值：

(1) $l_0 = l_n + a$。

(2) $l_0 = l_n + h$。

(3) $l_0 = 1.1 l_n$。

查附录5表15，选用ф10@90（实际 $A_s=873\ mm^2$）❶，分布筋选用ф8@200。钢筋配置如图3－17所示。

【例3－4】 某现浇简支板，板厚120 mm，计算跨度为 $l_0=3.1$ m，采用C25混凝土和HRB335钢筋（实配受力钢筋ф8@140）。施工期承受的施工荷载标准值为3.0 kN/m²，Ⅱ级安全级别，二类环境条件，试复核此板施工期正截面受弯承载力是否满足要求。

解 由附录4表6和表8查得 $f_c=11.9\ N/mm^2$，$f_y=300\ N/mm^2$；由附录5表15查得 $A_s=359\ mm^2$（ф8@140）❷；板的混凝土保护层厚度 $c=25$ mm，单排钢筋 $a=c+d/2=25+8/2=29$（mm）❸，$h_0=h-a=120-29=91$（mm），板宽 $b=1\ m=1\ 000$ mm；取混凝土重度 $\gamma=25\ kN/m^3$ 进行验算。

（1）荷载标准值。永久荷载（板自重）为

$$g_k=1.0\times0.12\times25=3.0\ (kN/m)$$

可变荷载（施工荷载）为

$$q_k=1.0\times3.0=3.0\ (kN/m)$$

根据荷载性质，有

$$\gamma_G=1.05,\quad \gamma_Q=1.2$$

（2）按《水工混凝土结构设计规范》（DL/T 5057—2009）计算。Ⅱ级安全级别的结构重要性系数 $\gamma_0=1.0$；施工期为短暂状况，设计状况系数 $\psi=0.95$；结构系数 $\gamma_d=1.2$。

① 跨中最大弯矩设计值为

$$M=\frac{1}{8}(\gamma_G g_k+\gamma_Q q_k)l_0^2$$

$$=\frac{1}{8}\times(1.05\times3.0+1.2\times3.0)\times3.1^2$$

$$=8.11\ (kN\cdot m)$$

② 正截面受弯承载力为

$$\rho=\frac{A_s}{bh_0}=\frac{359}{1\ 000\times91}=0.39\%>\rho_{min}=0.15\%$$

由

$$\xi=\frac{A_sf_y}{f_cbh_0}=\frac{359\times300}{11.9\times1\ 000\times91}=0.099<\xi_b=0.550$$

$$\alpha_s=\xi(1-0.5\xi)=0.099\times(1-0.5\times0.099)=0.094$$

正截面受弯承载力（极限弯矩）为

$$M_u=\alpha_sf_cbh_0^2=0.094\times11.9\times1\ 000\times91^2=9.26\ (kN\cdot m)$$

③ 实际能承受的弯矩设计值为

❶ 板宽超过1 m的现浇板，一般取 $b=1$ m，查附录5表15配筋（代表1 m宽板的配筋量）；若板宽小于1 m，则取实际宽度计算，并按附录5表14配筋。

❷ 单宽用量ф8@140表示钢筋直径为8 mm，以间距140 mm在1 m宽范围内均匀布置。

❸ 承载力复核时，因配筋已知，所以 a 值一般应由实际钢筋直径和保护层厚度确定，而不必估算，但若按经验估算，差别也不大。

$$M=\frac{M_u}{\gamma_0\psi\gamma_d}=\frac{9.26}{1.2\times1.0\times0.95}=8.12(\mathrm{kN\cdot m})>8.11\ (\mathrm{kN\cdot m})$$

实际承载力大于作用的荷载弯矩，截面安全。

(3) 按《水工混凝土结构设计规范》(SL 191—2008) 计算。截面承载力复核的计算如下：

① 跨中最大弯矩设计值为

$$M=\frac{1}{8}(\gamma_G g_k+\gamma_Q q_k)l_0^2$$

$$=\frac{1}{8}\times(1.05\times3.0+1.2\times3.0)\times3.1^2$$

$$=8.11\ (\mathrm{kN\cdot m})$$

② 正截面受弯承载力。计算过程和结果与按《水工混凝土结构设计规范》(DL/T 5057—2009) 计算相同，只是用小于等于 $0.85\xi_b$ 判别是否超筋。

③ 实际能承受的弯矩设计值。Ⅱ级安全级别、基本组合时的安全系数 $K=1.2$，

$$M=\frac{M_u}{K}=\frac{9.26}{1.2}=7.72\ (\mathrm{kN\cdot m})<8.11\ (\mathrm{kN\cdot m})$$

实际承载力小于作用的荷载弯矩，截面不够安全 (差 5%)[1]。

3.6 双筋矩形截面承载力计算

在单筋截面受压区内配置受力钢筋后便构成双筋截面[2]。双筋截面 (如图 3-18 所示) 通常在以下几种情况下采用：

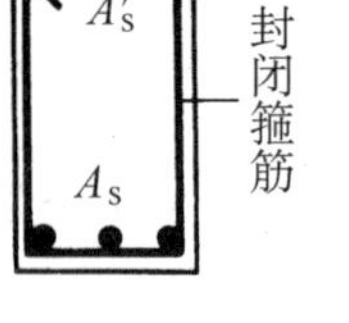

图 3-18 封闭式箍筋图

(1) 当构件所承受的弯矩很大，而截面尺寸受到使用要求的限制不能增大，混凝土的强度等级又受到施工条件所限不能提高时，若采用单筋截面，就会产生超筋 ($\xi>\alpha_1\xi_b$)，因此，需要在受压区配置受压钢筋，提高抗压能力，形成双筋截面。

(2) 在不同的荷载组合下，同一截面在一种荷载组合下承受正号弯

[1] 两个规范结论不同的原因在于，《水工混凝土结构设计规范》(DL/T 5057—2009) 对于施工期这种短暂设计状况，取设计状况系数 $\psi=0.95$。《水工混凝土结构设计规范》(SL 191—2008) 却认为短暂设计状况失事的概率高，安全度不应降低，即短暂设计状况的 ψ 值取为与持久状况相同，均为 1.0，这样其可靠度水平就大于《水工混凝土结构设计规范》(DL/T 5057—2009)，从而造成了施工期两个规范可能不同时满足的情况。

[2] 注意：不要把双排布筋或受压区配置有构造架立筋的截面看作双筋截面，但受力钢筋是可以兼作构造钢筋的。

矩，而在另一种荷载组合下承受反号弯矩，就必须在截面的上、下均配置受力钢筋。当考虑受压钢筋的作用时，应按双筋截面计算。

（3）在地震区，截面纵向受压钢筋越多，截面延性越好，在受压区一般要配置一定数量的受压钢筋，因而抗震设计中常采用双筋截面。

在一般情况下，用钢筋来帮助混凝土受压，用钢量偏大，是不经济的，故应尽量避免采用。

3.6.1 基本计算公式

1. 计算简图

试验表明，只要双筋截面内配置了适量的封闭式箍筋将受压钢筋箍住（如图3-18所示）[1]，就能保证受压钢筋在压力作用下与混凝土变形协调，不会产生纵向弯曲而凸出，从而避免使受压区混凝土过早破坏。因此，双筋截面受弯构件与单筋截面相同，在适筋情况下（$\xi \leqslant \alpha_1 \xi_b$），仍然是受拉钢筋首先屈服，然后受压区混凝土边缘应变达到极限压应变而被压碎破坏。根据变形协调可知，此时受压钢筋应力 $\sigma'_s = E_s \varepsilon'_s = E_s \varepsilon_c$。在正常情况下（$x \geqslant 2a'$），$\varepsilon'_s = \varepsilon_c = 0.002$，则

$$\sigma'_s = 0.002 \times (1.95 \times 10^{-5} \sim 2.0 \times 10^{-5}) = 390 \sim 400\ (\text{N/mm}^2)$$

依此定义的钢筋抗压强度设计值 f'_y 见附录4表8。

这样，双筋截面破坏时的计算应力图形与单筋相似，不同之处仅在于受压区增加了受压钢筋的压力（如图3-19所示）。

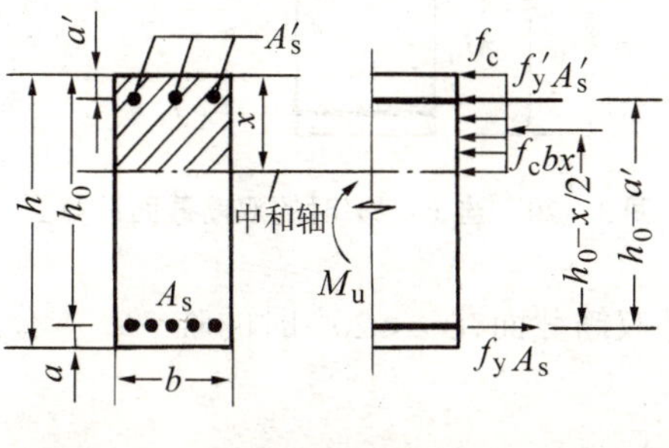

图3-19 双筋矩形截面承载力计算图

2. 基本公式[2]

（1）设计表达式。根据如图3-19所示的计算简图和内力平衡条件，可以列出基本设计计算公式如下：

$$KM \leqslant M_u = f_c bx\left(h_0 - \frac{x}{2}\right) + f'_y A'_s (h_0 - a') \tag{3-24}$$

$$f_c bx = f_y A_s - f'_y A'_s \tag{3-25}$$

为计算方便起见，将 $x = \xi h_0$ 代入式（3-24）和式（3-25），可得

[1] 没有可靠的配筋构造，计算模型和构件受力条件就可能得不到保证。这里，箍筋的构造要求是保证受压钢筋强度发挥的必要条件。箍筋的详细构造见第4章。

[2] 以后，若不特别说明，就只针对《水工混凝土结构设计规范》（SL 191—2008）进行。

$$KM \leqslant M_u = \alpha_s f_c b h_0^2 + f'_y A'_s (h_0 - a') \qquad (3-26)$$

$$f_c b \xi h_0 = f_y A_s - f'_y A'_s \qquad (3-27)$$

上述各式中：f'_y——钢筋抗压强度设计值，按附录4表8取用；

A'_s——受压区纵向钢筋的截面面积；

a'——受压钢筋合力点至受压区边缘的距离❶。

（2）适用条件❷。

① 与单筋截面一样，为了避免发生超筋情况，要求

$$\xi \leqslant \alpha_1 \xi_b \qquad (3-28)$$

② 保证受压钢筋应力能够达到抗压强度设计值，要求

$$x \geqslant 2a' \qquad (3-29)$$

如果 x 值太小，受压钢筋就会太靠近中和轴，将得不到足够的变形，应力也就达不到抗压强度设计值，因而基本公式便不能成立。

（3）$x<2a'$ 时的计算公式❸。对于 $x<2a'$ 的情况，受压钢筋应力达不到 f_y'。此时，可以近似假定受压钢筋的压力与受压混凝土的压力作用在同一条直线上，且经过受压钢筋的重心位置（如图3－20所示）。以受压钢筋合力点为力矩中心❹，可得

$$KM \leqslant M_u = f_y A_s (h_0 - a') \qquad (3-30)$$

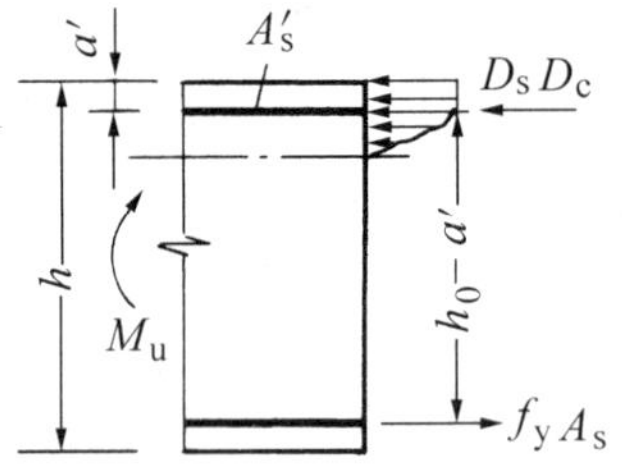

图3－20　当 $x<2a'$ 时的双筋截面计算图

式（3－30）是双筋截面在 $x<2a'$ 时的唯一基本公式，据此可以计算受拉钢筋的用量。

3.6.2　截面承载力计算方法

1. 截面设计

截面设计时，常遇到下列两种情况：

（1）已知弯矩设计值 M、截面尺寸 b 和 h、混凝土和钢筋等级，求受拉钢筋与受压钢筋的截面面积 A_s、A'_s❺。

基本公式只有两个，而此时共有三个未知数 x、A_s、A'_s，所以必须补充一个条件。这个条件是根据充分利用混凝土的抗压能力，使用钢量 $A_s + A'_s$

❶ a' 的确定方法与 a 相同。

❷ 双筋截面承受的弯矩较大，相应配置的受拉钢筋也较多，一般不必验算 $\rho \geqslant \rho_{min}$ 的条件。

❸ 若计算中不计受压钢筋作用，则 $x \geqslant 2a'$ 的条件就可取消，只按单筋计算。

❹ 即取 $x=2a'$ 计算，避开 $\sigma'_s < f_y'$ 的问题。

❺ 第一种情况，可按 $KM > M_{umax} = \alpha_1 \xi_b (1-0.5\alpha_1 \xi_b) f_c b h_0^2$ 判断是否需要设计成双筋截面。实配的受压钢筋注意要满足构造要求。

最小的原则定出的，即令 $\xi=\alpha_1\xi_b$（或 $x=\alpha_1\xi_b h_0$）[1]。在这种情况下，计算步骤如下：

① 由 $\alpha_{sb}=\alpha_1\xi_b(1-0.5\alpha_1\xi_b)$ 计算得 α_{sb}。

② 按式（3-26）计算受压钢筋的截面面积为

$$A'_s=\frac{KM-\alpha_{sb}f_c bh_0^2}{f_y(h_0-a')} \tag{3-31}$$

③ 按式（3-27）计算受拉钢筋的截面面积为

$$A_s=\frac{f_c\alpha_1\xi_b bh_0+f'_yA'_s}{f_y} \tag{3-32}$$

（2）已知弯矩设计值 M、截面尺寸 b 与 h、钢筋与混凝土等级、受压钢筋的截面面积 A'_s，求受拉钢筋的截面面积 A_s。

此时，共有两个未知数 A_s、x，可由基本方程直接求解[2]，计算步骤如下：

① 由式（3-26）求 α_s。

$$\alpha_s=\frac{KM-f'_yA'_s(h_0-a')}{f_c bh_0^2} \tag{3-33}$$

② 由 $\xi=1-\sqrt{1-2\alpha_s}$ 求得值 ξ。若 $\xi>\alpha_1\xi_b$，则说明所配的受压钢筋 A'_s 数量不够，应将此 A'_s 看作未知，按第一种情况重新计算 A'_s 与 A_s。

③ 若 $2a'\leqslant x\leqslant\alpha_1\xi_b h_0$，则由式（3-27），有

$$A_s=\frac{f_c\xi bh_0+f'_yA'_s}{f_y} \tag{3-34}$$

④ 若 $x<2a'$，则由式（3-30），有

$$A_s=\frac{KM}{f_y(h_0-a')} \tag{3-35}$$

最后选配钢筋的方法与单筋截面设计基本相同。

对于第一种截面设计情况，若实际选配的受压钢筋 A'_s 超出按式（3-31）计算的 A'_s 过多，或按公式计算出的 A'_s 很小，而按构造要求配置的 A'_s 较多，或为了增加构件的延性而利于抗震，适当多配置了 A'_s 时，实际配置和计算要求的这种过大差别就会造成实际的 ξ 值小于 $\alpha_1\xi_b$ 过多，前设条件不再成立，这时应按 A'_s 为已知的第二种情况重新计算受拉钢筋面积 A_s。

2. 截面复核

已知构件的截面尺寸、混凝土和钢筋等级、受压钢筋和受拉钢筋的截面面积，需要复核正截面受弯承载力，可按下列步骤进行：

（1）按式（3-27）计算相对受压区高度为

$$\xi=\frac{f_yA_s-f'_yA'_s}{f_c bh_0} \tag{3-36}$$

[1] 此时，x 较大，一般满足 $x\geqslant 2a'$。

[2] 第二种情况，一定要充分利用已有的受压钢筋，直接解方程求解，不能再用 $\xi=\alpha_1\xi_b$，此条件已不成立。

❶ 一定要注意超筋的控制条件在承载力计算和复核时的处理方法。

（2）若 $\xi > \alpha_1\xi_b$，令 $\xi = \alpha_1\xi_b$❶，$\alpha_s = \alpha_{sb}$，则由式（3－26），有

$$M_u = \alpha_{sb} f_c b h_0^2 + f'_y A'_s (h_0 - a') \tag{3-37}$$

（3）若 $\xi \leqslant \alpha_1\xi_b$，且 $x > 2a'$，$\alpha_s = \xi(1 - 0.5\xi)$，则由式（3－26），有

$$M_u = \alpha_s f_c b h_0^2 + f'_y A'_s (h_0 - a') \tag{3-38}$$

（4）若 $x < 2a'$，则由式（3－30），有

$$M_u = f_y A_s (h_0 - a') \tag{3-39}$$

（5）当已知截面弯矩设计值 M 时，应满足

$$M \leqslant \frac{M_u}{K}$$

【例 3－5】 已知一个结构安全级别为Ⅱ级的矩形截面简支梁（安全系数 $K = 1.2$），截面尺寸为 $b \times h = 250\ \text{mm} \times 500\ \text{mm}$，若梁承受的弯矩设计值 $M = 196\ \text{kN} \cdot \text{m}$，采用 C25 混凝土和 HRB335 钢筋，保护层厚度 $c = 35\ \text{mm}$，试按《水工混凝土结构设计规范》（SL 191—2008）配置钢筋。

❷ 双筋截面一般受拉钢筋用量较多，排成双排的可能性较大。

解 （1）先按单筋计算，验算是否需要用双筋截面。因弯矩较大，估计受拉钢筋要排成双排❷，所以取

$$a = c + 35 = 35 + 35 = 70\ (\text{mm})$$

则

$$h_0 = h - a = 500 - 70 = 430\ (\text{mm})$$

（2）
$$\alpha_s = \frac{KM}{f_c b h_0^2} = \frac{1.2 \times 196 \times 10^6}{11.9 \times 250 \times 430^2} \approx 0.428 > \alpha_{sb} = 0.358$$

即 $\xi > 0.85\xi_b$，故可按双筋截面配筋。

❸ 计算的受压钢筋一般不会太多，多为单排配筋。

（3）由式（3－31）计算受压钢筋的截面面积。对于 HRB335 钢筋，$0.85\xi_b = 0.468$，$\alpha_{sb} = 0.358$。考虑受压钢筋为单排❸，取 $a' = 45\ \text{mm}$；

$$x = 0.85\xi_b h_0 = 0.468 \times 430 \approx 201(\text{mm}) > 2a' = 90(\text{mm})$$

满足基本公式适用条件。

$$A'_s = \frac{KM - \alpha_{sb} f_c b h_0^2}{f_y (h_0 - a')} = \frac{1.2 \times 196 \times 10^6 - 0.358 \times 11.9 \times 250 \times 430^2}{300 \times (430 - 45)} \approx 331\ (\text{mm}^2)$$

（4）由式（3－32）计算受拉钢筋的截面面积为

$$A_s = \frac{f_c \alpha_1 \xi_b b h_0 + f'_y A'_s}{f_y} = \frac{11.9 \times 0.85 \times 0.544 \times 250 \times 430 + 300 \times 331}{300} \approx 2\,303(\text{mm}^2)$$

受拉钢筋选用 6 Φ22（$A_s = 2\ 281\ mm^2$）；受压钢筋选用 2 Φ16（$A'_s = 402\ mm^2$）❶。

截面配筋如图 3－21 所示。

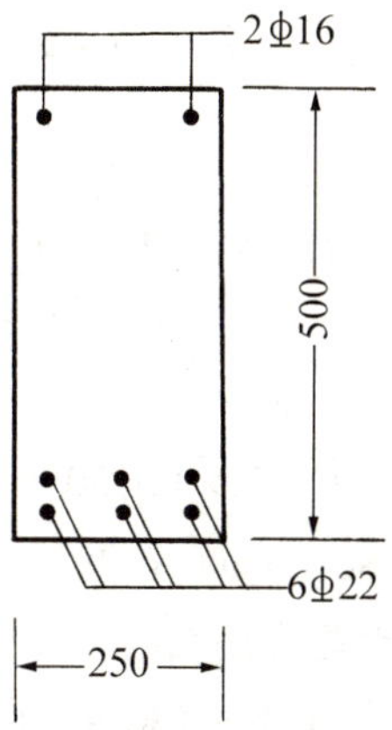

图 3－21 截面配筋图

❶《水工混凝土结构设计规范》（SL 191—2008）与《水工混凝土结构设计规范》（DL/T 5057—2009）相比，总用钢量（$A_s + A'_s$）稍大，这是因为用 $\xi \leqslant 0.85\xi_b$ 代替 $\xi \leqslant \xi_b$ 的缘故，即认为混凝土充分发挥的作用不同。

【例 3－6】 已知一个结构安全级别为Ⅱ级的矩形截面梁（安全系数 $K = 1.2$），截面尺寸为 $b \times h = 200\ mm \times 500\ mm$，若梁承受的弯矩设计值 $M = 130\ kN \cdot m$，采用 C25 混凝土和 HRB335 钢筋，保护层厚度 $c = 35\ mm$，已配有受压钢筋 2 Φ18（$A'_s = 509\ mm^2$），试按《水工混凝土结构设计规范》（SL 191—2008）计算受拉钢筋。

解 估计为单层钢筋，

$$a = a' = c + \frac{d}{2} = 45(mm),\quad h_0 = h - a = 500 - 45 = 455\ (mm)$$

于是

$$\alpha_s = \frac{KM - f'_y A'_s (h_0 - a')}{f_c b h_0^2} = \frac{1.2 \times 130 \times 10^6 - 300 \times 509 \times (455 - 45)}{11.9 \times 200 \times 455^2}$$
$$\approx 0.190$$

$$\xi = 1 - \sqrt{1 - 2\alpha_s} = 1 - \sqrt{1 - 2 \times 0.190} \approx 0.213 < 0.85\xi_b = 0.468$$

$$x = \xi h_0 = 0.213 \times 455 \approx 97\ (mm) > 2a' = 90\ (mm)$$

满足基本公式适用条件。

$$A_s = \frac{f_c \xi b h_0 + f'_y A'_s}{f_y}$$
$$= \frac{11.9 \times 0.213 \times 200 \times 455 + 300 \times 509}{300}$$
$$\approx 1\ 278\ (mm^2)$$

受拉钢筋可选用 2 Φ25 + 1 Φ22（$A_s = 1\ 362\ mm^2$）

【例3-7】 例3-6中的矩形截面梁，若受压钢筋为2ϕ20（$A'_s=628\ mm^2$），试按《水工混凝土结构设计规范》（SL 191—2008）计算受拉钢筋。

解 估计为单层钢筋，

$$a=a'=c+\frac{d}{2}=45\ (mm),\quad h_0=h-a=500-45=455\ (mm)$$

于是

$$\alpha_s=\frac{KM-f'_yA'_s(h_0-a')}{f_cbh_0^2}=\frac{1.2\times130\times10^6-300\times628\times(455-45)}{11.9\times200\times455^2}$$
$$\approx0.160$$

$$\xi=1-\sqrt{1-2\alpha_s}=1-\sqrt{1-2\times0.160}\approx0.175<0.85\xi_b=0.468$$

$$x=\xi h_0=0.175\times455\approx80\ (mm)<2a'=90(mm)$$

不满足基本公式适用条件。于是应按式（3-35）计算受拉钢筋，即

$$A_s=\frac{KM}{f_y(h_0-a')}=\frac{1.2\times130\times10^6}{300\times(455-45)}\approx1\ 268\ (mm^2)$$

受拉钢筋可选用2ϕ25+1ϕ20（$A_s=1\ 296\ mm^2$）

【例3-8】 已知一个结构安全级别为Ⅰ级的矩形截面简支梁（安全系数$K=1.35$），计算跨度$l_0=6.50$ m，截面尺寸为$b\times h=250\ mm\times600\ mm$；已配有受拉钢筋6$\phi$22（双排，$A_s=2\ 281\ mm^2$），受压钢筋3$\phi$20（$A'_s=942\ mm^2$）；采用C25混凝土和HRB335钢筋，一类环境条件，保护层厚度$c=30$ mm。在跨中作用一个集中力$Q_k=80.0$ kN，同时承受自重$g_k=12.0$ kN/m，试按《水工混凝土结构设计规范》（SL 191—2008）复核该梁是否安全。

解 由附录4表6和表8查得，材料强度设计值$f_c=11.9\ N/mm^2$，$f_y=f_y'=300\ N/mm^2$。

$$a'=c+0.5d=30+0.5\times20=40\ (mm)$$

$$a=c+d+0.5e=30+22+0.5\times25=64.5\ (mm)\approx65\ (mm)$$

$$h_0=h-a=600-65=535\ (mm)$$

（1）按式（3-27）计算相对受压区高度为

$$\xi=\frac{f_yA_s-f'_yA'_s}{f_cbh_0}=\frac{300\times2\ 281-300\times942}{11.9\times250\times535}$$
$$\approx0.252<0.85\xi_b=0.468$$

且

$$x=\xi h_0=0.252\times535\approx135\ (mm)$$
$$>2a'=2\times40=80\ (mm)$$

（2） $\alpha_s=\xi(1-0.5\xi)=0.252\times(1-0.5\times0.252)\approx0.220$

则由式（3-26）可得受弯承载力为

$$
\begin{aligned}
M_u &= \alpha_s f_c b h_0^2 + f'_y A'_s (h_0 - a') \\
&= 0.220 \times 11.9 \times 250 \times 535^2 + 300 \times 942 \times (535 - 40) \\
&\approx 327.22\ (\text{kN} \cdot \text{m})
\end{aligned}
$$

（3）跨中弯矩设计值为

$$
\begin{aligned}
M &= \frac{1}{8}\gamma_G g_k l_0^2 + \frac{1}{4}\gamma_Q Q_k l_0 \\
&= \frac{1}{8} \times 1.05 \times 12 \times 6.5^2 + \frac{1}{4} \times 1.2 \times 80 \times 6.5 \\
&\approx 222.54\ (\text{kN} \cdot \text{m})
\end{aligned}
$$

（4）梁的安全性。实际安全系数

$$K = \frac{M_u}{M} = \frac{327.22}{222.54} \approx 1.47$$

大于设计安全系数 $K=1.35$，所以该梁安全。

3.7　T 形截面承载力计算

3.7.1　概述

1. T 形截面的特点

矩形截面的受拉区混凝土在承载力计算时，由于开裂而不计其作用，若去掉其中一部分，将钢筋集中放置，就成为 T 形截面（如图 3－22 所示）[1]。这样做并不降低它的受弯承载力，但能节省混凝土并减轻自重，显然较矩形截面有利。

[1] T 形截面相对于矩形截面，力学效能较高，但两者的破坏特征类似。当受拉钢筋较多时，可将截面底部适当增大，形成工形截面。工形截面受弯承载力的计算与 T 形截面相同。

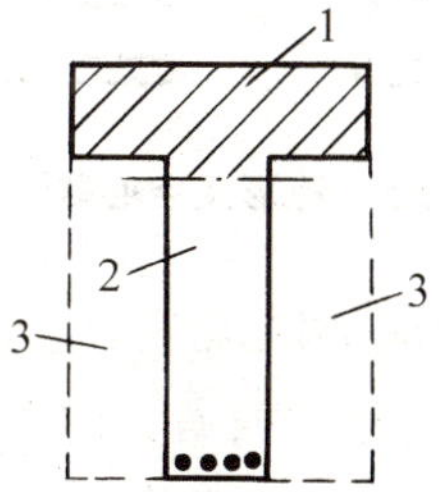

图 3－22　T 形截面

1—翼缘；2—梁肋；3—去掉的混凝土

如图 3－22 所示，T 形梁的中间部分称为梁肋，两边伸出部分称为翼缘。对于翼缘位于受拉区的⊥形截面（倒 T 形截面），由于受拉区翼缘混凝土开裂，不起受力作用，所以仍按矩形截面（宽度为肋宽）计算。因此，决定是否按T形截面计算，不能只看其外形，应当看受压区的计算应力图形是否为T形。例如，带伸臂的T形截面简支梁（如图3－23所示），跨中1－1截面承受正弯矩，翼缘处在受压区，应当按T形截面计算；右支座2－2截面承受负弯矩，翼缘位于受拉区，应当按宽度为b的矩形截面计算。此外，工形、Π形、箱形及空心截面均可按T形截面计算（如图3－24所示）。

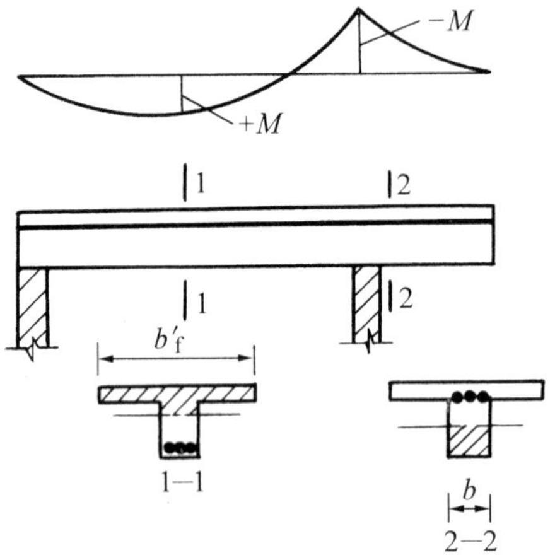

图3－23　带伸臂的T形截面简支梁

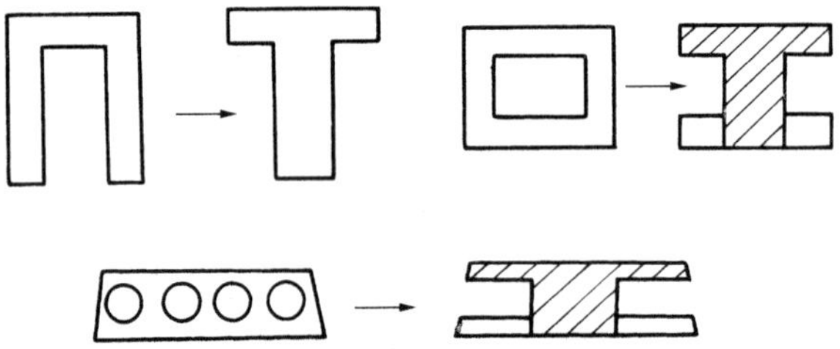

图3－24　Π形、箱形及空心截面化T形截面

在实际结构中，T形截面应用非常广泛。例如，闸门启闭机的工作平台、桥梁与码头上部结构、渡槽槽身等，这类结构的梁与板整浇在一起，形成整体式肋形结构[1]。对梁进行计算时，板就作为梁的翼缘，在纵向共同受力，成为T形截面[2]。独立的T形梁也常采用，如厂房中的吊车梁等。

2. 翼缘计算宽度 b_f'

试验和理论分析表明，当T形梁受力时，沿翼缘宽度上的压应力分布是不均匀的，压应力由梁肋中部向两边逐渐减少，如图3－25(a)所示。当翼缘的宽度很大时，远离梁肋的一部分翼缘几乎不承受压力，因而在计算中，不能将离梁肋较远、受力很小的翼缘也算作T形梁的一部分。为简

[1] 肋形梁板结构是指梁板整浇的结构。对梁计算时，板就作为梁的翼缘共同受力。

[2] 这类截面受拉区混凝土开裂后不再受力，只有钢筋承受拉力，所以截面对承载力计算的影响只取决于受压区的形状，一定要分清。

化计算，合理确定一个翼缘宽度，在这个范围之内压力均匀分布，在这个范围之外翼缘不再起作用，此翼缘宽度称为翼缘的计算宽度（有效翼缘宽度）b_f'，如图3－25(b)所示。

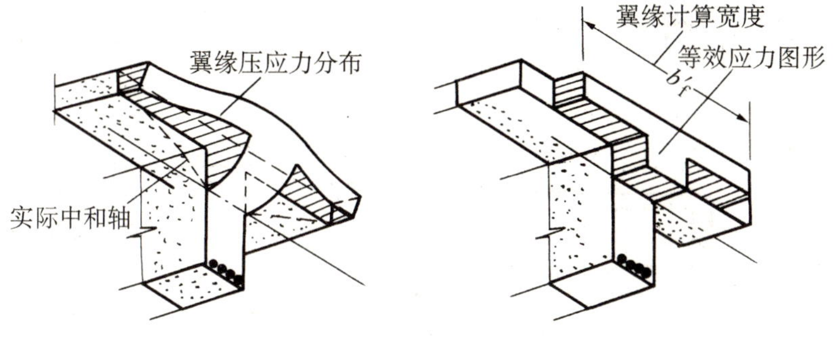

(a)　　　　　(b)

图3－25　T形梁受压区实际应力和计算应力图

(a) 翼缘实际应力图形；(b) 翼缘等效应力图形

翼缘的计算宽度主要与梁的工作情况（是整体梁还是独立梁）、梁的跨度以及受压翼缘的高度与截面的有效高度之比（h_f'/h_0）有关。规范规定的翼缘计算宽度列于表3－1（表中符号如图3－26所示）中，计算时，取各项中的最小值，但不应大于受压翼缘的实有宽度。

表3－1　T形及倒L形截面受弯构件翼缘的计算宽度 b_f'

项次	考虑情况		T形截面		倒L形截面
			肋形梁（板）	独立梁	肋形梁（板）
1	按计算跨度 l_0 考虑		$l_0/3$	$l_0/3$	$l_0/6$
2	按梁（肋）净距 s_n 考虑		$b+s_n$	—	$b+s_n/2$
3	按翼缘高度 h_f' 考虑	$h_f'/h_0 \geq 0.1$	—	$b+12h_f'$	—
		$0.05 \leq h_f'/h_0 < 0.1$	$b+12h_f'$	$b+6h_f'$	$b+5h_f'$
		$h_f'/h_0 < 0.05$	$b+12h_f'$	b	$b+5h_f'$

注：1. 表中 b 为梁的腹板（梁肋）宽度。

2. 如肋形梁在梁跨内设间距小于纵肋间距的横肋，则可以不遵守表中项次3的规定。

3. 对于加腋（托条）的T形和倒L形截面，当受压区加腋的高度 $h_f' \leq h_h$ 且加腋的宽度 $b_h \leq 3h_h$ 时，其翼缘的计算宽度可按表中项次3的规定，分别增加 $2b_h$（T形截面）和 b_h（倒L形截面），如图3－26所示。

4. 独立梁受压区的翼缘板面在荷载作用下如能产生沿纵肋方向的裂缝，则计算宽度取用肋宽 b。

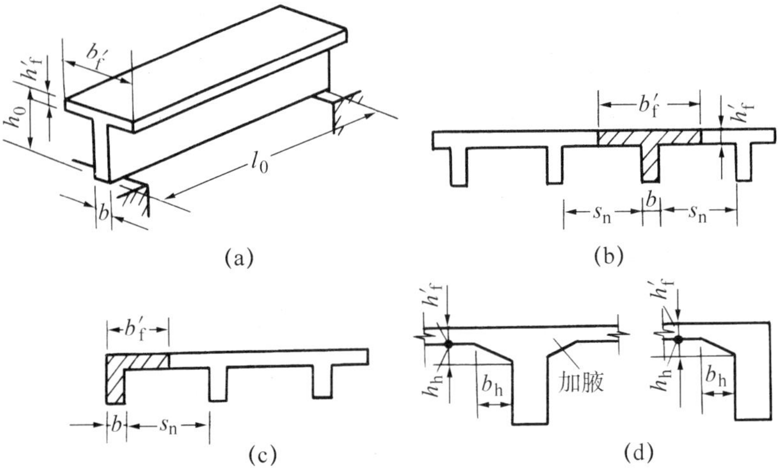

图 3-26　T 形、倒 L 形截面梁翼缘的计算宽度 b_f'

3.7.2　基本计算公式

按中和轴所在位置的不同，T 形梁的计算❶可以分为以下两种情况：

❶ T 形截面受压区很大，混凝土足以承担压力，不必再加受压钢筋，一般为单筋截面。

1. 第一种情况

中和轴位于翼缘内，即受压区计算高度 $x \leqslant h_f'$（如图 3-27 所示）。因中和轴以下的受拉区混凝土不起作用，所以这样的 T 形截面与宽度为 b_f' 的矩形截面完全一样，因而矩形截面所有的公式都能在此应用。但应注意的是，截面的计算宽度用翼缘的计算宽度 b_f'，而不是用梁肋宽度 b。

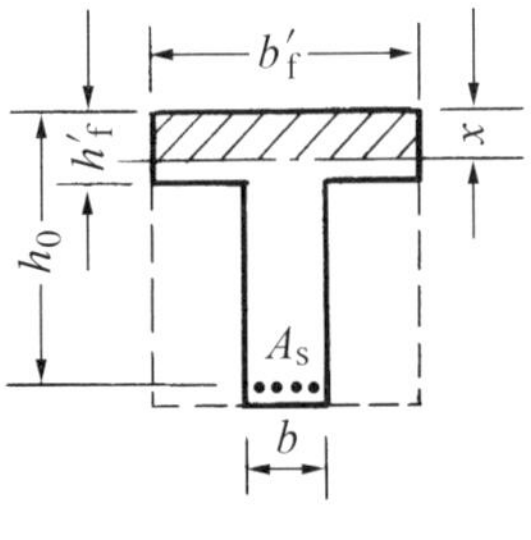

图 3-27　第一种情况 T 形截面

应当指出的是，这种情况下的 T 形梁，其截面配筋一般为适筋，所以可不必验算 $\xi \leqslant \alpha_1 \xi_b$ 的条件❷。此外，在验算 $\rho \geqslant \rho_{min}$ 时，T 形截面的配筋率仍然用 $\rho = A_s/(bh_0)$ 计算❸，其中，b 按梁肋宽取用。

❷此时，受压区计算高度 x 较小，一般均满足 $\xi \leqslant \alpha_1 \xi_b$。

❸ 对工形和倒 T 形截面，受拉钢筋应满足 $A_s \geqslant \rho_{min}[bh + (b_f - b)h_f]$。

2. 第二种情况

中和轴位于梁肋内，即受压区计算高度 $x > h_f'$，受压区为 T 形，计算应力图形如图 3-28 所示。根据计算简图和内力平衡条件，可以列出第二种

情况 T 形截面的基本公式为

$$KM \leqslant M_u = f_c bx\left(h_0 - \frac{x}{2}\right) + f_c(b'_f - b)h'_f\left(h_0 - \frac{h'_f}{2}\right) \quad (3-40)$$

$$f_c bx + f_c(b'_f - b)h'_f = f_y A_s \quad (3-41)$$

将 $x = \xi h_0$ 代入式（3-40）和式（3-41），可得

$$KM \leqslant M_u = f_c \alpha_s b h_0^2 + f_c(b'_f - b)h'_f\left(h_0 - \frac{h'_f}{2}\right) \quad (3-42)$$

$$f_c b\xi h_0 + f_c(b'_f - b)h'_f = f_y A_s \quad (3-43)$$

式中：b'_f——T 形截面受压区翼缘计算宽度，按表 3-1 确定；

h'_f——T 形截面受压翼缘高度。

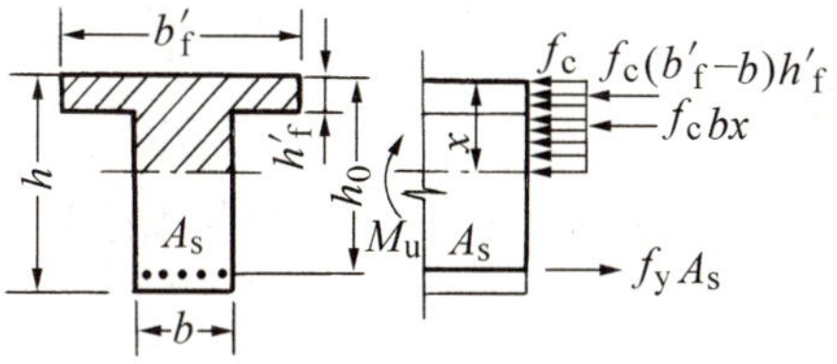

图 3-28 第二种情况 T 形截面

基本公式的适用条件仍然为 $\xi \leqslant \alpha_1 \xi_b$。由于 T 形截面的受压区较大，一般不会发生超筋破坏情况，所以条件 $\xi \leqslant \alpha_1 \xi_b$ 常可不验算，而且这种 T 形梁的受拉钢筋较多，均能满足 $\rho \geqslant \rho_{min}$ 的要求。

3. T 形梁的类型判别❶

鉴别 T 形梁属于第一种情况还是第二种情况，可按下列办法进行：因为中和轴刚好通过翼缘下边缘（$x = h'_f$）时，为两种情况的分界（如图 3-29 所示），所以

（1）当截面设计时，

$$KM \leqslant f_c b'_f h'_f\left(h_0 - \frac{h'_f}{2}\right) \quad (3-44)$$

❶ 一定要注意区分设计和复核时的判别方法，不要用混。因为截面复核时，截面性能已由实际用料决定，而不是用来比较的弯矩设计值 M。

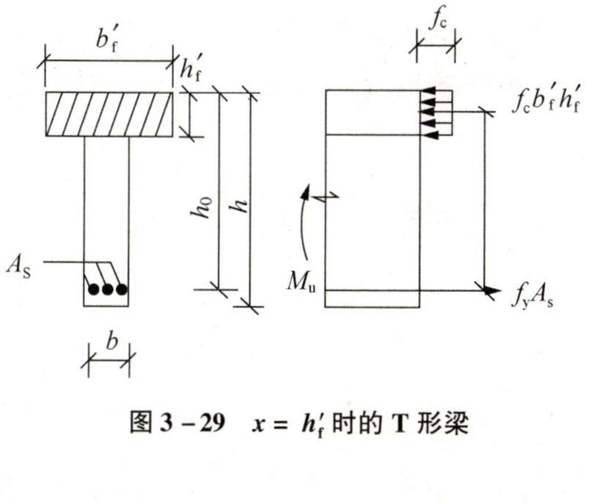

图 3-29 $x = h'_f$ 时的 T 形梁

（2）当截面复核时，

$$f_yA_s \leqslant f_cb_f'h_f' \tag{3-45}$$

则属于第一种情况[1]；反之，属于第二种情况。

[1] 满足式（3-44）或式（3-45），说明翼缘范围内的截面受压已能满足承载力的需要，即 $x \leqslant h_f'$。

3.7.3 截面承载力计算方法

1. 截面设计

T形截面的尺寸一般是凭经验假定或者参考类似的结构物选定的，只有受拉钢筋的截面面积 A_s 需要计算。截面配筋计算的步骤如下：

（1）确定 b_f'。将实际的翼缘宽度与表3-1中所列的各值进行比较，取其中的最小值作为翼缘计算宽度 b_f'。

（2）鉴别中和轴的位置。由于 A_s 未知，所以只能用式（3-44）进行判断。

（3）若中和轴位于翼缘内，则为第一种情况的T形截面，按梁宽为 b_f' 的矩形截面计算。

（4）若中和轴位于梁肋内，则为第二种情况的T形截面，由式（3-42）和式（3-43）得到

$$\alpha_s = \frac{KM - f_c(b_f' - b)h_f'\left(h_0 - \dfrac{h_f'}{2}\right)}{f_cbh_0^2} \tag{3-46}$$

$$\xi = 1 - \sqrt{1 - 2\alpha_s} \tag{3-47}$$

则

$$A_s = \frac{f_cb\xi h_0 + f_c(b_f' - b)h_f'}{f_y} \tag{3-48}$$

（5）验算条件 $\xi \leqslant \alpha_1\xi_b$ 和 $\rho \geqslant \rho_{min}$[2]。

（6）选配钢筋[3]。

[2] 不满足时的处理方法与矩形截面计算类似。

[3] 在独立T形梁中，为了保证受压翼缘与梁肋的整体性，一般要在翼缘板的顶面配置横向构造钢筋，其直径不小于6 mm，间距取为 $5h_f'$，且每米跨长内不少于3根。当翼缘板外伸较长而厚度又较薄时，还应满足按悬臂板计算翼缘承载力所需的钢筋数量。

2. 截面复核

（1）由式（3-45）鉴别T形梁的类型（因为此时 A_s 为已知值）。

（2）若为第一种情况的T形梁，则按宽度为 b_f' 的矩形截面复核。

（3）若为第二种情况的T形梁，则先求相对受压区高度。由式（3-43），有

$$\xi = \frac{f_yA_s - f_c(b_f' - b)h_f'}{f_cbh_0} \tag{3-49}$$

而

$$\alpha_s = \xi(1 - 0.5\xi) \tag{3-50}$$

则

$$M_u = \alpha_s f_c b h_0^2 + f_c(b'_f - b)h'_f\left(h_0 - \frac{h'_f}{2}\right)^{❶} \quad (3-51)$$

❶ 当然，也要考虑 $\xi \leqslant \alpha_1 \xi_b$ 的条件，否则就取 $\xi = \alpha_1 \xi_b$ 来计算 M_u。

（4）当已知截面弯矩设计值 M 时，应满足

$$M \leqslant \frac{M_u}{K}$$

【例3－9】 一个T形截面简支梁的截面尺寸如图3－30所示。在使用阶段，跨中截面承受弯矩设计值 $M=260$ kN·m，结构安全等级为Ⅱ级（安全系数 $K=1.2$），混凝土为C20，钢筋为HRB335级。试计算并配置受拉钢筋。

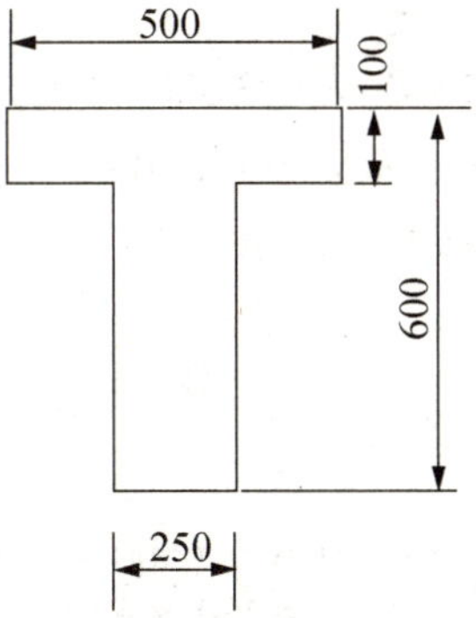

图3－30 T形截面图

解 估计为双排筋，取 $a=70$ mm（二类环境条件），则

$$h_0 = h - a = 600 - 70 = 530(\text{mm}), \quad b'_f = 500(\text{mm})^{❷}$$

❷ 按表3－1确定 b'_f，并与实有宽度对比。

（1）鉴别T形梁的类型。

$$f_c b'_f h'_f\left(h_0 - \frac{h'_f}{2}\right) = 9.6 \times 500 \times 100 \times \left(530 - \frac{100}{2}\right)$$
$$= 230.4\ (\text{kN}\cdot\text{m})$$
$$< KM = 1.2 \times 260 = 312\ (\text{kN}\cdot\text{m})$$

故属于第二种情况的T形梁（$x > h'_f$）。

（2）配筋计算。

$$\alpha_s = \frac{KM - f_c(b'_f - b)h'_f\left(h_0 - \frac{h'_f}{2}\right)}{f_c b h_0^2}$$
$$= \frac{1.2 \times 260 \times 10^6 - 9.6 \times (500 - 250) \times 100 \times \left(530 - \frac{100}{2}\right)}{9.6 \times 250 \times 530^2}$$
$$\approx 0.292$$

$$\xi = 1 - \sqrt{1 - 2\alpha_s} = 1 - \sqrt{1 - 2 \times 0.292} \approx 0.355 < 0.85\xi_b = 0.468$$

$$A_s=\frac{f_c b\xi h_0+f_c(b'_f-b)h'_f}{f_y}$$

$$=\frac{9.6\times0.355\times250\times530+9.6\times(500-250)\times100}{300}$$

$$=2\,305.2\ (\mathrm{mm^2})$$

选用4Φ25+2Φ16（$A_s=2\,366\ \mathrm{mm^2}$）[1]。

[1] 钢筋布置可以采用4Φ25在下、2Φ16在上的方式。

【例3-10】 一个T形截面简支梁的基本情况同例3-9，梁下部配有两排受拉钢筋6Φ25（$A_s=2\,945\ \mathrm{mm^2}$），该截面承受的弯矩设计值$M=340\ \mathrm{kN\cdot m}$，试复核该梁是否安全。

解 （1）鉴别T形梁的类型。

$$f_yA_s=300\times2\,945=883\,500\ (\mathrm{N})$$

$$>f_cb'_fh'_f=9.6\times500\times100=480\,000\ (\mathrm{N})$$

所以属于第二种情况的T形梁（$x>h'_f$）。

（2）受弯承载力为

$$\xi=\frac{f_yA_s-f_c(b'_f-b)h'_f}{f_cbh_0}$$

$$=\frac{300\times2\,945-9.6\times(500-250)\times100}{9.6\times250\times530}$$

$$\approx0.506>0.85\xi_b=0.468$$

故取

$$\xi=0.85\xi_b=0.468$$

则

$$\alpha_s=\xi(1-0.5\xi)\approx0.358$$

$$M_u=\alpha_sf_cbh_0^2+f_c(b'_f-b)h'_f\left(h_0-\frac{h'_f}{2}\right)$$

$$=0.358\times9.6\times250\times530^2+9.6\times(500-250)\times100\times\left(530-\frac{100}{2}\right)$$

$$\approx356.5\ (\mathrm{kN\cdot m})$$

（3）安全性评价。实际安全系数为

$$K=\frac{M_u}{M}=\frac{356.5}{340}\approx1.05$$

小于设计安全系数$K=1.2$，所以该梁不安全。

本章小结[1]

(1) 钢筋混凝土梁由于配筋率不同，有适筋梁、超筋梁和少筋梁三种破坏形态，其中，超筋梁和少筋梁的破坏性质不好，在设计中不应采用。

(2) 钢筋混凝土构件承载力计算的理论是建立在试验基础上的，所以对梁的受力试验结果一定要有深刻的了解。适筋梁的破坏经历了三个阶段：第Ⅰ阶段末I_a为受弯构件抗裂度的计算依据；第Ⅱ阶段是一般钢筋混凝土受弯构件的使用阶段，是裂缝宽度和变形的计算依据；第Ⅲ阶段末III_a是受弯构件正截面承载力的计算依据。

(3) 钢筋混凝土受弯构件正截面承载力是按破坏阶段混凝土的压应力图形，以等效矩形应力图形代替建立相应公式计算的。而这种应力图形又是建立在一定假设基础上的，如对平截面假定、钢筋和混凝土材料应力-应变关系的假定等，学习时，可将其与材料力学中的均质弹性体梁进行比较。

(4) 钢筋混凝土梁正截面承载力计算的基本公式的建立是很简单的。只要给出计算应力图形，即可根据力和力矩平衡条件得到基本公式，但必须注意公式的适用条件及其原因。

(5) 受弯构件可以分为单筋矩形截面、双筋矩形截面和T形截面。必须注意双筋的适用情况。对T形截面是否按T形截面公式计算，取决于截面受压区的图形。另外，还有一些外表看起来不是T形截面的，如∏型、箱形和空心形截面，也可以转换成T形截面进行计算。

(6) 关于承载力复核最重要的是理解其概念。与截面设计不同，承载力复核时，截面是已知的（包括截面尺寸、材料用量和强度），其主要目的是求截面的极限受弯承载力，然后验算在实际荷载下是否安全。

(7) 受弯构件正截面的构造是本章的主要内容之一。要把构造规定应用到具体的设计计算中去，通过设计计算实践逐步掌握《水工混凝土结构设计规范》有关构造方面的知识，并能够灵活应用。

[1] 结构设计的基本概念、基本理论及其应用方法都在本章体现出来，所以本章是学好混凝土结构设计的关键章节。

习　题

一、思考题

3-1　在受弯构件中，适筋梁从开始加荷到破坏，经历了哪几个阶段？每个阶段的主要特征是什么？每个阶段分别对应于哪个计算原则？

3-2　适筋梁、超筋梁和少筋梁的破坏特征有什么不同？

3-3　在适筋梁承载力计算中，钢筋和混凝土材料的应力是如何假定的？平截面假定在此是如何应用的？

3-4　复核单筋截面承载力时，若$\xi > \alpha_1 \xi_b$，如何计算其承载力？

3-5　当受弯构件正截面承载力不足时，可采取哪几种措施来提高截面的承载力？哪一种措施最有效？

3-6　截面设计时，为什么要限制$\xi \leqslant \alpha_1 \xi_b$？在受压区配置钢筋时，为什么要求$x \geqslant 2a'$？

3-7　在双筋矩形截面中，受压钢筋起什么作用？为什么在一般情况下配置受压钢筋是不经济的？

3-8　设计双筋截面，当A_s和A_s'均未知时，x应如何取值？当A_s'已知时，应当如何求A_s？

3-9　T形截面梁为什么要有翼缘计算宽度b_f'的规定？b_f'如何取值？

3-10　根据中和轴位置的不同，T形截面梁的承载力计算有哪几种情况？截面设计和承载复核时应如何鉴别？

3-11　一个T形梁的截面尺寸已定，钢筋数量不限，试列出其最大承载力的表达式。

3-12　试给出双筋第二类T形截面承载力的计算简图，并列出计算表达式，说明计算公式的适用条件。

二、选择题

3-1　混凝土保护层厚度是指（　　）。

A. 箍筋的外皮至混凝土外边缘的距离

B. 受力钢筋的外皮至混凝土外边缘的距离

C. 受力钢筋截面形心至混凝土外边缘的距离

3-2　单筋矩形超筋梁正截面破坏承载力与纵向受力钢筋面积A_s之间的关系是（　　）。

A. 纵向受力钢筋面积越大，承载力越大

B. 纵向受力钢筋面积越大，承载力越小

C. 纵向受力钢筋面积的大小与承载力无关，超筋梁正截面破坏承载力为一个定值

3-3　单筋矩形截面受弯构件在截面尺寸已定的条件下，提高承载力最有效的方法是（　　）。

A. 提高钢筋的级别

B. 提高混凝土的强度等级

C. 在钢筋排得开的条件下，尽量设计成单排钢筋

3-4　适筋梁在逐渐加载的过程中，当正截面受力钢筋达到屈服以后，（　　）。

A. 该梁即达到最大承载力而破坏

B. 该梁达到最大承载力，一直维持到受压混凝土达到极限强度而破坏

C. 该梁承载力略有所增高，但很快受压区混凝土达到极限压应变，承载力急剧下降而破坏

3－5　钢筋混凝土梁受拉区边缘开始出现裂缝是因为受拉边缘（　　）。

A. 受拉混凝土的应力达到混凝土的实际抗拉强度

B. 受拉混凝土达到混凝土的抗拉标准强度

C. 受拉混凝土的应变超过受拉极限拉应变

3－6　少筋梁正截面抗弯破坏时，破坏弯矩（　　）开裂弯矩。

A. 小于　　　　B. 等于　　　　C. 大于

三、填空题

3－1　适筋梁的破坏始于__________，它的破坏属于__________。超筋梁的破坏始于__________，它的破坏属于__________。

3－2　正截面受弯计算方法的基本假定为______________、______________、______________、______________。

3－3　一个配置HRB335钢筋的单筋矩形截面梁，$\xi_b=0.550$，该梁所能承受的最大弯矩等于__________。若该梁承受的弯矩设计值大于上述最大弯矩，则应____________或____________。

3－4　钢筋混凝土梁在荷载作用下，正截面受力和变形的发展过程可以划分为三个阶段：第一阶段末的应力图形可作为受弯构件__________的计算依据；第二阶段末的应力图形可作为______________的计算依据；第三阶段末的应力图形可作为______________的计算依据。

3－5　适筋受弯构件破坏时的受拉钢筋应力 σ_s 为______，受拉钢筋应变 ε_s 大于______，受压边缘混凝土的应变 ε_{cu} 为______，破坏的起因是__________________，破坏性质为____________。

3－6　T形截面连续梁在负弯矩段，由于翼缘处在受拉区，应按________截面计算；在正弯矩段，应按__________截面计算。

四、计算题

3－1　已知矩形截面简支梁（Ⅱ级安全级别、一类环境条件），截面尺寸为 $b\times h=200\ \text{mm}\times 500\ \text{mm}$。混凝土强度等级为C20，钢筋为HRB335级。在持久设计状况下，跨中截面承受弯矩设计值 $M=95.78\ \text{kN}\cdot\text{m}$。试求钢筋截面面积 A_s，并配钢筋及绘出截面配筋图。

3－2　已知一个单跨简支板（Ⅲ级安全级别、一类环境条件），计算跨度 $l_0=2.34\ \text{m}$。在持久设计状况下，承受均布永久荷载 $g_k=2\ \text{kN/m}$（已包含自重），均布可变荷载 $q_k=3\ \text{kN/m}$。混凝土强度等级为C20，钢筋为HPB235级。求板厚和受拉钢筋的截面面积。

（提示：板宽 $b=1\,000\ \text{mm}$，先考虑构造要求，假定板厚 $h=80\ \text{mm}$。若计算的钢筋用量不在常规范围内，再调整板厚，重新计算。绘制板的配筋图时，分布钢筋不要漏掉。）

3－3　已知一个矩形截面梁（Ⅱ级安全级别、一类环境条件），截面尺寸为 $b\times h=250\ \text{mm}\times 500\ \text{mm}$。混凝土为C15，钢筋为HPB235级。受拉钢筋为3ϕ18（$A_s=763\ \text{mm}^2$），试问该梁使用时实际能承受多大的设计弯矩？

3-4　某矩形截面简支梁（Ⅱ级安全级别、一类环境条件），截面尺寸为 $b \times h = 250\ mm \times 450\ mm$。混凝土为C20，钢筋为HRB400级。受拉钢筋为3⌀28（$A_s = 1\ 847\ mm^2$），承受弯矩设计值 $M = 89\ kN \cdot m$。试验算此梁的截面是否安全。

3-5　一个矩形截面简支梁（Ⅱ级安全级别、一类环境条件），截面尺寸为 $b \times h = 200\ mm \times 500\ mm$。混凝土强度等级为C20，钢筋为HRB335级。在持久设计状况下，承受弯矩设计值 $M = 208\ kN \cdot m$。试配置截面钢筋。

（提示：按双筋截面设计，且双排布筋。）

3-6　某矩形截面梁（Ⅱ级安全级别、一类环境条件），截面尺寸为 $b \times h = 200\ mm \times 500\ mm$。混凝土为C20，钢筋为HRB335级。承受弯矩设计值 $M = 189\ kN \cdot m$。已配有3⌀20（$A_s' = 941\ mm^2$）的受压钢筋，试配置截面钢筋。

3-7　某矩形截面梁（Ⅱ级安全级别、二类环境条件），截面尺寸为 $b \times h = 250\ mm \times 400\ mm$。混凝土为C20，钢筋为HRB335级。承受弯矩设计值 $M = 187.7\ kN \cdot m$。已配有4⌀25（$A_s' = 1\ 963\ mm^2$）的受压钢筋，试配置截面钢筋。

（提示：双排布筋。）

3-8　某厂房一个简支梁（Ⅱ级安全级别、一类环境条件），截面尺寸为 $b \times h = 200\ mm \times 400\ mm$。混凝土为C15，钢筋为HPB235级。配有受拉钢筋3⌀25（$A_s = 1\ 473\ mm^2$），受压钢筋2⌀16（$A_s' = 402\ mm^2$），承受的弯矩设计值 $M = 72.5\ kN \cdot m$。试验算此梁的截面是否安全。

3-9　已知一个厂房T形截面吊车梁（Ⅱ级安全级别、一类环境条件），截面尺寸为 $b_f' = 600\ mm$，$h_f' = 120\ mm$，$b = 300\ mm$，$h = 700\ mm$，计算跨度 $l_0 = 6\ m$。承受的弯矩设计值 $M = 450\ kN \cdot m$。混凝土为C20，钢筋为HRB335级。试配置截面钢筋。

（提示：双排布筋。）

3-10　一个T形梁（Ⅱ级安全级别、一类环境条件），截面尺寸为 $b_f' = 450\ mm$，$h_f' = 100\ mm$，$b = 250\ mm$，$h = 600\ mm$，混凝土为C20，钢筋为HRB335级。试计算：

（1）如果受拉钢筋为4⌀25，则截面所能承受的弯矩设计值是多少？

（2）如果受拉钢筋为8⌀25，则截面所能承受的弯矩设计值是多少？

第 4 章

钢筋混凝土受弯构件斜截面承载力计算

学习指导

教学要求：1. 熟悉钢筋混凝土受弯构件在弯矩和剪力共同作用下斜截面破坏的形态。
2. 掌握斜截面承载力的主要影响因素及其影响规律。
3. 了解梁中腹筋的类型及其作用。
4. 熟练掌握有腹筋梁斜截面承载力的计算方法。
5. 理解引起斜截面抗弯问题的原因及保证措施。
6. 掌握抵抗弯矩图的绘制方法。
7. 了解钢筋骨架的构造，能够完整地绘制构件施工图和编制钢筋表。

学习重点：1. 斜截面破坏的主要形态，影响斜截面抗剪承载力的主要因素。
2. 受弯构件斜截面受剪承载力的计算公式及适用条件，防止斜压破坏和斜拉破坏的措施。
3. 抵抗弯矩图的绘制方法，保证斜截面受弯承载力的措施。
4. 纵向受力钢筋伸入支座的锚固要求和钢筋骨架的构造。
5. 伸臂梁配筋图的绘制方法和钢筋混凝土梁的全面设计。

4.1 概　　述

钢筋混凝土受弯构件在弯矩和剪力共同作用下，当配有足够的受弯纵向钢筋不致引起正截面受弯破坏时，构件还可能发生斜截面的剪切破坏。如图 4－1 所示为一个对称加载的钢筋混凝土简支梁，忽略自重影响，集中荷载之间的 *CD* 段为纯弯段，而 *AC* 和 *BD* 段同时承受弯矩和剪力作用，所以为弯剪段。斜截面破坏就发生在这两个区段。

对于钢筋混凝土梁，当荷载不大，梁未出现裂缝时，基本上处于弹性阶段。此时，弯剪区段内各点的主拉应力 σ_{tp}、主压应力 σ_{cp} 及主应力的作用方向与梁纵轴之间的夹角 α 可按材料力学公式计算❶。

图 4－2 中绘出了梁内主应力的轨迹线，实线为主拉应力 σ_{tp}，虚线为主压应力 σ_{cp}，轨迹线上任一点的切线就是该点的主应力方向。梁内点 1、

❶ 按弹性阶段应力分析时，可根据材料力学公式进行，此时钢筋换算为等效的混凝土作用，原理见第 8 章。出现裂缝后就不能再用弹性理论公式计算了。

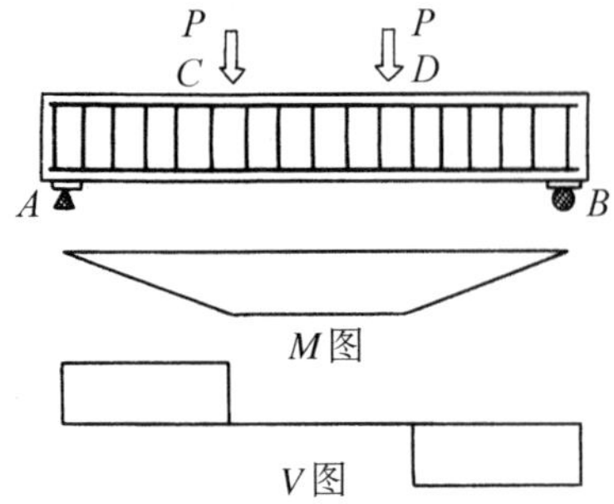

图 4－1　对称加载的钢筋混凝土简支梁

❶ 支座处应力的轨迹线受集中力影响是例外。

点 2 和点 3 的应力状态各不相同，其特点如下❶：

（1）点 1 位于中和轴处，正应力 σ 为零，剪应力 τ 最大，主拉应力 σ_{tp}和主压应力 σ_{cp}与梁轴线成 45°角。

（2）点 2 在受压区内，由于正应力为压应力，使主拉应力 σ_{tp}减小，主压应力 σ_{cp}增大，σ_{tp}的方向与梁纵轴之间的夹角大于 45°。

（3）点 3 在受拉区内，由于正应力为拉应力，使主拉应力 σ_{tp}增大，主压应力 σ_{cp}减小，σ_{tp}的方向与梁纵轴之间的夹角小于 45°。

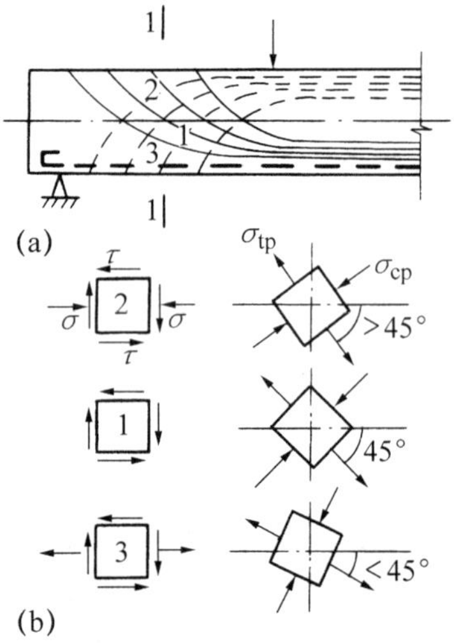

图 4－2　梁内应力状态

（a）主应力迹线；（b）单元体应力

❷ 在弯剪段，主拉应力 σ_{tp}方向与梁轴线成斜交，所以裂缝是斜向发展的。由于初始剪应力大小的不同，起始于梁下边缘的称为弯剪斜裂缝；起始于梁中部的称为腹剪斜裂缝。

由于混凝土的抗拉强度 f_t 很低，当主拉应力 σ_{tp}超过 f_t 时，梁的弯剪段将出现垂直于主拉应力轨迹线的裂缝❷。若荷载继续增加，则斜裂缝将不断伸长和加宽，上方指向荷载加载点。当梁保证了正截面受弯承载力时，如果斜截面受剪承载力不足，就可能沿某一主要斜裂缝截面发生破坏。

为了防止梁沿斜截面破坏，就需要在梁内设置足够的抗剪钢筋，其通常由与梁轴线垂直的箍筋和与主拉应力方向平行的斜筋共同组成。斜筋常利用正截面承载力多余的纵向钢筋弯起而成，所以又称为弯起钢筋。箍筋与弯起钢筋通称为腹筋。在受弯构件内，一般由纵向钢筋（受力筋与构造筋）和腹筋构成如图4－3所示的钢筋骨架❶。

❶ 构造筋主要是架立筋，一般不考虑其参与受力。

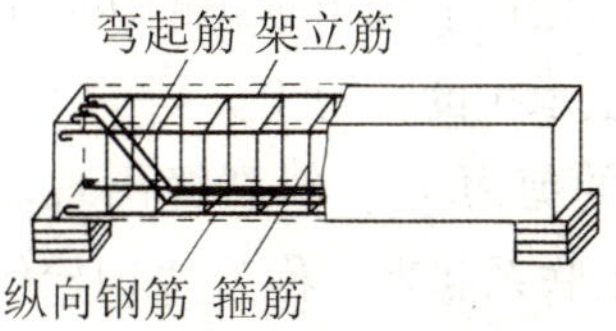

图4－3　钢筋骨架图

4.2　无腹筋梁的斜截面受剪承载力

为了更好地了解钢筋混凝土梁的抗剪性能以及腹筋的作用，有必要先研究仅配有纵向钢筋的无腹筋梁的抗剪性能❷。

❷ 无腹筋梁是只有纵向钢筋的梁。目的是研究混凝土的抗剪能力，以便与配有箍筋、弯起钢筋的有腹筋梁对比，明确各自的抗剪作用大小。

4.2.1　斜裂缝发生前后梁内应力状态的变化

1. 斜截面受剪分析

有一个承受两个集中荷载作用的无腹筋简支梁，在弯剪区段出现若干条斜裂缝，如图4－4所示。

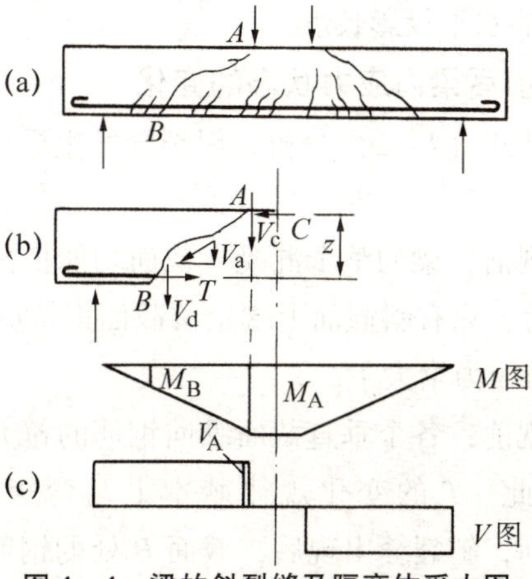

图4－4　梁的斜裂缝及隔离体受力图

（a）梁的斜裂缝；（b）临界斜裂缝上的应力状态；（c）荷载弯矩和剪力

随着荷载的增大，支座附近的斜裂缝中有一条发展较快，形成主要斜裂缝（如*AB*斜裂缝），最后导致梁沿此斜裂缝发生斜截面破坏。这条主要斜裂缝称为临界斜裂缝。现取左支座至*AB*斜裂缝之间的一段梁为隔离体来分析它的应力状态。

从图 4－4 中可知，荷载在斜截面 AB 上引起的弯矩为 M_A，剪力为 V_A[1]，而在斜截面 AB 上的抵抗力有以下几部分：

(1) 纵向钢筋承担的拉力 T。

(2) 斜裂缝上端余留截面混凝土承担的压力 C。

(3) 余留截面混凝土承担的剪力 V_c。

(4) 纵向钢筋承担的剪力 V_d，斜裂缝出现后，纵向钢筋犹如销栓一样，将裂缝两侧的混凝土联系起来，称为“销栓作用”。

(5) 斜裂缝两侧混凝土发生相对错动产生的骨料咬合力的竖向分力 V_a。

无腹筋梁中，在 V_d 作用下阻止纵向钢筋发生垂直位移的只有下面很薄的混凝土保护层，所以“销栓作用”很弱，V_d 很不可靠。随着斜裂缝宽度的增大，骨料咬合力 V_a 也逐渐减弱以至消失。因此，斜裂缝出现后，梁的抗剪能力主要是余留截面上混凝土承担的 V_c。由力的平衡条件可得，平衡 V_A 的抗剪力为[2]

$$V_A = V_c + V_a + V_d \approx V_c \quad (4-1)$$

由力矩平衡条件可得，T 和 C 形成的平衡 M_A 的抗弯力矩为

$$M_A = Tz + V_d c \approx Tz \quad (4-2)$$

式中：T——纵向钢筋承受的拉力；

z——钢筋拉力 T 到混凝土压应力合力 C 点的力臂。

c——斜裂缝的水平投影长度。

2. 斜裂缝发生前后梁内应力状态的变化

由式（4－1）和式（4－2）分析，斜裂缝发生后构件内的应力状态有以下变化：

(1) 斜裂缝出现前，梁的整个混凝土截面均能抵抗外荷载产生的剪力 V_A，但斜裂缝出现后，只有斜截面上端余留截面抵抗剪力 V_A，因此，开裂后混凝土所承担的剪应力增大了。

(2) 斜裂缝出现前，各个垂直截面纵向钢筋的拉力 T 由各个垂直截面的弯矩所决定，因此，T 的变化规律基本上与弯矩图一致。但是从图 4－4(c) 中可以看到，斜裂缝出现后，截面 B 处的钢筋拉力却要承受截面 A 的弯矩 M_A［见式（4－2）］，而 $M_A > M_B$，所以开裂后穿过斜裂缝的纵筋的拉力突然增大[3]。

(3) 由于纵筋拉力突然增大，斜裂缝更向上开展，进而使受压区混凝土截面更加缩小，因此，受压区混凝土的压应力值也进一步上升。

(4) 由于纵筋拉力突然增大，纵筋与周围混凝土之间的黏结有可能遭

[1] 斜截面上的内力为斜裂缝范围内两个垂直截面中的较大值。

[2] 由于 V_a、V_d 很小，也不可靠，而且很难各自分别量化，所以就以混凝土的抗剪力 V_c 为主来代表无腹筋梁的抗剪能力，但也隐含了两者的影响。

[3] 这对纵筋的锚固提出了更高的要求。

到破坏而出现如图4－5(a)所示的黏结裂缝[1]。再加上纵筋“销栓力”的作用，可能产生如图4－5(b)所示的沿纵筋的撕裂裂缝[2]。最后纵筋与混凝土的共同工作主要依靠纵筋在支座处的锚固。

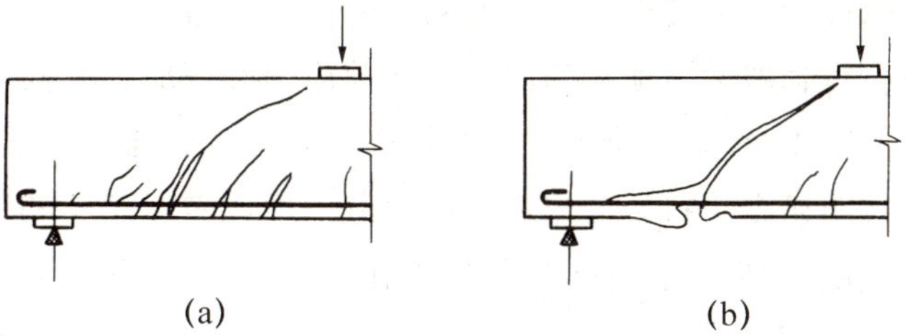

图4－5 混凝土的黏结裂缝与沿纵筋的撕裂裂缝

(a) 黏结裂缝；(b) 撕裂裂缝

如果构件能适应上述这些应力的变化，就能在斜裂缝出现后重新建立平衡，否则会因斜截面承载力不足而产生斜截面受剪破坏。

4.2.2 无腹筋梁的受剪破坏形态

根据试验研究，无腹筋梁斜截面受剪破坏有以下三种主要破坏形式：

1. 斜拉破坏

当剪跨比λ[3]较大（一般$\lambda>3$，均布荷载下为跨高比$l/h>9$）时，常为斜拉破坏。这种破坏现象是斜裂缝一出现就很快形成一条主要斜裂缝，并迅速向受压边缘发展，直至将整个截面裂通，使构件劈裂为两部分而破坏，如图4－6(a)所示[4]。其特点是整个破坏过程急速而突然，破坏荷载比斜裂缝形成时的荷载增加不多。斜拉破坏产生的原因是余留截面上混凝土剪应力的增长，使余留截面上的主拉应力超过了混凝土的抗拉强度。

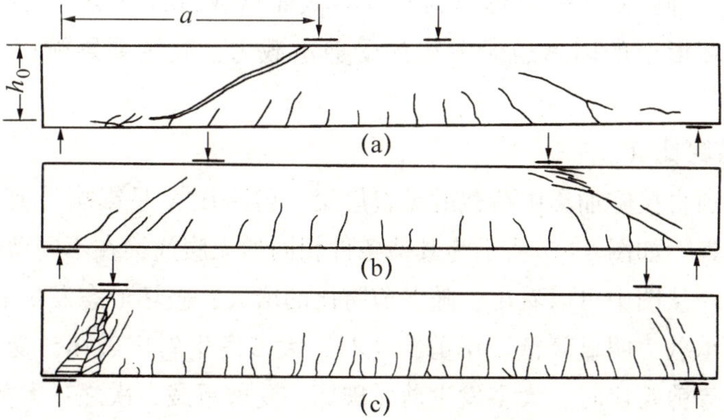

图4－6 无腹筋梁的受剪破坏形态

(a) 斜拉破坏；(b) 剪压破坏；(c) 斜压破坏

❶ 黏结裂缝的概念见第1章。

❷ 撕裂裂缝是指局部一定范围内的混凝土与钢筋脱离，削弱了混凝土对纵筋的锚固作用。

❸ 剪跨比λ是剪跨a和截面有效高度h_0的比值，即$\lambda=a/h_0$。在此，a为集中荷载作用点至支座截面或节点边缘的距离（如图4－6所示）。对于承受均布荷载的梁，剪跨比的影响可通过跨高比l/h来表示，或用广义剪跨比$M/(Vh_0)$表示。

❹ 剪跨比λ较大，主压应力角度较小，主压应力的方向为沿支座与荷载作用点的连线。

2. 剪压破坏

当剪跨比 λ 适中（一般 $1<\lambda\leqslant 3$，均布荷载下为跨高比 $3<l/h\leqslant 9$）时，常为剪压破坏。这种破坏现象是当荷载增加到一定程度时，多条斜裂缝中的一条形成主要斜裂缝。该主要斜裂缝向斜上方伸展，使受压区的高度逐渐减小，直到斜裂缝顶端的混凝土在剪应力和压应力共同作用下被压碎而破坏，如图 4-6(b) 所示。它的特点是破坏过程比斜拉破坏缓慢些，破坏时的荷载明显高于斜裂缝出现时的荷载。剪压破坏产生的原因是余留截面上混凝土的主压应力超过了混凝土在压力和剪力共同作用下的抗压强度。

3. 斜压破坏

当剪跨比 λ 较小（一般 $\lambda\leqslant 1$，均布荷载下为跨高比 $l/h\leqslant 3$）时，常为斜压破坏。当集中荷载距支座较近时，斜裂缝由支座向集中荷载处发展，支座反力与荷载之间的混凝土形成一个斜向受压短柱。随着荷载的增加，当主压应力超过了混凝土的抗压强度时，短柱被压碎而破坏，如图 4-6(c) 所示。它的特点是斜裂缝细而密，破坏时的荷载也明显高于斜裂缝出现时的荷载。斜压破坏产生的原因是主压应力超过了斜向受压短柱混凝土的抗压强度。

对于上述三种主要破坏形态，就其受剪承载力来说，斜拉破坏最低，剪压破坏较高，斜压破坏最高。但就其破坏性质来说，由于它们达到破坏荷载时的跨中挠度都不大，因而均属于脆性破坏，其中，斜拉破坏的脆性更突出[1]。

4.2.3 影响无腹筋梁斜截面受剪承载力的主要因素

上述三种斜截面破坏形态与构件斜截面承载力有密切的关系。因此，凡影响破坏形态的因素也影响梁的受剪承载力，其主要影响因素有以下几个：

1. 剪跨比 λ

对梁顶直接施加集中荷载的无腹筋梁，剪跨比 λ 是影响受剪承载力最主要的因素。如图 4-7 所示为其他条件相同的无腹筋梁在不同剪跨比时的试验结果。从图中可以看出，随着剪跨比的增大，破坏形态发生显著变化，梁的受剪承载力明显降低。小剪跨比时，大多发生斜压破坏，受剪承载力很高；中等剪跨比时，大多发生剪压破坏，受剪承载力次之；大剪跨比时，大多发生斜拉破坏，受剪承载力很低。当剪跨比 $\lambda>3$ 时，剪跨比对受剪承载力的影响无显著改变[2]。

[1] 梁为斜压破坏时，受剪承载力取决于混凝土的抗压强度；梁为斜拉破坏时，受剪承载力取决于混凝土的抗拉强度；梁为剪压破坏时，混凝土强度的影响介于上述两者之间。

[2] 小剪跨比时，梁顶的集中荷载离支座较近，直接限制了其与支座间斜裂缝的发展。也就是说，剪跨比的大小影响主拉应力的大小和方向，且集中荷载实有一定的作用面积，要产生局部竖向约束力，所以就直接影响到斜截面的破坏形态和承载力。

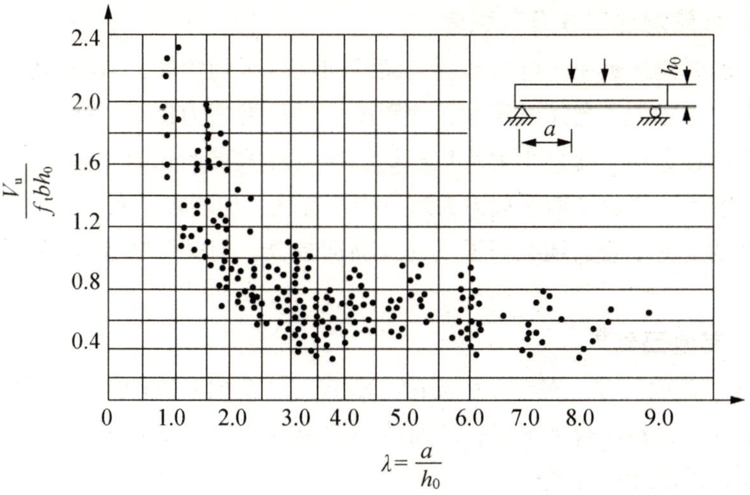

图4－7　剪跨比的影响

2. 混凝土强度

混凝土强度反映了混凝土的抗压强度和抗拉强度，因此，混凝土强度直接影响余留截面抵抗主拉应力和主压应力的能力。试验表明，受剪承载力随混凝土抗压强度f_{cu}的提高而提高，两者基本成线性关系。

从图4－8中可以看出，梁斜截面破坏的形态不同，混凝土强度的影响程度也不同，小剪跨比梁的受剪承载力随f_{cu}提高而增加的速率高于大剪跨比时的情况[1]。小剪跨比时为斜压破坏，受剪承载力取决于混凝土的抗压强度f_c，直线的斜率较大；大剪跨比时为斜拉破坏，受剪承载力取决于混凝土的抗拉强度f_t，直线的斜率较小；中等剪跨比时为剪压破坏，其直线的斜率介于上述两者之间。

[1] 这实际上就是f_c和f_t随f_{cu}变化的不同，受剪承载力计算公式要考虑此因素。

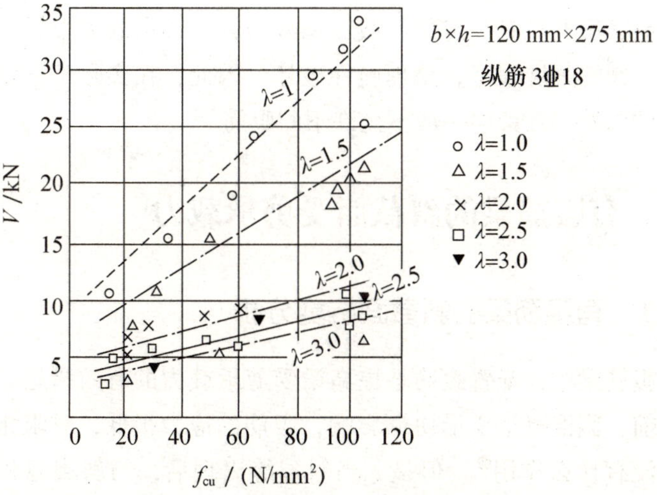

图4－8　混凝土强度的影响

3. 纵筋配筋率 ρ 及其强度

增加纵筋配筋率 ρ 可以抑制斜裂缝向受压区的伸展，从而提高了骨料咬合力，并加大了剪压区高度，使混凝土的抗剪能力提高，同时也提高了纵筋的销栓作用，而且小剪跨比时的影响要比大剪跨比时大些。总之，随着 ρ 的增大，梁的受剪承载力大致呈线性变化，但增幅不大。

梁的受剪承载力随纵筋强度的提高而提高，但其影响程度不如纵筋配筋率 ρ。

4. 其他因素[1]

（1）截面尺寸。对于无腹筋梁，随着构件截面高度的增加，斜裂缝的宽度加大，骨料咬合力下降，从而使构件受剪承载力增加的速率有所降低，形成所谓的截面尺寸效应。

（2）截面形状。对于T形和工字形等有受压翼缘的截面，由于剪压区混凝土面积的增大，其受剪承载力要比相同宽度的矩形截面有所提高。

❶ 对于无腹筋的厚板，计算斜截面受剪承载力时应考虑截面尺寸效应。另外，加载方式等也有一定的影响。

4.2.4 无腹筋梁受剪承载力的计算

《水工混凝土结构设计规范》根据大量的试验结果，取具有一定可靠度的偏下限经验公式来计算受剪承载力[2]。

❷ 公式中隐含了剪跨比 λ 的影响。

1. 矩形、T形和工形截面的一般受弯构件

$$V_u = V_c = 0.7 f_t b h_0 \tag{4-3}$$

2. 集中荷载作用下重要的独立梁[3]

❸ 主要指水电站厂房中的吊车梁、大坝的门机轨道梁等。

对于重要的独立梁，在集中荷载作用下，或同时作用多种荷载，其中集中荷载在支座截面产生的剪力占总剪力的75%以上时，

$$V_u = V_c = 0.5 f_t b h_0 \tag{4-4}$$

无腹筋梁虽然具有一定的斜截面承载力，但其承载力很低，且斜裂缝发展迅速，裂缝开展很宽，呈现脆性破坏。因此，在实际工程中，除板与基础等构件以外，在梁内一般不允许不配腹筋。

4.3 有腹筋梁的斜截面受剪承载力

4.3.1 有腹筋梁的斜截面抗剪分析

在有腹筋梁中，配置腹筋是提高梁受剪承载力的有效措施。梁在斜裂缝发生之前，因混凝土变形协调影响，腹筋的应力很低，对阻止斜裂缝的出现几乎没有什么作用[4]。但是，当斜裂缝出现后，与斜裂缝相交的腹筋就能通过以下几方面充分发挥其抗剪作用（如图4-9所示）：

❹ 钢筋对抗裂贡献不大的原因见第8章。

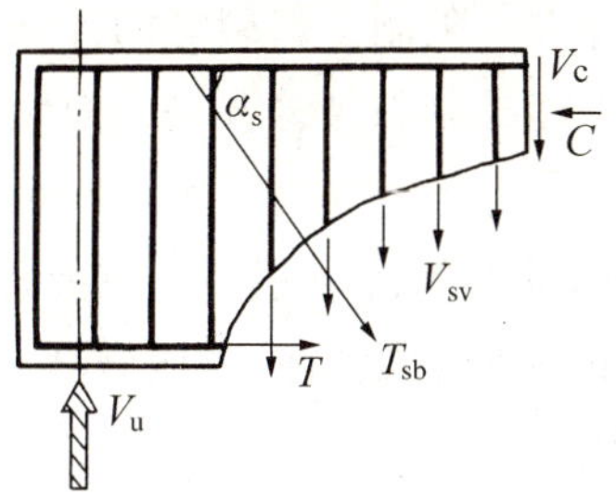

图4-9 有腹筋梁斜截面剪切破坏简图

(1) 与斜裂缝相交的腹筋本身能承担很大一部分剪力。

(2) 腹筋能阻止斜裂缝开展过宽，延缓斜裂缝向上伸展，保留了更大的剪压区高度，从而提高了混凝土的受剪承载力 V_c。

(3) 腹筋能有效减少斜裂缝的开展宽度，提高斜截面上的骨料咬合力 V_a。

(4) 箍筋可以限制纵向钢筋的竖向位移，有效阻止混凝土沿纵筋的撕裂❶，从而提高纵筋的"销栓作用" V_d❷。

弯起钢筋（斜筋）差不多与斜裂缝垂直，因而传力直接。但由于弯起钢筋一般是由纵筋弯起而成的，所以直径较粗，根数较少，受力不均匀；箍筋虽然不与斜裂缝正交，但分布均匀。一般在配置腹筋时，总是先配以一定数量的箍筋❸，需要时，再加配适当的斜筋。

根据4.2.1小节"1. 斜截面受剪分析"部分的分析，从图4-9中可以看出，有腹筋梁的受剪承载力 V_u 由以下几部分组成：

$$V_u = V_c + V_{sv} + V_{sb} \tag{4-5}$$

式中：V_c——混凝土的受剪承载力；

V_{sv}——箍筋的受剪承载力；

V_{sb}——弯起钢筋的受剪承载力，$V_{sb} = T_{sb}\sin\alpha_s$，这里，$T_{sb}$ 为斜筋的拉力，α_s 为斜截面上弯起钢筋与构件纵向轴线之间的夹角。

4.3.2 有腹筋梁的斜截面破坏形态

1. 剪切破坏形态

有腹筋梁的斜截面剪切破坏与无腹筋梁相似，也可以归纳为斜拉破坏、剪压破坏和斜压破坏三种主要的破坏形态❹。

(1) 斜拉破坏。若腹筋数量配置很少，且剪跨比 $\lambda > 3$ 时，斜裂缝一开裂，腹筋的应力就会很快达到屈服，腹筋不能起到限制斜裂缝开展的作用，从而产生斜拉破坏。

(2) 剪压破坏。若腹筋数量配置适当，且剪跨比 $1 < \lambda \leq 3$ 时，在斜裂

❶ 箍筋参与斜截面的受弯，使斜裂缝出现后纵筋应力的增量减小。

❷ (3)、(4)部分的抗剪作用已大都被箍筋所代替。

❸ 箍筋还有其他作用，必不可少，应优先配置。

❹ 腹筋数量较少，但剪跨比不大的有腹筋梁仍将发生剪压破坏；剪跨比很小的有腹筋梁，不管配筋多少，都将发生斜压破坏。这与无腹筋梁类似。

缝出现后，由于腹筋的存在，限制了斜裂缝的开展，使荷载仍能有较大的增长，直到腹筋屈服不再能控制斜裂缝开展，而使斜裂缝顶端混凝土余留截面发生剪压破坏。

（3）斜压破坏。当腹筋数量配置很多，或剪跨比 $\lambda \leq 1$ 时，斜裂缝之间的混凝土因主压应力过大而发生斜向受压破坏，腹筋应力达不到屈服，腹筋强度得不到充分利用。

2. 影响有腹筋梁受剪承载力的因素[1]

凡影响无腹筋梁受剪承载力的因素，如剪跨比、混凝土强度和纵向钢筋用量等，同样也影响有腹筋梁的受剪承载力。对有腹筋梁来说，还有一个重要因素，即腹筋用量。

（1）箍筋用量用配箍率 ρ_{sv} 表示，它反映了梁沿纵向单位水平截面含有的箍筋截面面积，如图 4－10 所示。

$$\rho_{sv} = \frac{A_{sv}}{bs} \tag{4-6a}$$

$$A_{sv} = nA_{sv1} \tag{4-6b}$$

上述各式中：A_{sv}——同一截面内箍筋的截面面积[2]；

n——同一截面内箍筋的肢数；

A_{sv1}——单肢箍筋截面面积；

s——沿梁轴线方向箍筋的间距；

b——梁的截面宽度。

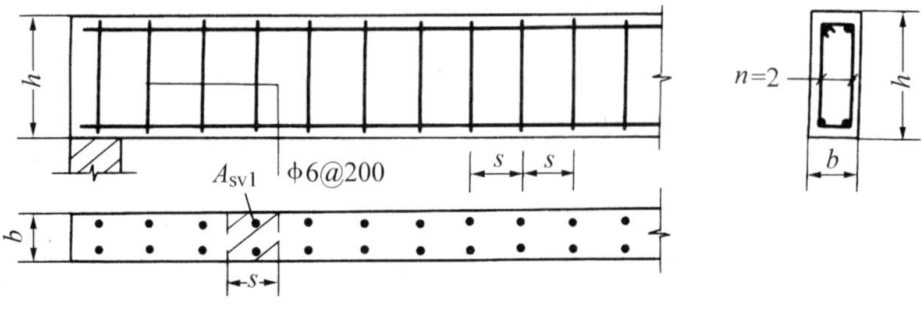

图 4－10 梁的纵、横、水平剖面图

在配箍量适当的情况下，梁的受剪承载力随配箍率 ρ_{sv} 的增大、箍筋强度 f_{yv} 的提高而不断提高[3]。

（2）弯起钢筋的配筋率可用 ρ_{sb} 来表示，

$$\rho_{sb} = \frac{A_{sb}}{bh_0}$$

试验表明，梁的受剪承载力随弯起钢筋配筋率的增大、强度的提高而增大。

在进行斜截面受剪承载力设计时，与正截面承载力设计相似，以剪压

[1] 有腹筋梁的影响机制与无腹筋梁基本相同，最终破坏标志也类似。但由于腹筋的作用，受剪承载力提高，破坏性质得到改善。此外，剪跨比的影响权重相对无腹筋梁时有所下降。例如，剪跨比较大时，应是斜拉破坏，若腹筋用量很多，由于腹筋的作用，就可能发生斜压破坏。但要注意，由于腹筋过多引起的斜压（超筋）破坏一定要避免。

[2] A_{sv} 即为箍筋与水平截面相垂直的两根竖肢的截面面积 A_{sv1} 之和，bs 为 A_{sv} 的控制范围。

[3] 纵向钢筋的影响相对无腹筋梁，权重也有所下降，尺寸效应的影响也有所减弱。

破坏特征建立计算公式，用配置一定的腹筋来防止斜拉破坏，采用截面限制条件的方法来防止斜压破坏。

4.3.3　有腹筋梁斜截面受剪承载力的计算公式

1. 仅配箍筋梁的受剪承载力 V_u 的计算公式

如图4－11所示为一根仅配箍筋的简支梁，在出现斜裂缝 *BA* 后，取斜裂缝 *BA* 到支座的一段为隔离体。从隔离体上可以看出，临破坏时，斜截面受剪承载力的计算公式可以采用两项相加的形式，即

$$V_u = V_c + V_{sv} \qquad (4-7)$$

式中：V_c——混凝土的受剪承载力；

V_{sv}——箍筋的受剪承载力。

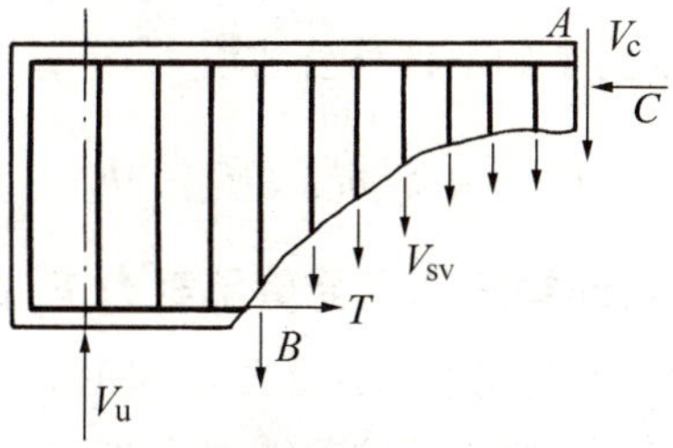

图4－11　仅配箍筋梁的斜截面受剪承载力计算图

（1）对于承受一般荷载的矩形、T形和工形截面受弯构件（包括连续梁和约束梁[1]）。根据试验分析，梁的受剪承载力随箍筋数量的增加而提高，但离散性还是很大的。当其他条件不变时，$V_u/(f_t b h_0)$ 和 $\rho_{sv} f_{yv}/f_t$ 可取图4－12中的偏下限关系线。因此，规范给出的 V_u 的计算公式如下[2]：

$$V_u = 0.7 f_t b h_0 + 1.25 f_{yv} \frac{A_{sv}}{s} h_0 \qquad (4-8)$$

式中：f_t——混凝土轴心抗拉强度设计值；

b——矩形截面的宽度或T形、工形截面的腹板宽度；

h_0——截面有效高度；

f_{yv}——箍筋抗拉强度设计值，可以按附录4表8取用。

式（4－8）中等号右边的两项即分别为式（4－7）中的 V_c 和 V_{sv}。可以认为，V_c 等同于无腹筋梁的受剪承载力 V_u。

（2）对于承受以集中荷载为主的重要的独立梁（包括连续梁和约束梁）。试验表明，对于承受以集中荷载为主的矩形截面梁，按式（4－8）计算不够安全。为此，规范对集中荷载作用下（包括作用有多种荷载，且集中荷载对支座截面或节点边缘所产生的剪力值占总剪力值75%以上的情

[1] 约束梁即简支外伸梁。

[2] 由于受剪的复杂性，为安全起见，规范给出的受剪承载力 V_u 计算是一个偏下限公式，图4－12中的斜直线段为公式的适用范围。从表面上来看，V_c 项是依照无腹筋梁混凝土的受剪承载力来取值的，但实际上，对于有腹筋梁，由于箍筋的存在，斜裂缝的开展受到抑制，使梁剪压区面积增大，导致了 V_c 值的提高，其提高程度则又与箍筋的强度和配箍率有关，因而 V_c 和 V_{sv} 项紧密相关，在 V_{sv} 中有小部分是属于箍筋存在提高的混凝土的作用。

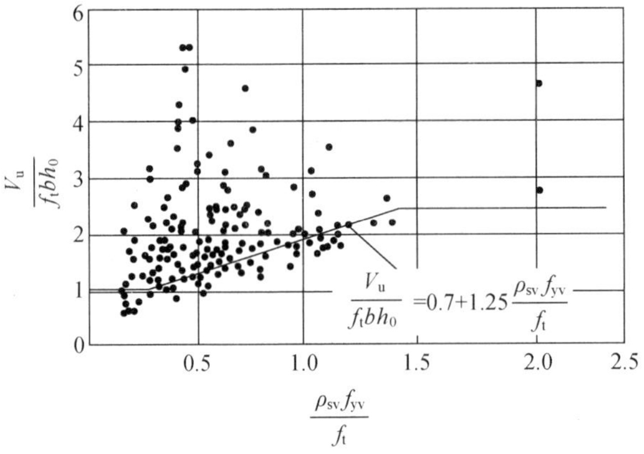

图 4－12　仅配箍筋的梁受剪承载力

况）重要的独立梁，给出了如下计算公式[❶]：

$$V_u = 0.5 f_t b h_0 + f_{yv}\frac{A_{sv}}{s}h_0 \tag{4-9}$$

2. 同时配箍筋和弯起钢筋的梁受剪承载力 V_u 的计算公式

如图 4－9 所示为一个既配箍筋，又配弯起钢筋的梁斜截面受剪承载力计算模式，与斜裂缝相交的弯筋的抗剪能力为 $T_{sb}\sin\alpha_s$。若在同一弯起平面内弯起钢筋的截面面积为 A_{sb}，并考虑到与斜裂缝相交的弯起钢筋的应力达到抗拉强度设计值，则

$$V_{sb} = T_{sb}\sin\alpha_s = f_y A_{sb}\sin\alpha_s \tag{4-10}$$

式中：A_{sb}——同一弯起平面内弯起钢筋的截面面积；

α_s——斜截面上弯起钢筋与构件纵向轴线之间的夹角。

由此得出，矩形、T 形和工形截面的受弯构件，当同时配有箍筋和弯起钢筋时，斜截面受剪承载力的计算公式为

$$V_u = V_c + V_{sv} + V_{sb} = V_c + V_{sv} + f_y A_{sb}\sin\alpha_s \tag{4-11}$$

3. 受剪承载力计算设计表达式

在设计中，为了保证斜截面受剪承载力，应满足如下条件：

（1）对于仅配箍筋的梁，

$$KV \leqslant V_u = V_c + V_{sv} \tag{4-12}$$

（2）对于同时配箍筋和弯起钢筋的梁[❷]，

$$KV \leqslant V_u = V_c + V_{sv} + V_{sb} \tag{4-13}$$

式中：K——承载力安全系数，按表 2－4 取用；

V——剪力设计值，当计算配箍筋或第一排（对支座来说）弯起钢筋时，取支座边缘截面的最大剪力设计值 V_1。对于仅承受直接作用在构件顶面的分布荷载 g 的受弯构件，剪力设计值也可

❶《水工混凝土结构设计规范》（DL/T 5057—2009）中，V_{sv} 的计算在任何情况下均同式（4－9），V_c 的计算与《水工混凝土结构设计规范》（SL 191—2008）相同。

❷ 在水工混凝土结构中常有承受很大荷载的实心板需要进行抗剪计算，但又不便布置箍筋，所以可只配弯起钢筋，使之与混凝土共同承受剪力，计算方法见 4.4 节。一般的板不配腹筋即可满足，或只配弯筋抗剪。

以改取为距离支座边缘 $0.5h_0$ 处的剪力设计值作为 V_1（如图 4－13 所示）[1]；当计算以后每一排弯起钢筋时，取用前一排（对支座来说）弯起钢筋弯起点处的剪力设计值 V_2。弯起钢筋的计算一直要进行到最后一排弯起钢筋进入 $(V_c+V_{sv})/K$ 的控制区段为止（如图 4－14 所示）。

[1] 考虑顶部荷载对斜裂缝发展的约束作用，可取 $V=V_1-gc=V_1-0.5gh_0$，适当节省钢筋。

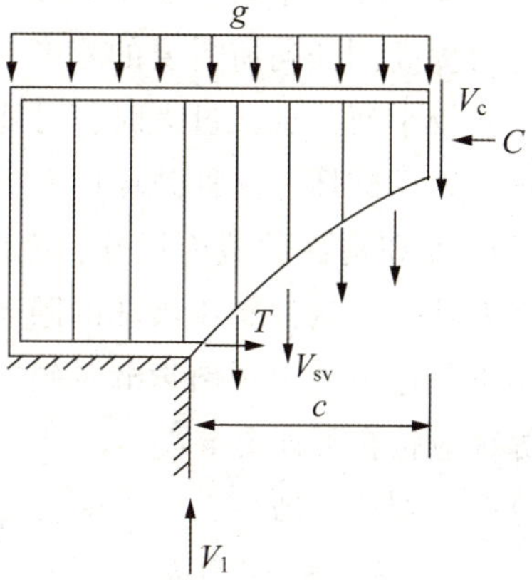

图 4－13　梁上作用均布荷载时端部剪力设计取值示意图

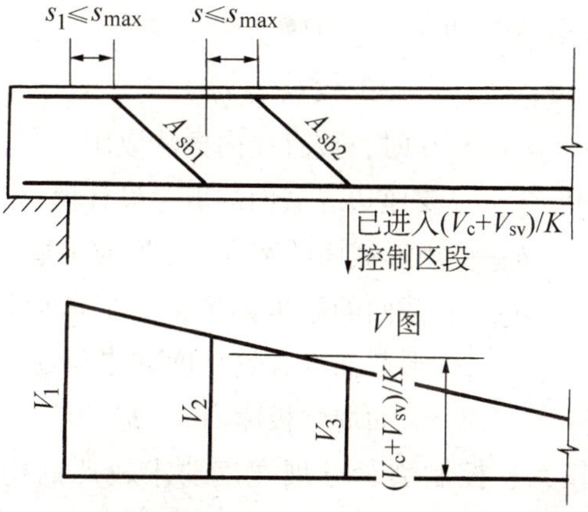

图 4－14　计算弯起钢筋时 V 的取值规定和弯筋间距要求

在设计构件时，如能满足 $KV \leqslant V_c+V_{sv}$，则表示构件所配的箍筋足以抵抗荷载引起的剪力；如果 $KV > V_c+V_{sv}$，则表示所配的箍筋不能满足抗剪要求，这时，我们可以采取如下解决办法：

（1）将箍筋加密或加粗。

（2）增大构件的截面尺寸。

（3）提高混凝土的强度等级。

（4）将纵向钢筋弯起成为斜筋或加焊斜筋，以增加斜截面的受剪承载力。在纵向钢筋有可能弯起的情况下，利用弯起的纵筋来抗剪可以收到较好的经济效果[1]。

4.3.4 斜截面受剪承载力计算公式的适用条件

1. 防止斜压破坏的条件

从式（4-8）和式（4-11）来看，似乎只要增加箍筋或弯起钢筋，就可以将构件的抗剪能力提高到任何所需要的程度，但事实并非如此。实际上，当构件的截面尺寸较小而荷载又过大时，可能在支座上方产生过大的主压应力，使端部发生斜压破坏。这种破坏形态的构件受剪承载力基本上取决于混凝土的抗压强度和构件的截面尺寸，而腹筋的数量影响甚微。因此，腹筋的受剪承载力就受到构件斜压破坏的限制。为了防止发生斜压破坏和避免构件在使用阶段过早地出现斜裂缝及斜裂缝开展过大，构件截面尺寸或混凝土强度等级应符合下列要求[2]：

（1）当 $h_w/b \leqslant 4.0$ 时，对于一般梁，

$$KV \leqslant 0.25 f_c b h_0 \tag{4-14}$$

对于T形或工形截面简支梁，当有实践经验时，

$$KV \leqslant 0.3 f_c b h_0 \tag{4-15}$$

（2）当 $h_w/b \geqslant 6.0$（薄腹梁）时[3]，

$$KV \leqslant 0.2 f_c b h_0 \tag{4-16}$$

（3）当 $4.0 < h_w/b < 6.0$ 时，按直接内插法取用。

在上述各式中：V——支座边缘截面的剪力设计值；

b——矩形截面的宽度，T形或工形截面的腹板宽度；

h_w——截面的腹板高度，矩形截面取有效高度 h_0，T形截面取有效高度减去翼缘高度 $h_0 - h_f'$，工形截面取腹板净高 $h - h_f' - h_f$。

对截面高度较大、控制裂缝开展宽度要求较严的构件，即使 $h_w/b < 6.0$，其截面仍应符合式（4-16）的要求。若式（4-14）或式（4-16）不能满足，则应加大截面尺寸或提高混凝土的强度等级。

2. 防止斜拉破坏的条件[4]

上面讨论的腹筋抗剪作用的计算，只是在箍筋和斜筋（弯起钢筋）具有一定密度和一定数量时才有效。如果腹筋布置得过少时、过稀，即使计算上满足要求，仍可能出现斜截面受剪承载力不足的情况。

（1）腹筋间距要求。如果腹筋间距过大，则可能在两根腹筋之间出现不与腹筋相交的斜裂缝，这时腹筋便无从发挥作用（如图4-15所示）。同时，箍筋分布的疏密对斜裂缝开展宽度也有影响。采用较密的箍筋对抑

[1] 由于纵筋较多，在受拉区不宜切断，全部伸入支座又没有必要，所以弯起抗剪，在受力上和经济上都较好。式（4-13）中剪力设计值 V 的选取就是针对 $V_c + V_{sv}$ 不变，即配箍不变，分批计算 A_{sb} 的情况。

[2] 这就是斜压破坏和剪压破坏的界限条件，即只要截面尺寸不过小或混凝土强度等级不太低，就不会因混凝土承载力不够而发生斜压破坏。这相当于对应了最大配箍率，如将限制条件 $V \leqslant (0.25 f_c b h_0)/K$ 和设计要求 $V \leqslant (V_c + V_{sv})/K$ 相比较，可得 $\rho_{sv,max}$。

[3] 薄腹梁易在梁腹部开裂破坏，所以要适当加强。

[4] 防止发生斜拉破坏主要是从以下两方面来保证的：腹筋间距 $s \leqslant s_{max}$；配箍率 $\rho_{sv} \geqslant \rho_{sv,min}$。

制斜裂缝宽度有利。为此，有必要对腹筋的最大间距 s_{max} 做一限制，s_{max} 限值如表 4-1 所示。对于斜筋（弯起钢筋）来说，间距是指一根斜筋的下弯点到后一根斜筋的上弯点之间的梁轴投影距离。在任何情况下，腹筋的间距 s 都不得大于表 4-1 中的 s_{max} 值。同时，从支座算起，第一根斜筋或第一根箍筋离开支座边缘的距离 s_1 也不得大于 s_{max}。

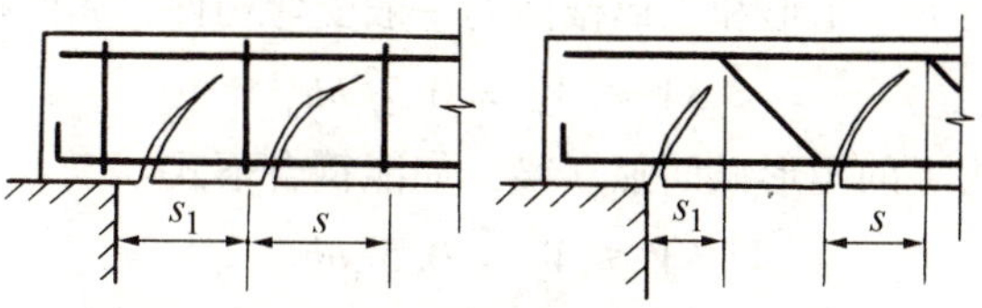

图 4-15 腹筋间距过大时产生的影响

s_1—支座边缘到第一根斜筋或箍筋的间距；s—斜筋或箍筋的间距

表 4-1 梁中箍筋的最大间距 s_{max} 单位：mm

项 次	梁高 h/mm	$KV > V_c$	$KV \leqslant V_c$
1	$150 < h \leqslant 300$	150	200
2	$300 < h \leqslant 500$	200	300
3	$500 < h \leqslant 800$	250	350
4	$h > 800$	300	400

注：薄腹梁的箍筋间距宜适当减小。

（2）配箍率要求。箍筋配置过少时，一旦斜裂缝出现，由于箍筋的抗剪作用不足以代替斜裂缝发生前混凝土原有的作用，就会发生突然性的脆性斜拉破坏。为了防止发生剪跨比较大时的斜拉破坏，规范规定，当 $KV > V_c$ 时，箍筋的配置应满足它的最小配筋率要求❶，具体如下：

对 HPB235 钢筋，配筋率应满足

$$\rho_{sv} = \frac{A_{sv}}{bs} \geqslant \rho_{sv,min} = 0.15\% \qquad (4-17)$$

对 HRB335 钢筋，配筋率应满足

$$\rho_{sv} = \frac{A_{sv}}{bs} \geqslant \rho_{sv,min} = 0.10\% \qquad (4-18)$$

上述各式中：$\rho_{sv,min}$——箍筋的最小配筋率。

❶ 剪力较大时，腹筋就应多配些。若 $V < V_c/K$，为了避免无腹筋梁的脆性破坏和必要的延性，对腹筋用量（间距和配箍率）也提出了要求。

4.3.5 斜截面抗剪计算步骤

钢筋混凝土梁一般先进行正截面承载力设计，初步确定截面尺寸和纵向钢筋后，再进行斜截面受剪承载力设计计算。

1. 斜截面抗剪承载力设计

(1) 作梁的剪力图。计算剪力设计值时的计算跨度取构件的净跨度[1]，即 $l_0 = l_n$。

(2) 以式 (4-14) 或式 (4-16) 验算构件截面尺寸是否满足斜截面受剪承载力的要求。

(3) 对于矩形、T形和工形截面的一般受弯构件，如能符合下式：

$$KV \leqslant V_c = 0.7 f_t b h_0 \tag{4-19}$$

对以集中荷载为主的矩形截面独立梁，如能符合下式：

$$KV \leqslant V_c = 0.5 f_t b h_0 \tag{4-20}$$

则不需进行斜截面抗剪配筋计算，仅按构造要求设置腹筋[2]。

(4) 如果式 (4-19) 或式 (4-20) 不满足，则说明需要按承载力计算配置腹筋。这时，有以下两种方式：

① 只配箍筋。当剪力完全由箍筋和混凝土承担时，对矩形、T形和工形截面梁，由式 (4-8) 和式 (4-12) 可得

$$\frac{A_{sv}}{s} \geqslant \frac{KV - 0.7 f_t b h_0}{1.25 f_{yv} h_0} \tag{4-21}$$

对集中荷载作用下的矩形截面独立梁，由式 (4-9) 和式 (4-12) 可得

$$\frac{A_{sv}}{s} \geqslant \frac{KV - 0.5 f_t b h_0}{f_{yv} h_0} \tag{4-22}$$

计算出 A_{sv}/s 值后，根据 $A_{sv} = nA_{sv1}$，可选定箍筋肢数 n 和单肢箍筋截面积 A_{sv1}，然后求出箍筋的间距 s。需要注意的是，选用箍筋的直径和间距应分别满足表 4-2 和表 4-1 的构造要求。

表 4-2　梁中箍筋的最小直径

梁高 h/mm	箍筋直径/mm
$h \leqslant 800$	6
$h > 800$	8

② 既配箍筋，又配弯起钢筋。当需要配置弯起钢筋、箍筋和混凝土共同承担剪力时，一般先选配一定数量的箍筋 (n、A_{sv1}、s)[3]，然后按式 (4-8) 或式 (4-9) 计算出 $V_c + V_{sv}$，再按式 (4-13) 计算弯起钢筋截面面积[4]

$$A_{sb} \geqslant \frac{KV - V_c - V_{sv}}{f_y \sin\alpha_s} \tag{4-23}$$

弯起钢筋的计算一直要进行到最后一排弯起钢筋进入 $(V_c + V_{sv})/K$ 的控制区段为止。

[1] 因在支座内不会发生斜截面破坏，故剪力设计值首先取支座边缘值，即有 $l_0 = l_n$。

[2] 因为混凝土的承载力 V_c 接近斜裂缝开裂荷载，因此，当剪力设计值小于该值时，不会产生受剪破坏。同时，在使用荷载下一般不会出现斜裂缝。

[3] 先配的箍筋一般按满足构造和 $\rho_{sv,min}$ 要求选择，全梁均布。

[4] 若没有钢筋可弯起时，就适当增加箍筋数量。

此外，也可以根据截面纵筋配置情况，先针对不同位置，分批选配适当的弯起钢筋（根数、直径、位置），然后按式（4－10）计算 V_{sb}，再按式（4－13）计算不同区段的配箍用量，然后同上选配箍筋。

2. 斜截面抗剪承载力复核

对已经设计或施工好的一个构件，可按下述步骤验算：

（1）验算配箍率，检查腹筋的位置是否满足构件要求。若配箍率 $\rho_{sv} < \rho_{sv,min}$，或腹筋间距 $s > s_{max}$，则按式（4－8）或式（4－9）中的 V_c 计算受剪承载力 V_u❶。

（2）若 $\rho_{sv} \geq \rho_{sv,min}$ 且 $s \leq s_{max}$，则按式（4－8）、式（4－9）或式（4－11）计算受剪承载力 V_u。

（3）用上面计算出的 V_u 代替式（4－14）～式（4－16）的 KV，验算构件的截面尺寸和混凝土的强度等级是否合适❷。若不满足要求，则根据其中一个公式计算受剪承载力 V_u。

（4）复核斜截面的受剪承载力，验算是否满足 $V \leq V_u/K$。计算截面的确定一般按如图4－16所示的原则，具体如下：

① 支座边缘截面（1—1）。

② 腹板宽度改变处的截面（2—2）。

③ 箍筋直径或间距改变处的截面（3—3）。

④ 受拉区弯起钢筋弯起点处的截面（4—4）❸。

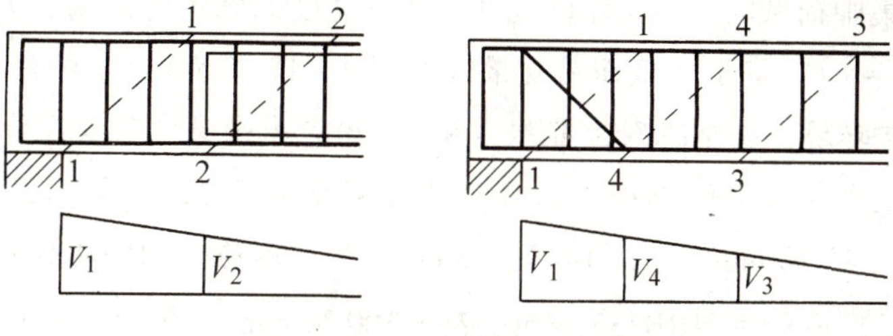

图4－16 受剪计算斜截面

4.4 实心厚板的斜截面受剪承载力计算

对于普通薄板，相对于截面宽度，其截面高度很小，承载力主要取决于正截面受弯，斜截面受剪不会发生问题，一般可不做验算。

但是，在水工建筑中，常有截面高度达几米的尾水管底板、蜗壳顶板等；在高层建筑中，也会有很厚的基础底板和转换层实心楼板。对于这些厚板有可能发生斜截面受剪破坏，斜截面受剪承载力就必须进行验算。

❶ V_u 即等同于 V_c。

❷ 与正截面超筋验算时确定 M_u 类似。

❸ 第一排弯起钢筋的弯起点离支座边缘的距离为 $s_1 + h_1\tan\alpha_s$，其中，α_s 为弯起钢筋的角度；s_1 为第一排弯起钢筋弯终点离支座边缘的距离，应满足 $s_1 \leq s_{max}$；h_1 为从弯起钢筋中心算起的垂直高度，如外排钢筋弯起时，$h_1 = h - 2c - d$，d 为弯起钢筋的直径，c 为保护层厚度。里排钢筋弯起时的计算方法还要考虑钢筋净距的大小。第二排弯起钢筋的位置确定方法类似。

4.4.1 不配抗剪钢筋的实心板

由于板类构件难以配置箍筋，所以常常成为不配抗剪钢筋的无腹筋厚板的斜截面受剪承载力计算问题。

试验表明，斜截面受剪承载力会随着板厚的加大而降低，因此，规范规定，对于无腹筋的实心板，其斜截面受剪承载力应按下列公式计算：

$$KV \leqslant V_c = 0.7\beta_h f_t b h_0 \tag{4-24}$$

$$\beta_h = \left(\frac{800}{h_0}\right)^{\frac{1}{4}} \tag{4-25}$$

式中：β_h——截面高度影响系数，当 $h_0 < 800$ mm 时，取 $h_0 = 800$ mm；当 $h_0 > 2\,000$ mm 时，取 $h_0 = 2\,000$ mm❶。

❶ 当 $h_0 < 800$ mm 时，不宜考虑受剪承载力的提高。

4.4.2 配置弯起钢筋的实心板

当板所受剪力很大，不易满足式（4－24）的要求时，也可以考虑配置弯起钢筋帮助抗剪。此时，其斜截面受剪承载力可按下式计算❷：

❷ 此时不再考虑尺寸效应的影响。

$$KV \leqslant V_c + V_{sb} = 0.7f_t b h_0 + f_y A_{sb}\sin\alpha_s \tag{4-26}$$

为了限制弯起钢筋的数量和控制斜裂缝不开展过宽❸，规范要求 $V_{sb} \leqslant 0.8f_t b h_0$。

❸ 当弯起钢筋太多时，为了使其发挥作用，必然导致斜裂缝开展过宽。

当板上作用的是均布荷载时，截面宽度 b 可取为单位宽度（1 m）；当作用的是集中荷载时，b 为计算宽度，计算宽度的确定可参阅有关规范。

【例 4－1】 某 T 形截面简支梁（如图 4－17 所示），净跨 $l_n = 4$ m，处于室内正常环境，安全级别为Ⅱ级（$K = 1.2$）；承受集中荷载设计值 400 kN（因梁自重所占的比例很小，已化为集中荷载考虑）；混凝土强度等级为 C30，$f_t = 1.43$ N/mm^2，$f_c = 14.3$ N/mm^2；纵向钢筋为 HRB400 钢筋，$f_y = 360$ N/mm^2，箍筋为 HRB335 钢筋，$f_{yv} = 300$ N/mm^2；截面尺寸和剪力图如图 4－17 所示。试配抗剪腹筋。

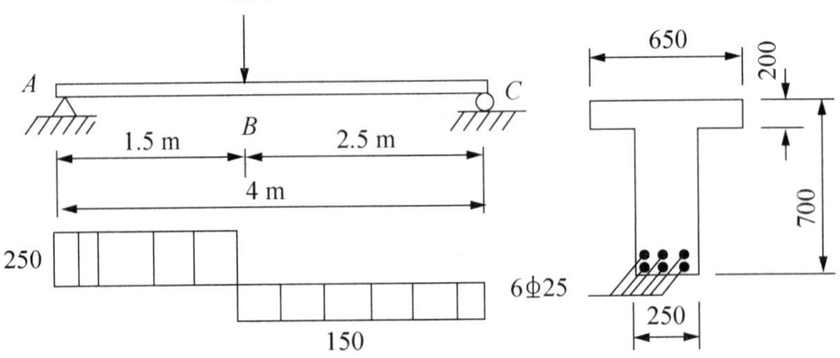

图 4－17 截面尺寸和剪力图

解 (1) 支座边缘截面剪力设计值分别为

$$V_A = \frac{2\,500\,P}{4\,000} = \frac{2\,500 \times 400}{4\,000} = 250\ (\text{kN})$$

$$V_B = 400 - 250 = 150\ (\text{kN})$$

(2) 截面尺寸复核。取 $a = 70$ mm，则

$$h_0 = h - a = 700 - 70 = 630\ (\text{mm})$$

$$h_w = h_0 - h'_f = 630 - 200 = 430\ (\text{mm})$$

$$\frac{h_w}{b} = \frac{430}{250} = 1.72 < 4.0$$

$$KV_A = 1.2 \times 250 = 300\ (\text{kN})$$

$$< 0.25 f_c b h_0 = 0.25 \times 14.3 \times 250 \times 630 = 563.06\ (\text{kN})$$

故截面尺寸满足抗剪条件❶。

❶ 按最大剪力验算，其满足就可以。

(3) 验算是否需要按承载力计算确定腹筋。对于承受集中荷载为主的梁，

$$V_c = 0.5 f_t b h_0 = 0.5 \times 1.43 \times 250 \times 630 = 112.6\ (\text{kN})$$

$$< KV_B = 180\ (\text{kN})$$

应计算确定腹筋用量❷。

❷ V_c 小于最小的剪力，必然要计算配箍。

(4) 腹筋计算。

① 只配箍筋。在 AB 段，按式 (4－22) 得到

$$\frac{A_{sv}}{s} \geqslant \frac{KV - 0.5 f_t b h_0}{f_{yv} h_0} = \frac{(300 - 112.6) \times 10^3}{300 \times 630} = 0.99$$

选双肢箍筋ϕ8，$n = 2$，$d = 8$ mm❸，$A_{sv1} = 50.3\ \text{mm}^2$，则

❸ 初选双肢箍筋时，考虑梁高较大 ($h = 700$ mm)，箍筋不能太细。按表 4－2，$d \geqslant 6$ mm。

$$s \leqslant \frac{2 \times 50.3}{0.99} = 102\ (\text{mm})$$

取 $s = 100\ \text{mm} < s_{max} = 250$ mm（如表 4－1 所示）❹，

❹ s 最后应取整。

$$\rho_{sv} = \frac{A_{sv}}{bs} = \frac{2 \times 50.3}{250 \times 100} = 0.4\% > \rho_{sv,min} = 0.10\%$$

满足要求。

在 BC 段，根据上面的计算，这里可以直接试选双肢箍筋ϕ8@150❺，$n = 2$，$d = 8$ mm，$A_{sv1} = 50.3\ \text{mm}^2$，$s = 150\ \text{mm} < s_{max} = 250$ mm，则

❺ 此段也可以适当地加大箍筋间距 s，以节省用量，但与 AB 段相差过大，整个梁受力不好，所以就适当多配了。

$$V_u = V_c + V_{sv} = 0.5 f_t b h_0 + \frac{f_{yv} A_{sv} h_0}{s}$$

$$= 112\,600 + \frac{300 \times 100.6 \times 630}{150}$$

$$= 239.4\ (\text{kN}) > KV_B = 180\ (\text{kN})$$

$$\rho_{sv} = \frac{A_{sv}}{bs} = \frac{2 \times 50.3}{250 \times 150} = 0.3\% > \rho_{sv,min} = 0.10\%$$

故满足要求。

这样，AB 段配双肢箍 ϕ8@100（如图 4－17 所示），BC 段配双肢箍 ϕ8@150。

② 同时配箍筋和弯起钢筋。可以考虑沿全梁均匀布置双肢箍筋 ϕ8@150，满足基本要求。由式（4－11）计算弯起钢筋（弯起角为 45°）。

在 AB 段，

$$A_{sb} \geq \frac{KV - V_c - V_{sv}}{f_y \sin\alpha_s} = \frac{300\,000 - 239\,400}{360 \times 0.707} = 238\ (\text{mm}^2)$$

考虑实有纵筋情况，可以首先在支座 A 附近按要求弯起 1Φ25（A_{sb1} = 490.9 mm²）。由于 AB 段设计剪力不变，所以还需要再弯起第二批 1Φ25，之后进入 $(V_c + V_{sv})/K$ 的控制区段❶。

❶ 实际上是进入了 BC 段。

在 BC 段，

$$V_u = V_c + V_{sv} = 239.4\ (\text{kN}) > KV_B = 180\ (\text{kN})$$

理论上不需要弯起钢筋，但为了增强梁的受剪承载力，可以考虑仍将 2Φ25 纵筋分两批弯起❷。

❷ 跨中受拉区纵筋不宜切断，全部伸入支座又没必要，所以可以弯起，以增强梁的抗剪能力。

如按《水工混凝土结构设计规范》（DL/T 5057—2009）计算，则

$$\gamma = \gamma_0 \psi \gamma_d = 1 \times 1 \times 1.2 = 1.2$$

与 $K = 1.2$ 相等；对于承受集中荷载为主的梁，其他计算公式和验算条件也完全一样，所以计算结果也就完全相同。

【例 4－2】 已知某一简支梁，结构安全级别为Ⅱ级，梁截面尺寸 $b \times h$ = 200 mm × 500 mm 及计算简图如图 4－18 所示。梁上受均布荷载设计值 q = 48.0 kN/m（包括自重）；梁中已配有抗弯纵向钢筋 3Φ25；混凝土强度等级为 C30，纵向钢筋为 HRB335 钢筋，箍筋为 HPB235 钢筋。试配抗剪腹筋。

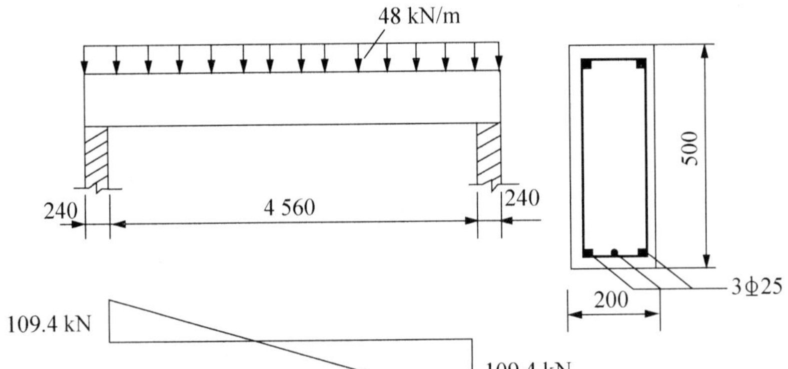

图 4－18　梁截面尺寸及计算简图

解 (1) 支座边缘截面剪力设计值为

$$V_1 = \frac{ql_n}{2} = \frac{48 \times 4.56}{2} = 109.4\ (\text{kN})$$

作出的剪力图如图4-18所示。

(2) 截面尺寸验算。

$$h_w = h_0 = 500 - 40 = 460\ (\text{mm}),\quad f_c = 14.3\ (\text{N/mm}^2)$$

$$\frac{h_w}{b} = \frac{460}{200} = 2.3 < 4.0$$

$$\begin{aligned} KV_1 &= 1.2 \times 109\,400 = 131\,280\ (\text{N}) = 131.28\ (\text{kN}) \\ &< 0.25f_c bh_0 = 0.25 \times 14.3 \times 200 \times 460 \\ &= 328\,900\ (\text{N}) = 328.9\ (\text{kN}) \end{aligned}$$

截面尺寸满足抗剪要求。

(3) 抗剪腹筋计算。

$$\begin{aligned} V_c &= 0.7f_t bh_0 = 0.7 \times 1.43 \times 200 \times 460 = 92\,092\ (\text{N}) \\ &\approx 92.09\ (\text{kN}) < KV_1 = 131.28\ (\text{kN}) \end{aligned}$$

应由计算确定腹筋用量。

① 只配箍筋。由

$$\frac{A_{sv}}{s} \geqslant \frac{KV_1 - 0.7f_t bh_0}{1.25f_{yv}h_0} = \frac{131\,280 - 92\,092}{1.25 \times 210 \times 460} = 0.325$$

选双肢箍筋ϕ6，$n=2$，$d=6$ mm，$A_{sv1}=28.3\ \text{mm}^2$，则

$$s \leqslant \frac{2 \times 28.3}{0.325} = 174\ (\text{mm})$$

取$s=150$ mm $< s_{max}=250$ mm（如表4-1所示）。实配双肢ϕ6@150。

$$\rho_{sv} = \frac{A_{sv}}{bs} = \frac{2 \times 28.3}{200 \times 150} = 0.19\% > \rho_{sv,min} = 0.10\%$$

满足要求。

② 同时配箍筋和弯起钢筋。可以考虑沿全梁均匀布置双肢箍筋ϕ6@200，$s=200$ mm $< s_{max}=250$ mm，

$$\rho_{sv} = \frac{A_{sv}}{bs} = \frac{2 \times 28.3}{200 \times 200} = 0.14\% > \rho_{sv,min} = 0.10\%$$

满足基本要求。

由式（4-23）计算弯起钢筋（弯起角为45°），

$$\begin{aligned} A_{sb} &\geqslant \frac{KV_1 - V_c - V_{sv}}{f_y \sin\alpha_s} = \frac{KV_1 - 0.7f_t bh_0 - 1.25f_{yv}\frac{A_{sv}}{s}h_0}{f_y \sin\alpha_s} \\ &= \frac{131\,280 - 92\,092 - 34\,172}{300 \times 0.707} = 24\ (\text{mm}^2) \end{aligned}$$

考虑实有纵筋情况，可以首先在支座附近按要求弯起 1 ϕ25（$A_{sb1} = 490.9\ mm^2$），弯起点处的剪力

$$V_2 = \frac{48 \times (4.56 - 2 \times 0.48)}{2} = 86.4\ (kN)$$

$$V_u = V_c + V_{sv} = 0.7 f_t b h_0 + 1.25 f_{yv} \frac{A_{sv}}{s} h_0$$

$$= 92\,092 + 34\,172 = 126\,264\ (N) \approx 126.3\ (kN)$$

$$> KV_2 = 1.2 \times 86.4 = 103.7$$

进入了 $(V_c + V_{sv})/K$ 的控制区段，不需要再弯起钢筋❶。

❶ 也不能再弯起了，如果需要就另加斜筋。

【例 4－3】 条件同例 4－2，但配了双肢箍筋 ϕ6@100，试求此梁由抗剪控制时可承受的均布设计荷载 q。

解

$$KV = V_u = 0.7 f_t b h_0 + 1.25 f_{yv} \frac{A_{sv}}{s} h_0$$

$$= 0.7 \times 1.43 \times 200 \times 430 + 1.25 \times 210 \times \frac{2 \times 28.3}{100} \times 460$$

$$= 154\,430.5\ (N) = 154.43\ (kN)$$

$$V = \frac{q l_n}{2} = \frac{154.43}{1.2} = 128.7\ (kN)$$

$$q = \frac{2V}{l_n} = 2 \times \frac{128.7}{4.56} = 56.4\ (kN/m)$$

4.5 钢筋混凝土梁的斜截面受弯承载力

受弯构件如果钢筋配置不当，斜裂缝出现后，还有可能导致斜截面受弯破坏❷。如图 4－19 所示，在未出现斜裂缝 AB 时，A 截面抵抗的弯矩为 M_A，B 截面抵抗的弯矩为 M_B。但在出现斜裂缝 AB 后，要计算作用在 AB 斜截面上的弯矩 M_{AB}，取斜裂缝左边为脱离体。显然，$M_{AB} > M_B$，如果按跨中 M_{max} 计算的纵筋沿梁全长配置（不切断，也不弯起），则必然会满足任何斜截面上的弯矩。但是，如果一部分纵筋在 B 截面之前被弯起或被切断，B 截面所余的纵筋虽然能抵抗正截面的弯矩 M_B，但出现斜裂缝后，要承担的弯矩加大了，就有可能抵抗不了加大了的弯矩 M_{AB}，从而导致斜截面受弯破坏。纵向钢筋在切断或弯起时，如何保证斜截面受弯承载力的问题，在设计中，一般是通过画正截面抵抗弯矩图的方法来解决的。

❷ 受弯构件的纵向钢筋由控制截面处的最大弯矩 M_{max} 计算确定。若按 M_{max} 计算的纵筋全梁不变，则能抵抗任何正、斜截面上的弯矩作用。但如果根据正截面抗弯变化切断或弯起钢筋，以达到合理利用，就可能带来斜截面抗弯问题，实际上是斜裂缝出现导致的正截面抗弯不足问题。

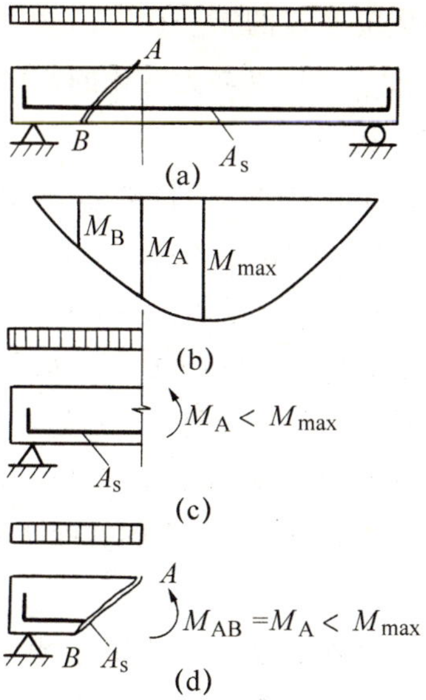

图 4-19 弯矩图与斜截面上的弯矩 M_{AB}

4.5.1 抵抗弯矩图的绘制

抵抗弯矩图，又称为材料图[1]，简称为 M_R 图，就是以各个截面实际纵向受拉钢筋所能承受的弯矩为纵坐标、以相应的截面位置为横坐标作出的弯矩图。图形上的各个纵坐标就是各个截面实际能够抵抗的弯矩值，它可以根据截面实有的纵筋截面面积求得。作图的过程也就是对钢筋布置进行图解设计的过程。

[1] 抵抗弯矩图也就是由各个截面尺寸和钢筋用量所决定的正截面极限弯矩 M_u（抵抗弯矩 M_R）沿构件长度的变化图形。

1. 纵筋的理论切断点与充分利用点

如图 4-20 所示为某梁的负弯矩区段的配筋情况（为清晰起见，未画箍筋）。按支座最大负弯矩计算需配置 3φ22 + 2φ18，纵筋的布置及编号如图 4-20 中的剖面图所示。

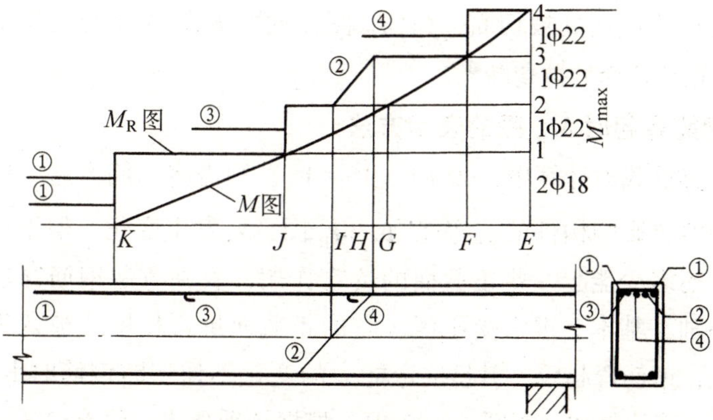

图 4-20 抵抗弯矩图（M_R图）

支座 E 截面的配筋是按 E 点的 M_{max} 计算出来的，所以在图 4-20 中，E 点的纵坐标 $E4$ 就等于 M_{max}。在纵筋无变化的截面处，M_R 图的纵坐标都与 E 截面相同（图 4-20 中 EF 段）。

我们可以按钢筋截面面积的比例，将坐标 $E4$ 近似地划分为每一根钢筋各自抵抗的弯矩❶。例如，坐标 $E1$ 代表 2ϕ18 所抵抗的弯矩，坐标 $E2$ 代表 2ϕ18+1ϕ22 所抵抗的弯矩。显然，在截面 F，即坐标 $E3$ 与 M 图相交的截面处，可以减去（切断）一根ϕ22（钢筋④），也就是说，2ϕ18+2ϕ22 已可满足正截面的抗弯要求。同样，在截面 G 处，又可以减去一根ϕ22，但在图 4-20 中，由于要在截面 H 处弯下一根ϕ22 钢筋（钢筋②），因此，就不能在截面 G 处切断钢筋了。直到截面 J 和截面 K 才可以切断钢筋③和两根钢筋①❷。

称截面 F 为钢筋④的"不需要点"；同时，截面 F 又是钢筋②的"充分利用点"，因为过了截面 F，钢筋②的强度就不再需要充分发挥了。

同样，截面 G 是钢筋②的"不需要点"，同时又是钢筋③的"充分利用点"；其他可以类推。

一根钢筋的强度需要充分发挥的点称为该钢筋的"充分利用点"，这根钢筋如果变化，就会导致该正截面抗弯要求不满足。

一根钢筋的不需要点也称为该钢筋的"理论切断点"。因为对正截面抗弯要求来说❸，既然这根钢筋是多余的，在理论上便可予以切断。但实际切断点还将伸过一定长度，见 4.5.2 小节。

2. 钢筋切断时 M_R 图的表示方法

钢筋切断反映在 M_R 图上便是截面抵抗弯矩能力的突变。例如，在图 4-20 中，由于截面 F 为钢筋④的"不需要点"，所以可以在该截面处将钢筋④切断，这根钢筋即不再承受弯矩，M_R 图在截面 F 处就产生一个突变。同样，由于截面 J 为钢筋③的"不需要点"，M_R 图在截面 J 处的突变反映了钢筋③在该截面处被切断；而 M_R 图在截面 K 处的突变反映了钢筋①（2ϕ18）在该截面处被切断❹。

3. 钢筋弯起时 M_R 图的表示方法

在受剪承载力计算中，若 $KV > V_c + V_{sv}$，则需将纵筋弯起，以抵抗剪力，这必然要影响构件的抗弯能力，M_R 图也要发生变化。但钢筋在弯起的过程中还多少能起一些正截面的抗弯作用，直到弯起钢筋穿过了梁的截面重心轴，基本上进入受压区，它的正截面抗弯作用才被认为完全消失。因此，钢筋弯起后，引起抗弯能力的变化不像切断钢筋时那样突然，而是逐渐下降。例如，在图 4-20 中，根据抗剪要求，纵筋②需在截面 H

❶ M_u 按第 3 章的承载力复核确定，每一根钢筋的抵抗弯矩 $M_{ui} = M_u A_{si}/A_s$。

❷ 注意哪一根纵向钢筋相对最大弯矩处首先变化，就把它画在远离基线方向。如钢筋④首先切断，其代表的抗弯部分（图 4-20 中的 3—4 段）就应绘在 M_R 图的最外边，否则 M_R 图可能无法绘制。

❸ 注意：这里都是根据正截面承载力的变化提出的概念。

❹ 作 M_R 图时，应与构件配筋图同比例绘出，钢筋的变化位置才能明确表示。

处被弯下，而在截面 I 处，弯起筋穿过了梁的截面重心轴，进入受压区，所以在截面 H 和截面 I 之间，M_R 图为斜线变化❶。

❶ 钢筋②伸过重心轴下部的斜段代表梁正弯矩钢筋向上弯起时的变化，即钢筋②在上部为负弯矩钢筋，在下部为正弯矩钢筋。

4. M_R 图与 M 图的关系

M_R 图代表梁的正截面的抗弯能力，因此，在各个截面上都要求不小于 M，所以与 M 图是同一比例的 M_R 图必须将 M 图包括在内，以满足受弯承载力的要求。M_R 图与 M 图越贴近，表示钢筋强度的利用越充分，这是设计中应力求做到的一点。与此同时，还要照顾到施工的便利，不要片面追求钢筋的利用程度而使钢筋构造复杂化。

4.5.2 保证斜截面受弯承载力的方法❷

❷ 这里可以看到，斜截面的受弯承载力是通过对纵筋变化的构造要求来保证的，而不是进行承载力的具体计算。

1. 纵筋切断时保证斜截面受弯承载力的方法

以如图 4－21 所示的钢筋①为例，在截面 B 处，按正截面弯矩 M_B 来看，已不需要钢筋①。但如果将钢筋①就在截面 B 处切断，则若发生斜裂缝 AB，则余下的钢筋就不足以抵抗斜截面上的弯矩 M_A （$M_A > M_B$）❸。这时，只有当斜裂缝范围内箍筋承担的拉力对 A 点取矩，能取代或补偿所切断的钢筋①的抗弯作用时，才能保证斜截面受弯承载力。这只有在斜裂缝具有一定长度且可以与足够的箍筋相交时才有可能。

❸ 切断钢筋①使 $M_{uB} < M_{uA}$，从而承受不了斜截面上的弯矩 M_{AB}（等于 M_A）。

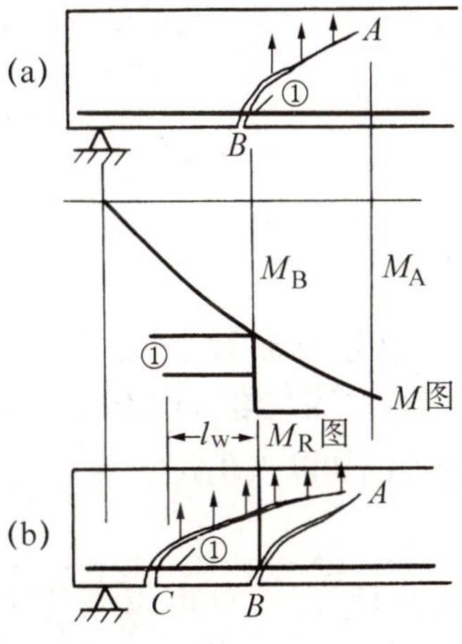

图 4－21 纵向钢筋的切断

因此，当正截面受弯承载力已不需要某一根钢筋时，我们应将该钢筋伸过其理论切断点一定长度 l_w 后再将它切断❹。如图 4－21 所示的钢筋①，在伸过 B 截面 l_w 长度的 C 截面再切断，就可以保证在出现斜裂缝 AB 时，钢筋①仍起抗弯作用；而在出现斜裂缝 AC 时，钢筋①虽已不再起作用，

❹ M_R 图仍表示在理论切断点突变，但延伸 l_w 表示实际切断点的位置。

却已有足够的箍筋穿越更长的斜裂缝 AC，对 A 点取矩时，已可以取代或补偿钢筋①的抗弯作用。

显然，所需 l_w 的大小和所切断钢筋的直径 d、箍筋间距 s、箍筋的配筋率等因素有关[1]。但在设计中，为简单起见，根据试验分析和工程经验，规范做出如下规定（如图 4－22 所示）：

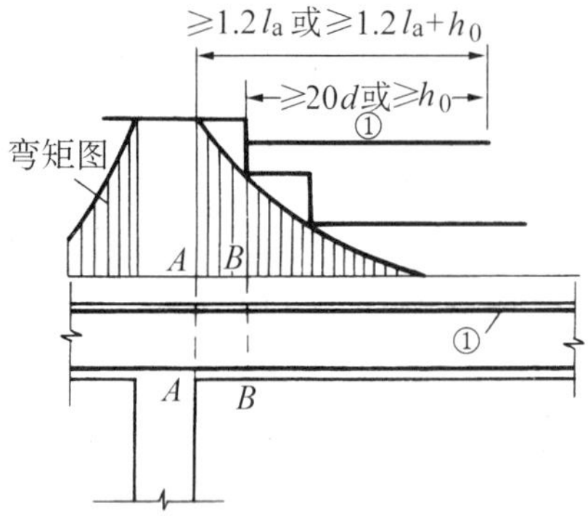

图 4－22　纵筋切断点及延伸长度要求[2]

A—A—钢筋①的强度充分利用截面；B—B—按计算不需要钢筋①的截面

（1）钢筋的实际切断点应伸过其理论切断点，延伸长度 l_w 应满足

$$l_w \geq h_0, \quad l_w \geq 20d$$

式中：d——切断钢筋的直径。

（2）钢筋的充分利用点至该钢筋的实际切断点的距离 l_d 还应满足下列要求[3]：

① 当 $V \leq V_c/K$ 时，

$$l_d \geq 1.2l_a$$

② 当 $V > V_c/K$ 时，

$$l_d \geq 1.2l_a + h_0$$

式中：l_a——受拉钢筋的最小锚固长度，按附录 6 表 21 采用。

（3）若按上述规定确定的切断点仍位于负弯矩受拉区内，则钢筋还应延长，即要满足

$$l_w \geq 1.3h_0, \quad l_d \geq 1.2l_a + 1.7h_0$$

在设计中，必须同时满足 l_w 和 l_d 的要求。

必须注意的是，纵向受拉钢筋不宜在受拉区切断，因为切断处的钢筋面积骤减，引起混凝土拉应力突增，导致在切断钢筋截面处过早地出现斜裂缝。此外，纵向受拉钢筋在受拉区锚固也不够可靠。如果锚固不好，就会影响斜截面的受剪承载力。因此，图 4－22 中的钢筋①就应该直通入支座。至于支座处承受负弯矩的纵向受拉钢筋（如悬臂梁、伸臂简支梁和连

[1] 切断钢筋的直径粗，切断后 M_R 降低就多，所需 l_w 就大；箍筋密，l_w 就小些。

[2] 钢筋切断时的第（2）条规定是为了保证被切断钢筋的锚固可靠，以免影响构件承载力。特别是有斜裂缝（$V > V_c/K$）时，钢筋应力突增，更接近充分利用点，即钢筋强度充分利用点可能还会向右偏移，更易导致锚固问题，所以 l_d 要求就大，相当于再考虑一个斜裂缝水平投影长度。另外，角部的钢筋也不要动。

[3] 对于梁柱整体浇筑结构，计算配筋所用的最大弯矩也选取支座边缘处的数值。这是因为在整浇的支座范围内，截面尺寸很大，不会在此发生破坏。

续梁)，为了节约钢筋，必要时，可以按弯矩图的变化，将理论上不需要的钢筋切断。

2. 纵筋弯起时保证斜截面受弯承载力的方法

以如图4－23所示的梁为例，为解释清晰起见，在图中略去箍筋。截面 A 是钢筋①的充分作用点。在伸过截面 A 一段距离 a 以后，钢筋①被弯起。如果发生斜裂缝 AB，则斜截面 AB 上应承受的弯矩仍为 M_A。若要求斜截面 AB 的受弯承载力仍足以抵抗 M_A，则必须使钢筋①弯起后能抵抗的弯矩不小于弯起前所能抵抗的弯矩。用 $A_{s①}$ 表示钢筋①的截面面积，就必须要求

$$A_{s①}f_y z_b \geqslant A_{s①}f_y z$$

即

$$z_b \geqslant z \tag{4-27}$$

式中：z——钢筋①在弯起之前对混凝土压应力合力点取矩的力臂；

z_b——钢筋①弯起后对混凝土压应力合力点取矩的力臂。

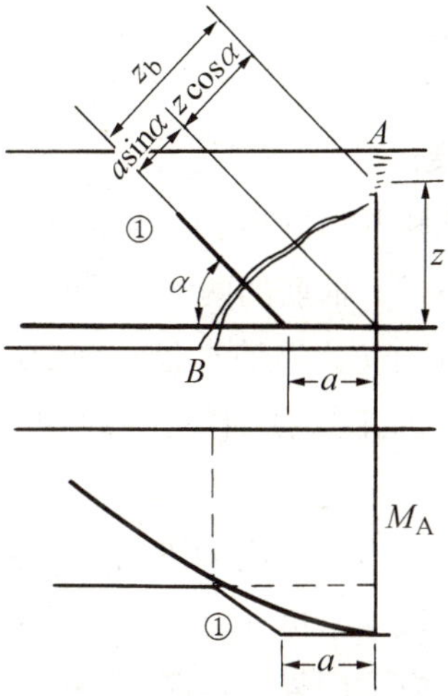

图4－23 弯起钢筋的弯起点

由几何关系可得

$$z_b = a\sin\alpha + z\cos\alpha$$ ❶

代入式（4－27），整理得

$$a \geqslant \frac{1-\cos\alpha}{\sin\alpha}z$$

式中：α——钢筋①弯起后与梁轴线之间的夹角，通常为45°或60°，所以 a 为 $0.37h_0$～$0.52h_0$，在设计时，规范取

$$a \geqslant 0.5h_0 \tag{4-28}$$

❶ z_b 是根据图4－23作图得出的两个直角三角形而求得的，读者可自行推导。

为此，当弯起纵筋时，为了保证斜截面的受弯承载力，必须将该钢筋伸过其充分利用点至少 $0.5h_0$ 的地方才能弯起。

以上要求可能有时与腹筋最大间距的限制（如表 4－1 所示）相矛盾，尤其在承受负弯矩的支座（如图 4－20 所示）附近容易出现这个问题❶。这是由用一根弯筋同时抗弯又抗剪而引起的。我们知道，腹筋最大间距的限制是为了保证斜截面的受剪承载力，而 $a \geqslant 0.5h_0$ 的条件是为了保证斜截面的受弯承载力。当两者发生矛盾时，可以在保证斜截面受弯承载力的前提下（纵筋的弯起满足 $a \geqslant 0.5h_0$），用单独另设斜钢筋的方法来满足斜截面受剪承载力的要求❷。

❶ 因为抗剪要求离支座越近越好，而抗弯要求离支座越远越好。

❷ 也可以先满足斜截面受剪承载力的要求，再为斜截面受弯承载力另配直钢筋。

4.6 钢筋骨架的构造

为了使钢筋骨架适应受力的需要和便于施工，规范对钢筋骨架的构造做出了相应规定❸。

❸ 这也是对第 3 章梁的构造要求的补充，一定要重视构造规定。

4.6.1 箍筋构造❹

❹ 对箍筋的构造要求，一是为了保证钢筋骨架的刚度，避免施工时变形错位；二是为了可靠地约束受压钢筋。对箍筋肢数和纵筋根数之间相对关系的要求就是基于这一点。

1. 箍筋的形式和肢数

箍筋的形式有封闭式和开口式两种。当梁中配有计算需要的纵向受压钢筋时，箍筋应做成封闭式，箍筋的两个端头应做成 135°弯钩，弯钩端部的平直段长度不应小于 $5d$（d 为箍筋直径）或 50 mm。在不承受扭矩和动力荷载的整浇肋形楼板中的 T 形截面梁，截面上部为受压的区段范围内，方可采用开口式箍筋。

箍筋一般采用双肢箍，当一层内的纵向受压钢筋多于 4 根时，应设置复合箍筋（四肢箍筋，如图 4－24 所示）；当梁宽 $b > 400$ mm，一层纵向受压钢筋多于 3 根时，也应采用复合箍筋。

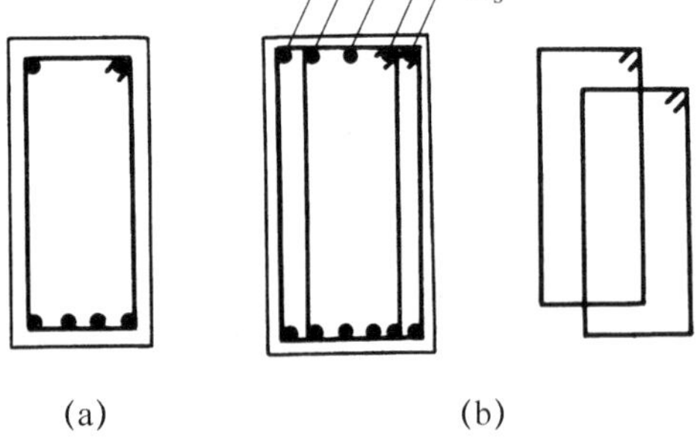

图 4－24　箍筋的肢数

（a）双肢箍筋；（b）四肢箍筋

2. 箍筋的最小直径

梁中箍筋的最小直径应符合表4－2的要求❶。当梁内配有计算需要的受压钢筋时，箍筋直径尚不应小于 $d/4$（d 为受压钢筋中的最大直径）。

3. 箍筋的最大间距

箍筋的最大间距不得大于表4－1中所列的数值。

当梁中配有计算所需要的受压钢筋时，箍筋的间距在绑扎骨架中不应大于 $15d$（d 为受压钢筋中的最小直径），在焊接骨架中不应大于 $20d$。同时，在任何情况下均不应大于400 mm；当一排内纵向受压钢筋多于5根且直径大于18 mm时，箍筋间距不应大于 $10d$。

在绑扎纵筋的搭接长度范围内，当钢筋受拉时，其箍筋间距不应大于 $5d$（d 为搭接钢筋中的最小直径），且不大于100 mm；当钢筋受压时，箍筋间距不应大于 $10d$，且不大于200 mm。

4. 箍筋的布置❷

按计算需要设置箍筋时，一般可以在梁的全长均匀布置箍筋，也可以在梁两端剪力较大的部位布置得密一些。按计算不需要设置箍筋时，对高度 $h>300$ mm的梁，仍应沿全梁布置箍筋；对高度 $h\leq300$ mm的梁，可以仅在构件端部1/4跨度范围内设置箍筋，但当在构件中部1/2跨度范围内有集中荷载作用时，箍筋仍应沿梁全长布置。

4.6.2 纵向钢筋的构造

1. 纵向受力钢筋的接头

当构件太长而现有钢筋长度不够，需要接头时，可以采用绑扎搭接、机械连接或焊接连接，应优先考虑采用焊接连接接头。由于钢筋通过连接接头传力的性能不如整根钢筋，因此，设置钢筋连接的原则如下：钢筋接头应设置在受力较小处；同一钢筋上宜少设接头；同一构件中的纵向受力钢筋接头应相互错开。

采用焊接接头时，在接头左右 $35d$ 且不小于500 mm的区段内，接头的受拉钢筋截面面积与受拉钢筋总截面面积的比值不宜超过1/2，即受拉钢筋接头面积百分率不宜超过50%。受压钢筋、装配式构件连接处和临时缝处的焊接接头钢筋可以不受此比值限制。

在不具备焊接条件而必须采用绑扎搭接时，在从任一接头中心至1.3倍搭接长度范围内（如图4－25所示的同一连接区段），梁类、板类及墙类构件的受拉钢筋接头面积百分率不宜超过25%。当工程中确有必要增大受拉钢筋接头面积百分率时，对梁类构件，不应大于50%；对板、墙类构件，可以根据实际情况放宽。受压钢筋的接头面积百分率不宜超过50%❸。

❶ 为了避免梁较高时，箍筋过细易弯折，不能有效地发挥作用，提出此要求。为了方便加工，箍筋的直径最好不要太大。

❷ 这一要求是为了使梁具有更好的延性性质。

❸ 当接头太集中时，构件在局部受力不好，如黏结性差、箍筋约束较弱等。

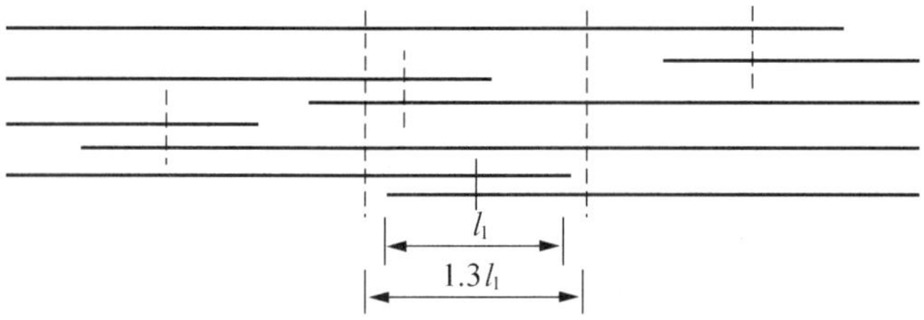

图 4－25　绑扎搭接控制

关于绑扎接头的钢筋搭接长度，可参阅本书第 1 章，更详细的搭接要求参见规范。

2. 纵向受力钢筋在支座中的锚固

支座附近的剪力较大，出现斜裂缝后，由于与斜裂缝相交的纵筋应力会突然增大，若纵筋伸入支座的锚固长度不够，将使纵筋滑移，甚至被从混凝土中拔出，引起锚固破坏。

为了防止这种破坏，纵向钢筋伸入支座的数量不应少于 2 根，伸入支座的长度应满足下列要求：

（1）简支梁支座。在构件的简支端，弯矩为零。当梁端剪力较小时，不会出现斜裂缝，受力筋适当伸入支座即可。当支座附近的剪力较大时，出现斜裂缝后，由于导致与斜裂缝相交的纵筋应力会突然增大，带来钢筋的黏结锚固问题，所以简支梁下部纵向受力钢筋伸入支座的锚固长度 l_{as}［如图 4－26(a) 所示］应符合下列条件❶：

① 当 $KV \leqslant V_c$ 时，

$$l_{as} \geqslant 5d$$

② 当 $KV > V_c$ 时，

$$l_{as} \geqslant 12d \text{（带肋钢筋）}$$
$$l_{as} \geqslant 15d \text{（光圆钢筋）}$$

❶ 支座处有横向压应力，使黏结作用得到改善，并且此处的钢筋不属于充分受拉。因此，支座处的锚固长度 l_{as} 可比基本锚固长度 l_a 减小。

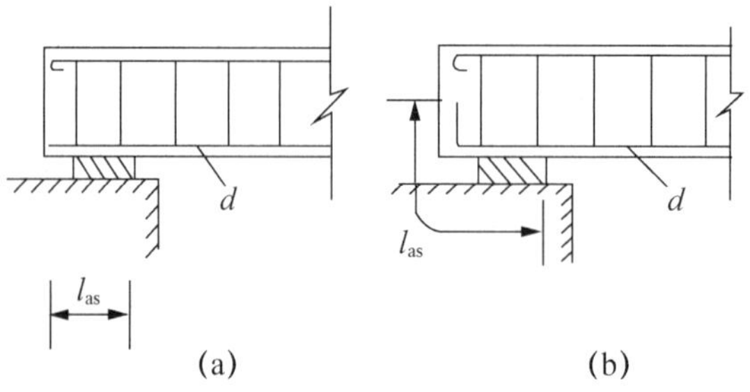

图 4－26　纵向受力钢筋在简支支座内的锚固

（a）直线式锚固；（b）上弯式锚固

当下部纵向受力钢筋伸入支座的锚固长度不能符合上述规定时[1]，如图4－26(b) 所示，可以在梁端将钢筋弯起，或采用贴焊锚筋、镦头、焊锚板，将钢筋端部焊接在支座的预埋件上等专门锚固措施，具体要求参见规范规定。

[1] 有地震荷载进行抗震设计时，要求的锚固长度要大些，详见规范。

若焊接骨架中采用光圆钢筋作为纵向受力钢筋，则应在锚固长度 l_{as} 内加焊横向钢筋：当 $KV \leqslant V_c$ 时，至少1根；当 $KV > V_c$ 时，至少2根。横向钢筋的直径不应小于纵向受力钢筋直径的一半。同时，加焊在最外边的横向钢筋应靠近纵向钢筋的末端。

（2）悬臂梁支座。如图4－27所示，悬臂梁的上部纵向受力钢筋从钢筋强度被充分利用的截面（支座边缘截面）起伸入支座中的长度如下：采用直线锚固时，伸入支座中的长度不小于钢筋的锚固长度 l_a；采用带90°弯折锚固时，伸入支座中的水平长度应不小于 $0.4l_a$，弯折后的竖直段长度为 $15d$。当梁的下部纵向钢筋在计算上作为受压钢筋时，伸入支座中的长度不小于 $0.7l_a$。

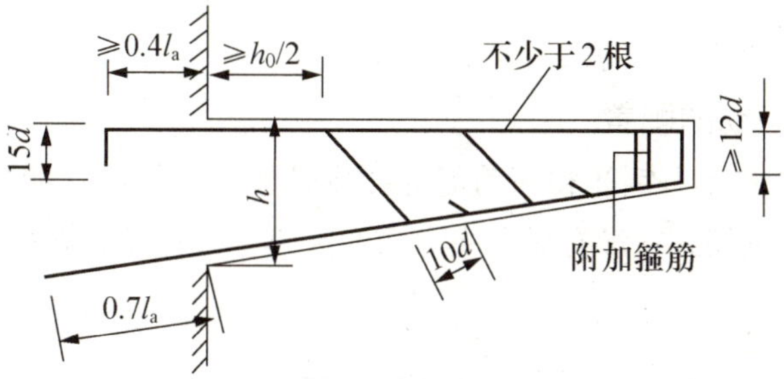

图4－27　悬臂梁受力钢筋的锚固

应至少有2根上部钢筋伸至悬臂梁最外端，并向下弯折不小于 $12d$；其余钢筋不应在梁的上部截断，而应满足式（4－28）规定的弯起点位置向下弯折，并应在梁的下边满足锚固要求。

（3）连续梁及框架梁支座。

① 连续梁中间支座或框架梁中间节点的上部纵向钢筋应贯穿支座或节点，按正、斜截面承载力需要变化。

② 连续梁中间支座或框架梁中间节点的下部纵向钢筋应伸入支座或节点。当计算中不利用其强度时，其伸入长度应符合上述对简支梁端 $KV > V_c$ 的规定。

当计算中充分利用其抗拉强度时，受拉钢筋的伸入长度不小于钢筋的锚固长度 l_a［如图4－28(a) 所示］；也可以采用带90°弯折的锚固形式［如图4－28(b) 所示］；还可以伸过支座（节点）范围，并在梁的弯矩较小处设置搭接接头［如图4－28(c)所示］。

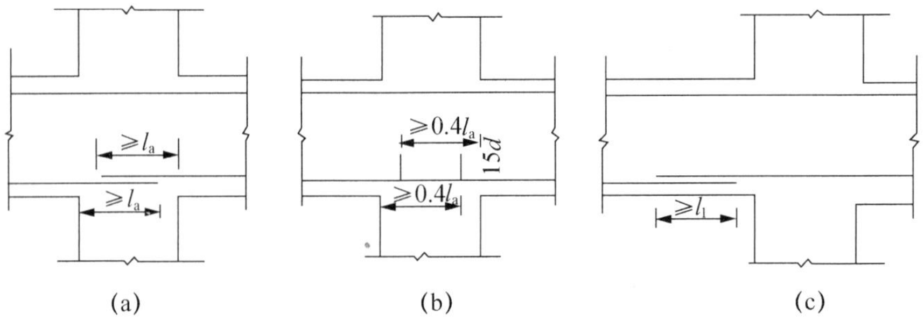

图4－28　纵向钢筋在中间节点或中间支座范围内的锚固与搭接

(a) 节点中的直线锚固；(b) 节点中的弯折锚固；

(c) 节点或支座范围外的搭接

当计算中充分利用其抗压强度时，受压钢筋的伸入直线段长度不小于0.7l_a。下部纵向钢筋也可以伸过支座或节点范围，并在梁的弯矩较小处设置搭接接头❶。

上述l_a可按附录6表21取用❷。

❶ 框架梁中间层、顶层端节点等处钢筋的锚固要求参见规范。

❷ 钢筋的受力特征不同，对锚固长度的要求也不同。

3. 架立钢筋的配置

为了使纵向受力钢筋和箍筋能绑扎成骨架，在箍筋的四角，必须沿梁全长配置纵向钢筋。在没有纵向受力筋的区段，应补设架立钢筋（如图4－29所示）。

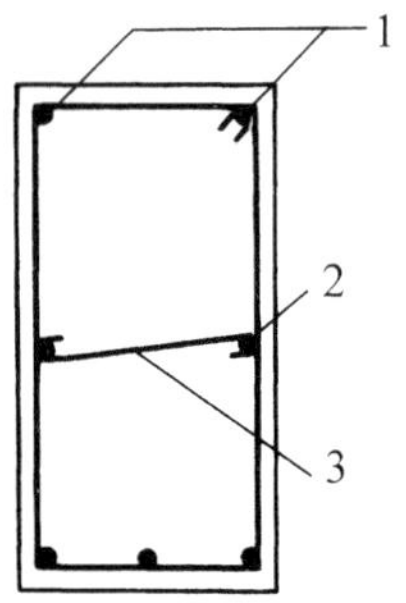

图4－29　架立钢筋、腰筋及拉筋❸

1—架立钢筋；2—腰筋；3—拉筋

❸ 架立钢筋和腰筋及拉筋等构造钢筋一般只需满足基本要求，即强度级别不要高，数量不要多，以尽可能节省钢筋。

当梁跨$l<4$ m时，架立钢筋直径d不宜小于8 mm；当$l=4\sim6$ m时，d不宜小于10 mm；当$l>6$ m时，d不宜小于12 mm❹。

❹ 为了保证必要的刚度，对架立钢筋直径提出了要求。

4. 腰筋及拉筋的设置

当梁的腹板高度h_w超过450 mm时，为了防止由于温度变形和混凝土收缩等原因使梁中部产生竖向裂缝，在梁的两侧沿高度应设置纵向构造钢筋，称为“腰筋”（如图4－29所示）[1]。每侧纵向构造钢筋（不包括梁上、下部受力钢筋或架立钢筋）的截面面积不应小于腹板截面面积 bh_w 的0.1%，且其间距不宜大于200 mm。

[1] 因设置在梁中部，故俗称“腰筋”。

两侧腰筋之间用拉筋联系起来，以约束其变位，拉筋也称为联系筋。拉筋的直径可取为与箍筋相同；拉筋的间距常取为箍筋间距的倍数，一般为500～700 mm。

4.6.3 弯起钢筋（斜筋）的构造

按抗剪设计需设置弯起钢筋时，弯筋的最大间距（如图4－14所示）同箍筋一样，不得大于表4－1中所列的数值。

梁中弯起钢筋的弯起角一般为45°，当梁高 $h>700$ mm 时也可用60°。

当梁宽较大（如 $b>250$ mm）时，为了使弯起钢筋在整个宽度范围内受力均匀，宜在一个截面内同时弯起2根钢筋。梁底排位于箍筋转角处的纵向受力钢筋不应弯起（也不能切断），而应直通至梁端部，以便和箍筋扎成钢筋骨架。

在绑扎骨架的钢筋混凝土梁中，当设置弯起钢筋时，弯起钢筋的弯折终点处应留有足够长的直线段锚固长度，其长度在受拉区不应小于 $20d$，在受压区不应小于 $10d$。对于光圆钢筋，在末端尚应设置弯钩（如图4－30所示）。

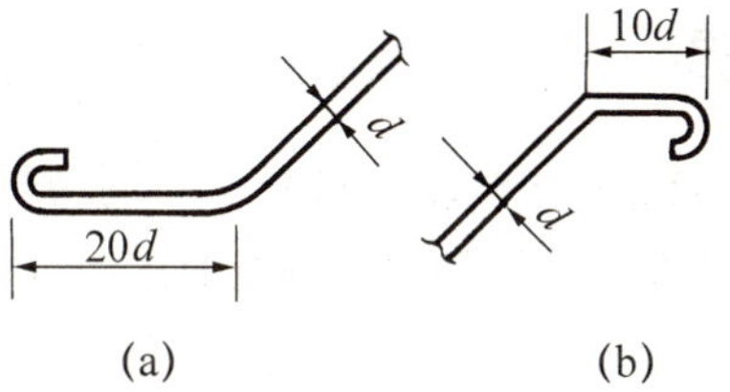

图4－30 弯起钢筋的直线段锚固长度

（a）受拉区；（b）受压区

当弯起纵筋抗剪后不能满足抵抗弯矩图的要求时，可单独设置抗剪斜筋以抗剪。此时，应将斜筋布置成吊筋形式，如图4－31(a)所示，俗称“鸭筋”，而将斜筋两端均锚固在受压区内，不宜采用如图4－31(b)所示

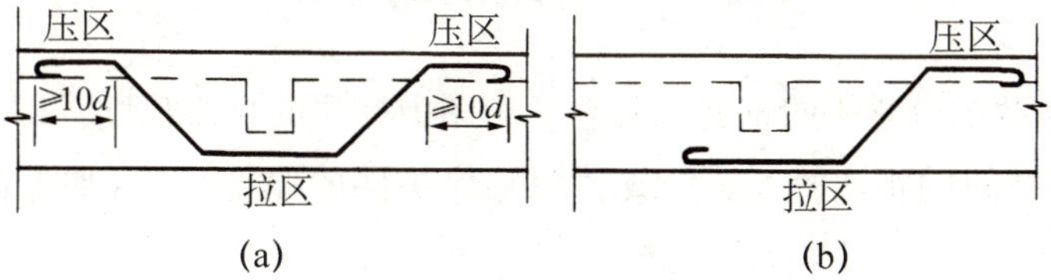

图4－31 吊筋及浮筋

（a）吊筋；（b）浮筋

的“浮筋”。浮筋在受拉区只有不大的水平长度，其锚固的可靠性差，一旦浮筋发生滑移，将使斜裂缝开展过大[1]。

❶ 斜筋焊在纵筋上就可以采用。

4.7 钢筋混凝土构件施工图

为了满足施工要求，钢筋混凝土构件施工图一般包括下列内容[2]：

❷ 这里给出了钢筋混凝土构件施工图设计绘制的基本要求。

4.7.1 模板图

模板图主要在于注明构件的外形、尺寸、标高等，作为制作、安装模板的依据，同时用来计算混凝土方量。模板图一般比较简单，所以比例尺不要太大，但尺寸一定要全。构件上的预埋铁件一般可以表示在模板图上。对于简单构件，模板图可与配筋图合并。

4.7.2 配筋图

配筋图表示钢筋骨架的形状及其在模板中的位置，主要为绑扎骨架用。凡规格、长度或形状不同的钢筋，必须编以不同的编号[3]，写在小圆圈内，并在编号引线旁注上这种钢筋的根数和直径。最好在每一根钢筋的两端及中间都注上编号，以便于查清各根钢筋的位置，避免混乱。

❸ 编号很重要，否则就容易混乱。

4.7.3 钢筋表[4]

❹ 钢筋表编制是一个复杂而细致的工作。若钢筋种类很少，可只画抽筋图表明。

钢筋表是列表表示构件中所有不同编号的钢筋种类、规格、形状、长度、根数、重量等，主要为下料及加工成型用，同时也可用来计算钢筋用量。

编制钢筋表主要是计算钢筋的长度。钢筋长度的计算方法如下：

（1）直钢筋计算（如图 4－32 所示）。

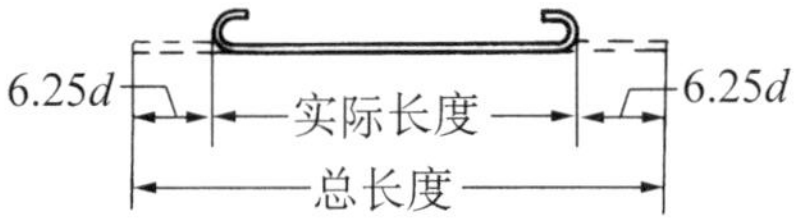

图 4－32　直钢筋的计算规则

① 对两端带弯钩的钢筋，其总长为图中标注的直段长度，即钢筋两端弯钩外缘之间的距离[5]（梁长减去两端保护层的厚度），再加上两端弯钩长 6.25d。

❺ 钢筋两端要留有保护层的厚度。

② 对两端不带弯钩的钢筋，其总长为图中标注的直段长度，即梁长减去钢筋两端保护层厚度的长度。

（2）弯起钢筋计算（如图4－33所示）。弯起部分的高度以钢筋外皮计算，即从梁高中减去上、下混凝土保护层的厚度。若是第二排纵筋弯起，则还要扣去上、下两层钢筋之间的净距。水平段长度和斜段长度按如图4－33所示计算[1]。

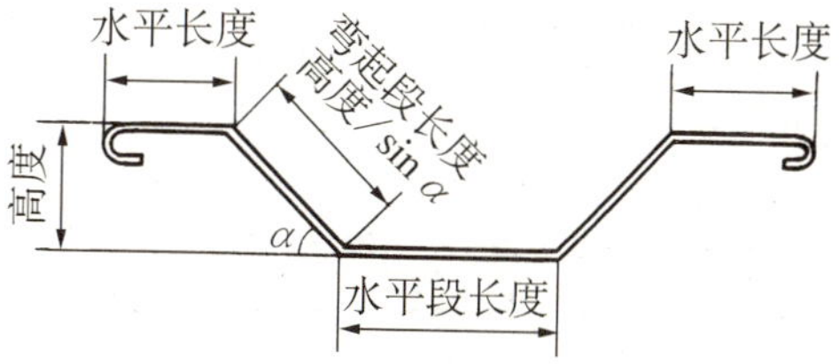

图4－33 弯起钢筋的计算规则

（3）箍筋计算。一般注内口尺寸，箍筋内口尺寸即构件截面外形尺寸减去主筋混凝土保护层的厚度，箍筋内口高度也即弯起钢筋的外皮高度。箍筋的弯钩长与主筋的粗细有关，箍筋的两个弯钩增加长度可按表4－3取值。

表4－3 箍筋的两个弯钩增加长度　　单位：mm

主筋直径	箍筋直径				
	5	6	8	10	12
10～25	80	100	120	140	180
28～32		120	140	160	210

4.7.4 说明或附注

说明或附注中包括说明之后可以减少图纸工作量的内容以及一些在施工过程中必须引起注意的事项。例如，尺寸单位、钢筋保护层的厚度、混凝土的强度等级、钢筋级别以及其他施工注意事项。

必须注意的是，这里计算出的钢筋长度还不是钢筋加工时的断料长度。由于钢筋在弯折时会伸长一些，所以断料长度应为计算长度扣除钢筋的伸长值。伸长值与弯折角的大小等有关，具体可参阅有关施工手册。

4.8 钢筋混凝土伸臂梁设计[2]

【例4－4】 某水电站副厂房砖墙上支承一根受均布荷载作用的伸臂梁。该梁处于一类环境条件，其跨长、截面尺寸如图4－34所示。本结构安全级别为Ⅱ级，设计状况为持久状况。荷载设计值为 $g_1+q_1=53$ kN/m，$g_2+q_2=$

[1] 具体计算再说明一下：斜段长度由高度除以sinα，弯起后水平直段长度根据弯起点的位置确定，中间水平直段长度由梁长扣除保护层和其他段水平长度得出。

[2] 这里给出了一个整体构件设计的过程，对连续梁的配筋设计有借鉴作用。

106 kN/m（均包括自重）。混凝土为 C20，纵筋采用 HRB335 钢筋，箍筋用 HPB235 钢筋。试按《水工混凝土结构设计规范》（SL 191—2008）设计此梁，并进行钢筋布置。

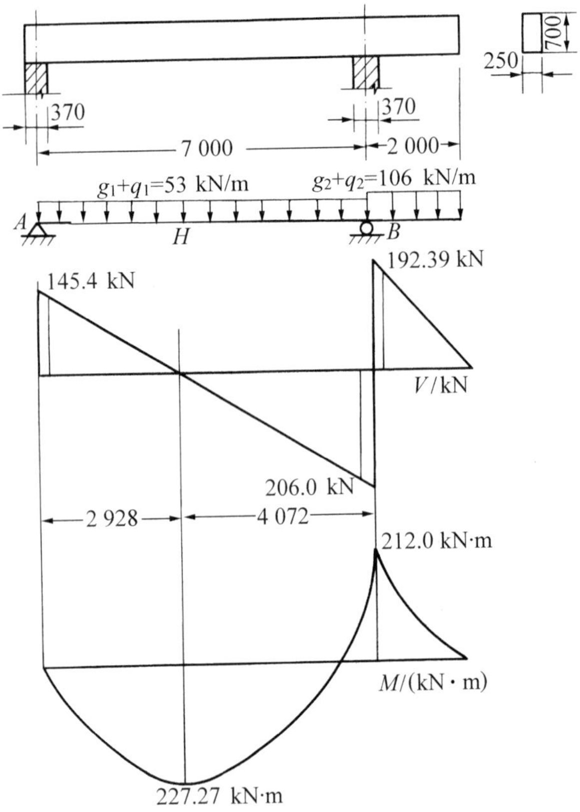

图 4－34　梁的计算简图和内力图

解　（1）设计资料。材料强度如下：混凝土为

$$f_c = 9.6\ \text{N/mm}^2,\quad f_t = 1.1\ \text{N/mm}^2$$

钢筋为

$$f_y = 300\ \text{N/mm}^2,\quad f_{yv} = 210\ \text{N/mm}^2$$

截面尺寸为

$$b = 250\ \text{mm},\quad h = 700\ \text{mm}$$

计算参数为 $K=1.2$。

（2）内力计算。支座边缘剪力设计值为

$$V_A = 145.4\ \text{kN}$$

$$V_B^l = 206.0\ \text{kN},\quad V_B^r = 192.39\ \text{kN}$$

$$V_{max} = V_B^l = 206.0\ \text{kN}$$

跨中截面最大弯矩设计值为

$$M_H = 227.27\ \text{kN}\cdot\text{m}$$

支座截面最大负弯矩设计值为

$$M_B = 212.0\ \text{kN}\cdot\text{m}$$

此梁在荷载作用下的弯矩图和剪力图如图4－34所示。

（3）验算截面尺寸。由于弯矩较大，估计纵筋需排两排，取 $a=65$ mm，则

$$h_0 = h - a = 700 - 65 = 635(\text{mm}),\quad \frac{h_w}{b} = \frac{635}{250} = 2.54 < 4.0$$

由式（4－14）得到

$$0.25f_cbh_0 = 0.25\times9.6\times250\times635 = 381\times10^3(\text{N}) = 381.0\ (\text{kN})$$

$$> KV_{max} = 1.2\times206 = 247.2\ (\text{kN})$$

故截面尺寸满足抗剪要求。

（4）计算纵向钢筋[1]。纵向受拉钢筋计算表如表4－4所示。

[1] 由第3章，按单筋截面计算。但选钢筋时需要注意的是，跨中截面和支座截面的钢筋要有几根直径相同的，以满足弯起式配筋的需要。

表4－4　纵向受拉钢筋计算表

计算内容	跨中 H 截面	支座 B 截面
$M/(\text{kN}\cdot\text{m})$	227.27	212
$KM/(\text{kN}\cdot\text{m})$	272.72	254.4
$\alpha_s = \dfrac{KM}{f_cbh_0^2}$	0.282	0.263
$\xi = 1 - \sqrt{1-2\alpha_s}$	0.340	0.312
$A_s = \dfrac{f_cb\xi h_0}{f_y}/\text{mm}^2$	1 727	1 585
选配钢筋	2Φ22＋4Φ18	6Φ18
实配 A_s/mm^2	1 778	1 527

（5）计算抗剪钢筋。

$$0.7f_tbh_0 = 0.7\times1.1\times250\times635 = 122\ 238\ (\text{N})$$

$$\approx 122.24(\text{kN}) < KV_{max}$$

必须由计算确定抗剪腹筋。

试在全梁配置双肢箍筋φ8@250[2]，

$$A_{sv} = 100.6\ \text{mm}^2,\quad s = s_{max} = 250\ \text{mm}$$

如表4－1所示。

[2] 因纵向钢筋较多，为经济起见，箍筋主要考虑构造要求选配，然后根据抗剪计算分批弯起钢筋。

$$\rho_{sv} = \frac{A_{sv}}{bs} = \frac{100.6}{250 \times 250} = 0.16\% > \rho_{sv,min} = 0.15\%$$

满足箍筋最小配筋率的要求。

由式（4－8），

$$V_c + V_{sv} = 0.7f_t bh_0 + \frac{1.25f_{yv}A_{sv}h_0}{s}$$

$$= 122\,238 + \frac{1.25 \times 210 \times 100.6 \times 635}{250}$$

$$= 189\,580\ (\text{N}) = 189.58\ (\text{kN})$$

① 在支座 B 左侧，

$$KV_B^l = 1.2 \times 206 = 247.2\ (\text{kN}) > V_c + V_{sv} = 189.58\ (\text{kN})$$

需加配弯起钢筋帮助抗剪。

取 $\alpha = 45°$，并取 $V_1 = V_B^l$，按式（4－23）计算第一排弯起钢筋，得到

$$A_{sb1} = \frac{KV_1 - (V_c + V_{sv})}{f_y \sin 45°} = \frac{(247.2 - 189.58) \times 10^3}{300 \times 0.707}$$

$$= 272\ (\text{mm}^2)$$

由支座承担负弯矩的纵筋弯下 2Φ18（$A_{sb1} = 509\ \text{mm}^2$）。第一排弯起钢筋的上弯点安排在离支座边缘 250 mm 处，使 $s_1 = s_{max} = 250$ mm（查表 4－1，当 $h = 700$ mm，$V > V_c/K$ 时，$s_{max} = 250$ mm）。

由图 4－35 可见，第一排弯起钢筋的下弯点离支座边缘的距离为❶

$$700 - 2 \times 85 + 250 = 780\ (\text{mm})$$

此处，

$$KV_2 = 1.2 \times (206 - 53 \times 0.78) = 197.59\ (\text{kN})$$

$$> V_c + V_{sv} = 189.58\ (\text{kN})$$

故还需弯起第二排钢筋。

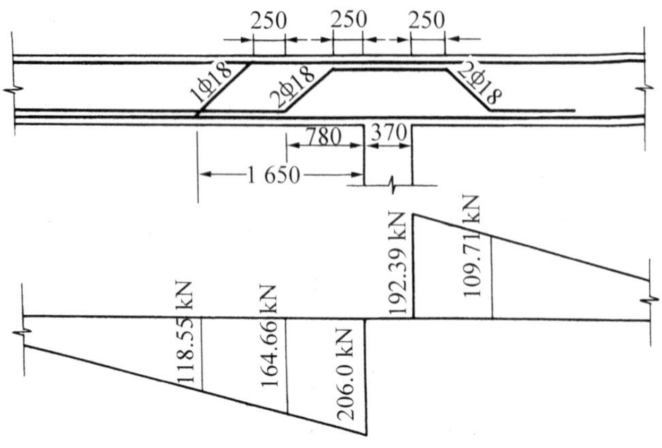

图 4－35　弯起钢筋的确定

❶ 第一排弯起钢筋的下弯点（从下往上弯的起弯点）离支座边缘的距离为 $h_1 \tan\alpha_s + s_1$。弯起钢筋的角度 $\alpha_s = 45°$，$\tan\alpha_s = 1$；上弯点（从上往下弯的起弯点）离支座边缘的距离 $s_1 = 250$ mm；从弯起钢筋中心算起的垂直高度 $h_1 = h - 2c - d_1 - 2e - d_2 - d$，梁高 $h = 700$ mm，$d = 18$ mm，上、下保护层的厚度 $c = 30$ mm，梁上、下部两排钢筋之间的净距 $e = 25$ mm，梁下部外排钢筋的直径 $d_1 = 18$ mm，梁上部外排钢筋的直径 $d_2 = 18$ mm，则 $h_1 \approx 700 - 2 \times 85 = 530$（mm）。第二排弯起钢筋位置的确定方法类似，但应注意里外排钢筋弯起时高度计算的不同。

$$A_{sb2}=\frac{KV_2-(V_c+V_{sv})}{f_y\sin45°}$$

$$=\frac{(197.59-189.58)\times10^3}{300\times0.707}=38\ (mm^2)$$

因此，第二排弯起钢筋只需弯下1ф18（$A_{sb2}=254.5\ mm^2$）即可。第二排弯起钢筋的下弯点离支座边缘的距离为

$$780+250+(700-2\times40)=1\ 650\ (mm)$$

此处，

$$KV_3=1.2\times(206-53\times1.65)=142.26\ (kN)$$
$$<V_c+V_{sv}=189.58\ (kN)$$

故不需要弯起第三排钢筋。

② 在支座B右侧，

$$KV_B^r=1.2\times192.39=230.87\ (kN)>V_c+V_{sv}=189.58\ (kN)$$

故需配置弯起钢筋。又因为$KV_B^l>KV_B^r$，故同样弯下2ф18即可满足要求，不必再进行计算。

第一排弯起钢筋的下弯点距支座边缘的距离为780 mm，此处，

$$KV_2=1.2\times(192.39-106\times0.78)=131.65\ (kN)<V_c+V_{sv}$$
$$=189.58\ (kN)$$

故不必再弯起第二排钢筋。

③ 支座A。

$$KV_A=1.2\times145.4=174.48\ (kN)<V_c+V_{sv}=189.58\ (kN)$$

理论上可以不配弯起钢筋，但为了加强梁的受剪承载力，仍由跨中弯起2ф18至梁顶再伸入支座❶。

❶ 此钢筋一般不许切断，不必伸入下支座，弯起较好。

（6）钢筋的布置。钢筋的布置设计要利用抵抗弯矩图对此进行图解。为此，先将弯矩图（M图）、梁的纵剖面图按比例画出（如图4－36所示），再在M图上作M_R图。

先考虑作跨中正弯矩的M_R图。跨中M_{max}原为227.27 kN·m，需配$A_s=1\ 727\ mm^2$的纵筋，现实际配2ф22＋4ф18（$A_s=1\ 777\ mm^2$），故实配钢筋能承担的弯矩为

$$227.37\times\frac{1\ 777}{1\ 727}=233.85\ (kN\cdot m)$$

在图上绘出承担的最大弯矩（233.85 kN·m），并以此按各根钢筋面积所占的比例划分出ф18和ф22钢筋能抵抗的弯矩值，这就可以确定出每根钢筋各自的充分利用点和理论切断点。按预先布置（如图4－36所示），要从跨中弯起1ф18（钢筋③）和2ф18（钢筋②）至支座B；另弯起2ф18

（钢筋②）至支座 A，其余钢筋④和①将直通而不再弯起。这样，根据前述

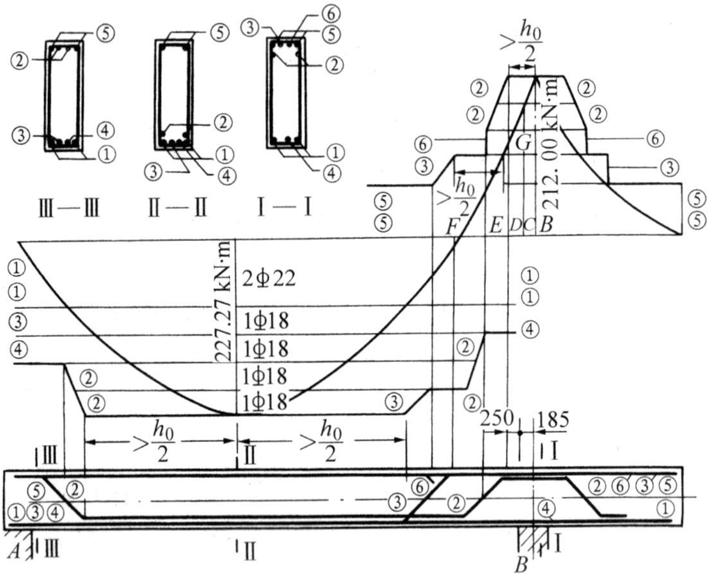

图 4－36　钢筋的布置设计

钢筋弯起时 M_R 的绘制方法可以容易地画出跨中的 M_R 图❶。

由图 4－36 可以看出，跨中钢筋的弯起点至充分利用点之间的距离 a 均大于 $0.5h_0=318$ mm 的条件。

再考虑支座 B 负弯矩区的 M_R 图。支座 B 需配纵筋 1 585 mm^2，实配 6Φ18（$A_s=1\,527$ mm^2），两者比较接近，故也可直接在弯矩图上六等分，每一等份即为 1Φ18 所能承担的弯矩。在支座 B 左侧要弯下 2Φ18（钢筋②）和 1Φ18（钢筋③）❷；另外 2 根放在角隅的钢筋⑤因要绑扎箍筋形成骨架，故必须全梁直通；还有 1 根钢筋⑥可以根据弯矩图加以切断。在支座 B 右侧只要弯下 2Φ18，故要切断钢筋⑥和钢筋③。

考察支座 B 左侧，在 C 截面本可切断 1 根钢筋（钢筋⑥）。但应考虑到如果在 C 截面切断了 1 根钢筋，C 截面就成为钢筋②的充分利用点❸，这时，当钢筋②下弯时，其弯起点（D 截面）和充分利用点之间的距离 DC 就小于 $0.5h_0=318$ mm，这就不满足斜截面抗弯承载力的要求了。因此，我们不能在 C 截面切断钢筋⑥，而应先在 D 截面弯下钢筋②，这时钢筋②的充分利用点在 B 截面，而

$$DB=250+\frac{370}{2}=435\ (\text{mm})>0.5h_0=318\ (\text{mm})$$

这就满足了斜截面抗弯承载力的条件。同时，D 截面（钢筋②的下弯点）距支座 B 边缘 250 mm，也满足不大于 $s_{max}=250$ mm 的条件。

❶ 相对跨中 M_{max}，右边钢筋③先弯起，则其画在 M_R 图最外边，钢筋②后弯，画在里边；左边只弯钢筋②，则代表其分配承担的 M_R 画在最外边。

❷ 相对支座 B 的 M_{max}，左边先下弯钢筋②，则其画在负 M_R 图最外边，依此类推。

❸ 钢筋②的弯起点已由抗剪要求（$s\leqslant s_{max}$）确定，但其充分利用点由钢筋的相互变化关系而定。在这里的布置设计中，让钢筋②兼顾斜截面抗弯和抗剪要求，是为了构造简单起见。

绘出了钢筋②（2ϕ18）的 M_R 图后，可以发现，在 E 截面还可以切断1根钢筋（钢筋⑥），E 截面即为钢筋⑥的理论切断点。由于在该截面上 $KV>V_c$，故钢筋⑥应从充分利用点 G 延伸 l_d（对HRB335钢筋，混凝土为C20，$l_a=40d$），

$$l_d = 1.2l_a + h_0 = 1.2 \times 40 \times 18 + 635 = 1\,499\ (\text{mm})$$

且应自其理论切断点 E 延伸 l_w，

$$l_w = \max\{20d, h_0\} = \max\{20 \times 18, 635\} = 635\ (\text{mm})$$

由图4－36可知，GE 的水平投影距离 $GE=635$ mm。综上所述，以上两种情况取大者，故钢筋⑥应从理论切断点 E 至少延伸1 499－340＝1 159（mm）才可。然后在 F 截面弯下钢筋③[1]，剩下2根钢筋⑤直通，以此兼作架立钢筋。

可用同样的方法绘制 B 支座右侧的 M_R 图。

作 M_R 图时，还需注意以下几点：

① 在本例中，跨中钢筋③或钢筋④从抵抗正截面弯矩来说，也可以在跨中某部位切断，但是考虑到跨中钢筋并不多，而且在受拉区切断钢筋会影响纵筋的锚固作用，减弱受剪承载力，因此，仍将钢筋③和钢筋④直通支座[2]。

② 在既有正弯矩，又有负弯矩的构件中，钢筋布置的矛盾比较集中在支座附近的截面，原因是那里的 M 和 V 都比较大。这样，弯起钢筋往往既要抗剪，又要抗弯，在布置时要加以综合研究。例如，在本例中支座 B 左侧，钢筋②弯下来是为了抗剪，因此，要求其弯起点距支座边缘不大于 s_{max}。同时，钢筋②又是支座抵抗负弯矩的配筋之一，其充分利用点就是支座截面，这样从斜截面受弯承载力的角度来看，其弯起点距支座截面的距离应不小于 $0.5h_0$。当然，在本例中，这两个要求都能得到满足，但当这两个要求发生矛盾时，在首先满足斜截面受弯承载力要求的前提下，可单独另加吊筋，以满足受剪承载力的要求；或多配一根支座负弯矩钢筋，而钢筋②单纯作为抗剪之用。

③ 钢筋②弯到支座 A，从理论上来看，只要满足水平锚固长度要求就可以切断，但按工程上的习惯做法是将钢筋②弯起后直伸到梁端。

还需指出的是，图4－36是以教学目的而作的，用来反映钢筋布置设计时常遇到的问题。在实际设计时，钢筋布置还可以简化一些，如钢筋④可与钢筋③一样弯至支座；支座 B 右侧的钢筋③可直伸到梁的端头等[3]。

（7）施工图绘制。钢筋布置设计图作好后，就为施工图提供了依据。施工图中钢筋某些区段的长度就可以在布置设计图中量得。但必须核算各根钢筋的梁轴投影总长和总高是否符合模板内侧尺寸。配筋图如图4－37所示[4]。

[1] 此点也是先由抗剪定位，再验算其抗弯要求。

[2] 伸到支座满足锚固长度后切断。

[3] 最后一批截断钢筋（如钢筋⑤）伸到悬臂端并向下弯折不小于12d。

[4] 各个控制截面配筋图、纵向配筋图结合钢筋表（或抽筋图）可以充分说明构件的配筋情况，以让施工人员认清设计意图。这里用抽筋图表示出钢筋用量，读者可列出钢筋表对照说明。

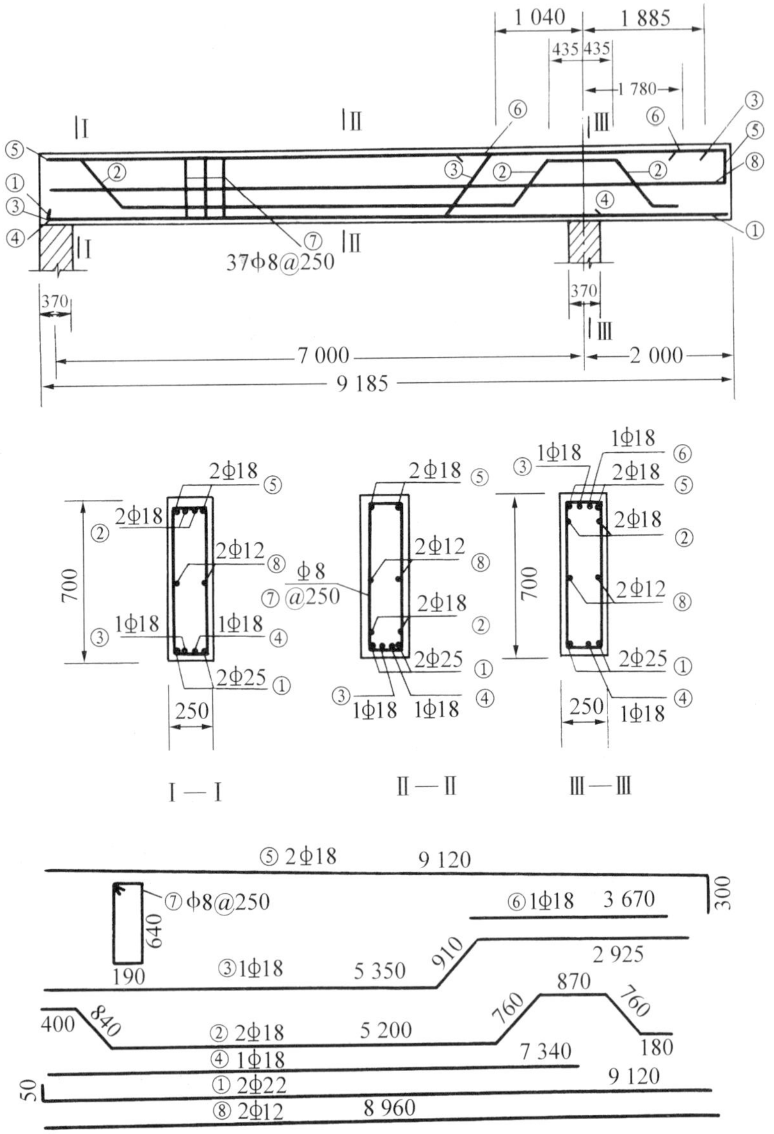

图4－37　梁配筋图

本章小结

（1）斜裂缝出现前，钢筋混凝土梁可视为匀质弹性材料梁，剪弯段的应力可用材料力学方法分析；斜裂缝的出现将引起截面应力的重新分布，材料力学方法则不再适用。

（2）随着梁的剪跨比和配箍率的变化，梁沿斜截面可发生斜拉破坏、剪压破坏和斜压破坏等主要破坏形态，这几种破坏都属于脆性破坏。

(3) 影响斜截面受剪承载力的主要因素有剪跨比、混凝土强度等级、配箍率及箍筋强度、纵筋配筋率及其强度等。斜截面受剪承载力的影响规律如表4－5所示。

表4－5　斜截面受剪承载力的影响规律

剪跨比 / 配箍率	$\lambda \leq 1$	$1 < \lambda \leq 3$	$\lambda > 3$
无腹筋	斜压破坏	剪压破坏	斜拉破坏
ρ_{sv}很小	斜压破坏	剪压破坏	斜拉破坏
ρ_{sv}适量	斜压破坏	剪压破坏	剪压破坏
ρ_{sv}很大	斜压破坏	斜压破坏	斜压破坏

(4) 斜截面受剪承载力的计算公式是以破坏性质相对较好的剪压破坏的受力特征为依据建立的[1]，因此，应采取相应构造措施，防止斜压破坏和斜拉破坏的发生，即通过最小截面尺寸或混凝土强度等级的保证来防止发生斜压破坏，通过箍筋的最大间距限制和配箍率的最低要求来防止发生斜拉破坏。

[1] 注意两个规范的异同点。

(5) 梁内纵向受力钢筋的数量，除按最大弯矩由正截面承载力计算确定以外，沿梁长方向的纵筋布置必须由正截面抗弯的抵抗弯矩图（M_R图）、斜截面抗弯及抗剪之间的关系来确定。设计时，应考虑以下因素：

① M_R图与M图之间的关系。对每个截面都要求$M_R \geq M$，所以M_R图必须将M图包括在内，才能保证沿梁长各个截面的正截面受弯承载力。同时，M_R图应尽可能贴近M图，使各个截面的钢筋强度得到充分利用。

② 当纵筋弯起抗剪时，要同时满足以下要求：

A. 保证斜截面受剪承载力，除数量（根数、直径）经计算确定以外，其位置间距应符合$s \leq s_{max}$。

B. 保证斜截面受弯承载力，即弯起点应设在距该钢筋充分利用点以外$a \geq 0.5h_0$处。

③ 纵筋的切断。对于抵抗正弯矩的纵向受拉钢筋，不宜在跨中切断，所以除弯起钢筋以外，应全部伸入支座，因为在跨中把钢筋切断后，如果钢筋锚固不好，就会影响斜截面承载力；对于抵抗负弯矩的纵向受力钢筋，如在悬臂梁或外伸梁支座附近，为了节约钢材，可将不需要的受拉纵筋切断，其切断数量由抵抗弯矩图确定。为了保证斜截面的受弯承载力，切断钢筋应分别从充分利用点和理论切断点延伸一定的长度。

(6) 不仅斜截面的受弯承载力是对纵筋的截断和弯起提出构造要求来

保证的，而且钢筋骨架的合理构造（纵筋的锚固、箍筋的构造等）对受弯构件整体受力性能的影响也很大，在设计中均应予以考虑和重视，并可通过伸臂梁设计例题和作业来逐步掌握。

习 题

一、思考题

4-1 钢筋混凝土梁在荷载作用下为什么会产生斜裂缝？在无腹筋梁中，斜裂缝出现前后，梁中的应力状态有哪些变化？

4-2 有腹筋梁斜截面的剪切破坏形态有哪几种？它们各在什么情况下产生？

4-3 腹筋在哪些方面改善了无腹筋梁的抗剪性能？

4-4 为什么要控制箍筋和弯起钢筋的最大间距（$s \leqslant s_{max}$）？

4-5 什么是抵抗弯矩（M_R）图？M_R 图与 M 图之间有什么关系？

4-6 抵抗弯矩图中钢筋的“理论切断点”和“充分利用点”的意义是什么？

4-7 为什么会发生斜截面受弯破坏？当钢筋切断或弯起时，如何保证斜截面的受弯承载力？

4-8 为什么要控制箍筋的最小配筋率？

4-9 为什么要控制梁截面尺寸不能过小？

4-10 为什么箍筋对斜压破坏梁的受剪承载力不能起提高作用？

4-11 影响梁斜截面承载力的因素有哪些？请简单分析说明。

4-12 钢筋混凝土构件施工图一般包括什么说明内容？

二、选择题

4-1 无腹筋梁斜截面的受剪破坏形态主要有三种，对同样的构件，其受剪承载力的关系为（　　）。

A. 斜拉破坏 > 剪压破坏 > 斜压破坏

B. 斜拉破坏 < 剪压破坏 < 斜压破坏

C. 剪压破坏 > 斜压破坏 > 斜拉破坏

4-2 在进行受弯构件斜截面的受剪承载力计算时，若所配箍筋不能满足抗剪要求（$KV > V_c + V_{sv}$），则采取（　　）较好。

A. 将纵向钢筋弯起为斜筋

B. 将箍筋加密或加粗

C. 增大构件的截面尺寸

4-3 在进行受弯构件斜截面的受剪承载力计算时，对一般梁（$h_w/b \leqslant 4.0$），若 $KV > 0.25f_c bh_0$，则可采取的解决办法有（　　）。

A. 箍筋加密或加粗　　B. 增大构件的截面尺寸　　C. 加大纵筋配筋率

4-4 梁的受剪承载力公式是根据（　　）破坏形态建立的。

A. 剪压破坏　　B. 斜压破坏　　C. 斜拉破坏

4-5 梁斜压破坏可能是由于（　　）。

A. 纵筋配置过多　　B. 腹筋配置过多　　C. 梁腹很厚

4-6 均布荷载作用下的一般受弯构件，当 $0.7 \geq KV/(f_t bh_0)$ 时，（　　）。

A. 可以直接按最小配箍率 $\rho_{sv,min}$ 配箍

B. 可以直接按箍筋的最大间距和最小直径配箍

C. 按箍筋的最大间距和最小直径配箍，并验算最小配箍率 $\rho_{sv,min}$

三、填空题

4-1 抗剪钢筋也称为腹筋，腹筋的形式可以采用__________和__________。

4-2 在无腹筋梁中，典型的斜裂缝主要有__________裂缝和__________裂缝。

4-3 影响无腹筋梁斜截面受剪承载力的主要因素有__________、__________和__________。

4-4 影响有腹筋梁斜截面受剪承载力的主要因素有__________、__________、__________和__________。

4-5 在进行斜截面受剪承载力设计时，用__________来防止斜拉破坏，用________的方法来防止斜压破坏，对主要的剪压破坏则给出计算公式。

4-6 对梁顶直接施加集中荷载的无腹筋梁，随着剪跨比 λ 的________，斜截面的受剪承载力有增高的趋势；剪跨比对无腹筋梁破坏形态的影响表现如下：一般 $\lambda > 3$ 常为________破坏；当 $\lambda \leq 1$ 时，可能发生________破坏；当 $1 < \lambda \leq 3$ 时，一般是________破坏。

四、计算题

4-1 某矩形截面简支梁（Ⅱ级安全级别，一类环境条件），承受均布荷载设计值 p = 57 kN/m（包括自重）。梁净跨度 l_n = 5.3 m，计算跨度 l_0 = 5.5 m，截面尺寸 $b \times h$ = 250 mm × 550 mm。混凝土为 C20 级，纵向钢筋采用 HRB335 钢筋，箍筋采用 HPB235 钢筋。根据正截面受弯承载力计算已配有 6ф22 的纵向受拉钢筋，按两排布置，如图 4-38 所示。分别按下列两种情况计算配筋：

（1）由混凝土和箍筋抗剪；

（2）由混凝土、箍筋和弯起钢筋共同抗剪。

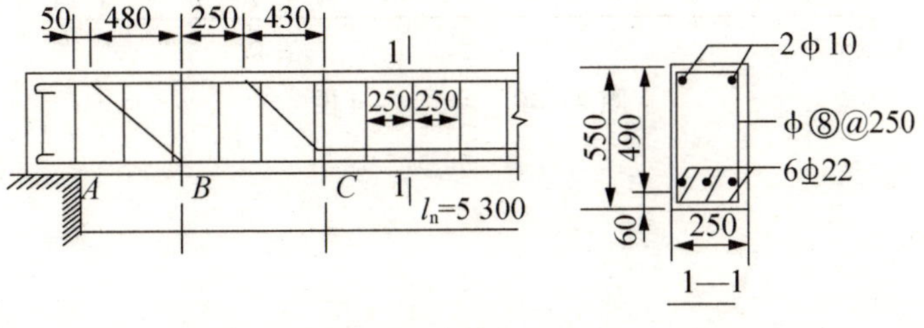

图 4-38 习题 4-1 图

4-2　承受均布荷载设计值 p 作用下的矩形截面简支梁（Ⅱ级安全级别，一类环境条件），截面尺寸 $b \times h = 200\ mm \times 400\ mm$，梁净跨度 $l_n = 4.5\ m$，混凝土为 C20 级，箍筋采用 HPB235 钢筋。梁中已配有双肢ϕ8@200 箍筋，试求该梁在正常使用期间按受剪承载力要求所能承担的荷载设计值 p。

4-3　矩形截面简支梁（Ⅲ级安全级别，一类环境条件），承受均布荷载设计值 p = 8 kN/m（包括自重），集中荷载设计值 $P = 100$ kN。其截面布置和剪力图如图 4-39 所示，截面尺寸 $b \times h = 250\ mm \times 600\ mm$，纵筋按两排布置。混凝土为 C25 级，箍筋采用 HPB235 钢筋。试确定箍筋数量。

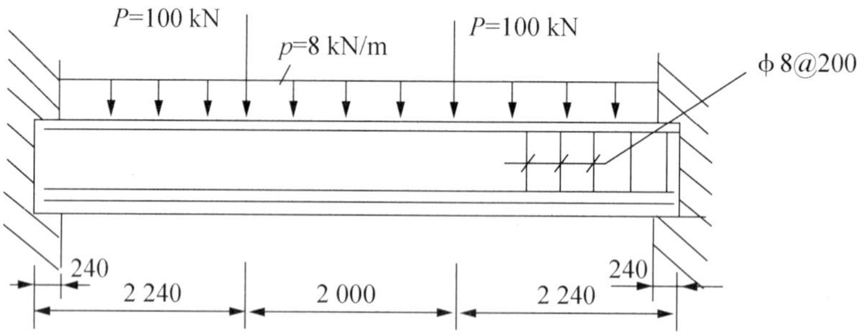

图 4-39　习题 4-3 图

4-4　某矩形截面外伸梁支承在砖墙上（Ⅱ级安全级别，二类环境条件），其跨度及均布荷载设计值（包括自重）如图 4-40 所示。截面尺寸 $b \times h = 250\ mm \times 600\ mm$，采用 C20 级混凝土，纵向受力钢筋采用 HRB335 钢筋，箍筋采用 HPB235 钢筋。梁中已配有纵向受拉钢筋 2ϕ25 + 2ϕ22，按设置箍筋及弯起钢筋设计此梁，并画配筋图，将钢筋抽出表示。

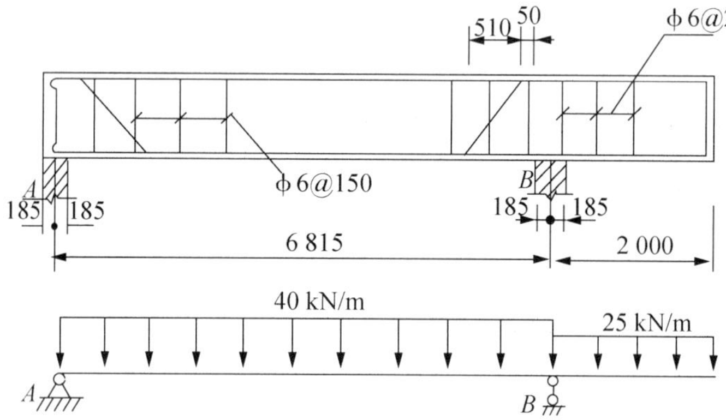

图 4-40　习题 4-4 图

第5章

钢筋混凝土受压构件承载力计算

学习指导

教学要求： 1. 掌握普通箍筋轴心受压构件正截面承载力的计算方法。
2. 充分理解长细比对构件承载力影响的物理意义。
3. 掌握偏心受压构件的两种破坏形态、判别条件、正截面及斜截面承载力计算。
4. 熟练掌握矩形截面大偏心受压构件截面设计计算方法。
5. 理解弯矩与轴力关系曲线及其应用。

学习重点： 1. 轴心受压构件普通箍筋柱的承载力计算方法。
2. 偏心受压构件的破坏特征。
3. 矩形截面偏心受压构件截面设计计算方法。

5.1 概　　述

5.1.1 受压构件的分类

受压构件是工程结构中承受以压力作用为主的构件，在一般情况下，受压构件的截面上作用有轴力、弯矩和剪力。按其受力情况，受压构件可以分为轴心受压构件、单向偏心受压构件和双向偏心受压构件❶，如图5-1所示。

❶ 双向偏心受压构件的承载力计算见《水工混凝土结构设计规范》，本章不予叙述。

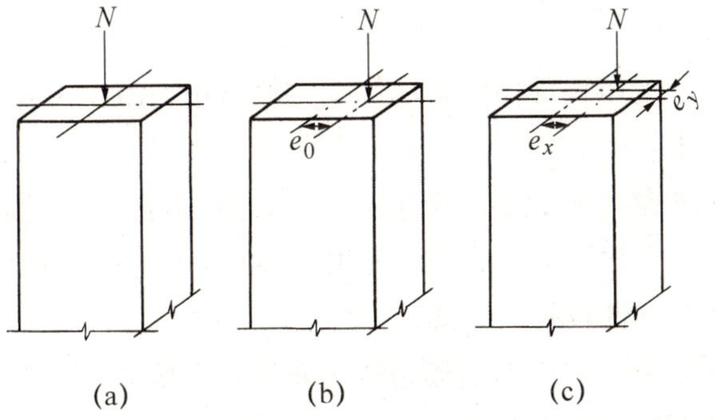

图5-1　受压构件

(a) 轴心受压构件；(b) 单向偏心受压构件；(c) 双向偏心受压构件

当轴向压力的作用线与构件截面形心轴线重合时，这类构件称为轴心受压构件。在实际结构中，理想的轴心受压构件几乎是不存在的。这是由于在施工中钢筋位置和几何尺寸的偏差、混凝土的不均匀性等原因，压力往往存在一定的初始偏心矩。但在设计时，对有些构件，如以恒载为主的多层房屋内柱、屋架的受压腹杆等，主要承受轴心压力，可以近似地按轴心受压构件计算。

当纵向压力的作用线与构件截面形心轴线不重合，或截面上同时作用有轴向压力 N 和弯矩 M 时，这类构件称为偏心受压构件[1]。例如，单层厂房柱、渡槽的支承刚架、闸墩、桥墩及某些屋架的上弦杆等，均属于偏心受压构件。

[1] 根据力的平移定理，当截面上同时作用轴向力 N 和弯矩 M 时，可换算成 $e_0 = M/N$ 的偏心力的作用。

5.1.2 受压构件的一般构造

1. 截面形式与尺寸

轴心受压构件一般采用方形或矩形截面；偏心受压构件常采用矩形截面，截面长边布置在弯矩作用方向上[2]，长边与短边的比值一般为 1.5～2.5。为了减轻自重，预制装配式受压构件也把截面做成工形。

[2] 因为长边方向抗弯能力大，所以偏心力应沿长边布置。

受压构件的截面尺寸与长度相比不宜太小。因为构件越细长，纵向弯曲的影响越大，承载力降低得越多，不能充分利用材料的强度。水工建筑中现浇立柱的截面边长不宜小于 300 mm，否则因施工缺陷所引起的影响将较为严重。在水平位置浇筑的装配式柱不受此限制。

为施工方便起见，截面尺寸应符合模数要求。边长在 800 mm 以下时，以 50 mm 为模数；边长在 800 mm 以上时，以 100 mm 为模数。

2. 混凝土材料

混凝土的强度等级对受压构件的承载力影响较大，为了减少截面尺寸并节省钢材，宜采用强度等级较高的混凝土。在一般情况下，受压构件采用 C25 及以上等级的混凝土。当截面尺寸不是由强度条件确定时（如闸墩、桥墩），也可以采用 C20 混凝土。

3. 纵向钢筋

钢筋混凝土受压构件内配置的纵向钢筋常用 HRB335 或 HRB400[3]，并应符合下列要求：

[3] 纵向受压钢筋不宜采用高强钢筋，这是因为钢筋的抗压强度受到混凝土极限压应变的限制，不能充分发挥其高强作用，详见 5.2.1 小节。

（1）纵向钢筋的根数不得少于 4 根，每边不得少于 2 根；直径不应小于 12 mm，工程中常用钢筋的直径为 12～32 mm，宜选用根数较少的粗直径钢筋，以形成劲性较好的骨架。

（2）在轴向受压时沿截面周边均匀布置；在偏心受压时沿垂直于弯矩作用方向的截面短边均匀布置。

（3）现浇立柱纵向钢筋的净距不应小于 50 mm，同时，中距也不应大于 300 mm。在水平位置上浇筑的装配式柱，其净距与梁相同。当偏心受压柱的长边大于或等于 600 mm 时，应在长边中间设置直径为 10～16 mm、间距不大于 400 mm 的纵向构造钢筋，同时，相应地设置联系拉筋。

（4）当截面尺寸由承载力条件控制时，偏心受压柱的受压钢筋或受拉钢筋的配筋率不应小于 0.25%（HPB235 钢筋）或 0.2%（HRB335 钢筋、HRB400 钢筋）；轴心受压柱全部纵向受力钢筋的配筋率不应小于 0.60%（HPB235 钢筋、HRB335 钢筋）或 0.55%（HRB400 钢筋）。

（5）纵向钢筋也不宜过多，否则既不经济，也不便于施工。受压构件中全部纵向受力钢筋的合适配筋率为 0.8%～2%，当荷载特别大时，也不宜超过 5%。

4. 箍筋❶

钢筋混凝土柱中的箍筋一般采用 HPB235 钢筋，在构造上，应满足下列要求：

（1）受压构件中的箍筋应为封闭式❷，并与纵筋形成整体骨架。

（2）对于热轧钢筋，箍筋的直径不应小于 $d/4$，且不应小于 6 mm。

（3）箍筋的间距不应大于构件截面的短边尺寸 b，且不宜大于 400 mm。同时，在绑扎骨架中不宜大于 $15d$，在焊接骨架中不宜大于 $20d$，其中，d 为纵向钢筋的最小直径。

（4）当全部纵向受力钢筋的配筋率超过 3% 时，则箍筋直径 d 不宜小于 8 mm，且应焊成封闭环式；间距 s 不应大于 200 mm，且不应大于 $10d$。其中，d 为纵向钢筋的最小直径。箍筋末端应做成 135°弯钩，且弯钩末端平直段的长度不应小于箍筋直径的 10 倍；箍筋也可焊成封闭环式。

（5）当截面短边尺寸大于 400 mm 且各边纵向钢筋多于 3 根，或当柱截面短边尺寸不大于 400 mm，但各边纵向钢筋多于 4 根时，必须在基本箍筋的基础上，设置直径和间距与基本箍筋相同的附加箍筋，如图 5－2 所示。

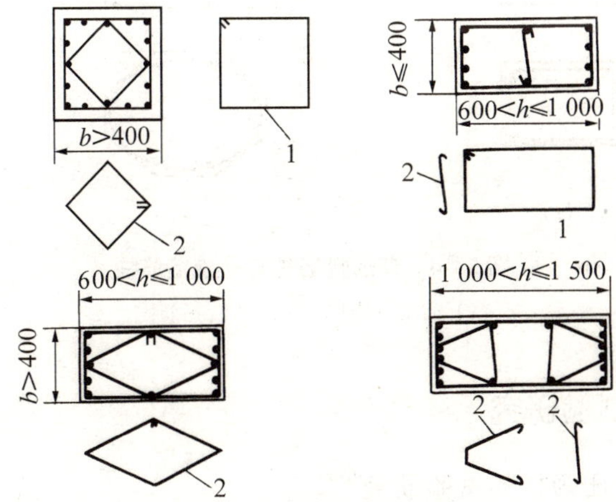

图 5－2　截面配筋形式

1—基本箍筋；2—附加箍筋

❶ 箍筋的主要作用是为了防止纵向受压钢筋压屈，导致混凝土保护层剥落。当箍筋配置较密时，还能提高混凝土的延伸性，防止受压混凝土过早发生脆性破坏。

❷ 在受压构件中，只有采用封闭式箍筋，才能与纵向钢筋形成整体性很好的钢筋骨架，并约束纵向受压钢筋，以免发生侧向凸出。

(6) 纵向钢筋绑扎搭接范围内箍筋的间距应满足 $s \leqslant 5d$ 且 $s \leqslant 100$ mm (受拉)，或者 $s \leqslant 10d$ 且 $s \leqslant 200$ mm (受压)，其中，d 为搭接钢筋中的最小直径。

(7) 对截面形状复杂的柱子，禁止采用有内折角的箍筋布置方式❶，如图5－3(a) 所示。当截面有内折角时，箍筋可按如图 5－3(b) 所示的方式布置。

❶ 在轴向力作用下，受压构件的混凝土将发生横向膨胀变形，使箍筋受力产生拉直效应。如采用带内折角的箍筋，将导致其保护层混凝土剥离。

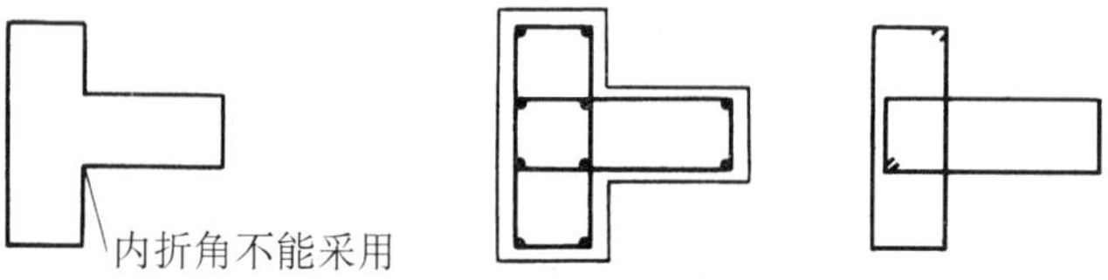

图 5－3 复杂截面的箍筋形式

(a) 错误的箍筋形式；(b) 正确的箍筋形式

5.2 轴心受压构件正截面承载力计算

按照箍筋配置方式的不同，轴心受压构件可以分为普通箍筋柱和螺旋箍筋柱，如图 5－4 所示。本章仅学习普通箍筋柱❷。

❷ 有关螺旋箍筋柱的轴心受压承载力计算，可参考有关规范进行。

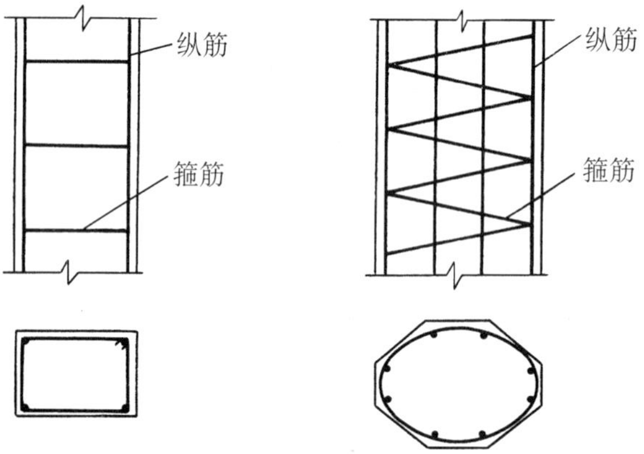

图 5－4 普通箍筋柱与螺旋箍筋柱

(a) 普通箍筋柱；(b) 螺旋箍筋柱

5.2.1 试验研究

1. 轴心受压短柱的试验研究❸

配有纵筋和箍筋的短柱，在荷载作用下全截面受压，压应变是均匀分

❸ 一般认为，长细比 $l_0/b \leqslant 8$ 的为短柱。

布的。当荷载较小时，材料处于弹性阶段，柱子压缩变形的增加与荷载的增加成正比。随着荷载的增加，由于混凝土塑性变形的发展，压缩变形迅速增加。最后，构件的混凝土达到极限压应变，柱子四周出现明显的纵向裂缝，混凝土保护层脱落，箍筋之间的纵筋向外凸，混凝土被压碎，构件即告破坏（如图5-5所示）。

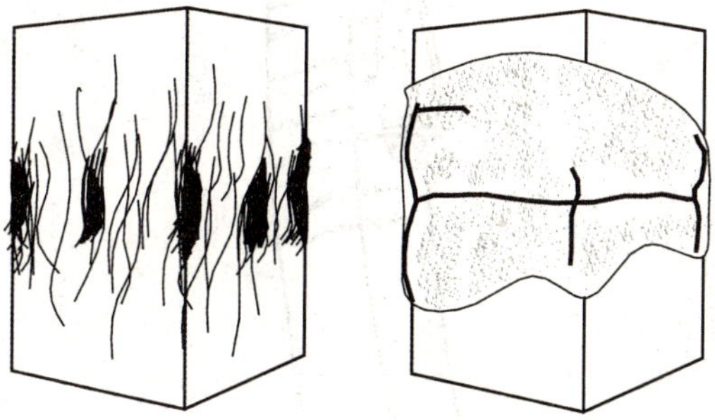

图5-5 短柱轴心受压破坏形态

试验表明，素混凝土棱柱体轴心受压达到最大压应力值时的压应变一般为0.001 5～0.002 5，而钢筋混凝土短柱达到峰值应力时的压应变为0.002 5～0.003 5，其原因是纵筋起到了调整混凝土应力的作用，使混凝土的塑性性质达到了较好的发挥，降低了受压破坏的脆性性质，另外，箍筋对柱的侧向约束提高了柱的延性。

构件从加载到破坏，由于钢筋和混凝土之间存在黏结力，因此，纵筋与混凝土共同变形，两者的压应变始终保持一致，即 $\varepsilon'_y=\varepsilon_c$。计算时，以构件的压应变达到0.002为控制条件，认为此时混凝土达到了轴心抗压强度 f_c，相应的纵筋应力值

$$\sigma'_s = E_s\varepsilon'_y \approx 2\times10^5\times0.002 = 400(\mathrm{N/mm^2})$$

由此可知，对于普通钢筋，其应力已达到屈服强度；对于屈服强度超过400 $\mathrm{N/mm^2}$ 的钢筋，其抗压强度设计值只能取 $f'_y=400\ \mathrm{N/mm^2}$。因此，在柱内采用高强钢筋作为受压钢筋时，不能充分利用其高强的性质，这是不经济的。

2. 轴心受压长柱的试验研究[1]

由试验得知，长柱在轴向力作用下，不仅发生压缩变形，同时还发生纵向弯曲，产生横向挠度。当荷载不大时，长柱截面也是全截面受压，但由于发生弯曲，内凹一侧的压应力就比外凸一侧大。在破坏前，横向挠度增加很快，使长柱的破坏来得比较突然。破坏时，凹侧混凝土被压碎，纵向钢筋被压弯而向外弯凸；凸侧则由受压突然变为受拉，出现水平的受拉裂缝（如图5-6所示）。

[1] 长细比 $8<l_0/b\leq30$ 的为长柱。

图 5－6　长柱轴心受压破坏形态

试验表明，对于尺寸、材料及配筋都相同的柱子，长柱的破坏荷载小于短柱，并且柱子越长，小得越多。因此，在设计中，必须考虑由于纵向弯曲对柱子承载力降低的影响❶。长柱承载力较短柱降低的程度通常用稳定系数 φ 来表示。φ 是长柱承载力与短柱承载力的比值，即 $\varphi = N_{u长}/N_{u短}$，主要与柱的长细比 l_0/b 有关，其中，b 为矩形截面柱短边尺寸，l_0 为柱子的计算长度（与柱两端的约束情况有关，可自表 5－1 中查得。表中，l 为构件支点之间的长度，s 为拱轴线的长度）。

❶ 轴心压力的初始偏心距实际上是不可避免的，在短粗构件中，初始偏心距对构件承载力无明显影响，但在细长构件中，轴向压力将使构件产生与初始偏心距方向相反的侧向弯曲，使得细长构件在轴心压力和附加弯矩共同作用下产生破坏。

表 5－1　受压构件的计算长度 l_0

杆件	两端约束情况	l_0
直杆	两端固定	$0.5l$
	一端固定，一端为不移动的铰	$0.7l$
	两端为不移动的铰	l
	一端固定，一端自由	$2l$
拱	三铰拱	$0.58s$
	两铰拱	$0.54s$
	无铰拱	$0.36s$

根据中国建筑科学研究院的试验资料并参照国外有关资料，对于 $l_0/b \leq 8$ 的短柱，$\varphi \approx 1$，可不考虑纵向弯曲问题；而对于 $l_0/b > 8$ 的长柱，φ 值随 l_0/b 的增大而减小，其相互关系如表 5－2 所示。表中，i 为截面的最小回转半径。

表5-2 钢筋混凝土轴心受压构件的稳定系数 φ

l_0/b	≤8	10	12	14	16	18	20	22	24	26	28
l_0/i	≤28	35	42	48	55	62	69	76	83	90	97
φ	1.0	0.98	0.95	0.92	0.87	0.81	0.75	0.70	0.65	0.60	0.56
l_0/b	30	32	34	36	38	40	42	44	46	48	50
l_0/i	104	111	118	125	132	139	146	153	160	167	174
φ	0.52	0.48	0.44	0.40	0.36	0.32	0.29	0.26	0.23	0.21	0.19

必须指出的是，采用过分细长的柱子是不合理的。因为柱子越细长，受压后越容易发生纵向弯曲而导致失稳，材料强度不能充分利用❶。因此，对一般建筑物中的柱，常限制长细比 $l_0/b \leq 30$ 和 $l_0/h \leq 25$（h 为长边尺寸）。

❶ 称为“失稳破坏”。

5.2.2 普通箍筋柱正截面承载力计算

1. 基本公式

根据前述分析，配置普通箍筋的钢筋混凝土柱的正截面受压极限承载力由混凝土和钢筋两部分受压承载力组成（如图5-7所示），并且纵向弯曲对其承载力存在影响。因此，轴心受压构件正截面承载力的计算公式为

$$KN \leq N_u = \varphi(f_c A + f'_y A'_s) \qquad (5-1)$$

式中：K——承载力安全系数，按表2-4采用；

N——轴向力设计值；

N_u——截面极限轴向力；

φ——钢筋混凝土构件的稳定系数，如表5-2所示；

A——构件的截面面积❷；

f_c——混凝土的轴心抗压强度设计值；

f'_y——纵向钢筋的抗压强度设计值；

A'_s——全部纵向钢筋的截面面积。

❷ 当配筋率 $\rho' = A'_s/A > 3\%$ 时，需扣除纵向钢筋的截面面积。

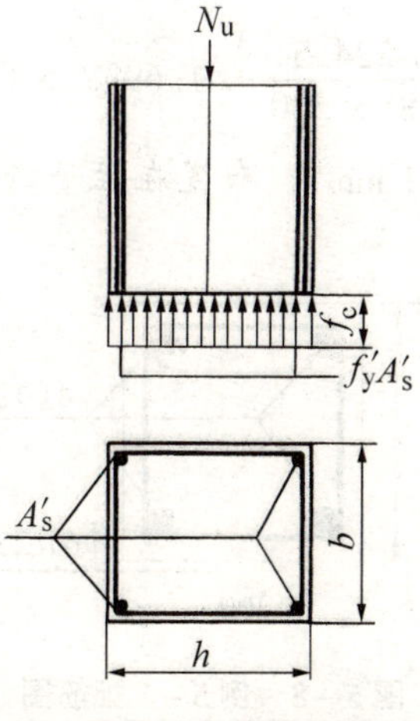

图5-7 轴心受压柱正截面承载力计算简图

2. 截面设计

在截面设计时，先根据构造要求确定构件截面的形状和尺寸，选定材料的强度等级，利用表5－2确定稳定系数φ，再按式（5－1）计算所需的纵向钢筋截面面积A_s'，并验算配筋率ρ。如果ρ过大或过小❶，则以可重新确定截面尺寸后进行计算。

❶ 根据工程实践经验，当ρ为0.8%～2.0%时，结构的技术经济指标较好。

3. 截面复核

已知柱的截面尺寸和配筋、材料强度等级、计算长度，验算截面承受某一轴向力是否安全，即求柱所能承担的轴向压力。可以根据l_0/b查表5－2得φ值，直接用式（5－1）求解。

【例5－1】 一根现浇钢筋混凝土轴心受压柱，截面尺寸$b\times h=300$ mm $\times 300$ mm，两端为不动铰接，柱高4.55 m，承受轴向压力设计值$N=900$ kN，采用C20混凝土和HRB335级纵向钢筋，计算截面所需钢筋。

解 （1）确定稳定系数φ。由表5－1知

$$l_0 = 1.0l = 4\,550\ (\text{mm})$$

则

$$\frac{l_0}{b} = \frac{4\,550}{300} = 15.2$$

查表5－2知$\varphi=0.89$。

（2）计算钢筋。由式（5－1）得到

$$A_s' = \frac{KN - \varphi f_c A}{\varphi f_y'}$$

$$= \frac{1.2\times 980\times 10^3 - 0.89\times 9.6\times 300\times 300}{0.89\times 300}$$

$$= 1\,524.5\ (\text{mm}^2)$$

$$\rho' = \frac{A_s'}{A} = \frac{1\,524.5}{300\times 300} = 1.69\% > 0.6\%$$

选配4ф22纵筋（$A_s'=1\,521\ \text{mm}^2$）布置在柱子四角，箍筋选用ф6@250❷，配筋如图5－8所示。

❷ 箍筋的直径$d\geqslant 18/4=4.5$ mm，且$d\geqslant 6$ mm，故取$d=6$ mm。箍筋的间距$s\leqslant b=300$ mm，且$s\leqslant 400$ mm，$s\leqslant 15d=270$ mm，故取$s=250$ mm。

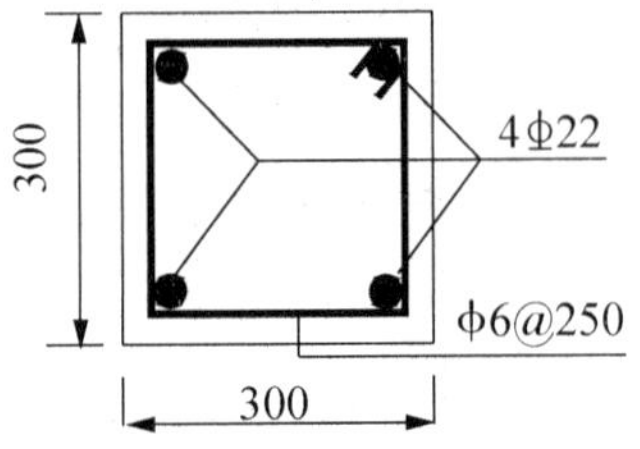

图5－8 例5－1配筋图

5.3 偏心受压构件正截面受力性能研究

5.3.1 偏心受压构件的破坏形态及其特征

根据试验研究结果，按其破坏特征，可以把偏心受压构件归纳为两类情况。

1. 大偏心受压破坏[1]

当偏心距较大且受拉钢筋配置适量时，构件在轴向力作用下，截面部分受拉部分受压，首先受拉区出现垂直于轴线的横向裂缝，随着轴向力的不断增加，受拉钢筋的应力首先达到屈服强度，钢筋屈服后的塑性变形将使裂缝明显加宽，并进一步向受压一侧延伸，从而导致受压区面积减小，受压区混凝土的压应变逐渐增大，最后混凝土压应变达到极限压应变而被压碎，构件破坏。这种破坏形态在破坏前有明显的预兆，属于延性破坏[2]。构件的破坏状况及破坏阶段截面中的应力分布如图 5－9 所示。

[1] 破坏源于受拉区钢筋首先屈服，所以又称为“受拉破坏”。

[2] 此种破坏形态类似于受弯构件的正截面适筋破坏。

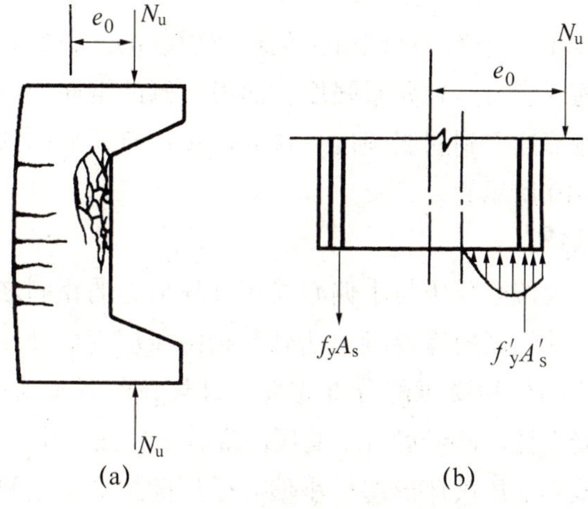

图 5－9 大偏心受压破坏形态

（a）构件的破坏状况；（b）破坏阶段截面中的应力分布

2. 小偏心受压破坏[3]

当偏心距较小，或虽偏心距较大，但受拉钢筋配置数量较多时，截面大部分受压而少部分受拉［如图 5－10(b) 所示］。当轴向力增加到一定程度时，受拉区出现横向裂缝，构件破坏时中和轴距受拉钢筋较近，钢筋中的拉应力较小，受拉钢筋达不到屈服强度，受压区混凝土的压应变达到极限压应变，受压钢筋应力达到抗压屈服强度[4]。

当偏心距很小时，截面全部受压［如图 5－10(c) 所示］。一般靠近轴

[3] 破坏源于受压区混凝土先被压碎，所以又称为“受压破坏”。

[4] 此种破坏形态类似于受弯构件的正截面超筋破坏。

向力一侧的压应力较大，构件破坏时，该侧的混凝土先被压碎，受压钢筋应力达到屈服强度，而压应力较小一侧的钢筋压应力通常达不到屈服强度。

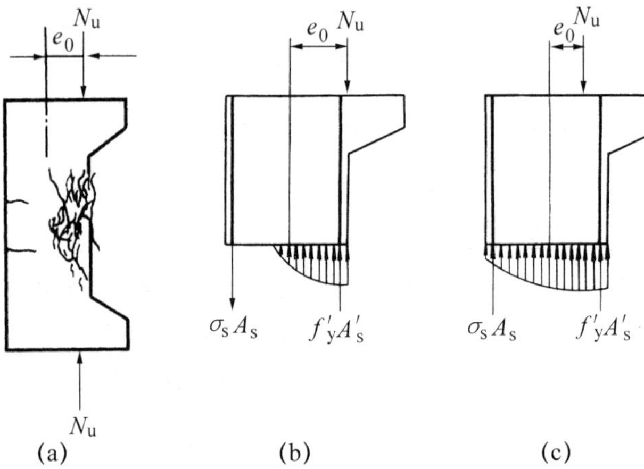

图 5-10　小偏心受压破坏形态

（a）构件的破坏状况；（b）截面大部分受压；（c）截面全部受压

上述小偏心受压情况，破坏时的应力状态虽有所不同，但破坏特征相似，即构件的破坏是由受压区混凝土的压碎引起的。破坏时，压应力较大一侧受压钢筋的压应力达到屈服强度，而另一侧的钢筋无论是受拉还是受压，其应力一般都达不到屈服强度。这种破坏没有明显的预兆，属于脆性破坏（如图 5-10 所示）。

3. 界限破坏[1]

综上可知，大偏心受压与小偏心受压破坏形态的相同之处在于，截面的最终破坏都是受压区边缘混凝土达到其极限压应变而被压碎。不同之处在于，截面受拉部分和受压部分谁先发生破坏，前者是受拉钢筋先屈服，然后受压区混凝土被压碎；后者是受压区混凝土先被压碎。

因此，大偏心受压破坏形态与小偏心受压破坏形态之间存在一种界限破坏状态，其主要特征是在受拉钢筋应力达到屈服强度的同时，受压区混凝土达到极限压应变被压碎，称为“界限破坏”。

按平截面假定，可以推出受拉钢筋达到屈服与受压区混凝土达到极限压应变同时发生时界限相对受压区高度 ξ_b 的计算公式为[2]

$$\xi_b = \frac{0.8}{1 + \dfrac{f_y}{0.0033E_s}} \tag{5-2}$$

当 $\xi \leq \xi_b$ 时，属于大偏心受压破坏；当 $\xi > \xi_b$ 时，属于小偏心受压破坏。

[1] 这是一种理论上的破坏形态，用于截面大、小偏心受压破坏的界限划分。

[2] 公式的推导过程与受弯构件正截面承载力相同，详见第 3 章。

5.3.2 偏心距增大系数[1]

试验研究表明，钢筋混凝土柱在承受偏心压力后会产生纵向弯曲。但长细比较小的柱，即所谓的“短柱”，由于纵向弯曲小，故设计时，一般可以忽略不计。对于长细比较大的柱，纵向弯曲变形将导致较大的侧向挠度，使得各个截面所受的弯矩由 Ne_0 变为 $N(e_0+y)$，其中，y 为构件任意点的水平侧向挠度（如图5－11所示）。柱高度的中间截面侧向挠度最大，该截面的弯矩为 $N(e_0+f)$。由于 f 随轴向压力的增加而不断增大，致使实际偏心距随轴向力的增大而呈非线性增加，构件的承载力比相同截面的短柱有所减小。

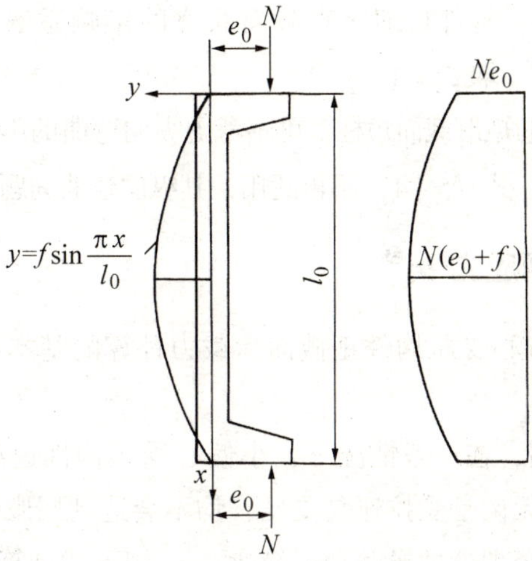

图5－11 偏心受压长柱侧向挠曲变形

因此，计算钢筋混凝土偏心受压构件时，应考虑长细比对承载力降低的影响。具体方法是将轴向压力对截面重心的初始偏心距 e_0 乘以偏心距影响系数 η，即

$$e_0+f=\left(1+\frac{f}{e_0}\right)e_0=\eta e_0 \qquad (5-3)$$

根据大量理论分析及试验结果，规范给出的偏心距增大系数的计算公式为

$$\eta=1+\frac{1}{1\,400\,\frac{e_0}{h_0}}\left(\frac{l_0}{h}\right)^2\zeta_1\zeta_2 \qquad (5-4)$$

$$\zeta_1=\frac{0.5f_cA}{KN} \qquad (5-5)$$

[1] 在偏心受压构件中，引入偏心距增大系数 η 来考虑长柱纵向弯曲对其承载力的影响。与轴心受压构件正截面承载力计算中引入稳定系数 φ 来考虑长柱纵向弯曲的影响，在计算表现形式上有所区别，但实质上是相通的。

$$\zeta_2 = 1.15 - \frac{0.01l_0}{h} \tag{5-6}$$

上述各式中：e_0——轴向力对截面重心的偏心距，$e_0 = M/N$；当 $e_0 < h/30$ 时，取 $e_0 = h/30$❶；

l_0——构件的计算长度，按表 5－1 计算；

h——截面的高度；

h_0——截面的有效高度；

A——构件的截面面积；

ζ_1——截面应变对截面曲率的影响系数，当 $\zeta_1 > 1$ 时，取 $\zeta_1 = 1$；对于大偏心受压构件，直接取 $\zeta_1 = 1$；

ζ_2——构件长细比对截面曲率的影响系数，当 $l_0/h \leqslant 15$ 时，取 $\zeta_2 = 1$。

对于 $l_0/h \leqslant 8$ 的矩形截面短柱，可不考虑纵向弯曲的影响，取 $\eta = 1$；对于 $l_0/h > 30$ 的细长柱，式（5－4）不再适用，其纵向弯曲问题应专门研究❷。

❶ 由于工程中施工偏差等的影响，初始偏心距是不可避免的。

❷ 对于 $l_0/h > 30$ 的细长柱，其破坏已从材料破坏转变为失稳破坏，因此，不能再按材料破坏的性质来研究其承载力问题了。

5.3.3 钢筋应力 σ_s❸

钢筋混凝土偏心受压构件正截面承载力计算的基本假定与受弯构件相同，详见第 3 章。

试验分析表明，在一般情况下，小偏心受压构件远离轴向力一侧的纵向钢筋的应力 σ_s 无论是受拉还是受压，均不会达到屈服强度。根据平截面假定确定 σ_s 值，经理论推导并加以简化，σ_s 用下式计算：

$$\sigma_s = f_y \frac{0.8 - \xi}{0.8 - \xi_b} \tag{5-7}$$

此时计算的钢筋应力应符合 $-f_y' \leqslant \sigma_s \leqslant f_y$。当 $\sigma_s > 0$ 时，A_s 受拉；反之，当 $\sigma_s < 0$ 时，A_s 受压。

❸ 对于大偏心受压，不必进行钢筋应力计算，直接取 $\sigma_s = f_y$。

5.4 不对称配筋矩形截面偏心受压构件正截面承载力计算❹

❹ 指受拉钢筋和受压钢筋分别按设计计算配置。

5.4.1 截面设计

截面设计时，首先要判别构件是属于大偏心受压，还是属于小偏心受压，以便采用不同的方法进行配筋计算。计算之前，由于钢筋的截面面积 A_s 和 A_s' 为未知数，构件截面的混凝土相对受压区高度 ξ 将无法计算，因此，无法利用 ξ 来判别截面的类型。实际设计时，可以根据偏心距的大小来判别❺。

❺ 该条件用于初步判定大小偏心受压，当与 $x \leqslant \xi_b h_0$ 的判别相矛盾时，应以后者为准。

（1）当 $\eta e_0 > 0.3h_0$ 时，可按大偏心受压构件设计。

（2）当 $\eta e_0 \leqslant 0.3h_0$ 时，可按小偏心受压构件设计。

1. 大偏心受压构件

（1）基本公式。大偏心受压时，受拉钢筋的应力达到屈服强度，$\sigma_s = f_y$，如图5－12中的截面应力图形所示。由内、外力之和为零与内外力对受拉钢筋合力点的力矩之和为零的条件可得

$$KN \leqslant N_u = f_c bx + f'_y A'_s - f_y A_s \tag{5-8}$$

$$KNe \leqslant N_u e = f_c bx\left(h_0 - \frac{x}{2}\right) + f'_y A'_s (h_0 - a') \tag{5-9}$$

式中：K——承载力安全系数；

N——轴向力设计值；

x——混凝土受压区计算高度；

e——轴向压力作用点至纵向受拉钢筋合力点之间的距离，

$$e = \eta e_0 + \frac{h}{2} - a' \tag{5-10}$$

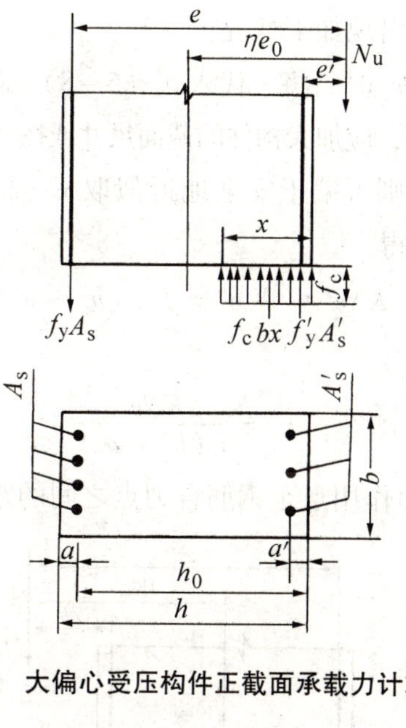

图5－12　大偏心受压构件正截面承载力计算简图

（2）适用条件。

① 为了保证构件在破坏时，受拉钢筋应力能达到抗拉强度设计值 f_y，必须满足

$$x \leqslant \xi_b h_0$$

② 为了保证构件在破坏时，受压钢筋应力能达到抗压强度设计值 f'_y，必须满足

$$x \geqslant 2a'$$

（3）计算方法。大偏心受压构件的截面设计与双筋受弯构件一样，分为A_s、A_s'均未知和A_s'已知两种情形。

① A_s和A_s'均未知。此时，两个基本公式中有三个未知数，即A_s、A_s'、x，故无唯一解。与双筋受弯构件相似，为了使总配筋面积A_s+A_s'最小，应充分利用受压区混凝土承受压力，即应使受压区计算高度尽可能大，可取$x=\xi_b h_0$❶，代入式（5-9）可得

$$A_s' = \frac{KNe - f_c b h_0^2 \xi_b (1-0.5\xi_b)}{f_y'(h_0 - a')} \tag{5-11}$$

若求得的$A_s' \geqslant \rho_{min}' b h_0$，则代入式（5-8）可得

$$A_s = \frac{f_c b h_0 \xi_b + f_y' A_s' - KN}{f_y} \tag{5-12}$$

若由式（5-11）计算出的$A_s' < \rho_{min}' b h_0$，则按$A_s' = \rho_{min}' b h_0$配筋❷。此时，A_s'已知，按下面的情形②计算A_s。

② A_s'已知。此时，基本公式有两个未知数，即A_s和x，先由式（5-9）求解x，可能出现如下情况：

A. 当$2a' \leqslant x \leqslant \xi_b h_0$时，将$x$代入式（5-8）求出$A_s$，且$A_s \geqslant \rho_{min} b h_0$。

B. 当$x > \xi_b h_0$时，应加大构件的截面尺寸或按A_s'未知的情形重新计算。

C. 当$x<2a'$时，则可偏于安全地近似取$x=2a'$（如图5-13所示），对A_s'合力重心取矩可得

$$KNe' \leqslant N_u e' = f_y A_s (h_0 - a') \tag{5-13}$$

则

$$A_s = \frac{KNe'}{f_y(h_0 - a')} \tag{5-14}$$

式中：e'——轴向压力作用点至钢筋合力点之间的距离，

❶ 利用该条件也可以使截面的总配筋用量最少，可通过例5-2和例5-3的结果对比得到直观结论。

❷ ρ_{min}'为受压钢筋的最小配筋率，其值查附录6表22。

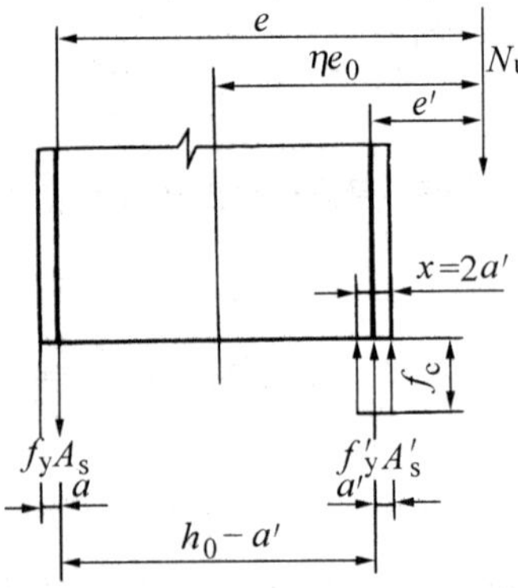

图5-13　$x<2a'$大偏心受压构件正截面承载力计算简图

$$e' = \eta e_0 - \frac{h}{2} + a' \tag{5-15}$$

若以上两种情形求出的受拉钢筋 $A_s < \rho_{min} bh_0$，则均需按 $A_s = \rho_{min} bh_0$ 配置受拉钢筋[1]。

❶ ρ_{min} 为受拉钢筋的最小配筋率，其值查附录6表22。

2. 小偏心受压构件

由如图5-14所示的截面应力图形，可得如下基本公式：

$$KN \leqslant N_u = f_c bx + f'_y A'_s - \sigma_s A_s \tag{5-16}$$

$$KNe \leqslant N_u e = f_c bx\left(h_0 - \frac{x}{2}\right) + f'_y A'_s(h_0 - a') \tag{5-17}$$

由于构件破坏时，σ_s 一般达不到屈服强度，为了节约钢材，可按最小配筋率和构造要求配置 A_s，即 $A_s = \rho_{min} bh_0$，将 A_s、σ_s 的计算公式（5-7）和 $x = \xi h_0$ 代入式（5-16）和式（5-17）联立求解可得 ξ 值。

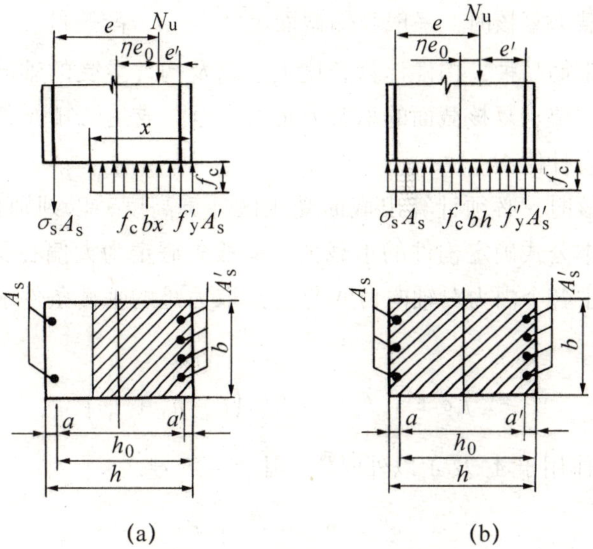

图5-14　小偏心受压计算简图

（a）截面大部分受压；（b）截面全部受压

（1）当 $\xi < 1.6 - \xi_b$ 时，将 ξ 代入式（5-17）求出 A'_s。

（2）当 $\xi \geqslant 1.6 - \xi_b$ 时，取 $\xi = 1.6 - \xi_b$（当 $\xi > h/h_0$ 时，取 $\xi = h/h_0$），并取 $\sigma_s = -f_y$，代入式（5-16）和式（5-17）求出 A_s 和 A'_s 值，A_s 和 A'_s 必须满足最小配筋率的要求[2]。

❷ 长细比较大的小偏心受压构件，可能在垂直于弯矩作用的平面内发生纵向弯曲破坏，应按轴心受压构件对垂直于弯矩作用的平面进行承载力复核，此时，考虑稳定系数 φ 的影响。确定 φ 时，应取 l_0/b。

此外，当轴向力偏心距很小，且轴向力又比较大（$KN > f_c bh_0$）时，全截面受压，远离轴向力一侧面的 A_s 如果配置得太少，则该侧混凝土可能先达到极限压应变而破坏。为了防止这种情况发生，对 A'_s 合力点取力矩平衡求得 A_s［如图5-14(b) 所示］。这时，取 $x = h$，$\sigma_s = f'_y$，可得

$$KNe' \leqslant N_u e' = f_c bh\left(h_0' - \frac{h}{2}\right) + f_y' A_s (h_0' - a') \tag{5-18}$$

式中：h_0'——纵向钢筋 A_s'合力点距轴向力较远一侧截面边缘的距离，

$$h_0' = h - a'$$

则

$$A_s = \frac{KNe' - f_c bh\left(h_0' - \frac{h}{2}\right)}{f_y'(h_0' - a')} \tag{5-19}$$

$$e' = \frac{h}{2} - a' - e_0$$

此时，为偏于安全，计算 e' 时，取 $\eta = 1$。

5.4.2 截面承载力复核

进行承载力复核时，一般已知截面尺寸 b、h，配筋量 A_s、A_s'，混凝土强度等级和钢筋品种，构件计算长度 l_0，以及构件承受的轴向力设计值 N 和偏心距 e_0，要求复核截面的承载力是否安全，或是已知 N 值时，求所能承受的弯矩设计值 M。

截面复核时，必须计算出截面受压区计算高度，以判别构件的类型，然后通过基本公式确定构件的承载力。一般先假定为大偏心受压构件，利用图 5－12 中各个内力对轴向力 N 作用点取力矩的平衡条件求出受压区计算高度。

$$A_s f_y e \pm A_s' f_y' e' = f_c bx\left(e - h_0 + \frac{x}{2}\right) \tag{5-20}$$

其中，当 N 作用于 A_s 及 A_s'以外时[1]，用“－”号，

$$e' = \eta e_0 - \frac{h}{2} + a'$$

当 N 作用于 A_s 及 A_s' 之间时，用“＋”号，

$$e' = \frac{h}{2} - \eta e_0 - a'$$

由式（5－20）可求得受压区计算高度 x。

（1）当 $2a' \leqslant x \leqslant \xi_b h_0$ 时，为大偏心受压构件，将 x 代入大偏心受压构件基本公式（5－8），可得

$$N_u = f_c bx + f_y' A_s' - f_y A_s \tag{5-21}$$

（2）当 $x < 2a'$时，则由式（5－13）可得

$$N_u = \frac{f_y A_s (h_0 - a')}{e'} \tag{5-22}$$

（3）当 $x > \xi_b h_0$ 时，则为小偏心受压。对 N_u 作用点取矩可得

[1] $\eta e_0 \geqslant h/2 - a'$。

$$f_c bx\left(e-h_0+\frac{x}{2}\right)=\sigma_s A_s e+f'_y A'_s e' \tag{5-23}$$

并将

$$\sigma_s=f_y\frac{0.8-\xi}{0.8-\xi_b}$$

代入式（5－23）重新计算 x[1]。

① 当 $\xi<1.6-\xi_b$ 时，将 x 代入式（5－17）可得

$$N_u=\frac{f_c bx\left(h_0-\frac{x}{2}\right)+f'_y A'_s(h_0-a')}{e} \tag{5-24}$$

② 当 $h/h_0>\xi\geq 1.6-\xi_b$ 时，直接取 $\sigma_s=-f'_y$ 和 $\xi=1.6-\xi_b$，代入式（5－16）计算 N_u。

③ 当 $\xi\geq h/h_0$ 时，直接取 $\sigma_s=-f'_y$ 和 $x=h$，代入式（5－16）计算 N_u。

因此，受弯承载力为

$$M_u=N_u e_0$$

（4）验算 $KN\leq N_u$[2]。

此外，无论是截面设计还是截面承载力复核，小偏心受压构件，除在弯矩作用平面内按偏心受压计算以外，还要验算垂直于弯矩作用平面的轴心受压承载力。此时，应考虑 φ 值，并取 b 作为截面高度[3]。

【例5－2】 某柱截面尺寸 $b\times h=400\text{ mm}\times 500\text{ mm}$，承受轴向压力设计值 $N=480\text{ kN}$，$e_0=500\text{ mm}$，计算长度 $l_0=6.5\text{ m}$，采用C20混凝土，HRB335级钢筋，$a=a'=40\text{ mm}$，计算截面所需配筋 A_s、A'_s，并绘制配筋图。

解 （1）判别大小偏心受压。

$$\frac{l_0}{h}=\frac{6\,500}{500}=13>8$$

故应考虑纵向弯曲的影响[4]。

$$e_0=500\text{ (mm)}>\frac{h}{30}=\frac{500}{30}=16.7\text{ (mm)}$$

故应按实际偏心距 $e_0=500\text{ mm}$ 计算。

$$\zeta_1=\frac{0.5f_c A}{KN}=\frac{0.5\times 10\times 400\times 500}{1.2\times 480\times 10^3}=1.74>1.0$$

取 $\zeta_1=1.0$。

$$\frac{l_0}{h}=13<15$$

[1] 因为此时 A_s 未达到抗拉屈服强度，与前面假定为大偏心受压不符，故应按小偏心受压重新计算受压区计算高度 x。

[2] 有时构件破坏也可能在远离轴向力一侧的钢筋 A_s 一边开始，所以还需用式（5－19）计算 N_u。

[3] 计算方法见5.2节。

[4] 当 $l_0/h\leq 8$ 时，直接取 $\eta=1$。

取 $\zeta_2 = 1.0$，则

$$\eta = 1 + \frac{1}{1\,400 \cdot \frac{e_0}{h_0}}\left(\frac{l_0}{h}\right)^2 \zeta_1 \zeta_2$$

$$= 1 + \frac{1}{1\,400 \times \frac{500}{460}} \times 13^2 \times 1.0 \times 1.0 = 1.11$$

$\eta e_0 = 1.11 \times 500 = 555\ (\text{mm}) > 0.3h_0 = 0.3 \times 460 = 138\ (\text{mm})$

故属于大偏心受压。

（2）配筋计算。

$$e = \eta e_0 + \frac{h}{2} - a = 555 + 250 - 40 = 765\ (\text{mm})$$

为了充分利用受压区的抗压作用，令 $x = \xi_b h_0 = 253$ mm❶，由式（5－11）可得

$$A'_s = \frac{KNe - f_c b h_0^2 \xi_b (1 - 0.5\xi_b)}{f'_y (h_0 - a')}$$

$$= \frac{1.2 \times 480 \times 10^3 \times 765 - 9.6 \times 400 \times 460^2 \times 0.550 \times (1 - 0.5 \times 0.550)}{300 \times (460 - 40)}$$

$$= 924\ (\text{mm}^2) > \rho'_{\min} b h_0 = 0.2\% \times 400 \times 460 = 368\ (\text{mm}^2)$$

将 $A'_s = 924\ \text{mm}^2$ 代入式（5－12），得到

$$A_s = \frac{f_c \xi_b b h_0 + f'_y A'_s - KN}{f_y}$$

$$= \frac{9.6 \times 400 \times 250.24 + 300 \times 924 - 1.2 \times 480 \times 10^3}{300}$$

$$= 2\,207\ (\text{mm}^2) > \rho_{\min} b h_0 = 0.2\% \times 400 \times 460 = 368\ (\text{mm}^2)$$

（3）选配钢筋。受拉钢筋选用 3Φ25＋2Φ22（实配 $A_s = 2\,233\ \text{mm}^2$），受压钢筋选用 2Φ25（实配 $A'_s = 982\ \text{mm}^2$），配筋如图 5－15 所示。

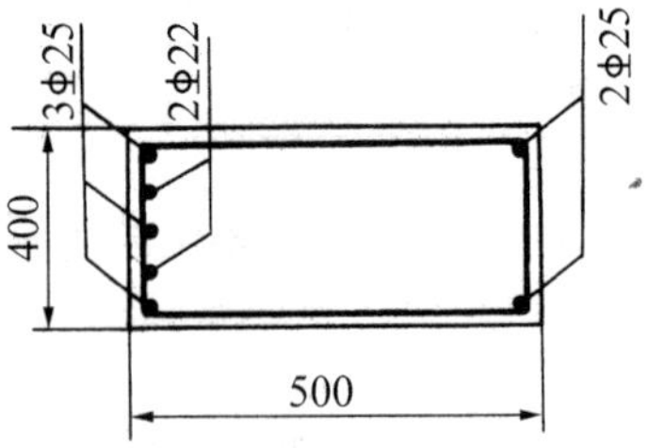

图 5－15　例 5－2 配筋图

❶ 利用该条件也可以使截面的总配筋用量最少，可通过例 5－2 和例 5－3 的结果对比得到直观结论。

【例 5－3】　条件同例 5－2，在受压区配有 3Φ22 的钢筋（$A'_s = 1\,140\ \text{mm}^2$），试计算截面所需的受拉钢筋 A_s。

解 由例 5-2 可知，

$N=480\ \text{kN}$， $f_c=9.6\ \text{N/mm}^2$， $f_y=f'_y=300\ \text{N/mm}^2$

$\xi_b=0.550$， $a=a'=40\ \text{mm}$， $e=765\ \text{mm}$， $K=1.2$

（1）计算受压区计算高度 x。由式（5-9）得

$$1.2\times480\times10^3\times765=9.6\times400x\left(460-\frac{x}{2}\right)+300\times1\,140\times(460-40)$$

即

$$x^2-920x+154\,687.5=0$$

于是

$$x=\frac{920-\sqrt{920^2-4\times154\,687.5}}{2}=221.4\ (\text{mm})$$

$$<\xi_b h_0=0.550\times460=253\ (\text{mm})$$

故属于大偏心受压，且

$$x=221.4\ (\text{mm})>2a'=80\ (\text{mm})$$

（2）计算受拉钢筋 A_s。由式（5-8）得到

$$A_s=\frac{f_c bx+f'_y A'_s-KN}{f_y}$$

$$=\frac{9.6\times400\times221.4+300\times1\,140-1.2\times480\times10^3}{300}$$

$$=2\,053.9\ (\text{mm}^2)$$

$$>\rho_{\min}bh_0=368\ (\text{mm}^2)$$

（3）选配钢筋。受拉钢筋 3Φ25+2Φ22（实配 $A_s=2\,101\ \text{mm}^2$），配筋如图 5-16 所示。

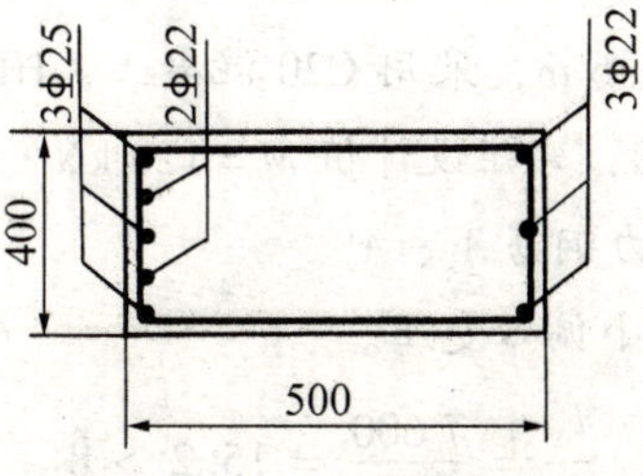

图 5-16 例 5-3 配筋图

比较例 5-2 和例 5-3，可以看出，当取 $x=\xi_b h_0$ 时，求得的总用钢量少些。

【例 5-4】 某偏心受压柱截面尺寸 $b\times h=300\ \text{mm}\times700\ \text{mm}$，承受轴向压力设计值 $N=600\ \text{kN}$，弯矩设计值 $M=180\ \text{kN}\cdot\text{m}$，采用 C20 混凝土，

HRB335 级钢筋，构件的计算长度 $l_0=5$ m，$a=a'=40$ mm，试计算钢筋截面面积 A_s、A'_s。

解 （1）判别大小偏心受压。

$$\frac{l_0}{h}=\frac{5\,000}{700}=7.14<8$$

取 $\eta=1.0$。

$$e_0=\frac{M}{N}=\frac{180}{600}=0.3\text{（m）}=300\text{（mm）}>\frac{h}{30}=23.3\text{（mm）}$$

故应按实际偏心距 $e_0=300$ mm 计算。

$$\eta e_0=300\text{（mm）}>0.3h_0=0.3\times(700-40)=198\text{（mm）}$$

故属于大偏心受压。

（2）计算 A_s、A'_s。

$$e=\eta e_0+\frac{h}{2}-a=300+\frac{700}{2}-40=610\text{（mm）}$$

由式（5－11）得

$$A'_s=\frac{KNe-f_c bh_0^2\xi_b(1-0.5\xi_b)}{f'_y(h_0-a')}$$

$$=\frac{1.2\times600\times10^3\times610-9.6\times300\times665^2\times0.550\times(1-0.5\times0.550)}{300\times(665-40)}$$

$$<0$$

取

$$A'_s=\rho'_{\min}bh_0=0.002\times300\times660=396\text{（mm}^2\text{）}$$

（3）选配钢筋。受压钢筋 2Φ16（实配 $A'_s=402\text{ mm}^2$）[1]。

[1] 这样，该题就变成已知受压钢筋 $A'_s=402\text{ mm}^2$，求受拉钢筋 A_s 的问题，下面计算从略。

【例 5－5】 某矩形截面偏心受压柱截面尺寸 $b\times h=400\text{ mm}\times500\text{ mm}$，柱的计算长度 $l_0=l'_0=7.6$ m，采用 C20 混凝土，HRB335 级钢筋，承受轴向力设计值 $N=1\,359$ kN，弯矩设计值 $M=120$ kN·m，$a=a'=40$ mm，试计算截面所需的纵向受力钢筋 A_s、A'_s。

解 （1）判别大、小偏心受压。

$$\frac{l_0}{h}=\frac{7\,600}{500}=15.2>8$$

故应考虑纵向弯曲的影响。

$$e_0=\frac{M}{N}=\frac{120\times10^3}{1\,359}=88.3\text{（mm）}>\frac{h}{30}=16.7\text{（mm）}$$

故应按实际偏心距 $e_0=88.3$ mm 计算。

$$\zeta_1=\frac{0.5f_cA}{KN}=\frac{0.5\times9.6\times400\times500}{1.2\times1\,359\times10^3}=0.589<1$$

$$\zeta_2 = 1.15 - 0.01 \cdot \frac{l_0}{h} = 1.15 - 0.01 \times 15.2 = 0.998 < 1$$

$$\eta = 1 + \frac{1}{1\,400 \cdot \frac{e_0}{h_0}}\left(\frac{l_0}{h}\right)^2 \zeta_1\zeta_2$$

$$= 1 + \frac{1}{1\,400 \times \frac{88.3}{460}} \times 15.2^2 \times 0.589 \times 0.998 = 1.505$$

$\eta e_0 = 1.505 \times 88.3 = 132.89\ (\text{mm}) < 0.3h_0 = 0.3 \times 460 = 138\ (\text{mm})$
故构件为小偏心受压，

$$e = \eta e_0 + \frac{h}{2} - a = 132.89 + \frac{500}{2} - 40 = 342.89\ (\text{mm})$$

（2）配筋计算。按构造要求配置 A_s。

$$A_s = \rho_{\min} b h_0 = 0.2\% \times 400 \times 460 = 368\ (\text{mm}^2)$$

选配 2ϕ16（$A_s = 402\ \text{mm}^2$）。

根据 σ_s 的计算公式（5-7），并将 $x = \xi h_0$ 代入基本公式（5-16）和式（5-17），得到

$$\sigma_s = f_y \frac{0.8 - \xi}{0.8 - \xi_b} = 300 \times \frac{0.8 - \xi}{0.8 - 0.544} = 937.5 - 1\,171.87\xi$$

$$\begin{cases} 1.2 \times 1\,359 \times 10^3 = 9.6 \times 400 \times 460\xi + 300A'_s - 402\sigma_s \\ 1.2 \times 1\,359 \times 10^3 \times 342.89 = 9.6 \times 400 \times 460^2 \times \xi(1 - 0.5\xi) + 300 \times 420A'_s \end{cases}$$

联立求解得

$$\xi = 0.693 < 1.6 - \xi_b = 1.05$$

$$A'_s = 1\,523.65\ (\text{mm}^2)$$

选配受压钢筋 4ϕ22（$A'_s = 1\,521\ \text{mm}^2$）。

由于

$$KN = 1\,630\ (\text{kN}) < f_c b h_0 = 1\,840\ (\text{kN})$$

因此，不必复核 A_s 值。

（3）垂直于弯矩作用平面的承载力复核。

$$\frac{l'_0}{b} = \frac{7\,600}{400} = 19$$

查表 5-1 得 $\varphi = 0.84$，于是

$$N_u = \varphi[f_c A + f'_y(A'_s + A_s)]$$

$$= 0.84 \times [9.6 \times 400 \times 500 + 300 \times (1\,521 + 402)] = 2\,097.4\ (\text{kN})$$

$$N = 1\,359\ (\text{kN}) < \frac{N_u}{K} = \frac{2\,097.4}{1.2} = 1\,747.8\ (\text{kN})$$

满足要求，配筋如图 5－17 所示。

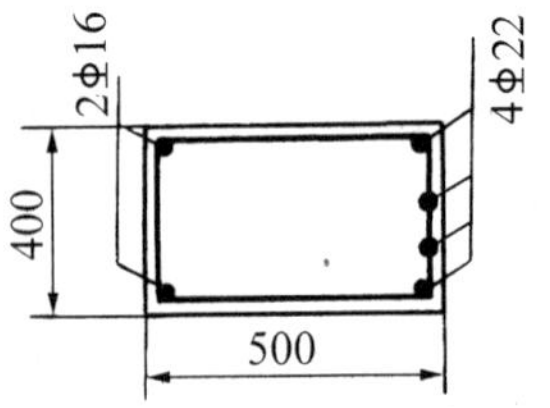

图 5－17　例 5－5 配筋图

【例 5－6】　已知偏心受压柱 $b \times h = 400\ \text{mm} \times 600\ \text{mm}$，$a = a' = 40\ \text{mm}$，计算长度 $l_0 = 4\ \text{m}$，混凝土强度等级 C20，钢筋 HRB335 级，受拉侧配筋 3Φ22（$A_s = 1\,140\ \text{mm}^2$），受压侧配筋 2Φ22（$A'_s = 760\ \text{mm}^2$），试计算偏心距 $e_0 = 600\ \text{mm}$ 时，该柱所能承受的轴向力设计值 N_u。

解　（1）计算偏心距。

$$\frac{l_0}{h} = \frac{4\,000}{600} = 6.7 < 8$$

不考虑偏心距增大的影响，故 $\eta = 1.0$。

因为

$$e_0 = 600\ (\text{mm}) > \frac{h}{3} = 20\ (\text{mm})$$

故应按实际偏心距 $e_0 = 600\ \text{mm}$ 计算。

$$e = \eta e_0 + \frac{h}{2} - a = 600 + \frac{600}{2} - 40 = 860\ (\text{mm})$$

$$e' = \eta e_0 - \frac{h}{2} + a' = 600 - \frac{600}{2} + 40 = 340\ (\text{mm})$$

（2）计算受压区计算高度。

$$e_0 = 600\ (\text{mm}) > \frac{h}{2} - a = \frac{600}{2} - 40 = 260\ (\text{mm})$$

说明 N 作用于 A_s 及 A'_s 以外，所以由式（5－20）得到

$$f_y A_s e = f_c bx\left(e - h_0 + \frac{x}{2}\right) + f'_y A'_s e$$

于是

$$300 \times 1\,140 \times 860 = 9.6 \times 400x(860 - 560) + \frac{1}{2} \times 9.6 \times 400x^2 + 300 \times 760 \times 340$$

即

$$x^2 + 600x - 112\,812.5 = 0$$

于是

$$x=\frac{-600+\sqrt{600^2+4\times112\,812.5\times1}}{2}=150.35(\mathrm{mm})$$

$$<\xi_b h_0=0.550\times560=308\ (\mathrm{mm})$$

且

$$x>2a'=2\times40=80\ (\mathrm{mm})$$

故构件为大偏心受压。

(3) 计算柱所能承受的轴向力。由式(5－21)得到

$$N_u=f_c bx+f'_y A'_s-f_y A_s$$
$$=9.6\times400\times150.35+300\times760-300\times1\,140$$
$$=463\,344\ (\mathrm{N})\approx463.3\ (\mathrm{kN})$$

【例5－7】 已知某柱截面尺寸为 $b\times h=400\ \mathrm{mm}\times600\ \mathrm{mm}$，计算长度 $l_0=4\ \mathrm{m}$，配受拉钢筋4Φ20（$A_s=1\,256\ \mathrm{mm}^2$），受压钢筋4Φ22（$A'_s=1\,521\ \mathrm{mm}^2$），承受的轴向压力设计值为 $N=1\,000\ \mathrm{kN}$❶，采用C20混凝土，HRB335级钢筋，$a=a'=40\ \mathrm{mm}$，试计算该截面在 h 方向所承受的弯矩设计值。

❶ 截面复核时，外荷载不能用来计算 x 等，只是对比判断构件是否安全。

解 按极限状态求解截面所能承受的最大弯矩设计值。

(1) 判别大小偏心受压的类别。假定截面为大偏心受压，由式(5－8)得到

$$N=\frac{1}{K}(f_c bx+f'_y A'_s-f_y A_s)$$

于是

$$x=\frac{KN-f'_y A'_s+f_y A_s}{f_c b}=\frac{1.2\times1\,000\times10^3-300\times1521+300\times1\,256}{9.6\times400}$$

$$=291.8\ (\mathrm{mm})<\xi_b h_0=0.550\times560=308\ (\mathrm{mm})$$

故构件大偏心受压，且 $x=291.8\ (\mathrm{mm})>2a'=80\ (\mathrm{mm})$。

(2) 计算偏心距 e_0。由式(5－9)得到

$$Ne=\frac{1}{K}\left[f_c bx\left(h_0-\frac{x}{2}\right)+f'_y A'_s(h_0-a')\right]$$

于是

$$e=\frac{f_c bx\left(h_0-\frac{x}{2}\right)-f'_y A'_s(h_0-a')}{KN}$$

$$=\frac{9.6\times400\times291.8\times\left(560-\frac{291.8}{2}\right)+300\times1\,521\times(560-40)}{1.2\times1\,000\times10^3}$$

$$=584.49\ (\mathrm{mm})$$

由于

$$\frac{l_0}{h} = \frac{4\ 000}{600} = 6.67 < 8$$

故 $\eta = 1.0$。

$$\eta e_0 = e - \frac{h}{2} + a = 584.49 - \frac{600}{2} + 40 = 324.49\ (\text{mm})$$

则 $e_0 = 324.49$ mm。

（3）计算截面沿 h 方向所承受的弯矩设计值。

$$M = Ne_0 = 1\ 000 \times 10^3 \times 324.49 = 324.49\ (\text{kN} \cdot \text{m})$$

【例 5－8】 一根矩形柱截面尺寸 $b \times h = 300\ \text{mm} \times 500\ \text{mm}$，受拉侧配筋 2Φ14（$A_s = 308\ \text{mm}^2$），受压侧配筋 4Φ22（$A'_s = 1\ 521\ \text{mm}^2$），弯矩作用方向和垂直于弯矩作用方向的柱的计算长度 $l_0 = l'_0 = 4.5$ m，采用 C20 混凝土，HRB335 级钢筋，承受轴向力设计值 $N = 1\ 250$ kN，偏心距 $e_0 = 65$ mm，试复核该截面是否安全。（$a = a' = 40$ mm）

解 （1）判别类型。

$$\frac{l_0}{h} = \frac{4\ 500}{500} = 9 > 8$$

故应考虑纵向弯曲的影响。

$$e_0 = 65\ (\text{mm}) > \frac{h}{30} = \frac{500}{30} = 16.7\ (\text{mm})$$

故应按实际偏心距 $e_0 = 65$ mm 计算。

$$\zeta_1 = \frac{0.5 f_c A}{KN} = \frac{0.5 \times 9.6 \times 300 \times 500}{1.2 \times 1\ 250 \times 10^3} = 0.48$$

$$\frac{l_0}{h} = 9 < 15$$

取 $\zeta_2 = 1.0$，则

$$\eta = 1 + \frac{1}{1\ 400 \cdot \dfrac{e_0}{h_0}} \left(\frac{l_0}{h}\right)^2 \zeta_1 \zeta_2$$

$$= 1 + \frac{1}{1\ 400 \times \dfrac{65}{460}} \times 9^2 \times 0.5 \times 1.0 = 1.205$$

于是

$$\eta e_0 = 1.205 \times 65 = 78.3\ (\text{mm}) < 0.3 h_0 = 0.3 \times 460 = 138\ (\text{mm})$$

故应按小偏心受压进行承载力复核。

（2）弯矩作用平面承载力复核。

$$e = \eta e_0 + \frac{h}{2} - a = 78.5 + 250 - 40 = 288.5\ (\text{mm})$$

$$e' = \frac{h}{2} - a' - \eta e_0 = 250 - 40 - 78.3 = 131.7\ (\text{mm})$$

由式（5－23）可得

$$9.6 \times 300x\left(288.5 - 460 + \frac{x}{2}\right) = 300 \times \frac{0.8 - x/460}{0.8 - 0.544} \times 308 \times 288.5 + 300 \times 1\,521 \times 131.7$$

整理得

$$x^2 - 185.8x - 99\,582.7 = 0$$

则

$$x = 421.86\ (\text{mm}) < h = 500\ (\text{mm})$$

于是

$$\xi = \frac{x}{h_0} = \frac{421.86}{460} = 0.917 < 1.6 - \xi_b = 1.6 - 0.550 = 1.05$$

由式（5－24）可得

$$N_u = \frac{9.6 \times 300 \times 421.86 \times \left(560 - \frac{421.86}{2}\right) + 300 \times 1\,521 \times (560 - 40)}{288.5} = 2\,292.48\ (\text{kN})$$

从而

$$\frac{N_u}{K} = \frac{2\,292.48}{1.2} = 1\,910.4\ (\text{kN}) > N = 1\,250\ (\text{kN})$$

（3）垂直弯矩作用平面承载力复核。

$$\frac{l_0'}{b} = \frac{4\,500}{300} = 15 > 8$$

查表5－1得 $\varphi = 0.895$。于是

$$N_u = \varphi[f_c A + f_y'(A_s' + A_s)]$$
$$= 0.895 \times [9.6 \times 300 \times 500 + 300 \times (1\,521 + 308)] = 1\,779.9\ (\text{kN})$$

于是

$$\frac{N_u}{K} = \frac{1\,779.9}{1.2} = 1\,483.25\ (\text{kN}) > N = 1\,250\ (\text{kN})$$

故截面安全。

5.5 对称配筋矩形截面偏心受压构件的截面承载力计算

对称配筋是不对称配筋的一种特殊情况。在实际工程中，偏心受压构

件在各种不同荷载（风荷载、地震作用、竖向荷载）作用下，在同一截面内可能分别承受正负号的弯矩，即截面在一种荷载组合下为受拉的部位，在另一种荷载组合下变为受压。当正负弯矩值数值相差不大或即使相反方向的弯矩值相差较大，但按纵向钢筋用量相差不多时，均宜采用对称配筋。对于装配式柱，为了保证吊装时不会出错，一般采用对称配筋。

所谓对称配筋，是指截面两侧的配筋相同❶，即

$$A_s = A'_s, \quad f_y = f'_y$$

下面介绍矩形截面偏心受压构件对称配筋的计算方法。

5.5.1 大、小偏心受压构件的判别

将 $A_s = A'_s$、$f_y = f'_y$ 代入大偏心受压构件基本公式（5－8）中，可得

$$KN = f_c bx = f_c bh_0\xi$$

即

$$\xi = \frac{KN}{f_c bh_0} \tag{5-25}$$

当 $\xi \leqslant \xi_b$ 时，为大偏心受压构件❷；当 $\xi > \xi_b$ 时，为小偏心受压构件。

5.5.2 截面设计

1. 大偏心受压构件

由式（5－25）得出 ξ，$x=\xi h_0$。当 $2a' \leqslant x < \xi_b h_0$ 时，由式（5－9）可得

$$A_s = A'_s = \frac{KNe - f_c bx\left(h_0 - \frac{x}{2}\right)}{f'_y(h_0 - a')} \tag{5-26}$$

当 $x < 2a'$ 时，由式（5－13）可得

$$A_s = A'_s = \frac{KNe'}{f'_y(h_0 - a')} \tag{5-27}$$

2. 小偏心受压构件

将

$$A_s = A'_s, \quad f_y = f'_y, \quad \sigma_s = \frac{0.8 - \xi}{0.8 - \xi_b} f_y$$

代入基本公式（5－16）和（5－17）中，可以得到对称配筋小偏心受压基本计算公式为

$$KN = f_c bx + f'_y A'_s - f'_y A_s \frac{\xi - 0.8}{\xi_b - 0.8} \tag{5-28}$$

$$KNe = f_c bx\left(h_0 - \frac{x}{2}\right) + f'_y A'_s(h_0 - a') \tag{5-29}$$

❶ 截面面积与钢筋等级均相同。具体计算方法与非对称配筋略有差异。

❷ 对称配筋大偏心受压初步计算 ξ 很简单，所以可以直接用 ξ 来判断大、小偏压。

解联立方程时，需求解关于 ξ 的三次方程，求解十分困难，所以必须简化。对于常用材料的强度，将 $\xi(1-0.5\xi)=0.45$ 代入，可得如下近似公式❶：

$$\xi=\frac{KN-\xi_b f_c bh_0}{\dfrac{KNe-0.45f_c bh_0^2}{(0.8-\xi_b)(h_0-a')}+f_c bh_0}+\xi_b \tag{5-30}$$

将 ξ 值代入式（5-17）可得

$$A_s=A'_s=\frac{KNe-f_c bh_0^2\xi(1-0.5\xi)}{f'_y(h_0-a')} \tag{5-31}$$

A_s 和 A'_s 均应满足最小配筋率及构造要求。

❶ 若按上述大偏心受压计算的 ξ 来判断进入了小偏心受压，则应按此重新计算实际的 ξ。式(5-25)计算的不是小偏心受压真正的 ξ 值。

5.5.3 截面承载力复核

对称配筋偏心受压构件的截面承载力复核，可按不对称偏心受压构件的方法和步骤进行计算，只是此时取 $f_yA_s=f'_yA'_s$。

【例5-9】 条件同例5-2，但采用对称配筋，试进行配筋计算。

解 由例5-2知

$N=480\ \text{kN}, e=765\ \text{mm}, f_c=9.6\ \text{N/mm}^2, f_y=f'_y=300\ \text{N/mm}^2$

$\xi_b=0.550$，$a=a'=40\ \text{mm}$

（1）计算受压区计算高度 x。先假定为大偏心受压，由式（5-25）可得

$$\xi=\frac{KN}{f_cbh_0}=\frac{1.2\times480\times10^3}{9.6\times400\times460}=0.326$$
$$<\xi_b=0.550$$

故构件为大偏心受压，且

$$x=0.326\times460=150\ (\text{mm})>2a'=80\ (\text{mm})$$

（2）配筋计算。由式（5-26）可得

$$A_s=A'_s=\frac{KNe-f_cbx\left(h_0-\dfrac{x}{2}\right)}{f'_y(h_0-a')}$$
$$=\frac{1.2\times480\times10^3\times765-9.6\times400\times150\times(460-150\times0.5)}{300\times(460-40)}$$
$$=1\,737.14\ (\text{mm}^2)>\rho_{min}bh_0=0.2\times400\times460=368\ (\text{mm}^2)$$

（3）选配钢筋。每侧配2Φ25+2Φ22（$A_s=1\,742\ \text{mm}^2$）❷，配筋如图5-18所示。

❷ 对比可知用钢量差别。

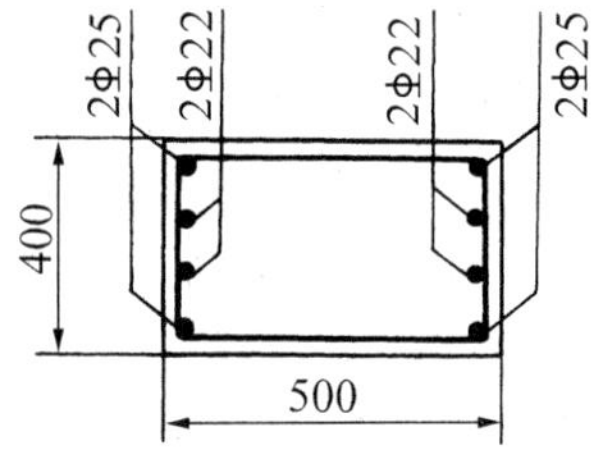

图 5-18　例 5-9 配筋图

【例 5-10】 条件同例 5-5，但采用对称配筋，试进行配筋计算。

解　由例 5-5 知

$$N = 1\,359\ \text{kN},\quad e = 342.89\ \text{mm},\quad f_c = 9.6\ \text{N/mm}^2$$

$$f_y = f'_y = 300\ \text{N/mm}^2,\quad \xi_b = 0.550,\quad a = a' = 40\ \text{mm}$$

(1) 计算 ξ。假定构件大偏心受压，由式 (5-25) 可得

$$\xi = \frac{KN}{f_c b h_0} = \frac{1.2 \times 1\,359 \times 10^3}{9.6 \times 400 \times 460} = 0.93 > \xi_b = 0.550$$

故构件为小偏心受压。

由式 (5-30) 重新计算 ξ，得到

$$\xi = \frac{KN - \xi_b f_c b h_0}{\dfrac{KNe - 0.45 f_c b h_0^2}{(0.8 - \xi_b)(h_0 - a')} + f_c b h_0} + \xi_b$$

$$= \frac{1.2 \times 1\,359 \times 10^3 - 0.550 \times 9.6 \times 400 \times 460}{\dfrac{1.2 \times 1\,359 \times 10^3 \times 342.89 - 0.45 \times 9.6 \times 400 \times 460^2}{(0.8 - 0.550) \times (460 - 40)} + 9.6 \times 400 \times 460} + 0.550$$

$$= 0.732$$

(2) 计算配筋。将 ξ 代入式 (5-31)，得到

$$A_s = A'_s = \frac{KNe - f_c b h_0^2 \xi (1 - 0.5\xi)}{f'_y (h_0 - a')}$$

$$= \frac{1.2 \times 1\,359 \times 10^3 \times 342.89 - 9.6 \times 400 \times 460^2 \times 0.732 \times (1 - 0.5 \times 0.732)}{300 \times (460 - 40)}$$

$$= 1\,445.7\ (\text{mm}^2)$$

(3) 选配钢筋。每侧均为 3 Φ25 ($A_s = A'_s - 1\,473\ \text{mm}^2$)，配筋如图 5-19 所示。

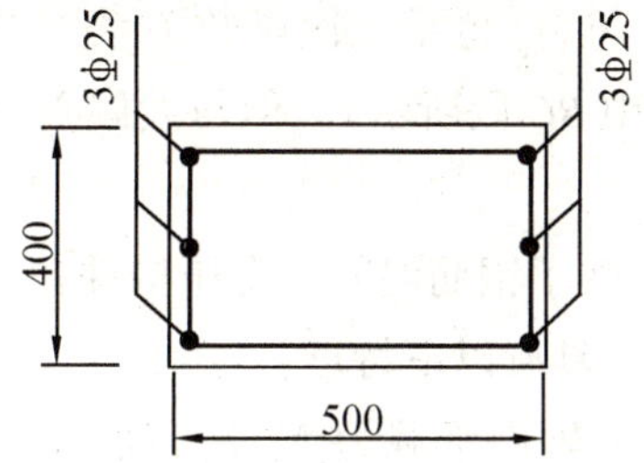

图5－19 例5－10配筋图

5.6 偏心受压构件正截面承载力 N_u-M_u 相关曲线

对于给定截面、材料强度和配筋的偏心受压构件，达到承载能力极限状态时，截面配筋承受的压力 N_u 和弯矩 M_u 是相互关联的，即给定轴力 N 时，有唯一对应的弯矩 M，或者说，构件可以在不同的 N 和 M 组合下达到极限状态。进行构件截面配筋时，往往要考虑多种内力组合，研究 N 和 M 的对应关系，可以判断出哪些内力组合对截面起控制作用，从而选择最危险的内力组合进行配筋设计。

对于大偏心受压构件对称配筋截面时，

$$\xi=\frac{N_u}{f_c b h_0}$$

当不考虑偏心距增大时，将 $e=e_0+\frac{h}{2}-a$ 和 ξ 代入式（5－26），得到❶

$$N_u(e_0+0.5h-a)=f'_yA'_s(h_0-a')+f_c\xi(1-0.5\xi)bh_0^2$$

$$=f'_yA'_s(h_0-a')+N_u\left(h_0-0.5\frac{N_u}{f_c b}\right)$$

$$M_u=N_u e_0=0.5hN_u-\frac{N_u^2}{2f_c b}+f'_yA'_s(h_0-a') \qquad (5-32)$$

❶ 在式中用 N_u 取代 KN。

式（5－32）表明，在大偏心受压情况下，N_u 与 M_u 为二次抛物线关系（如图5－20中 AB 段所示），随着 N_u 的增大，M_u 也增大。

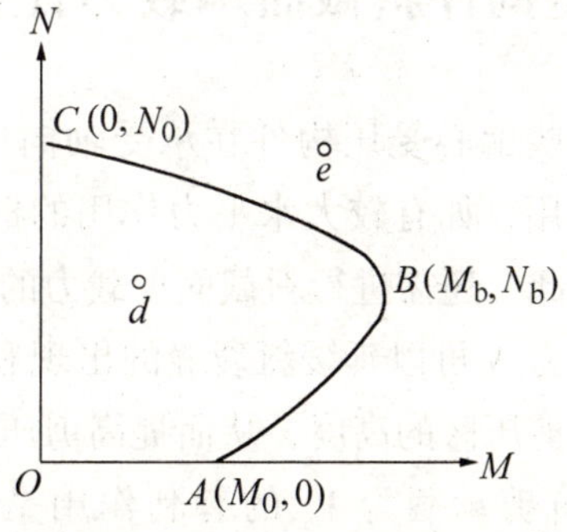

图5－20 N_u-M_u 关系曲线

小偏心受压时，N_u 与 M_u 也是二次函数关系，因推导过程过繁，这里不再写出（如图5－20中 BC 段所示）。但与大偏心受压不同的是，随着 N_u 的增大，M_u 减小。

N_u-M_u 相关曲线反映了钢筋混凝土受压构件在压力和弯矩共同作用下正截面承载力的规律，它具有以下特点：

（1）当弯矩为零时，轴向承载力 N_u 达到最大，即为轴心受压承载力 N_0，对应图5－20中的 C 点；当轴力为零时，构件为纯弯曲时的承载力 M_u，对应图5－20中的 A 点。

（2）曲线上任意一点的坐标（N_u，M_u）代表此截面在该内力组合下恰好达到承载能力极限状态。如果作用于截面上的内力（KM，KN）坐标位于图5－20中曲线的内侧（如 d 点），则说明该点对应的内力作用下未达到承载力极限状态，是安全的。若位于曲线外侧（如 e 点），则表明截面在该点对应的内力作用下承载力不足。

（3）大偏心受压时，N_u 随 M_u 的增大而增大，即 KM 值相同，则 KN 越大越安全，越小越危险；小偏心受压时，N_u 随 M_u 的增大而减小，即 KM 值相同，则 KN 越大越危险，KN 越小越安全[1]。

（4）如果截面尺寸和材料强度保持不变，则 N_u-M_u 相关曲线随配筋率的增高而向外侧增大。

（5）对称配筋截面，界限破坏时的轴力 N_b 只与材料和截面有关，与配筋率无关，而 M_b 随配筋率的增加而增大。

在实际工程中，偏心受压构件的同一截面可能会遇到许多种内力组合，有的组合使截面大偏心受压，有的组合使截面小偏心受压，理论上常考虑以下组合作为最不利组合[2]：

（1）$\pm M_{max}$ 及相应的 N。

（2）N_{max} 及相应的 M。

（3）N_{min} 及相应的 $\pm M$。

[1] 可以由大、小偏心受压的破坏特征来分析此规律。

[2] 在实际设计中，应利用 N_u-M_u 的关系曲线选择其中最危险的几种情况进行设计计算。

5.7 偏心受压构件斜截面承载力计算

在实际工程中，一些偏心受压构件在承受轴向压力 N 和弯矩 M 的同时，还承受剪力 V 的作用，如有较大水平力作用的框架柱、有横向力作用的桁架上弦压杆等，因此，还需进行斜截面承载力的验算。

试验表明，轴向压力 N 可以延缓斜裂缝的出现和开展，增强骨料之间的咬合力，增大混凝土剪压区的高度，从而提高剪压区混凝土的抗剪能力。但轴向压力 N 对构件抗剪承载力 V_u 的有利作用是有限度的。当轴压比

$N/(f_c bh) < 0.3$ 时，V_u 随 $N/(f_c bh)$ 的增大而提高；当轴压比 $N/(f_c bh)$ 在 0.3 附近时，V_u 基本不再增加；如再增加 N，则 V_u 随 $N/(f_c bh)$ 的增大而降低，构件将出现小偏心受压破坏。

规范规定，偏心受压构件的斜截面受剪承载力的计算公式为

$$KV \leqslant V_u = 0.7f_t bh_0 + 1.25f_{yv}\frac{A_{sv}}{s}h_0 + f_y A_{sb}\sin\alpha + 0.07N \tag{5-33}$$

式中：N——与剪力设计值 V 相应的轴向压力设计值，当 $N>0.3f_cA$ 时，取 $N=0.3f_cA$，A 为构件截面面积。

与受弯构件类似，为了防止箍筋过多而产生斜压破坏，偏心受压构件的斜截面也应满足

$$KV \leqslant 0.25f_c bh_0$$

此外，当满足

$$KV \leqslant 0.7f_t bh_0 + 0.07N \tag{5-34}$$

时，不需要进行斜截面受剪承载力计算，而仅需根据5.1.2小节的规定配置构造箍筋。

本章小结

(1) 配置普通箍筋的钢筋混凝土轴心受压短柱破坏时，钢筋应力达到其受压屈服强度，混凝土应力达到其轴心抗压强度，但钢筋混凝土轴心受压长柱的承载力比同样截面的短柱低，在轴心受压构件承载力计算中，用稳定系数 φ 反映降低的程度。

(2) 偏心受压构件有大偏心受压和小偏心受压两种破坏类型。受拉钢筋先屈服时，是大偏心受压破坏；受压区混凝土先压碎时，是小偏心受压破坏。

(3) 偏心受压长柱由于侧向挠曲会引起承载力的降低，故计算中引进偏心距增大系数 η 予以考虑。

(4) 非对称配筋偏心受压构件正截面承载力设计时，可以采用如下关系来判断截面受力状态是大偏心受压还是小偏心受压：当 $\eta e_0 > 0.3h_0$ 时，为大偏心受压；当 $\eta e_0 \leqslant 0.3h_0$ 时，为小偏心受压。但应注意的是，这是设计采用的初判条件，最后应用如下判断条件进行核准：当 $\xi \leqslant \xi_b$ 时，为大偏心受压；当 $\xi > \xi_b$ 时，为小偏心受压。

(5) 对称配筋偏心受压构件，当 $\xi \leqslant \xi_b$ 时，为大偏心受压；当 $\xi > \xi_b$ 时，为小偏心受压。

(6) 大偏心受压构件，受压钢筋应力达到 f'_y，受拉钢筋应力达到 f_y，受压区混凝土采用等效矩形应力图形，根据计算简图建立基本公式，进行截面设计和承载力复核。计算中应注意公式的适用条件和补充条件。

(7) 小偏心受压构件，由于远离轴向力侧的钢筋无论是受拉还是受压，都不会屈服，故根据计算简图并取钢筋应力

$$\sigma_s = f_y \frac{0.8 - \xi}{0.8 - \xi_b}$$

建立基本公式，进行截面设计和承载力复核。

(8) 偏心受压构件的截面承载力，不仅取决于截面尺寸和材料强度等级，而且取决于内力 M 和 N 的相对大小。利用偏心受压构件的 $N_u - M_u$ 相关曲线，找到最不利内力组合进行承载力计算，可以减少计算工作量。

习 题

一、思考题

5-1 受压构件的受压钢筋采用高强钢筋或冷拉钢筋是否合适？为什么？

5-2 钢筋混凝土柱中配置箍筋的主要作用是什么？其直径和间距是如何要求的？为什么不能采用有内折角的箍筋？

5-3 在轴心受压构件中，受压钢筋在什么情况下会屈服？在什么情况下达不到屈服？设计中应如何考虑？钢筋抗压强度取值应注意什么问题？

5-4 偏心受压短柱和长柱的破坏特征有何不同？计算中应如何考虑长细比对它们承载力的影响？

5-5 钢筋混凝土柱的大小偏心受压破坏有何本质区别？其界限条件是什么？

5-6 在偏心受压构件承载力计算中，为什么要考虑偏心距增大系数 η 的影响？

5-7 矩形截面偏心受压构件截面设计时，如何判断构件属于大偏心受压还是小偏心受压？

5-8 矩形截面非对称配筋大偏心受压构件的受压承载力公式如何表达？其适用条件是什么？

5-9 计算大偏心受压构件的配筋时：

(1) 在什么情况下假定 $\xi=\xi_b$？当求得的 $A_s'\leqslant 0$ 或 $A_s\leqslant 0$ 时，应如何处理？

(2) 当 A_s' 已知时，是否也可以假定 $\xi=\xi_b$ 求 A_s？

(3) 在什么情况下会出现 $\xi < 2a'/h_0$？此时应如何求钢筋面积？

5-10 为什么小偏心受压构件除弯矩作用平面应进行承载力计算以外，一般还需要验算垂直于弯矩作用平面的轴心受压承载力？此时纵向弯曲的影响应如何考虑？

5-11 偏心受压构件在什么情况下可以采用对称配筋？对称配筋有什么缺点？

5-12 有两个对称配筋的偏心受压柱，其截面面积尺寸相同，均为 $b\times h$ 的矩形截面，l_0 也相同。但所承受的轴向力 N 和弯矩 M 大小不同，A 柱承受 N_1、M_1，B 柱承受 N_2、M_2。试指出：

(1) 当 $N_1=N_2$，$M_1>M_2$ 时，A、B 截面中哪个截面所需的配筋较多？为什么？

(2) 当 $M_1=M_2$，$N_1>N_2$ 时，A、B 截面中哪个截面所需的配筋较多？为什么？

5-13 有两根偏心受压短柱，其破坏时所能承受的破坏弯矩和破坏轴向力分别为M_{u1}、N_{u1}和M_{u2}、N_{u2}，若前者为大偏心受压构件，后者为小偏心受压构件，要使构件不破坏而又要保持弯矩的数值不变，应如何改变轴力的数值?

二、填空题

5-1 钢筋混凝土轴心受压短柱在整个加荷过程中，短柱__________截面受压，其压应变是______。由于钢筋与混凝土之间存在__________力，从加荷到破坏钢筋与混凝土__________变形，两者的压应变始终保持__________。

5-2 钢筋混凝土短柱的延性比素混凝土短柱要__________，柱子延性的好坏主要取决于__________和__________，对柱子的__________约束程度越大，柱子的延性就__________。

5-3 将截面尺寸、混凝土强度等级及配筋相同的长柱和短柱相比较，可以发现，长柱的破坏荷载__________短柱，并且柱子越细长，则__________越多。因此，在设计中，必须考虑由于__________对柱子的承载力__________的影响。

5-4 影响钢筋混凝土轴心受压柱稳定系数的主要因素是__________，当它__________时，可以不考虑纵向弯曲的影响，称为__________；当柱子过分细长时，受压后容易发生__________，从而导致__________。因此，对一般建筑物中的柱子，常限制柱的长细比__________和__________。

5-5 区别大小偏心受压的关键是远离轴向压力一侧的钢筋先__________，还是靠近轴心压力一侧的__________。钢筋先__________者为大偏心受压，混凝土先________者为小偏心受压。这与区别受弯构件中__________和__________的界限类似。

5-6 矩形截面偏心受压构件，当l_0/h________时属于短柱范畴，可以不考虑纵向弯曲的影响，即取η__________；当l_0/h__________时为细长柱，纵向弯曲应专门研究。

5-7 矩形截面偏心受压构件截面设计时，由于钢筋截面面积A_s和A'_s为未知数，构件截面混凝土相对受压区高度ξ__________，因此，无法利用__________来判断是属于大偏心受压还是属于小偏心受压。实际设计时，常根据__________来加以决定。当__________时，可按大偏心受压构件设计；当__________时，可按小偏心受压构件设计。

5-8 矩形截面小偏心受压构件破坏时，A_s的应力一般__________屈服强度，因此，为了节约__________，可按最小配筋率和__________配置A_s。

5-9 矩形截面偏心受压构件，若计算所得$\xi \leqslant \xi_b$，则可以保证构件破坏时，受拉钢筋__________，$x=\xi h_0 \geqslant 2a'$，可以保证构件破坏时，受压钢筋__________。若受压区计算高度$x<2a'$，则受压钢筋__________，此时可取__________力矩平衡公式计算。

5-10 对于小偏心受压构件，可能由于柱子长细比较________，在与弯矩作用平面相垂直的平面内发生________而破坏。在这个平面内是没有弯矩作用的，因此，应按__________受压构件进行承载力复核，计算时需考虑__________的影响。

5-11 偏心受压构件截面两侧配置__________的钢筋，称为对称配筋。对称配筋虽然要____一些钢筋，但构造____，施工______。特别是构件在不同荷载组合下，同一截面可能承受数量相近的__________时，更应采用对称配筋。

5-12 对于偏心受压构件的某一特定截面（材料、截面尺寸和配筋已定），当两种荷载组合同为大偏心受压时，若内力组合中的弯矩 M 相同，则轴向力 N 越__________，就越__________，这是因为大偏心受压破坏受控于__________，轴向力越__________，就使__________应力越__________，当然就__________承载力。

5-13 当偏心受压构件在两种荷载组合作用下同为小偏心受压时，若轴向力 N 相同，则弯矩 M 越__________，就越__________，这是因为小偏心受压破坏受控于__________，弯矩 M 越__________，就使__________应力越__________，当然就______承载力。

三、选择题

5-1 轴心受压构件的纵向钢筋配筋率不应小于（　　）。

A. 0.25%　　B. 0.2%　　C. 0.15%　　D. 0.4%

5-2 在受压构件中，纵向受力钢筋的直径不宜小于（　　）。

A. 10 mm　　B. 12 mm　　C. 14 mm　　D. 16 mm

5-3 钢筋混凝土受压短柱在持续不变的轴心压力 N 的作用下，经过一段时间后，量测钢筋和混凝土应力情况，会发现与加载时相比，（　　）。

A. 钢筋的应力增加，混凝土的应力减少

B. 钢筋的应力减小，混凝土的应力增加

C. 钢筋和混凝土的应力均未变化

D. 钢筋和混凝土的应力均增加

5-4 混凝土柱子的延性好坏主要取决于（　　）。

A. 混凝土的强度等级　　B. 纵向钢筋的数量

C. 箍筋的数量和形式　　D. 柱子的长细比

5-5 钢筋混凝土大偏心受压构件的破坏特征是（　　）。

A. 远离轴向力一侧的钢筋拉屈，随后另一侧钢筋压屈，混凝土被压碎

B. 远离轴向力一侧的钢筋应力不定，而另一侧钢筋压屈，混凝土被压碎

C. 靠近轴向力一侧的钢筋和混凝土应力不定，而另一侧受拉钢筋受拉屈服

D. 远离轴向力一侧的钢筋压屈，随后另一侧钢筋拉屈，混凝土被压碎

5-6 矩形截面大偏心受压构件截面设计时要令 $x=\xi_b h_0$，这是为了（　　）。

A. 保证不发生小偏心受压破坏

B. 使钢筋用量最少

C. 保证破坏时，远离轴向内侧的钢筋应力能达到屈服强度

D. 保证构件处于界限状态

5-7 矩形截面小偏心受压构件截面设计时，A_s 可按最小配筋率及构造要求配置，这是为了（　　）。

A. 保证构件破坏时，A_s 的应力能达到屈服强度 f_y，以充分利用钢筋的抗拉作用

B. 保证构件破坏时不是从 A_s 一侧先被压坏引起

C. 保证破坏时从 A_s 一侧先被压坏引起

D. 节约钢材用量，因为构件破坏时，A_s 应力 σ_s 一般达不到屈服强度

5-8 柱内箍筋的作用有（　　）。

A. 固定纵筋　　B. 增加延性　　C. 抵抗剪力　　D. 抵抗压力

5-9 对于大偏心受压构件，当 N 或 M 变化时，对构件安全的影响为（　　）。

A. M 不变时，N 越大越危险　　B. N 不变时，M 越大越危险

C. M 不变时，N 越小越危险　　D. N 不变时，M 越小越危险

5-10 对于小偏心受压构件，当 N 或 M 变化时，对构件安全的影响为（　　）。

A. M 不变时，N 越大越安全　　B. M 不变时，N 越小越安全

C. N 不变时，M 越大越安全　　D. N 不变时，M 越小越安全

5-11 对于对称配筋的钢筋混凝土受压柱，大、小偏心受压构件的判别条件是（　　）。

A. $\xi \leqslant \xi_b$ 时，为小偏心受压构件　　B. $\eta e_0 > 0.3h_0$ 时，为小偏心受压构件

C. $\eta e_0 > 0.3h_0$ 时，为大偏心受压构件　　D. $\xi > \xi_b$ 时，为大偏心受压

5-12 一个偏心受压截面尺寸为 $b \times h = 400\ \text{mm} \times 800\ \text{mm}$，$a = 40\ \text{mm}$，偏心矩增大系数 $\eta = 1.0$，在不同的荷载作用情况下，其截面内力组合有以下两组，计算配筋量时，确定每一组中究竟是组合 a 还是组合 b 为控制截面配筋量？（弯矩 M 沿截面长边 h 方向作用）

（1）组合 a：$N = 2\,000\ \text{kN}$，$M = 400\ \text{kN} \cdot \text{m}$；

组合 b：$N = 2\,000\ \text{kN}$，$M = 300\ \text{kN} \cdot \text{m}$；

（2）组合 a：$N = 2\,000\ \text{kN}$，$M = 400\ \text{kN} \cdot \text{m}$；

组合 b：$N = 2\,400\ \text{kN}$，$M = 400\ \text{kN} \cdot \text{m}$。

5-13 某对称配筋的矩形截面钢筋混凝土柱，截面尺寸为 $b \times h = 300\ \text{mm} \times 400\ \text{mm}$，采用强度等级为 C20 的混凝土和 HRB335 级钢筋，设 $\eta = 1.0$，该柱可能有下列两组内力组合，试问应该用哪一组来计算配筋？

（1）$N = 695\ \text{kN}$，$M = 182\ \text{kN} \cdot \text{m}$；

（2）$N = 400\ \text{kN}$，$M = 175\ \text{kN} \cdot \text{m}$。

四、计算题

5-1 某多层现浇钢筋混凝土房屋的底层中间柱按轴心受压构件计算。安全等级为Ⅱ级，轴向力设计值 $N = 1\,800\ \text{kN}$，从基础顶面至一层楼盖顶面柱的高度为 5.6 m（$l_0 = 1.0l$）。混凝土强度等级为 C25，采用 HRB335 级钢筋，求该柱截面尺寸和纵筋面积。

5-2 某单层厂房钢筋混凝土铰接排架柱，矩形截面尺寸为 $b \times h = 300\ \text{mm} \times 400\ \text{mm}$，安全等级为Ⅱ级，承受轴向力设计值 $N = 300\ \text{kN}$，弯矩设计值 $M = 159\ \text{kN} \cdot \text{m}$，从基础顶面至一层楼盖顶面的高度为 4.2 m（计算时取 $l_0 = 0.7l$）。混凝土强度等级为 C20，采用 HRB335 级钢筋，$a = a' = 40\ \text{mm}$，求该柱纵向钢筋截面面积 A'_s 和 A_s。

5-3　某抽水站钢筋混凝土偏心受压柱，截面尺寸 $b \times h = 400\ \mathrm{mm} \times 600\ \mathrm{mm}$，柱高为 6.5 m，底端固定，顶端铰接，承受轴向力设计值 $N = 980\ \mathrm{kN}$，弯矩设计值 $M = 392\ \mathrm{kN \cdot m}$。采用 C20 级混凝土和 HRB335 级钢筋，$a = a' = 40\ \mathrm{mm}$，求所需配置的 A'_s 和 A_s。

5-4　已知条件同计算题 5-3，并已知 $A'_s = 1\ 964\ \mathrm{mm}^2$（4Φ25），求所需配置的纵向受拉钢筋 A_s。

5-5　某钢筋混凝土柱的结构安全等级为Ⅱ级，截面尺寸为 $b \times h = 350\ \mathrm{mm} \times 500\ \mathrm{mm}$，采用 C20 级混凝土和 HRB335 级钢筋，弯矩作用平面的计算长度 $l_0 = 7.2\ \mathrm{m}$，垂直于弯矩作用平面的计算长度 $l'_0 = 3.6\ \mathrm{m}$，使用轴承受的轴向压力设计值 $N = 1\ 680\ \mathrm{kN}$，弯矩设计值 $M = 91.5\ \mathrm{kN \cdot m}$，$a = a' = 40\ \mathrm{mm}$，试进行配筋计算，并绘制配筋图。

5-6　某矩形截面偏心受压柱截面尺寸 $b \times h = 400\ \mathrm{mm} \times 550\ \mathrm{mm}$，计算长度 $l_0 = 8\ \mathrm{m}$，使用期间承受轴向力设计值 $N = 500\ \mathrm{kN}$，弯矩设计值 $M = 300\ \mathrm{kN \cdot m}$，采用 C20 级混凝土和 HRB335 级钢筋，若受压区已配 2Φ25，$a = a' = 40\ \mathrm{mm}$，试求受拉钢筋 A_s。

5-7　已知柱截面尺寸 $b \times h = 400\ \mathrm{mm} \times 600\ \mathrm{mm}$，计算长度 $l_0 = 4.8\ \mathrm{m}$，采用级 C25 级混凝土，纵向钢筋 HRB335 级，截面配筋；$A'_s = 1\ 140\ \mathrm{mm}^2$，$A_s = 402\ \mathrm{mm}^2$，轴向力设计值 $N = 500\ \mathrm{kN}$，求此柱沿截面长边方向能承受的最大弯矩值 M。

5-8　已知柱截面尺寸 $b \times h = 400\ \mathrm{mm} \times 600\ \mathrm{mm}$，计算长度 $l_0 = 4.2\ \mathrm{m}$，采用 C20 级混凝土和 HRB335 级钢筋，截面配筋受压钢筋 2Φ18（$A'_s = 509\ \mathrm{mm}^2$），受拉钢筋 4Φ22（$A_s = 1\ 521\ \mathrm{mm}^2$），轴向力设计值 $N = 500\ \mathrm{kN}$，$a = a' = 35\ \mathrm{mm}$。求此柱沿截面长边方向能承受的最大弯矩设计值。

5-9　已知矩形截面偏受压柱，截面尺寸 $b \times h = 400\ \mathrm{mm} \times 500\ \mathrm{mm}$，计算长度 $l_0 = 3.6\ \mathrm{m}$，采用 C20 级混凝土和 HRB335 级钢筋，截面配筋：受压钢筋 2Φ20（$A'_s = 628\ \mathrm{mm}^2$），受拉钢筋 4Φ20（$A_s = 1\ 256\ \mathrm{mm}^2$），求当轴向力的偏心矩 $e_0 = 360\ \mathrm{mm}$，$a = a' = 40\ \mathrm{mm}$ 时，柱截面承受的轴向力 N 和弯矩 M 是多少？

5-10　某柱截面尺寸 $b \times h = 300\ \mathrm{mm} \times 400\ \mathrm{mm}$，$a = a' = 40\ \mathrm{mm}$，柱计算高度 $l_0 = 4\ \mathrm{m}$。混凝土强度等级为 C20，采用 HRB335 级钢筋，承受轴向力设计值 $N = 250\ \mathrm{kN}$，弯矩设计值 $M = 160\ \mathrm{kN \cdot m}$，按对称配筋计算钢筋截面面积。

5-11　某柱截面尺寸 $b \times h = 400\ \mathrm{mm} \times 600\ \mathrm{mm}$，$a = a' = 40\ \mathrm{mm}$，柱计算高度 $l_0 = 6.5\ \mathrm{m}$。混凝土强度等级为 C20，采用 HRB335 级钢筋，设计荷载作用下所产生的轴向力设计值 $N = 486\ \mathrm{kN}$，轴向力的偏心矩 $e_0 = 600\ \mathrm{mm}$，按对称配筋计算钢筋截面面积。

5-12　某柱截面尺寸 $b \times h = 300\ \mathrm{mm} \times 500\ \mathrm{mm}$，$a = a' = 40\ \mathrm{mm}$，柱计算高度 $l_0 = 3.6\ \mathrm{m}$。混凝土强度等级为 C20，采用 HRB335 级钢筋，设计荷载作用下所产生的轴向力设计值 $N = 860\ \mathrm{kN}$，弯矩设计值 $M = 172\ \mathrm{kN \cdot m}$，按对称配筋计算钢筋截面面积。

5-13　已知偏心受压柱 $b \times h = 300\ \mathrm{mm} \times 500\ \mathrm{mm}$，$a = a' = 40\ \mathrm{mm}$，柱计算高度 $l_0 = 3.6\ \mathrm{m}$，承受轴向力设计值 $N = 1\ 800\ \mathrm{kN}$，弯矩设计值 $M = 200\ \mathrm{kN \cdot m}$，采用 C25 级混凝土和 HRB400 级钢筋，按对称配筋计算钢筋截面面积。

第6章

钢筋混凝土受拉构件承载力计算

学习指导

教学要求：1. 理解偏心受拉构件的分类和受力特征。

2. 掌握矩形截面偏心受拉构件正截面承载力的计算方法。

3. 了解偏心受拉构件的斜截面受剪承载力计算。

学习重点：偏心受拉构件的分类界限和矩形截面偏心受拉构件正截面承载力的计算。

6.1 概　　述

构件承受纵向拉力时，称为受拉构件。当拉力作用线与构件截面形心线重合时，称为轴心受拉构件❶。当拉力作用线偏离构件截面形心线或构件上既有拉力又有弯矩作用时，称为偏心受拉构件。

❶ 在实际工程中，由于荷载不可避免的偏心和构件的尺寸误差，严格来说，真正的轴心受拉构件几乎是不存在的。

在水工建筑物中，常见的受拉构件很多。例如，圆形水池，在内水压力作用下，水池壁受到轴向的拉力，它就是轴心受拉构件，如图6－1(a)所示；在水压力作用下的渡槽底板受到拉力 N 与弯矩 M 的共同作用，则为偏心受拉构件，如图6－1(b) 所示。

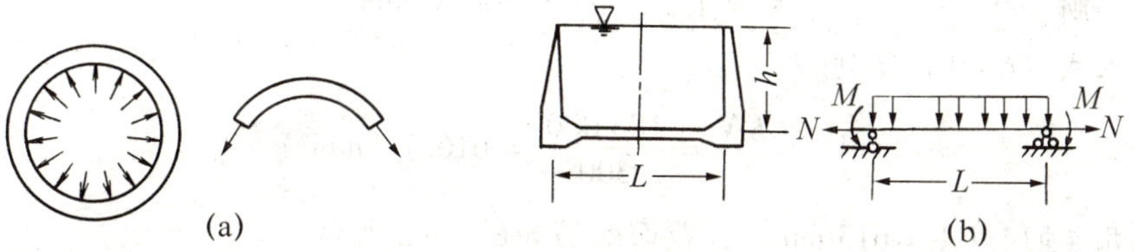

图6－1　受拉构件工程实例

(a) 圆形水池池壁；(b) 矩形渡槽底板

又如，矩形水池的池壁、在管外土压力和管内水压力共同作用下的水管，也都是偏心受拉构件。

6.2　轴心受拉构件正截面承载力计算

6.2.1　轴心受拉构件的受力特点

与适筋受弯构件相似，轴心受拉构件从开始加载到破坏，其受力过程也可以分为三个受力阶段：第Ⅰ阶段为从加载到混凝土开裂前；第Ⅱ阶段为混凝土开裂到受拉钢筋屈服前；第Ⅲ阶段为受拉钢筋达到屈服，此时，拉力 N 值基本不变，构件裂缝开展很大，可以认为构件达到极限荷载 N_u。

6.2.2　轴心受拉构件正截面承载力计算

轴心受拉构件破坏时，混凝土不承受拉力，全部拉力由钢筋来承受，故轴心受拉构件正截面承载力计算公式如下：

$$KN \leqslant N_u = A_s f_y \tag{6-1}$$

式中：K——承载力安全系数；

N——轴向拉力设计值；

N_u——构件破坏时的受拉极限荷载值；

A_s——受拉钢筋面积；

f_y——钢筋抗拉强度设计值。

【例 6-1】 某输水渡槽顶部横拉杆承受轴向拉力设计值 $N = 154$ kN，截面尺寸 $b \times h = 200$ mm × 200 mm，采用 C20 级混凝土，钢筋为 HRB335 级，安全级别为Ⅱ级，试配置截面钢筋。

解　　$K = 1.2$，$f_y = 300\ \text{N/mm}^2$

代入式（6-1）得到

$$A_s = \frac{KN}{f_y} = \frac{185\,000}{300} = 616.7\ (\text{mm}^2)$$

选用 4Φ14（$A_s = 615\ \text{mm}^2$），截面配筋如图 6-2 所示。

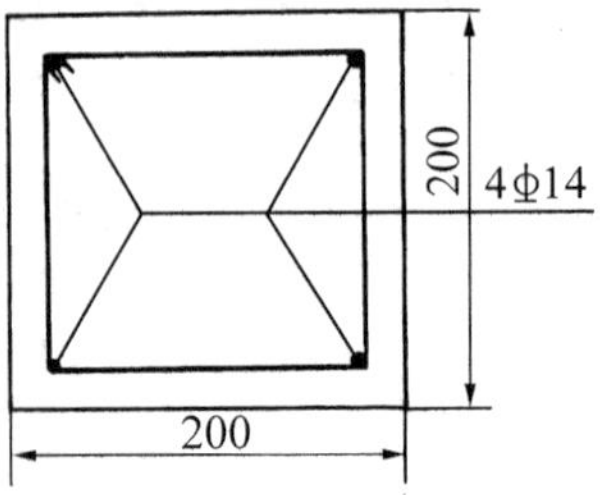

图 6-2　截面配筋图

6.3 偏心受拉构件正截面承载力计算

6.3.1 偏心受拉构件的受力特点

根据其受力和破坏特点，偏心受拉构件可以分为大、小偏心受拉构件，而轴心受拉构件是包括在小偏心受拉构件中的一个特例。

试验表明，根据纵向力 N 作用线偏离截面重心线的偏心距 e_0 不同，偏心受拉构件的破坏特征可以分为以下两种情况❶：

(1) 当纵向力 N 作用在 A_s 合力点与 A_s' 合力点范围内时，如图 6-3(a) 所示，在拉力作用下，构件全截面受拉，但 A_s 一侧拉应力较大，A_s' 一侧拉应力较小。随着拉力的增大，拉区混凝土开裂并退出工作，构件破坏时，全截面裂通，这类情况称为小偏心受拉❷。

❶ 注意偏心受拉构件的破坏特征和分类界限与偏心受压构件的异同。

❷ 发生在偏心距 e_0 较小的情况。

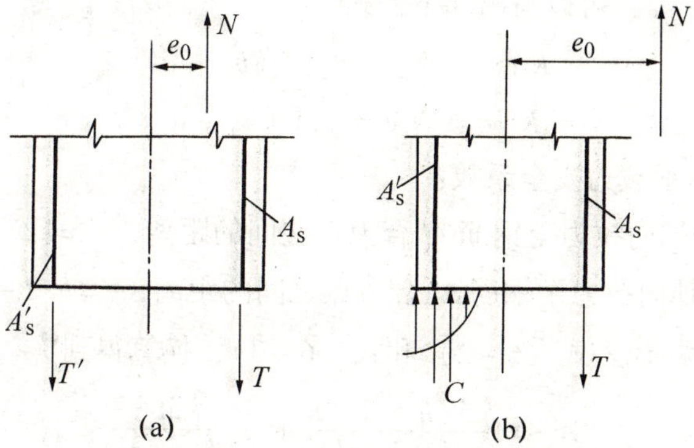

图 6-3 大小偏心受拉构件的界限

(2) 当纵向力 N 作用在 A_s 和 A_s' 的范围之外，即 $e_0 > h_0/2 - a$，如图 6-3(b) 所示。在拉力作用下，构件截面 A_s 一侧受拉，A_s' 一侧受压。随着拉力的增大，截面部分开裂但不会裂通，构件破坏时存在受压区，受拉部分的混凝土退出工作，这类情况称为大偏心受拉❸。

❸ 发生在偏心距 e_0 较大的情况（$e_0 > h_0/2 - a$）。

可见，纵向拉力 N 的作用线在钢筋 A_s 和 A_s' 之外或钢筋 A_s 和 A_s' 之间是判定大、小偏心受拉的界限，即

(1) 当偏心距 $e_0 \leq h_0/2 - a$ 时，属于小偏心受拉构件。

(2) 当偏心距 $e_0 > h_0/2 - a$ 时，属于大偏心受拉构件。

6.3.2 小偏心受拉构件正截面承载力计算

如前所述，小偏心受拉构件在截面达到破坏时，截面全裂通，拉力全

❶ 此为小偏心受拉构件的破坏特征。

部由钢筋承担（如图6-4所示），其应力均达到屈服强度f_y❶。

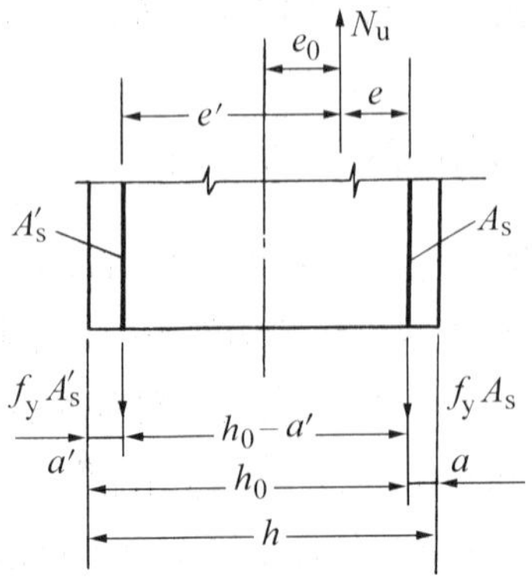

图6-4　小偏心受拉构件正截面受拉承载力计算图

1. 计算公式

❷ 分别对A_s及A'_s的合力点取矩而得。

根据图6-4，可以写出如下公式❷：

$$KNe' \leqslant N_u e' = f_y A_s (h_0 - a') \tag{6-2}$$

$$KNe \leqslant N_u e = f_y A'_s (h_0 - a') \tag{6-3}$$

式中：K——承载力安全系数；

e'——轴向拉力至钢筋A'_s合力点之间的距离，$e' = h/2 - a' + e_0$；

e——轴向拉力至钢筋A_s合力点之间的距离，$e = h/2 - a - e_0$。

❸ $e_0=0$即为轴心受拉构件的计算公式。

将$M = Ne_0$代入式（6-2）和式（6-3），换算得到❸

$$A_s \geqslant \frac{KN(h-2a')}{2f_y(h_0-a')} + \frac{KM}{f_y(h_0-a')} \tag{6-4a}$$

$$A'_s \geqslant \frac{KN(h-2a')}{2f_y(h_0-a')} - \frac{KM}{f_y(h_0-a')} \tag{6-4b}$$

分析式（6-4a）和式（6-4b），可以先知道所需考虑的最不利荷载组合：计算A_s应取N和M都大的组合；计算A'_s应取N较大而M较小的荷载组合。

2. 截面设计与截面复核

❹ 若对称配筋，则选取式（6-2）和式（6-3）中的较大者，即按式（6-2）配筋。

截面设计时，可由式（6-2）和式（6-3）分别求得A_s、A'_s值，但求得的A_s、A'_s钢筋面积要满足最小配筋率条件❹。

承载力复核时，可由式（6-2）和式（6-3）分别求得N_u值，其中较小者即为构件正截面的极限承载能力。若$N \leqslant N_u/K$，则满足要求；否则，不满足要求。

【例6-2】　某安全级别为Ⅱ级的偏心受拉力构件，截面尺寸$b \times h = 300\ \text{mm} \times 450\ \text{mm}$，承受设计轴向拉力$N = 672$ kN，弯矩设计值$M = 60.5$ kN·m，采用C20级混凝土和HRB335级纵向受力钢筋，$a = a' = 40$ mm。试

进行配筋计算，并画出配筋图。

解 $K=1.2$，$f_y=300\ \text{N/mm}^2$

(1) 判断偏心类型。

$$e_0=\frac{60.5\times10^6}{672\times10^3}=90\ (\text{mm})<\frac{h}{2}-a=\frac{450}{2}-40=185\ (\text{mm})$$

故为小偏心受拉。

(2) 计算几何条件。

$$e'=\frac{450}{2}+90-40=275\ (\text{mm})$$

$$e=\frac{450}{2}-90-40=95\ (\text{mm})$$

(3) 求 A_s 和 A'_s。

$$A_s=\frac{KNe'}{f_y(h_0-a')}=\frac{1.2\times672\,000\times275}{300\times370}=1\,998\ (\text{mm}^2)$$

$$\geqslant\rho_{\min}bh_0=0.15\%\times300\times410=184.5\ (\text{mm}^2)$$

$$A'_s=\frac{KNe}{f_y(h_0-a')}=\frac{1.2\times672\,000\times95}{300\times370}=690\ (\text{mm}^2)$$

$$\geqslant\rho_{\min}bh_0=184.5\ (\text{mm}^2)$$

(4) 选用钢筋并绘制配筋图。A_s 选用 4Φ25（$A_s=1\,964\ \text{mm}^2$），A'_s 选用 2Φ22（$A'_s=760\ \text{mm}^2$）。截面配筋如图 6－5 所示。

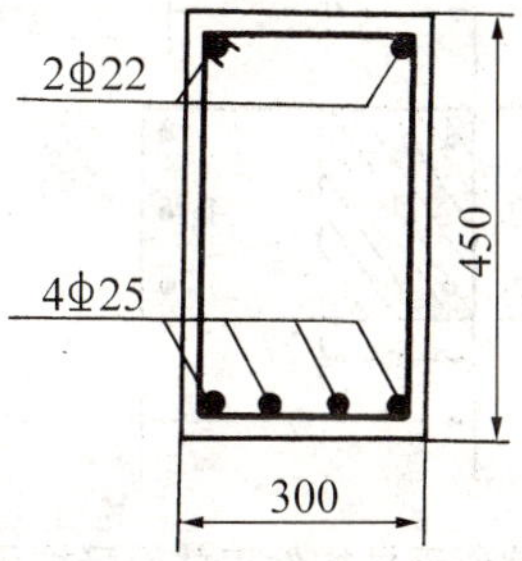

图 6－5 截面配筋图

6.3.3 大偏心受拉构件正截面承载力计算

大偏心受拉的破坏特征是[1]，在荷载作用下，构件受拉侧混凝土产生裂缝，拉力全部由钢筋承担；在相应的一侧形成压区。随着荷载的逐步增大，裂缝扩延，混凝土压区面积减小，首先受拉钢筋达到屈服，最终压区混凝土达到极限压应变，使构件被压坏，进入承载能力极限状态。

❶ 大偏心受拉的破坏特征与大偏心受压构件类似，故所采用的应力图形和计算公式与大偏心受压类似。但要注意纵向力 N 的指向正好与大偏心受压构件相反。

1. 计算公式

大偏心受拉构件正截面受拉承载力计算如图 6－6 所示。由力和力矩平衡条件，可以得到如下计算公式：

$$KN \leqslant N_u = f_y A_s - f_c bx - f_y' A_s' \tag{6-5}$$

$$KNe \leqslant N_u e = f_c bx(h_0 - 0.5x) + f_y' A_s'(h_0 - a') = \alpha_s f_c b h_0^2 + f_y' A_s'(h_0 - a') \tag{6-6}$$

式中：$\alpha_s = \xi(1 - 0.5\xi)$；

e——轴向拉力至 A_s 合力点之间的距离，$e = e_0 - h/2 + a$。

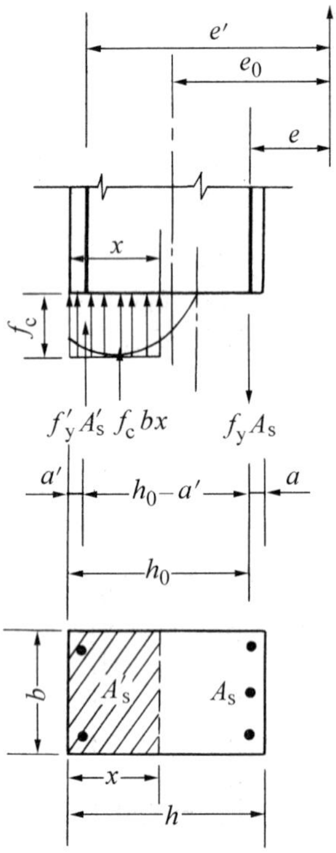

图 6－6　大偏心受拉构件正截面受拉承载力计算图

为了保证构件不发生超筋和少筋破坏，使纵向受压钢筋 A_s' 应力达到屈服强度，式（6－5）和式（6－6）的适用条件为[1]

❶ 与大偏心受压构件的要求类似。

（1）$$x \leqslant \alpha_1 \xi_b h_0 \tag{6-7}$$

（2）$$x \geqslant 2a' \tag{6-8}$$

（3）$$A_s \geqslant \rho_{min} b h_0 \tag{6-9}$$

当 $x < 2a'$ 时，A_s' 不会受压屈服，即 A_s' 的应力是未知数。此时，式（6－5）和式（6－6）不再适用。这时，可令 $x = 2a'$，对 A_s' 合力点取矩建立如下平衡方程：

$$KNe' \leqslant N_u e' = f_y A_s (h_0 - a') \quad (6-10)$$

式中：e'——轴向拉力至 A_s' 合力点之间的距离，$e' = h/2 - a' + e_0$。

2. 截面承载力设计[1]

已知截面尺寸 b、h，材料强度 f_c、f_y、f_y' 及截面的作用效应 M 和 N，要求计算截面所需钢筋 A_s、A_s'时，可按如下步骤进行：

（1）判别类型。当 $e_0 > h/2 - a$ 时，为大偏心受拉。

（2）求 A_s'。为了充分发挥受压区混凝土的抗压作用，减少受压钢筋用量，令 $x = \alpha_1 \xi_b h_0$，代入式（6－6），求 A_s'。

（3）求 A_s。将 A_s'和 $x = \alpha_1 \xi_b h_0$ 代入式（6－5）求得 A_s。

（4）若 A_s'太小或出现负值，则可按构造要求选配 A_s'[2]，并把 A_s'作为已知，代入式（6－6）求得 x，再代入（6－5）求 A_s；若 $x < 2a'$，则可由式（6－5）求得 A_s。A_s 要满足 $A_s \geqslant \rho_{min} bh_0$。

[1] 与大偏心受压构件的设计方法类似，但大、小偏拉的判别不同。大偏心受拉构件对称配筋时，必然会出现 $x < 2a'$ 的情况，此时即按 $x = 2a'$ 计算钢筋用量。

[2] 受压钢筋 A_s'可以不受最小配筋率的限制，按第5章受压构件受力钢筋的构造要求配置，且此时 $x \neq \alpha_1 \xi_b h_0$，与3.6节双筋梁的解决方法相同。

3. 截面承载力复核

已知截面尺寸 b、h、材料强度 f_c、f_y'、f_y 以及截面作用效应 M、N，复核截面承载力按下列步骤进行：

（1）判别类型。当 $e_0 > h/2 - a$ 时，为大偏心受拉。

（2）求 x。联立解式（6－5）和式（6－6），求得 x 值。

（3）求 N_u 或 M_u。若 $2a' \leqslant x \leqslant \alpha_1 \xi_b h_0$，将 x 值代入式（6－5）或式（6－6）即可求得 N_u 值或 $M_u = N_u e_0$；若 $x > \alpha_1 \xi_b h_0$，则取 $x = \alpha_1 \xi_b h_0$ 代入式（6－5）求得 N_u；若 $x < 2a'$，则由式（6－10）求得 N_u 值。

（4）$KN \leqslant N_u$ 或 $KM \leqslant M_u$，则满足要求；否则，不满足要求。

【例6－3】 一个安全级别为Ⅱ级的钢筋混凝土偏心受拉构件，截面尺寸 $b \times h = 300\ \text{mm} \times 400\ \text{mm}$，承受轴心拉力设计值 $N = 450\ \text{kN}$，弯矩设计值 $M = 90\ \text{kN} \cdot \text{m}$，采用 C20 级混凝土和 HRB335 级纵向受力钢筋，$a = a' = 40\ \text{mm}$，试进行配筋计算，并绘制配筋图。

解 $K = 1.2$，$f_c = 9.6\ \text{N/mm}^2$，$f_y = f_y' = 300\ \text{N/mm}^2$，$\xi_b = 0.550$

（1）判别类型。

$$e_0 = \frac{M}{N} = \frac{90 \times 10^3}{450} = 200\ (\text{mm}) > \frac{h}{2} - a = \frac{400}{2} - 40 = 160\ (\text{mm})$$

故属于大偏心受拉。

（2）配筋计算。

$$h_0 = 400 - 40 = 360(\text{mm})$$

$$x = \alpha_1 \xi_b h_0 = 0.85 \times 0.550 \times 360 = 168.3\ (\text{mm})$$

$$e = e_0 - \frac{h}{2} + a = 200 - \frac{400}{2} + 40 = 40\ (\text{mm})$$

代入式（6-6），得到

$$A_s' = \frac{KNe - f_c bx(h_0 - 0.5x)}{f_y'(h_0 - a')}$$

$$= \frac{1.2 \times 450 \times 10^3 \times 40 - 9.6 \times 300 \times 168.3 \times (360 - 0.5 \times 168.3)}{300 \times (360 - 40)}$$

$$< 0$$

按构造要求配置受压钢筋 2Φ12（实配 $A_s' = 226\ \text{mm}^2$）。此时，

$$\alpha_s = \frac{KNe - f_y' A_s'(h_0 - a')}{f_c b h_0^2}$$

$$= \frac{1.2 \times 450000 \times 40 - 226 \times 300 \times (360 - 40)}{9.6 \times 300 \times 360^2}$$

$$< 0$$

即 $\xi < 0$，$x < 2a'$。因此，由式（6-10）得到

$$e' = \frac{h}{2} + e_0 - a' = 200 + 200 - 40 = 360\ (\text{mm})$$

$$A_s = \frac{KNe'}{f_y(h_0 - a')} = \frac{1.2 \times 450\,000 \times 360}{300 \times 320} = 2\,025\ (\text{mm}^2)$$

$$> \rho_{min} b h_0 = 0.15\% \times 300 \times 360 = 162\ (\text{mm}^2)$$

选配受拉钢筋 4Φ25（实配 $A_s = 1\,964\ \text{mm}^2$）[1]。配筋如图 6-7 所示。

[1] 实配钢筋与计算差别不大（仅相差 3%），基本满足要求。

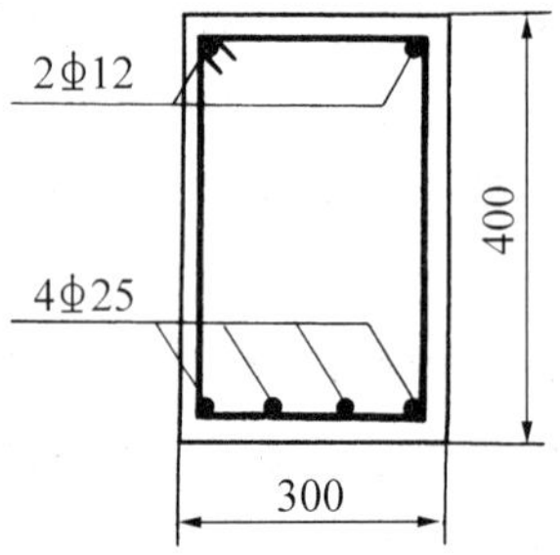

图 6-7　截面配筋图

6.4　偏心受拉构件斜截面受剪承载力计算

对于偏心受拉构件，截面往往在受到弯矩 M 和轴力 N 共同作用的同时，还受到较大的剪力 V 作用。因此，需验算斜截面的受剪承载力。由于轴向拉力的存在，混凝土的剪压区高度比仅受到弯矩 M 作用时小，从而导致构件的斜截面受剪承载力降低。

根据试验研究，偏心受拉构件斜截面比受弯构件斜截面混凝土的受剪

承载力降低0.2N。规范规定，偏心受拉构件的斜截面受剪承载力按下式计算：

$$KV \leqslant 0.7 f_t b h_0 + 1.25 f_{yv} \frac{A_{sv}}{s} h_0 + f_y A_{sb} \sin\alpha_s - 0.2N \qquad (6-11)$$

式中：K——承载力安全系数；

V——剪力设计值；

N——与剪力设计值V相应的轴向拉力设计值。

在式（6－11）中，由于箍筋和弯起钢筋的存在，至少可以承担$1.25 f_{yv} \frac{A_{sv}}{s} h_0 + f_y A_{sb} \sin\alpha_s$大小的剪力。因此，当式（6－11）右边的计算值小于$1.25 f_{yv} \frac{A_{sv}}{s} h_0 + f_y A_{sb} \sin\alpha_s$时，取为$1.25 f_{yv} \frac{A_{sv}}{s} h_0 + f_y A_{sb} \sin\alpha_s$[1]。

[1] 就腹筋本身来说，偏心受拉构件的抗剪承载力与受弯基本相同。

为了防止箍筋过少、过稀，保证箍筋承担一定数量的受剪承载力，还要求

$$1.25 f_{yv} \frac{A_{sv}}{s} h_0 \geqslant 0.36 f_t b h_0$$

另外，偏心受拉构件的截面尺寸要满足

$$KV \leqslant 0.25 f_c b h_0$$

偏心受拉构件斜截面受剪承载力的计算步骤与受弯构件斜截面受剪承载力的计算步骤类似，故不再赘述。

本章小结

（1）根据偏心受拉构件偏心距e_0的不同，可以分为小偏心受拉构件（$e_0 \leqslant h/2 - a$）和大偏心受拉构件（$e_0 > h/2 - a$）两种类型。

（2）小偏心受拉构件的破坏特征类似于轴心受拉构件，破坏时，拉力全部由钢筋承担；大偏心受拉构件的破坏特征类似于大偏心受压构件或双筋受弯构件，破坏时，截面存在混凝土受压区。

（3）偏心受拉构件截面受剪承载力的计算公式是在受弯构件斜截面受剪承载力计算公式的基础上，减去由于轴向拉力作用使受剪承载力降低的值而得出的。

习　题

一、思考题

6－1　划分大、小偏心受拉构件的界限是什么？其破坏特征有何不同？

6-2 轴向拉力对偏心受拉构件的受剪承载力有何影响？在抗剪计算时如何考虑这一影响？

二、填空题

6-1 在钢筋混凝土小偏心受拉构件开裂之前，截面有时可能存在__________区，但开裂之后，__________区的混凝土退出工作。该类构件破坏时全截面__________，拉力全部由__________承担。

6-2 在钢筋混凝土偏心受拉构件中，当轴向力 N 作用在 A_s 外侧时，截面虽开裂，但仍然有__________存在，这类情况称为__________。

6-3 钢筋混凝土大偏心受拉构件正截面承载力计算公式的适用条件是__________和__________。如果出现了 $x<2a'$的情况，则说明__________，此时可假定__________。

三、选择题

6-1 大偏心受拉构件设计时，若已知 A_s'，计算出 $\xi>\alpha_1\xi_b$，则表明（　　）。

A. A_s'过多　　B. A_s'过少　　C. A_s 过多　　D. A_s 过少

6-2 大偏心受拉构件的破坏特征与（　　）构件类似。

A. 受剪　　B. 双筋受弯　　C. 大偏心受压　　D. 小偏心受拉

6-3 在小偏心受拉构件设计中，计算出的钢筋用量为（　　）。

A. $A_s>A_s'$　　B. $A_s<A_s'$　　C. $A_s=A_s'$　　D. 无法判断

6-4 在大偏心受拉构件的截面计算中，如果计算出的 $A_s'<0$，则 A_s'可按构造要求配置，然后计算 A_s。若此时计算出现 $\alpha_s=[KNe-f'_yA'_s(h_0-a')]/(f_cbh_0{}^2)<0$ 的情况，则说明(　　)。

A. A_s'的应力达不到屈服强度　　B. A_s'过少，需要加大

C. A_s 过多，需要减少　　D. A_s 的应力达不到屈服强度

四、计算题

6-1 一个安全级别为Ⅱ级的偏心受拉构件，截面尺寸 $b\times h=300\text{ mm}\times400\text{ mm}$，承受轴心拉力设计值 $N=450\text{ kN}$，弯矩设计值 $M=45\text{ kN}\cdot\text{m}$，采用 C20 级混凝土和 HRB335 级纵向受力钢筋，$a=a'=40\text{ mm}$。试进行配筋计算，并绘制配筋图。

6-2 已知一个安全级别为Ⅱ级偏心受拉构件，截面尺寸 $b\times h=200\text{ mm}\times300\text{ mm}$，承受轴心拉力设计值 $N=150\text{ kN}$，弯矩设计值 $M=75\text{ kN}\cdot\text{m}$，采用 C20 级混凝土和 HRB335 级纵向受力钢筋，$a=65\text{ mm}$，$a'=40\text{ mm}$。试进行配筋计算，并绘制配筋图。

第 7 章

钢筋混凝土受扭构件承载力计算

学习指导

教学要求： 1. 理解钢筋混凝土纯扭构件的破坏形态。

2. 了解截面限制条件及构造配筋界限的意义。

3. 掌握纯扭构件及弯、剪、扭共同作用下构件的承载力计算方法。

学习重点： 1. 矩形截面纯扭构件的破坏形态。

2. 配筋强度比 ζ 的物理意义和合理的取值范围。

3. 矩形截面纯扭构件和弯、剪、扭共同作用下构件的承载力计算方法。

7.1 概　　述

扭转是结构承受的五种基本受力状态之一，受扭构件是指处于扭矩作用下的受力构件。例如，雨篷梁、框架边梁和受到水平力作用下的吊车梁等，均属于受到扭矩作用的构件，如图 7－1 所示。由平衡条件求得的扭转称为平衡扭转❶。

❶由荷载产生的扭矩是由构件的静力平衡条件确定的，而与受扭构件的抗扭刚度无关，这种扭转称为平衡扭转。

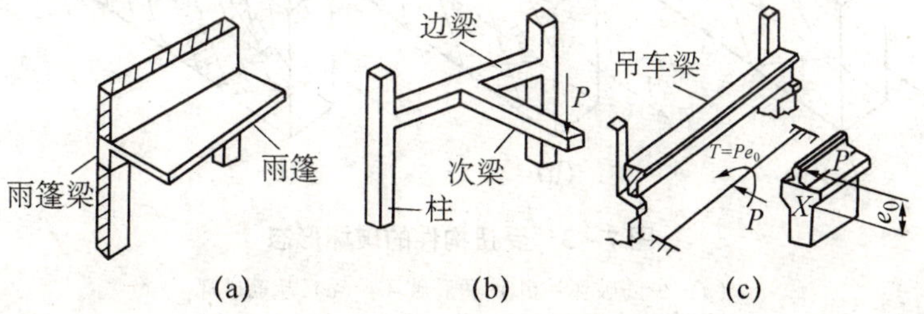

图 7－1　受扭构件实例

(a) 雨篷梁；(b) 框架边梁；(c) 吊车梁

实际工程中，结构在大多数情况下都是处于弯矩、剪力和扭矩共同作用下的复合受力状态［如图 7－1(a) 和图 7－1(c) 所示］。因此，受扭构件承载力的计算实质上是一个弯、剪、扭的复合受力计算问题。为便于分析，本章首先介绍纯扭构件的承载力计算，然后介绍弯、剪、扭作用下的承载力计算。

7.2 钢筋混凝土纯扭构件的承载力计算

7.2.1 矩形截面纯扭构件的破坏形态

钢筋混凝土矩形截面构件在受到扭转时，截面上将产生剪应力。由材料力学可知，由于扭转剪应力的作用，其在与构件轴线成45°角的方向上产生主拉应力 σ_{tp}，且 $\sigma_{tp}=\tau$。由于混凝土的抗拉强度低于其抗剪强度，所以当主拉应力 σ_{tp} 达到混凝土的轴心抗拉强度 f_t 时，混凝土就会沿垂直主拉应力 σ_{tp} 的方向开裂，形成与构件轴线成45°角的斜裂缝（如图7－2所示）。随着斜裂缝的不断发展，将导致受扭破坏，构件在破坏时的受扭破坏形态与所配抗扭钢筋[1]的数量有关。

[1] 抗扭钢筋包括抗扭纵向钢筋和抗扭横向钢筋，此形式也可以与构件中抗弯钢筋和抗剪钢筋的配置相协调。

由于主拉应力方向与构件轴线约成45°角，因此，最合理的配筋方式是在构件靠近表面处设置呈45°角走向的螺旋型钢筋，但这种配筋方式不便于施工，且扭矩改变方向后将完全失去效用。

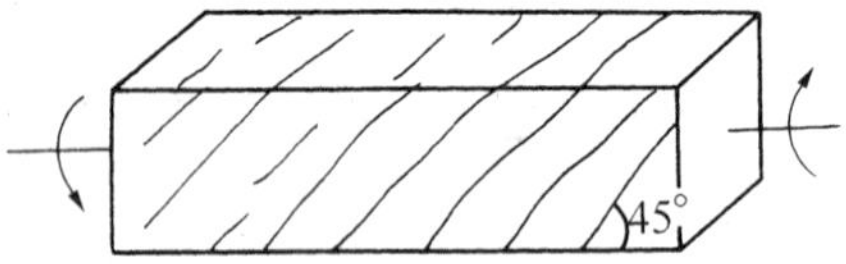

图7－2 纯扭构件斜裂缝

受扭构件的破坏形态（如图7－3所示）主要可以分为以下三种类型：

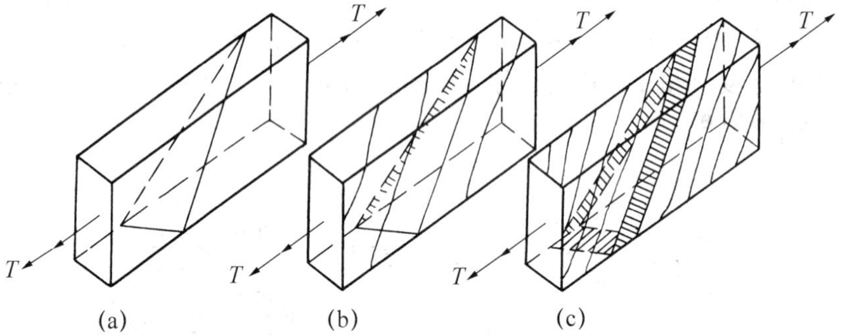

图7－3 受扭构件的破坏形态

（a）少筋破坏；（b）适筋破坏；（c）超筋破坏

1. 少筋破坏

当抗扭钢筋的数量过少时，裂缝首先出现在截面长边中点处，并迅速沿45°角的方向向邻近两个短边的面上发展，在第4个面上出现裂缝后（压区很小），构件立即破坏。破坏形态如图7－3(a)所示，其破坏类似于受弯构件的少筋梁，破坏时扭转角较小（如图7－4中的曲线1所示），属于脆性破坏，构件受扭极限承载力取决于混凝土的抗拉强度和截面尺寸，设计中应予避免。该类破坏模型是计算混凝土开裂扭矩的试验依据，并可以按此求得抗扭钢筋数量的最小值。

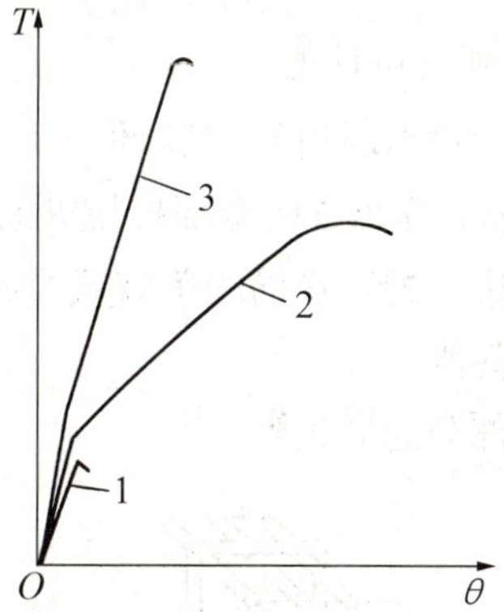

图7-4 扭矩-扭转角关系曲线

1—抗扭钢筋过少；2—抗扭钢筋适量；3—抗扭钢筋过多

2. 适筋破坏

当抗扭钢筋的数量适中时，破坏形态如图7-3(b)所示。混凝土开裂并退出工作，由其承担的拉力转给钢筋，钢筋的应力突增，但没有达到屈服，使构件在破坏前形成多条裂缝。通过主裂缝处的纵筋和箍筋达到屈服强度后，第4个面上的受压区混凝土被压碎而破坏。适筋破坏扭转角较大（如图7-4中的曲线2所示），属于延性破坏。该类破坏模型是建立构件受扭承载力设计方法的试验依据。

3. 超筋破坏

当抗扭钢筋的数量过多，构件破坏时，抗扭纵筋和箍筋均未达到屈服，破坏是由某相邻两条约45°角方向螺旋缝间混凝土被压碎引起的。破坏形态如图7-3(c)所示，构件破坏时，螺旋裂缝条数多而细，扭转角较小（如图7-4中的曲线3所示），属于超筋脆性破坏，构件承载力主要取决于截面尺寸和混凝土的抗压强度，在设计中应避免。该类破坏模型是计算抗扭钢筋数量最大值的试验依据。

当抗扭纵筋和抗扭箍筋的数量比例不当，致使混凝土压碎时，箍筋或纵筋两者之一不能达到屈服点，这种破坏属于部分超筋破坏。虽然结构在破坏时有一定的延性，设计可用，但不经济。

抗扭纵筋和箍筋均未达到屈服的破坏称为完全超筋破坏。部分超筋破坏和完全超筋破坏均属于超筋破坏。

为了使受扭构件的破坏形态呈现适筋破坏，充分利用抗扭钢筋的作用，抗扭纵筋和箍筋应合理配置。规范中引用系数ζ来协调，ζ为受扭构件纵向钢筋与箍筋的配筋强度比[1]，如图7-5所示，可按下式计算：

[1] 配筋强度比，即为受扭构件纵向钢筋与箍筋的体积比和强度比的乘积。

$$\zeta = \frac{A_{st}s}{A_{st1}u_{cor}} \cdot \frac{f_y}{f_{yv}} \qquad (7-1)$$

式中：f_y——纵筋的抗拉强度设计值；

f_{yv}——箍筋的抗拉强度设计值，其取值不应大于300 N/mm²；

A_{st}——沿截面周边对称布置的全部抗扭纵筋截面面积；

A_{st1}——沿截面周边所配置箍筋的单肢截面面积；

s——抗扭箍筋的间距；

u_{cor}——截面核心部分的周长[1]。

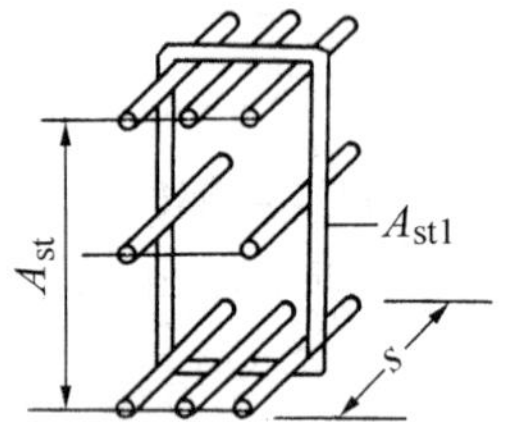

图7-5　纵筋与箍筋对应的体积

试验结果表明，当ζ值为0.5～2.0时，纵筋和箍筋均能在构件破坏前屈服。为安全起见，规范规定：应符合$0.6 \leq \zeta \leq 1.7$的要求；当$\zeta > 1.7$时，取$\zeta = 1.7$。一般工程中，取$\zeta = 1.2$[2]。

7.2.2　矩形截面纯扭构件的开裂扭矩

试验表明，构件截面开裂前，抗扭钢筋应力很低，受扭构件配置抗扭钢筋不能有效提高构件的开裂扭矩。因此，可以忽略钢筋对开裂扭矩的作用，近似取混凝土在开裂时的承载力作为开裂扭矩。

1. 弹性计算理论

如图7-6(a)和图7-6(b)所示为假定混凝土是弹性材料时，截面上的剪应力大小和剪应力流分布情况，最大剪应力τ_{max}引起的主拉应力σ_{tp}达到混凝土轴心的抗拉强度（$\sigma_{tp} = f_t$）时，构件截面长边的中点先开裂，出现沿45°角方向的斜裂缝。由弹性理论，此即为混凝土能够承受的最大开裂扭矩T_{cr}。由内力平衡条件，可得[3]

$$T_{cr} = f_t W_{te} \qquad (7-2)$$

式中：W_{te}——截面受扭弹性抵抗矩；

f_t——混凝土轴心抗拉强度设计值。

2. 塑性计算理论

若将混凝土视为理想的弹塑性材料，则当截面上的最大剪应力达到混凝土的抗拉强度时，材料进入塑性阶段，但并未发生破坏，扭矩仍可进一

[1] $u_{cor} = 2(b_{cor} + h_{cor})$，其中，$b_{cor}$和$h_{cor}$分别为从箍筋内表面计算的截面核心部分的短边和长边尺寸。若混凝土保护层的厚度为c，则$b_{cor} = b - 2c$，$h_{cor} = h - 2c$。

[2] 当$\zeta = 1.2$左右时，抗扭纵筋与抗扭箍筋的用量为最佳比例，即在构件破坏之前，这两种钢筋基本上同时达到抗拉屈服强度。

[3] 参见材料力学相关内容。

步增加，直到截面上所有部位的剪应力均达到最大剪应力 $\tau_{max}=f_t$ 时，构件才达到极限承载力 T_{cu}（最大开裂扭矩）。根据塑性理论，假定将图 7-6（c）中的四部分剪应力合成，分别由 F_1 和 F_2 代替，并计算其所组成的力偶，可以得到开裂扭矩 T_{cu} 为

$$T_{cu}=f_t\frac{b^2}{6}(3h-b)=f_tW_t \qquad (7-3)$$

式中：W_t——截面受扭塑性抵抗矩，对矩形截面，$W_t=b^2(3h-b)/6$；

b——矩形截面的短边尺寸；

h——矩形截面的长边尺寸。

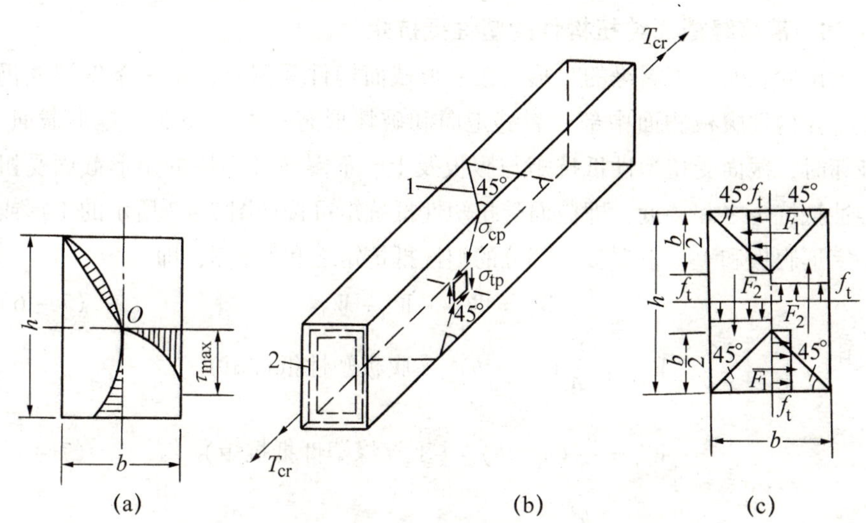

图 7-6 扭矩作用下截面上应力分布

（a）弹性截面剪应力；（b）弹性剪应力流；（c）塑性剪应力流

1—45°螺旋形斜裂缝[1]；2—剪应力流

实际上，混凝土是弹塑性材料，其开裂扭矩值介于式（7-2）和式（7-3）之间。根据试验资料和计算分析，并为实用、方便起见，规范规定：矩形截面纯扭构件的开裂扭矩 T_{cr} 可以按完全塑性状态的截面应力分布进行计算，但需将混凝土的轴拉强度 f_t 值乘以 0.7 的降低系数，即

$$T_{cr}=0.7f_tW_t \qquad (7-4)$$

7.2.3 矩形截面纯扭构件的承载力计算

根据试验统计分析，规范给出矩形截面钢筋混凝土纯扭构件抗扭承载力的计算公式为[2]

[1] 破坏面为 45° 角方向的空间扭曲裂面。

[2] 钢筋混凝土矩形截面纯扭构件的抗扭承载力 T_u，由混凝土的抗扭承载力 T_c 和受扭钢筋的抗扭承载力 T_s 两部分组成，其设计计算方法见例 7-1。

$$KT \leqslant T_u = T_c + T_s = 0.35 f_t W_t + 1.2\sqrt{\zeta}\frac{f_{yv}A_{st1}A_{cor}}{s} \tag{7-5}$$

式中：K——承载力安全系数；

T——扭矩设计值；

T_c——混凝土受扭承载力；

T_s——钢筋受扭承载力；

A_{cor}——截面核心部分面积，$A_{cor}=b_{cor}h_{cor}$；

ζ——抗扭纵筋与箍筋的配筋强度比，见式（7－1）。

7.2.4 带翼缘截面纯扭构件的承载力计算

1. 带翼缘截面纯扭构件的塑性抵抗矩

试验表明，带翼缘的T形、工字形截面构件受扭时，第一条斜裂缝仍发生在构件腹板侧面中部，裂缝走向和破坏形态基本上类似于矩形截面。破坏时，截面受扭塑性抵抗矩与腹板及上、下翼缘各小块的矩形截面受扭塑性抵抗矩之和接近，即截面受扭塑性抵抗矩可按如图7－7所示的T形或工字形腹板和上、下翼板三部分的塑性抵抗矩之和[1]计算，即

$$W_t = W_{tw} + W'_{tf} + W_{tf} \tag{7-6}$$

其中，

$$\begin{cases} W_{tw} = \dfrac{b^2}{6}(3h-b) & \text{（腹板塑性抵抗矩）} \\ W'_{tf} = \dfrac{h_f'^2}{2}(b_f'-b) & \text{（上翼缘塑性抵抗矩）} \\ W_{tf} = \dfrac{h_f^2}{2}(b_f-b) & \text{（下翼缘塑性抵抗矩）} \end{cases} \tag{7-7}$$

[1] 这里关键是能正确地分块，截面分块划分的原则是首先满足腹板截面的完整性，然后划分受压翼缘和受拉翼缘的面积。

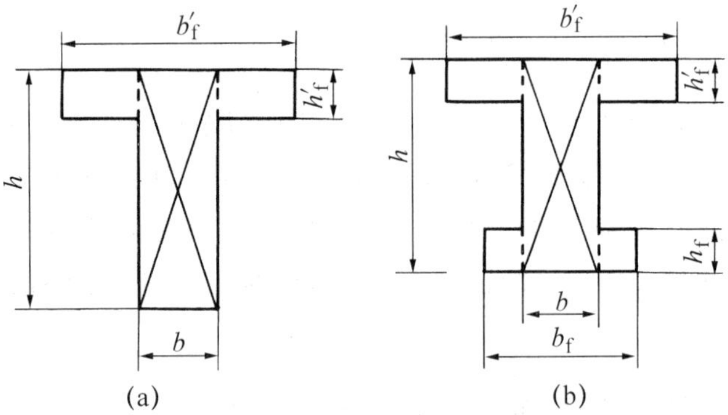

图7－7　T形及工形划分为矩形的方法

（a）T形；（b）工形

规范规定：上、下翼缘应符合 $b'_f \leqslant b + 6h'_f$，$b_f \leqslant b + 6h_f$，$\frac{h_w}{b} \leqslant 6$ 的要求，其中，h_w 为腹板净高，即T形截面 $h_w = h - h'_f$ 或工字形截面 $h_w = h - h'_f - h_f$。

2. 带翼缘截面纯扭构件承载力计算

带翼缘截面纯扭构件各矩形小块的扭矩 T_i 可以按各小块受扭塑性抵抗矩比值的大小加以确定，即

$$T_i = \frac{W_{ti}}{W_t} T \tag{7-8}$$

由此，计算出T形或工字形截面各小块矩形截面所承担的扭矩 T_i，

$$\begin{cases} T_w = \dfrac{W_{tw}}{W_t} \cdot T & \text{（腹板）} \\ T'_f = \dfrac{W'_{tf}}{W_t} \cdot T & \text{（上翼缘）} \\ T_f = \dfrac{W_{tf}}{W_t} \cdot T & \text{（下翼缘）} \end{cases} \tag{7-9}$$

式中：T——T形或工字形截面总扭矩设计值；

T_i——第 i 矩形小块的设计值；

T_w——腹板截面扭矩设计值；

T'_f——上翼缘截面扭矩设计值；

T_f——下翼缘截面扭矩设计值；

W_t、W_{tw}、W'_{tf}、W_{tf}各值的计算同前。

由上述方法先求得各小块矩形截面所分配到的扭矩 T_i，再按各小块相应所承担的扭矩，分别按矩形截面进行配筋计算，但计算所得到的抗扭纵向钢筋应配置在整个截面的外边缘上。

7.2.5 受扭承载力计算公式的适用条件和构造要求

1. 截面尺寸的限制——配筋上限

为了避免出现超筋破坏，规范规定：受扭构件截面尺寸应满足[1]下列条件：

$$KT \leqslant 0.25 f_c W_t \tag{7-10}$$

否则，需增大截面尺寸或提高混凝土的强度等级。

2. 截面配筋的限制——配筋下限

为了避免出现少筋破坏，规范规定：抗扭箍筋配筋率 ρ_{sv} 和抗扭纵筋配筋率 ρ_{st} 应满足下列条件：

[1] 根据对实验结果的分析，规范规定：以截面尺寸的限制条件作为配筋率的上限，《水工混凝土结构设计规范》（SL 191—2008）要求 $h_w/b < 6$。

$$\rho_{sv} = \frac{A_{sv}}{bs} \geqslant \rho_{sv,min} \tag{7-11}$$[1]

$$\rho_{st} = \frac{A_{st}}{bh} \geqslant \rho_{st,min} \tag{7-12}$$

当符合下式要求时，

$$KT \leqslant 0.7 f_t W_t \tag{7-13}$$

只需按式（7－11）和式（7－12）构造配置抗扭钢筋[2]。

3. 构造要求

受扭的纵筋和箍筋应有合理的最佳搭配，否则不能发挥抗扭钢筋的作用，因此，规范中引入了 ζ 系数的计算式[3]。两者之间的配筋强度比，除要满足 $0.6 \leqslant \zeta \leqslant 1.7$ 规定以外，纵筋的布置和箍筋形式也要满足有关要求。

如图 7－8 所示为受扭构件的配筋形式和构造要求。由于扭矩引起的剪应力在截面四周最大，并且为了满足扭矩变号的要求，抗扭钢筋应由抗扭纵筋和抗扭箍筋组成。抗扭纵筋应沿截面周边对称布置，且截面四角处必须放置，其间距不应大于 200 mm，也不应大于截面宽度 b，抗扭纵筋的两端应伸入支座，并满足锚固长度 l_a 的要求。

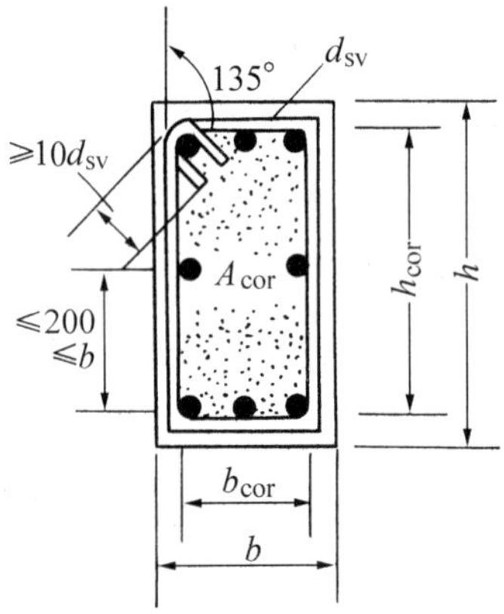

图 7－8　受扭配筋构造

抗扭箍筋必须采用封闭式，每边都能承担拉力，故箍筋末端弯钩应大于 135°（采用绑扎骨架时），并且弯钩端平直长度应不少于 $10d_{sv}$（d_{sv} 为箍筋直径），以使箍筋末端锚固于截面核心混凝土内。抗扭箍筋的直径和最大间距应满足第 4 章对箍筋的有关规定。

【例 7－1】 已知某安全级别为Ⅱ级的混凝土纯扭构件，截面尺寸 $b \times h = 250\ \text{mm} \times 400\ \text{mm}$，设计扭矩 $T = 10.5\ \text{kN·m}$，混凝土强度等级为 C25，

[1] A_{sv} 为配置在截面周边抗扭箍筋的两肢横截面面积，$A_{sv} = 2A_{st1}$。

[2] 按抗扭箍筋最小体积配筋率 $\rho_{sv,min}$（HPB235 级钢筋为 0.20%，HRB335 级钢筋为 0.15%）和抗扭纵筋的最小配筋率 $\rho_{st,min}$（HPB235 级钢筋为 0.3%，HRB335 级钢筋为 0.2%）配置。

[3] 为受扭纵筋与箍筋的配筋强度比，其表达式为式（7－1）。

采用HPB235级钢筋，$c=25$ mm，试计算其配筋数量。

解 $K=1.2$，$f_c=11.9\ \text{N/mm}^2$，$f_t=1.27\ \text{N/mm}^2$，$f_{yv}=210\ \text{N/mm}^2$

（1）验算截面尺寸。

$$W_t=\frac{b^2}{6}(3h-b)=\frac{250^2}{6}\times(3\times400-250)=9.90\times10^6(\text{mm}^3)$$

$$\begin{aligned}\frac{1}{K}(0.25f_cW_t)&=\frac{1}{1.2}\times(0.25\times11.9\times9.9\times10^6)\\&=2.46\times10^7(\text{N}\cdot\text{mm})\\&=24.6\ (\text{kN}\cdot\text{m})>T=10.5\ (\text{kN}\cdot\text{m})\end{aligned}$$

故尺寸满足要求。

（2）验算是否需按计算配置抗扭配筋。

$$\begin{aligned}\frac{1}{K}(0.7f_tW_t)&=\frac{1}{1.2}\times(0.7\times1.27\times9.9\times10^6)\\&=7.34\times10^6(\text{N}\cdot\text{mm})<T=10.5\ (\text{kN}\cdot\text{m})\end{aligned}$$

故需按计算配置抗扭钢筋。

（3）计算抗扭箍筋。

$$\begin{aligned}u_{cor}&=2\times[(b-2\times25)+(h-2\times25)]\\&=2\times[(250-2\times25)+(400-2\times25)]=1\ 100(\text{mm})\end{aligned}$$

$$A_{cor}=b_{cor}h_{cor}=200\times350=70\,000\ (\text{mm}^2)$$

取$\zeta=1.2$。由式（7-5）可得

$$\begin{aligned}\frac{A_{st1}}{s}&=\frac{KT-0.35f_tW_t}{1.2\sqrt{\zeta}f_{yv}A_{cor}}\\&=\frac{1.2\times10.5\times10^6-0.35\times1.27\times9.90\times10^6}{1.2\times\sqrt{1.2}\times210\times70\ 000}\\&=0.425\ (\text{mm}^2/\text{mm})\end{aligned}$$

选用抗扭箍筋ф8@120（$A_{st1}=50.3\ \text{mm}^2$），则

$$s=\frac{A_{st1}}{0.425}=\frac{50.3}{0.425}=118\ (\text{mm})<s_{max}=300\ (\text{mm})$$

s取100 mm。

$$\rho_{sv}=\frac{A_{sv}}{bs}=\frac{50.3\times2}{250\times100}=0.41\%>\rho_{sv,min}=0.20\%$$

（4）计算抗扭纵筋截面面积。

$$\begin{aligned}A_{st}&=\zeta\frac{f_{yv}A_{st1}u_{cor}}{f_ys}=\frac{1.2\times210\times50.3\times1\ 100}{210\times100}\\&=664\ (\text{mm}^2)\end{aligned}$$

选用钢筋为6ф12（实配$A_{st}=678\ \text{mm}^2$）❶，则

❶ 因抗扭纵筋应在截面周边对称布置，截面四角必须放置，且间距小于200 mm，截面长边中心必须配置，故选6根。

$$\rho_{st}=\frac{A_{st}}{bh}=\frac{678}{250\times400}=0.68\%$$
$$>\rho_{st,min}=0.3\%$$

截面配筋如图 7－9 所示。

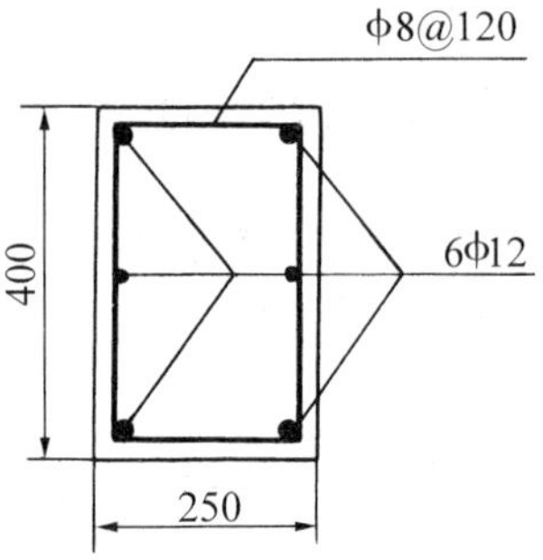

图 7－9　钢筋配筋图

7.3　钢筋混凝土弯剪扭构件的承载力计算

7.3.1　矩形截面剪扭构件的承载力计算

1. 剪、扭相关性

试验表明，对于剪力和扭矩共同作用下的构件，由于剪力的存在，会降低构件的抗扭承载力；同样，由于扭矩的存在，也会引起构件抗剪承载力的降低。无腹筋构件剪扭承载力的相关关系基本上符合 1/4 圆曲线，如图 7－10 所示。V_c 和 T_c 分别为无腹筋构件同时受剪力和扭矩作用时的抗剪承载力和抗扭承载力，V_{c0} 和 T_{c0} 分别为无腹筋构件在单纯受剪力或扭矩作用时的抗剪承载力和抗扭承载力[1]。

[1] 认定有腹筋构件混凝土承担的扭矩和剪力相关关系与无腹筋构件相同。

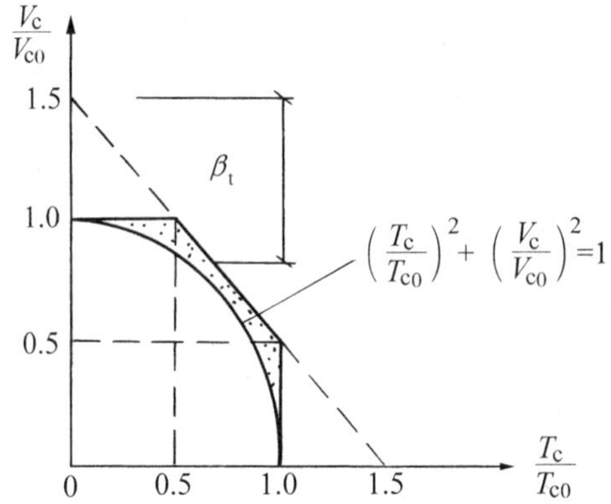

图 7－10　剪、扭承载力相关图

为了简化计算，规范中规定：有腹筋构件混凝土部分所承担的扭矩和剪力用如图7-10所示的三段折线近似代替1/4圆弧曲线规律。

由图7-10中的三条折线，有如下结论：

（1）当 $T_c/T_{c0} \leqslant 0.5$ 时，取 $V_c/V_{c0}=1.0$，表明此时忽略了受扭作用的影响，仅按受弯构件的斜截面受剪承载力公式计算，由混凝土斜截面受剪承载力的计算公式（4-3）可得

$$V_c = V_{c0} = 0.7 f_t b h_0 \quad (7-14)$$ [1]

（2）当 $V_c/V_{c0} \leqslant 0.5$ 时，取 $T_c/T_{c0}=1.0$，表明此时不考虑受剪作用的影响，仅按纯扭构件的受扭承载力公式计算。由式（7-5）可得

$$T_c = T_{c0} = 0.35 f_t W_t \quad (7-15)$$

（3）当 $T_c/T_{c0}>0.5$ 或 $V_c/V_{c0}>0.5$ 时，$T_c/T_{c0}+V_c/V_{c0}=1.5$，表明此时考虑了剪扭作用的相关性，以线性关系代替1/4圆的规律。若取此折线上任意一点至纵坐标之间的距离为 $V_c/V_{c0}=1.5-\beta_t$ 或 $T_c/T_{c0}=\beta_t$，用构件实际承受的剪力设计值和扭矩设计值的比值 V/T 代替 V_c/T_c，经整理，可得

$$\beta_t = \frac{1.5}{1+0.5\dfrac{VW_t}{Tbh_0}} \quad (7-16)$$

式中：β_t——剪、扭构件混凝土受扭承载力降低系数[2]，其计算值应符合 $0.5 \leqslant \beta_t \leqslant 1.0$ 的要求。当 $\beta_t<0.5$ 时，取 $\beta_t=0.5$；当 $\beta_t>1.0$ 时，取 $\beta_t=1.0$。

因此，一般剪、扭构件混凝土所承担的扭矩和剪力分别用下式表示：

$$T_c = 0.35\beta_t f_t W_t \quad (7-17)$$

$$V_c = 0.7(1.5-\beta_t) f_t b h_0 \quad (7-18)$$

2. 剪、扭构件承载力计算

规范采用了两项式表达形式来计算剪、扭构件的承载力。第一项是混凝土部分的承载力（考虑剪、扭的相互作用），第二项是钢筋的承载力（不考虑剪、扭的相互作用）。对于矩形截面构件在剪、扭作用下的受剪承载力和受扭承载力，分别按下式计算[3]：

$$KV \leqslant V_c + V_{sv} = 0.7(1.5-\beta_t) f_t b h_0 + 1.25 f_{yv}\frac{A_{sv}}{s}h_0 \quad (7-19)$$

$$KT \leqslant T_c + T_s = 0.35\beta_t f_t W_t + 1.2\sqrt{\zeta}\frac{f_{yv}A_{st1}A_{cor}}{s} \quad (7-20)$$

由此可见，矩形截面构件在剪、扭作用下的受剪承载力仅在混凝土作用项乘以（$1.5-\beta_t$），其余与受弯构件斜截面受剪公式相同。而受扭承载

[1] 由前面受剪承载力和受扭承载力的表达式可知 $V_{c0}=0.7f_t bh_0$，$T_{c0}=0.35f_t W_t$。

[2] β_t 是根据斜折线段导出的，因此，β_t 的计算值应符合 $0.5 \leqslant \beta \leqslant 1.0$ 的要求。

[3] 带翼缘截面构件剪扭承载力的计算原则是扭矩由整个截面分担，即腹筋按剪扭截面计算，而翼缘按纯扭截面计算。

力在混凝土作用项乘以 β_t，其余与纯扭计算公式相同。

❶ 带翼缘截面构件在弯、扭共同作用下的承载力计算，可以分别按弯、扭单独作用时相应的方法进行，受弯按T形截面，受扭按腹板和上、下翼缘截面。

7.3.2 矩形截面弯扭构件的承载力计算[1]

弯扭构件的承载力受到很多因素的影响，精确的计算是比较复杂的，且不便于设计应用。在计算弯、扭共同作用下的受弯和受扭承载力时，一种简单的设计方法是分别按受弯构件的正截面受弯承载力和纯扭构件的受扭承载力进行计算，求得的钢筋应分别按弯、扭对纵筋和箍筋的构造要求进行配置，位于相同部位处的钢筋可在钢筋截面面积叠加后配筋。

7.3.3 弯、剪、扭共同作用下的承载力计算

弯、剪、扭共同作用下的构件受力性能比剪扭和弯扭更为复杂，相互之间的影响也难以分清。目前实用的承载力计算是按照叠加的原则来计算总的钢筋需要量，即纵向钢筋通过正截面受弯承载力计算和剪、扭作用下的受扭承载力计算求得，重叠处的纵筋面积叠加后配筋。箍筋按剪扭构件受剪承载力计算和受扭承载力计算求得，相同部位处的箍筋面积也进行叠加配置。具体计算步骤如下[2]：

❷ 详细请参见例7－2。

（1）为了防止剪扭构件超筋破坏，截面尺寸上限应符合下式要求：当 $h_w/b<6$ 时，

$$\frac{KV}{bh_0}+\frac{KT}{W_t}\leqslant 0.25f_c \tag{7-21}$$

否则应加大截面尺寸或提高混凝土强度等级。

（2）为了防止剪扭构件少筋破坏，配置抗剪抗扭钢筋下限应符合下式：

$$\frac{KV}{bh_0}+\frac{KT}{W_t}\leqslant 0.7f_t \tag{7-22}$$

若满足式（7－22）的要求，则不必对构件进行承载力配筋计算，直接按构造要求配置受剪受扭钢筋[3]，但受弯应按计算配筋。

❸ 当采用复合箍筋时，位于截面内部的箍筋不应计入受扭所需的箍筋面积。

（3）进行验算，确定是否能忽略剪力的影响。如符合下式要求：

$$KV\leqslant 0.35f_tbh_0 \tag{7-23}$$

则可不计剪力 V 的影响，而只需按受弯构件的正截面受弯和受扭构件的纯扭分别进行承载力计算。

（4）进行验算，确定是否能忽略扭矩的影响。如符合下式要求：

$$KT\leqslant 0.175f_tW_t \tag{7-24}$$

则可不计扭矩 T 的影响，而只需按受弯构件的正截面和斜截面分别进行受弯承载力和受剪承载力计算。

(5) 若构件受力只满足式(7－21)，而不满足式(7－22)～式(7－24)，则按下列两方面进行计算：

① 按受弯构件正截面受弯承载力计算所需的纵向钢筋。

② 按式(7－19)和式(7－20)计算抗剪、扭纵向钢筋和箍筋[1]。

将上述分别计算所得的钢筋，按弯、剪、扭相应的构造要求进行布置，重叠部位处的钢筋面积先进行叠加，然后选配钢筋。

[1] 抗弯纵向钢筋和抗扭纵向钢筋应分别满足各自的最小配筋率要求。受剪箍筋与受扭箍筋面积叠加验算最小配筋率。

【例7－2】 某安全级别为Ⅱ级的钢筋混凝土矩形截面梁，承受均布荷载，截面尺寸 $b \times h = 300\text{ mm} \times 600\text{ mm}$，承受的内力设计值为 $M = 80\text{ kN} \cdot \text{m}$，$V = 100\text{ kN}$，$T = 25\text{ kN} \cdot \text{m}$，采用C25级混凝土、HRB335级纵筋、HPB235级箍筋。若取 $c = 25\text{ mm}$，$a = 40\text{ mm}$，试设计该梁。

解

$$K = 1.2,\quad f_t = 1.27\text{ N/mm}^2,\quad f_c = 11.9\text{ N/mm}^2$$

$$f_y = 300\text{ N/mm}^2,\quad f_{yv} = 210\text{ N/mm}^2$$

(1) 验算截面尺寸。

$$h_0 = h - 40 = 600 - 40 = 560\ (\text{mm})$$

$$W_t = \frac{b^2}{6}(3h - b) = \frac{300^2}{6} \times (3 \times 600 - 300) = 22\,500\,000\ (\text{mm}^3)$$

$$h_w = h_0 = 560\ (\text{mm})$$

$$\frac{h_w}{b} = \frac{560}{300} = 1.87 < 6$$

$$\frac{V}{bh_0} + \frac{T}{W_t} = \frac{100 \times 10^3}{300 \times 560} + \frac{25 \times 10^6}{2.25 \times 10^7} = 1.71\ (\text{N/mm}^2)$$

$$< \frac{1}{K}(0.25f_c) = \frac{1}{1.2} \times 0.25 \times 11.9 = 2.48\ (\text{N/mm}^2)$$

故截面尺寸符合要求。

(2) 验算是否按计算配置抗剪钢筋。

$$\frac{1}{K}(0.7f_t) = \frac{1}{1.2} \times 0.7 \times 1.27 = 0.74\ (\text{N/mm}^2)$$

$$< \frac{V}{bh_0} + \frac{T}{W_t} = 1.71\ (\text{N/mm}^2)$$

故需要按计算配置抗剪钢筋。

(3) 判断是否按弯、剪、扭构件计算。

$$\frac{1}{K}(0.35f_t bh_0) = \frac{1}{1.2} \times 0.35 \times 1.27 \times 300 \times 560$$

$$= 62.23\ (\text{kN}) < V = 100\ (\text{kN})$$

故不可忽略剪力的影响。

$$\frac{1}{K}(0.175f_tW_t) = \frac{1}{1.2}\times 0.175\times 1.27\times 2.25\times 10^7$$

$$= 4.17\ (\text{kN}\cdot\text{m}) < T = 25\ (\text{kN}\cdot\text{m})$$

故不可忽略扭矩的影响。本题应按弯剪扭构件进行计算。

(4) 配筋计算。

① 抗扭箍筋的计算。取$\zeta = 1.2$，计算系数β_t为

$$\beta_t = \frac{1.5}{1+0.5\dfrac{VW_t}{Tbh_0}} = \frac{1.5}{1+0.5\times\dfrac{100\times 10^3\times 2.25\times 10^7}{25\times 10^6\times 300\times 560}} = 1.18 > 1.0$$

所以取$\beta_t = 1.0$。

$$A_{cor} = b_{cor}h_{cor} = (300-2\times 25)\times(600-2\times 25) = 137\,500\ (\text{mm}^2)$$

$$u_{cor} = 2(b_{cor}+h_{cor}) = 2\times(250+550) = 1\,600\ (\text{mm})$$

$$\frac{A_{st1}}{s} = \frac{KT-0.35\beta_tW_tf_t}{1.2\sqrt{\zeta}f_{yv}A_{cor}}$$

$$= \frac{1.2\times 25\times 10^6-0.35\times 1.0\times 1.27\times 2.25\times 10^7}{1.2\sqrt{1.2}\times 210\times 137\,500}$$

$$= 0.527\ (\text{mm}^2/\text{mm})$$

❶ 箍筋肢数$n=2$。

② 抗剪箍筋❶的计算。

$$\frac{A_{sv1}}{s} = \frac{KV-0.7(1.5-\beta_t)f_tbh}{2\times 1.25f_{yv}h_0}$$

$$= \frac{1.2\times 100\times 10^3-0.7\times(1.5-1.0)\times 1.27\times 300\times 560}{2\times 1.25\times 210\times 560}$$

$$= 0.155\ (\text{mm}^2/\text{mm})$$

❷ 先叠加面积，后选配箍筋。

$$\frac{A^*_{sv1}}{s} = \frac{A_{st1}}{s}+\frac{A_{sv1}}{s} = 0.527+0.155 = 0.682\ (\text{mm}^2/\text{mm})$$ ❷

选用双肢箍筋φ10，$A^*_{sv_1} = 78.5\ \text{mm}^2$，则

$$s = \frac{A^*_{sv_1}}{0.682} = \frac{78.5}{0.682} = 115\ (\text{mm}),\quad s = 100\ (\text{mm}) < s_{max} = 250\ (\text{mm})$$

$$\rho_{sv} = \frac{A^*_{sv}}{bs} = \frac{78.5\times 2}{300\times 100} = 0.523\% > \rho_{sv,min} = 0.20\%$$

故满足要求。

❸ 按中间结果A_{st1}/s计算A_{st}。

③ 抗扭纵筋计算❸。

$$A_{st} = \frac{\zeta f_{yv}A_{st1}u_{cor}}{f_ys} = \frac{1.2\times 0.527\times 1\,600\times 210}{300} = 708\ (\text{mm}^2)$$

$$> \rho_{st,min}bh = 0.2\%\times 300\times 600 = 360\ (\text{mm}^2)$$

故满足最小配筋率要求。

④ 抗弯纵筋计算。

$$\alpha_s = \frac{KM}{f_c b h_0^2} = \frac{1.2 \times 80 \times 10^6}{11.9 \times 300 \times 560^2} = 0.086$$

$$\xi = 1 - \sqrt{1 - 2\alpha_s} = 1 - \sqrt{1 - 2 \times 0.082} = 0.090 < 0.85\xi_b = 0.468$$

$$A_s = \frac{f_c b h_0 \xi}{f_y} = \frac{11.9 \times 300 \times 560 \times 0.09}{300} = 600\ (\mathrm{mm}^2)$$

$$> \rho_{min} b h_0 = 0.20\% \times 300 \times 560 = 336\ (\mathrm{mm}^2)$$

故满足最小配筋率要求。

(5) 钢筋的选配及布置。

① 箍筋（抗扭箍筋和抗剪箍筋）采用双肢ϕ10@100，沿构件的通长布置。

② 抗扭纵筋和抗弯纵筋的布置（抗扭纵筋分三层均布❶）如下：

❶ 根据抗扭纵筋的间距要求，抗扭纵筋需按3排布置。实配钢筋面积与计算最大相差约4.2%。

A. 上层纵筋面积为

$$\frac{A_{st}}{3} = \frac{708}{3} = 236\ (\mathrm{mm}^2)$$

选取2ϕ12，实配226 mm^2。

B. 中层纵筋面积为

$$\frac{A_{st}}{3} = \frac{708}{3} = 236\ (\mathrm{mm}^2)$$

选取2ϕ12，实配226 mm^2。

C. 下层纵筋面积为

$$A_s + \frac{A_{st}}{3} = 600 + \frac{708}{3} = 836\ (\mathrm{mm}^2)$$

选取4ϕ16，实配804 mm^2。

截面配筋如图7－11所示。

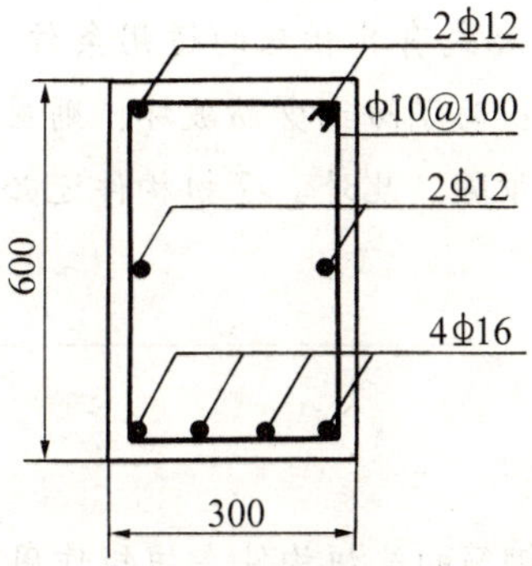

图7－11 截面配筋图

本章小结

(1) 配置抗扭钢筋的纯扭构件，在开裂前，抗扭钢筋的应力很小，其受力性能与素混凝土构件没有明显区别。但开裂后，由于抗扭钢筋的作用而不会立即破坏，将逐渐形成多条成45°角左右的螺旋裂缝。

(2) 钢筋混凝土纯扭构件的破坏可以归纳为三种类型：少筋破坏、适筋破坏、超筋破坏（包括完全超筋破坏和部分超筋破坏）。其中，少筋破坏和完全超筋破坏均为明显的脆性破坏，设计中应当避免。为了使抗扭纵筋与抗扭箍筋相匹配，有效地发挥其抗扭作用，应使两者的强度比$\zeta=0.6\sim1.7$，最佳比值为1.2左右。

(3) 矩形截面纯扭构件的抗扭承载力计算公式（7－5）是根据大量适筋和部分超筋构件的试验实测数据分析建立起来的经验公式。它综合考虑了混凝土和抗扭钢筋两部分的抗扭作用，反映了各个主要因素的影响。

(4) 无腹筋剪扭构件的承载力相关关系符合1/4圆弧的变化规律。《水工混凝土结构设计规范》对剪扭构件的承载力计算采用考虑部分相关的计算方案，并以受弯构件斜截面抗剪承载力公式和纯扭构件抗扭承载力公式为基础，只对公式中的混凝土作用项考虑剪扭相互影响进行修正。对抗扭承载力公式中的混凝土作用项乘以系数β_t，对抗剪承载力公式中的混凝土作用项乘以$(1.5-\beta_t)$。在推导系数时，近似地采用三折线相关曲线代替1/4圆弧线。

(5) 弯扭构件的弯扭相关规律比较复杂，若较准确地考虑弯扭相关性进行设计，将使计算相当复杂。通常采用按受弯构件正截面受弯承载力计算求抗弯纵筋、按纯扭构件受扭承载力计算求抗扭纵筋和箍筋，位于相同部位的钢筋截面面积叠加后配筋的方法。

(6) 对工程中最常见的弯矩、剪力和扭矩同时作用的构件，《水工混凝土结构设计规范》采用以下方法：箍筋的数量由考虑剪扭相关性的抗剪和抗扭计算结果进行叠加，纵筋的数量则由抗弯和抗扭计算的结果进行叠加。

(7) 受扭构件承载力的计算公式有其相应的适用条件。为了防止出现完全超配筋脆性破坏，构件应符合截面限制条件；为了防止少筋破坏，则应满足有关的最小配筋率要求。当符合一定条件时，可以简化计算步骤。此外，受扭构件还必须满足有关的构造要求。

习 题

一、思考题

7－1 简述配置了适量抗扭钢筋的纯扭构件在扭矩作用下开裂前后的受力特点，以及配置抗扭钢筋对构件的承载力和开裂扭矩的影响。

7－2 钢筋混凝土纯扭构件的破坏形态有哪些？它们的破坏特征分别是什么？

7-3 在纯扭构件中，什么是部分超筋破坏和完全超筋破坏？它们的破坏原因分别是什么？

7-4 钢筋混凝土矩形截面构件在弯、剪、扭共同作用下的破坏形态主要有哪几类？它们破坏的原因和特征分别是什么？

7-5 钢筋混凝土纯扭构件破坏时，在什么条件下，纵向钢筋和箍筋都会先达到抗拉屈服强度，然后混凝土才压坏？

7-6 试说明受扭构件承载力计算公式中ζ的物理意义，其合理取值范围是什么？

7-7 在剪扭构件的计算中，为什么要引入系数β_t？其物理意义和取值范围各是什么？

7-8 受扭构件设计时，怎样避免少筋构件和完全超筋构件？在什么情况下可以忽略扭矩或剪力的作用？在什么情况下可以不进行剪扭承载力计算而仅按构造配置抗扭钢筋？

7-9 受扭构件的配筋有哪些构造要求？

二、填空题

7-1 在工程中，钢筋混凝土结构构件的扭转可以分为两类：一类是________；另一类是________。

7-2 钢筋混凝土纯扭构件的受扭破坏形态有________、________和________。

7-3 抗扭钢筋包括________和________。钢筋混凝土构件受扭破坏形态主要与________有关。

7-4 钢筋混凝土矩形截面构件在弯、剪、扭共同作用下的破坏形态与________、________、________、________、________等因素有关。

7-5 钢筋混凝土矩形截面构件在弯、剪、扭共同作用下的承载力计算，纵筋应通过________和________计算求得的纵向钢筋进行配置，重叠处的钢筋截面面积可以叠加；箍筋应按________构件的________和________计算求得箍筋配置，相应部位处的箍筋截面面积也可以叠加。

三、选择题

7-1 均布荷载作用下的弯、剪、扭复合受力构件，当满足（　　）时，可以忽略剪力的影响。

A. $KT \leqslant 0.175 f_t W_t$　B. $KT \leqslant 0.35 f_t W_t$　C. $KV \leqslant 0.35 f_t b h_0$　D. $KV \leqslant 0.7 f_t b h_0$

7-2 均布荷载作用下的弯、剪、扭复合受力构件，当满足（　　）时，可以忽略扭矩的影响。

A. $KT \leqslant 0.175 f_t W_t$　B. $KT \leqslant 0.35 f_t W_t$　C. $KV \leqslant 0.35 f_t b h_0$　D. $KV \leqslant 0.7 f_t b h_0$

7-3 钢筋混凝土剪扭构件的受剪承载力随扭矩的增加而（　　）。

A. 增大　B. 减小　C. 不变　D. 不定

7-4 受扭构件设计时，若满足条件$V/(bh_0) + T/W_t > 0.25 f_c / K$，则应（　　）。

A. 增加纵筋面积　B. 减少箍筋间距　C. 提高混凝土强度　D. 增大截面尺寸

7-5 在受扭构件中，抗扭纵筋应（　　）。

A. 必须在四角放置　　B. 在截面左、右两侧放置

C. 沿截面周边对称放置　　D. 在截面上、下两边放置

7-6　在剪力和扭矩共同作用下的构件，(　　)。

A. 其受扭承载力随着剪力的增加而减少

B. 其受扭承载力随着扭矩的增加而减少

C. 其剪力和扭矩之间不存在相关关系

D. 其承载力比剪力和扭矩单独作用下的相应承载力要低

7-7　对于剪力和扭矩共同作用下的构件承载力计算，《水工混凝土结构设计规范》在处理剪扭相关作用时，(　　)。

A. 不考虑两者之间的相关性

B. 考虑两者之间的相关性

C. 混凝土和钢筋的承载力都考虑剪扭相关作用

D. 混凝土的承载力考虑剪扭相关作用，而钢筋的承载力不考虑剪扭相关性

四、计算题

7-1　一个钢筋混凝土纯扭构件，截面尺寸 $b \times h = 200\ \text{mm} \times 400\ \text{mm}$，扭矩设计值 $T = 8.5 \times 10^3\ \text{N} \cdot \text{m}$，混凝土强度等级为 C25，采用 HPB235 级钢筋，取 $c = 25\ \text{mm}$。试计算其所需钢筋的数量。

7-2　某钢筋混凝土矩形截面梁，截面尺寸 $b \times h = 300\ \text{mm} \times 600\ \text{mm}$，承受内力设计值为 $M = 112.5\ \text{kN} \cdot \text{m}$，$V = 109.3\ \text{kN}$，$T = 23\ \text{kN} \cdot \text{m}$，混凝土强度等级为 C25，采用 HRB335 级纵筋、HPB235 级箍筋，取 $c = 25\ \text{mm}$。试设计此梁。

第8章 钢筋混凝土构件正常使用极限状态验算

学习指导

教学要求：1. 了解钢筋混凝土构件正常使用极限状态的验算内容。
2. 了解钢筋混凝土构件裂缝形成的原因和相应的预防措施。
3. 掌握钢筋混凝土构件抗裂、裂缝宽度和变形的验算方法。
4. 了解混凝土结构耐久性的影响因素，并掌握其设计方法。

学习重点：1. 钢筋混凝土构件抗裂、裂缝宽度和变形验算方法。
2. 混凝土结构耐久性的设计方法。

8.1 概　　述

钢筋混凝土结构设计必须首先满足承载能力极限状态的要求，以保证结构安全可靠。此外，还应满足结构正常使用极限状态对于裂缝和变形控制的要求，以保证结构构件的适用、美观和耐久性。随着科学技术的进步，建筑材料日益向轻质、高强方向发展，构件的截面尺寸在进一步缩小，裂缝和变形问题就变得更加突出❶。特别是在有特殊要求的某些情况下，正常使用极限状态的验算也可能成为设计中的控制情况。

❶ 由于轻质、高强材料的应用，按承载力决定的截面尺寸减小，抗裂度和刚度就可能降低，从而影响正常使用性能。

8.1.1 裂缝控制验算

裂缝控制验算包括抗裂验算和裂缝宽度验算。

1. 抗裂验算

抗裂就是不允许混凝土开裂。《水工混凝土结构设计规范》要求，在荷载效应的标准组合下，构件验算点拉应力不能超过由混凝土拉应力限制系数 α_{ct} 控制的应力值。

按《水工混凝土结构设计规范》的规定，应对承受水压的轴心受拉构件、小偏心受拉构件进行抗裂验算。对于产生裂缝后会引起严重渗漏的其他构件，也应进行抗裂验算。例如，工程上常用的输水槽，槽底板在纵向弯矩的作用下，全部处于受拉区，一旦开裂，裂缝就会贯穿底板截面造成漏水，因此，底板在纵向计算时属于严格要求抗裂的构件，应按抗裂条件进行验算。

2. 裂缝宽度验算

在使用荷载的作用下，钢筋混凝土结构截面上的拉应力常常大于混凝土的抗拉强度，在正常使用状态下必然会有裂缝产生，即构件总是带缝工作的。如果裂缝过宽，则会降低混凝土的抗渗性和抗冻性等使用功能，进而影响结构的耐久性和外观，并且会引起使用者的心理不安。因此，对这种构件必须进行裂缝宽度验算。《水工混凝土结构设计规范》要求，在荷载效应的标准组合下，验算构件的最大裂缝宽度不应超过附录 7 表 23 中的限值。

8.1.2 变形验算

在水工建筑物中，由于稳定和使用上的要求，构件的截面尺寸设计得都比较大，刚度也就大，变形一般都满足要求。但吊车梁或门机轨道梁等构件，变形过大时，会妨碍吊车或门机的正常行驶；闸门顶梁变形过大时，会使闸门顶梁与胸墙底梁之间的止水失效。对于这类有严格限制变形要求的构件以及截面尺寸特别单薄的装配式构件，就需要进行变形验算，以控制构件的变形，保证建筑的使用功能要求，保证人们的感觉在可接受程度之内。

《水工混凝土结构设计规范》要求，在荷载效应的标准组合下，验算的受弯构件的最大挠度值不应超过附录 7 表 25 中的限值[1]。

8.1.3 可靠度水准

因为超出正常使用极限状态而产生的后果不像超出承载能力极限状态所产生的后果那样严重，所以正常使用极限状态的可靠指标 β（通常可取为 1～2）要小于承载能力极限状态的可靠度指标[2]。为此，《水工混凝土结构设计规范》规定，对正常使用极限状态进行验算时，荷载和材料强度均采用其标准值，而不是采用它们的设计值。

8.2 抗裂验算

8.2.1 轴心受拉构件的抗裂验算

1. 抗裂极限状态

钢筋混凝土轴心受拉构件在即将发生开裂时，混凝土的拉应力达到其轴心抗拉强度（如图 8－1 所示），拉应变达到其极限拉伸值 ε_{tu}。这时，由

[1] 钢筋锈蚀的条件是同时存在空气和水分。因此，不同的环境条件下，裂缝对结构性能的影响不同，限裂标准也就不同。

[2] 在第 2 章论述了如何通过参数取值来体现两种极限状态可靠度水准的不同。

于钢筋与混凝土共同变形，因此，钢筋的拉应力可以根据钢筋和混凝土应变相等的关系求得，即

$$\sigma_s = \varepsilon_s E_s = \varepsilon_c E_s$$

令 $\alpha_E = E_s / E_c$，则

$$\sigma_s = \alpha_E \varepsilon_{tu} E_c = \alpha_E f_t \text{ ❶}$$

所以混凝土在即将开裂时，钢筋应力 σ_s 是同位置处混凝土应力的 α_E 倍。

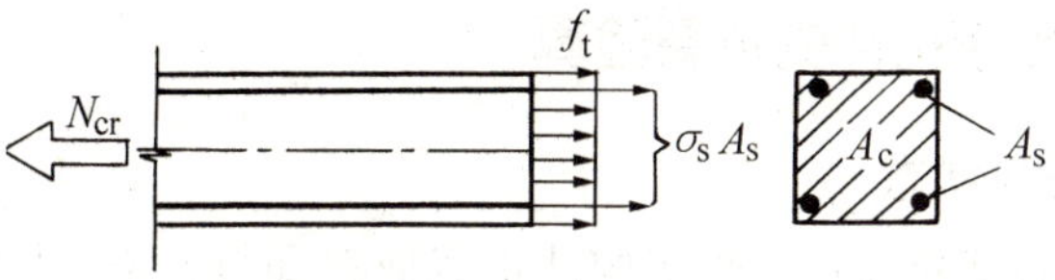

图 8－1　轴心受拉构件抗裂轴力示意图

若以 A_s 表示受拉钢筋的截面面积，以 A_{s0} 表示将钢筋 A_s 换算成假想的混凝土的换算截面面积，则换算截面面积承受的拉力应与原钢筋承受的拉力相同，即

$$\sigma_s A_s = f_t A_{s0} \tag{8-1}$$

将 $\sigma_s = \alpha_E f_t$ 代入式(8－1)，可得

$$A_{s0} = \alpha_E A_s \tag{8-2}$$

式（8－1）表明，在混凝土开裂之前，钢筋与混凝土满足变形协调的条件。

因此，截面面积为 A_s 的纵向受拉钢筋相当于截面面积为 $\alpha_E A_s$ 的受拉混凝土作用，$\alpha_E A_s$ 就称为钢筋 A_s 的换算截面面积❷。构件总的换算截面面积为

$$A_0 = A_c + \alpha_E A_s \tag{8-3}$$

式中：A_c——混凝土的截面面积。

2. 抗裂轴力 N_{cr}

由力的平衡条件，可以求得即将发生裂缝时的抗裂轴向拉力为（如图 8－1 所示）

$$N_{cr} = A_c f_t + \sigma_s A_s = A_c f_t + \alpha_E f_t A_s = f_t (A_c + \alpha_E A_s) = f_t A_0 \tag{8-4}$$

3. 抗裂验算

在正常使用极限状态验算时，考虑目标可靠指标的要求，引进一个拉应力限制系数 α_{ct}，形成有限拉应力状态❸，并且混凝土抗拉强度取用标准值，荷载也取用标准值。因此，对于轴心受拉构件，在荷载效应的标准组合下，应按下列公式进行抗裂验算：

❶ 此时，$\varepsilon_c = \varepsilon_{tu}$，而 $\varepsilon_{tu} E_c = f_t$。

❷ 下面所有构件都是这样把钢筋折算为等效的、同位置的混凝土，按均质的换算截面进行分析。

❸ 拉应力限制系数 α_{ct} 的采用，实际上就是对混凝土抗拉强度标准值进行折减，以控制截面应力不超过一个更保守的限定值，即通过控制使用阶段的应力来保证可靠指标的要求。

$$N_{k} \leqslant \alpha_{ct} f_{tk} A_{0} \tag{8-5}$$[1]

式中：N_k——按荷载标准值计算的轴向拉力值；

f_{tk}——混凝土抗拉强度的标准值；

α_{ct}——混凝土拉应力限制系数，对荷载效应的标准组合，α_{ct} = 0.85；

A_0——换算截面面积，mm²，$A_0 = A_c + \alpha_E A_s$。

8.2.2 受弯构件的抗裂验算

1. 抗裂极限状态

由第3章的试验得知，受弯构件正截面在即将开裂的瞬间，其应力状态处于第Ⅰ应力阶段的末尾（如图3-6所示）[2]。此时，受拉区边缘的拉应变达到混凝土的极限拉伸值 ε_{tu}，受拉区应力分布为曲线形，具有明显的塑性特征，最大拉应力达到混凝土的抗拉强度 f_t。而受压区混凝土仍接近弹性工作状态，其应力分布图形为三角形。

2. 抗裂弯矩 M_{cr}

根据试验结果分析，在计算受弯构件的抗裂弯矩时，可以假定混凝土受拉区的应力分布为如图8-2所示的梯形，塑化区高度占受拉区高度的一半。

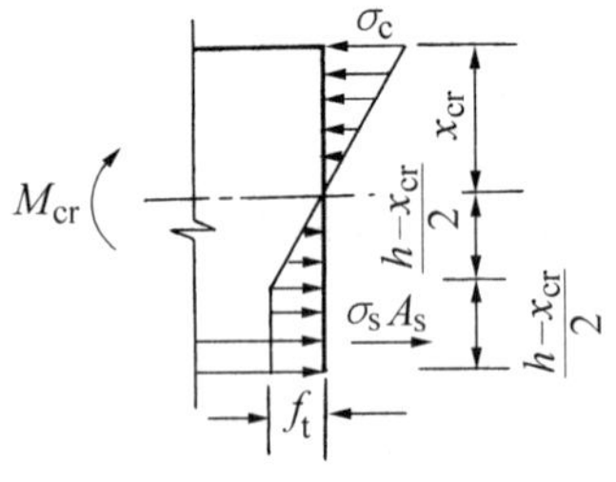

图8-2 受弯构件抗裂验算时假定的应力图形

按图8-2中的应力图形，利用平截面假定，可以求出混凝土边缘应力与受压区高度之间的关系；然后根据力和力矩的平衡条件，可以求出截面抗裂弯矩。

上述方法比较麻烦。为方便起见，设计中采用等效换算的方法，即在保持抗裂弯矩相等的条件下，将受拉区梯形应力图形等效折算成直线分布的应力图形（如图8-3所示）。此时，受拉区边缘应力由 f_t 折算为 $\gamma_m f_t$，γ_m 称为截面抵抗矩的塑性系数[3]。

经过这样的换算，就可以把构件视作截面面积为

$$A_0 = A_c + \alpha_E A_s + \alpha_E A'_s$$

[1] 相当于2.4.2小节中 $S_k \leqslant c$ 的具体应用。

[2] 即为第3章提到的第Ⅰ阶段末Ⅰa状态。

[3] 考虑混凝土受拉区的塑性发展后，抗裂弯矩要大于弹性阶段的值。若按此方法转换为弹性应力分布，而要保持抗裂弯矩不变，就必须改变应力图形的参数大小。这里相当于考虑塑性性质后，把弹性极限应力提高为 $\gamma_m f_t$。

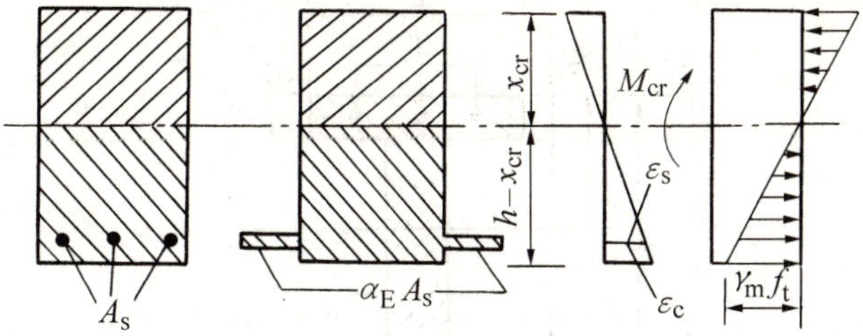

图 8－3 受弯构件正截面抗裂弯矩计算图

的匀质弹性体❶。引用材料力学的公式，可以得出受弯构件正截面抗裂弯矩的计算公式为

$$M_{cr} = \gamma_m f_t W_0 \qquad (8-6)$$

式中：W_0——换算截面 A_0 对受拉边缘的弹性抵抗矩，$W_0 = I_0/(h-y_0)$，这里，y_0 为换算截面重心轴至受压边缘的距离，I_0 为换算截面对其重心轴的惯性矩；

γ_m——截面抵抗矩的塑性系数。

3. 截面抵抗矩塑性系数 γ_m

如上所述，截面抵抗矩的塑性系数 γ_m 是按受拉区为梯形分布的应力图形，依据抗裂弯矩相等的原则，折算成直线应力图形后，两个应力图形受拉边缘应力的比值❷。对于截面抵抗矩的塑性系数 γ_m，可以根据按图 8－3 和图 8－2 推导的抗裂弯矩 M_{cr} 相等的条件确定，过程从略。对于一些常用的截面，已求出相应的 γ_m 值，参见附录 7 表 26，设计时可以直接采用❸。

4. 抗裂验算

为了满足目标可靠指标的要求，对受弯构件同样引入拉应力限制系数 α_{ct}，荷载和材料强度均采用其标准值。这样，受弯构件在荷载效应的标准组合下，应按下列公式进行抗裂验算❹：

$$M_k \leqslant \alpha_{ct} f_{tk} \gamma_m W_0 \qquad (8-7)$$

式中：M_k——按荷载标准值计算的弯矩值，N · mm；

其余符号的意义同前。

5. 换算截面特征值计算

进行抗裂验算时，应首先计算出换算截面的特征值。下面给出双筋工形截面（如图 8－4 所示）的具体公式❺。对于矩形及 T 形或倒 T 形截面，只需在工形截面的基础上去掉无关的项即可。

换算截面面积为

$$A_0 = bh + (b_f - b)h_f + (b'_f - b)h'_f + \alpha_E A_s + \alpha_E A'_s \qquad (8-8)$$

❶ 要注意换算钢筋面积的位置。

❷ γ_m 实际上是截面弹性抵抗矩与塑性抵抗矩的比值，即考虑塑性发展对其抗裂弯矩的影响系数，称为塑性影响系数。

❸ 注意截面高度对 γ_m 的修正。

❹ $M_k \leqslant M_{cr}$ 即满足抗裂要求。《水工混凝土结构设计规范》偏于安全出发，用 α_{ct} 对 f_{tk} 进行了折减，也可以宏观地认为是对 M_{cr} 的折减。

❺ 公式参考《材料力学》。

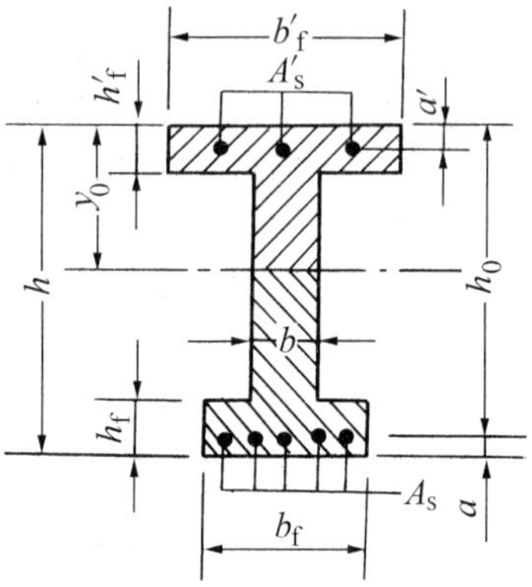

图 8－4　双筋工形截面

换算截面重心至受压边缘的距离为

$$y_0=\frac{\dfrac{bh^2}{2}+(b'_f-b)\dfrac{h'^2_f}{2}+(b_f-b)h_f\left(h-\dfrac{h_f}{2}\right)+\alpha_E A_s h_0+\alpha_E A'_s a'}{bh+(b_f-b)h_f+(b'_f-b)h'_f+\alpha_E A_s+\alpha_E A'_s} \tag{8-9}$$

换算截面对其重心轴的惯性矩为

$$I_0=\frac{b'_f y_0^3}{3}-\frac{(b'_f-b)(y_0-h'_f)^3}{3}+\frac{b_f(h-y_0)^3}{3}-\frac{(b_f-b)(h-y_0-h_f)^3}{3}+\alpha_E A_s(h_0-y_0)^2+\alpha_E A'_s(y_0-a')^2 \tag{8-10}$$

单筋矩形截面的 y_0 和 I_0 也可以按下列近似公式计算：

$$y_0=(0.5+0.425\alpha_E\rho)h \tag{8-11}$$

$$I_0=(0.0833+0.19\alpha_E\rho)bh^3 \tag{8-12}$$

上述各式中：α_E——弹性模量比，$\alpha_E=E_s/E_c$；

ρ——纵向受拉钢筋的配筋率，$\rho=A_s/(bh_0)$。

8.2.3　偏心受拉构件的抗裂验算

1. 抗裂性能分析

偏心受拉构件可以采用与受弯构件相同的方法分析计算抗裂性能，即将钢筋截面面积换算为混凝土截面面积之后，用材料力学匀质弹性体的公式进行计算。在荷载效应的标准组合下，应符合下列要求：

$$\frac{M_k}{W_0}+\frac{N_k}{A_0}\leqslant\gamma_{偏拉}\alpha_{ct}f_{tk} \tag{8-13}$$

式中：$\gamma_{偏拉}$——偏心受拉构件的混凝土塑性影响系数。

从图 8－5 中可以看出，偏心受拉构件受拉区的塑化效应与受弯构件的塑化效应相比，有所减弱，这是因为它的受拉区应变梯度比受弯构件的应变梯度要小。但它的塑化效应又比轴心受拉构件的大，因为轴心受拉构件的应变梯度为零❶。因此，偏心受拉构件的塑性影响系数$\gamma_{偏拉}$应处于1（轴心受拉构件的塑性影响系数）与γ_m（受弯构件的截面抵抗矩塑性系数）之间，可以近似地认为，$\gamma_{偏拉}$是随截面的平均拉应力$\sigma = N_k/A_0$的大小，按线性规律在1与γ_m之间变化。

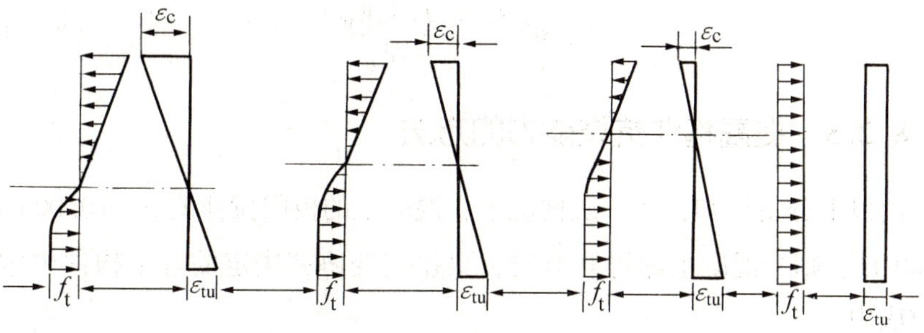

图8-5 不同受力构件即将开裂时的应力及应变图形

（a）偏心受压；（b）受弯；（c）偏心受拉；（d）轴心受拉

当平均拉应力$\sigma = 0$时（受弯状态下），$\gamma_{偏拉} = \gamma_m$；当平均拉应力为f_t时，用设计表达式表达，即相当于$\sigma = \alpha_{ct} f_{tk}$时（轴心受拉状态下）❷，$\gamma_{偏拉} = 1$。于是有

$$\gamma_{偏拉} = \gamma_m - (\gamma_m - 1)\frac{\sigma}{\alpha_{ct} f_{tk}} = \gamma_m - (\gamma_m - 1)\frac{N_k}{A_0 \alpha_{ct} f_{tk}} \qquad (8-14)$$

2. 抗裂验算

将式（8-14）代入式（8-13），经变换后，就可以得出偏心受拉构件在荷载效应的标准组合下的抗裂验算公式为

$$\frac{M_k}{W_0} + \frac{\gamma_m N_k}{A_0} \leqslant \gamma_m \alpha_{ct} f_{tk} \qquad (8-15)$$

取$M_k = N_k e_0$，则

$$N_k \leqslant \frac{\gamma_m \alpha_{ct} f_{tk} A_0 W_0}{e_0 A_0 + \gamma_m W_0} \qquad (8-16)$$

式中：N_k——由荷载标准值组合计算的轴向力值；

e_0——轴向拉力的偏心矩，$e_0 = M_k/N_k$；

其余符号的意义同前。

8.2.4 偏心受压构件的抗裂验算

与偏心受拉构件的计算原理相同，偏心受压构件在荷载效应的标准组合下，可按下列公式进行抗裂验算：

$$\frac{M_k}{W_0} - \frac{N_k}{A_0} \leqslant \gamma_{偏压} \alpha_{ct} f_{tk} \qquad (8-17)$$

❶ 应变梯度是应变沿截面高度的变化，即边缘应变与截面高度的比值。因为各种受力构件开裂时的应变ε_{tu}基本相同，所以受拉区小的，受拉应变梯度就大。这时，当边缘应力达到f_t时，相邻应力还比较小，可以起到卸载作用，直到经历一个较大的塑性发展才可能开裂，γ_m值也就肯定大。

❷ 即考虑拉应力限制系数α_{ct}。

❶ 偏心受压构件的受拉区必然要小，所以受拉区应变梯度就比较大。

偏心受压构件由于受拉区应变梯度比较大❶，塑化效应比较充分，因而其塑性影响系数 $\gamma_{偏压}$ 比受弯构件的 γ_m 大。但在实际应用中，为简化计算，并考虑偏于安全，取与受弯构件相同的数值，即取 $\gamma_{偏压}=\gamma_m$。

用 γ_m 取代 $\gamma_{偏压}$，并令 $e_0=M_k/N_k$，则式（8－17）可以改写为

$$N_k \leqslant \frac{\gamma_m \alpha_{ct} f_{tk} A_0 W_0}{e_0 A_0 - W_0} \tag{8-18}$$

8.2.5 提高构件抗裂能力的方法

由以上分析可知，在一般情况下，混凝土的极限拉伸值 $\varepsilon_{tu}=0.000\,1 \sim 0.000\,15$，则当混凝土即将开裂时，根据应变协调决定的各个构件中钢筋的拉应力

$$\sigma_s \approx (0.000\,1 \sim 0.000\,15) \times 2.0 \times 10^5 = 20 \sim 30\ (\text{N/mm}^2)$$

可见，此时钢筋的应力是很低的，即对于钢筋混凝土的抗裂能力来说，钢筋所起的作用不大，所以用增加钢筋的办法来提高构件的抗裂能力是极不经济的，也是不合理的。要提高构件的抗裂能力，可以通过加大构件的截面尺寸与提高混凝土的强度等级，或在混凝土中掺入钢纤维等方法。

【例 8－1】 某输水渡槽顶部横拉杆截面尺寸 $b \times h=200\ \text{mm} \times 200\ \text{mm}$，承受轴向拉力标准值 $N_k=55$ kN，采用 C20 级混凝土，钢筋为 HRB335 级。根据承载力计算，已配置 4Φ14（$A_s=616\ \text{mm}^2$）。试验算截面是否抗裂。

解 由附录 4 表 7、表 10、表 11 查得

$$E_c = 2.55 \times 10^4\ \text{N/mm}^2,\ E_s = 2.0 \times 10^5\ \text{N/mm}^2,\ f_{tk} = 1.54\ \text{N/mm}^2$$

由式（8－3），得到

$$A_0 = bh + \alpha_E A_s = 200 \times 200 + \frac{2.0 \times 10^5 \times 616}{2.55 \times 10^4}$$

$$= 44\,831\ (\text{mm}^2)$$

由式（8－5），取 $\alpha_{ct}=0.85$，则

$$\alpha_{ct} f_{tk} A_0 = 0.85 \times 1.54 \times 44\,831 = 58\,684\ (\text{N}) > N_k = 55\,000\ (\text{N})$$

故满足抗裂要求。

【例 8－2】 某水闸底板厚 $h=1\,200$ mm，$h_0=1\,130$ mm；跨中截面荷载效应值 $M_k=440$ kN·m，采用 C20 级混凝土，HRB335 级钢筋。根据承载力计算，已配置钢筋Φ20@180（$A_s=1\,745\ \text{mm}^2$）。试验算底板是否抗裂。

解 由附录 4 表 7、表 10、表 11 查得

$$E_c = 2.55 \times 10^4\ \text{N/mm}^2,\ E_s = 2.0 \times 10^5\ \text{N/mm}^2,\ f_{tk} = 1.54\ \text{N/mm}^2$$

由附录 7 表 26 查得矩形截面的 $\gamma_m=1.55$，则

$$\alpha_E = \frac{E_s}{E_c} = \frac{2.0\times10^5}{2.55\times10^4} = 7.84$$

由式（8-9），有

$$y_0 = \frac{\frac{bh^2}{2}+\alpha_E A_s h_0}{bh+\alpha_E A_s} = \frac{\frac{1\,000\times1\,200^2}{2}+7.84\times1\,745\times1\,130}{1\,000\times1\,200+7.84\times1\,745} = 606\ (\text{mm})$$

由式（8-10），有

$$I_0 = \frac{by_0^3}{3}+\frac{b(h-y_0)^3}{3}+\alpha_E A_s(h_0-y_0)^2$$

$$= \frac{1\,000\times606^3}{3}+\frac{1\,000\times(1\,200-606)^3}{3}+7.84\times(1\,130-606)^2$$

$$= 1.44\times10^{11}\ (\text{mm}^4)$$

如使用近似公式（8-11）和式（8-12）计算，则

$$y_0 = (0.5+0.425\alpha_E\rho)h$$

$$= \left(0.5+0.425\times7.84\times\frac{1\,745}{1\,000\times1\,130}\right)\times1\,200 = 606\ (\text{mm})$$

$$I_0 = (0.083\,3+0.19\alpha_E\rho)bh^3$$

$$= \left(0.083\,3+0.19\times7.84\times\frac{1\,745}{1\,000\times1\,130}\right)\times1\,000\times1\,200^3$$

$$= 1.48\times10^{11}\ (\text{mm}^4)$$ ❶

❶ 可见，采用近似公式得到的结果足够精确，能够满足计算要求。

考虑截面高度的影响，对 γ_m 值进行修正，得到

$$\gamma_m = \left(0.7+\frac{300}{1\,200}\right)\times1.55 = 1.472\,5$$

由式（8-7），取 $\alpha_{ct}=0.85$，

$$\alpha_{ct}f_{tk}\gamma_m W_0 = \alpha_{ct}f_{tk}\gamma_m\frac{I_0}{h-y_0}$$

$$= 1.472\,5\times0.85\times1.54\times\frac{1.44\times10^{11}}{1\,200-606}$$

$$= 467\,273\,333.3\ (\text{N}\cdot\text{m}) \approx 467.3\ (\text{kN}\cdot\text{m})$$

$$> M_k = 440\ (\text{kN}\cdot\text{m})$$

所以该水闸底板跨中截面满足抗裂要求。

8.3 裂缝宽度验算

8.3.1 裂缝的成因

混凝土裂缝的成因十分复杂，影响因素众多，归纳起来，可以分为荷载作用引起的裂缝和非荷载作用引起的裂缝。

1. 荷载作用引起的裂缝

在使用荷载作用下，钢筋混凝土结构构件截面上的混凝土拉应变常常是大于混凝土极限拉伸值的❶，因此，构件在使用时，实际上是带缝工作的。

目前，我们所指的裂缝宽度计算仅限于由荷载作用所引起的裂缝，并且主要是针对由弯矩、轴向拉力、偏心拉（压）力等引起的垂直裂缝，或称为正截面裂缝❷。对于由剪力或是扭矩引起的斜裂缝，目前研究得还不够充分。因此，现在大多数国家的规范还没有反映斜裂缝宽度的计算内容❸。

2. 非荷载作用引起的裂缝

在混凝土结构中，除荷载作用会引起裂缝以外，还有许多非荷载因素，如温度变化、混凝土收缩、基础不均匀沉降、混凝土塑性坍落等，也可能引起裂缝。对此类裂缝，应采取相应的构造措施，尽量减小或避免其产生和发展。

（1）温度变化引起的裂缝。由于混凝土材料具有热胀冷缩的性质，所以结构构件会随着温度的变化而产生变形。当变形受到约束时，就可能产生裂缝。避免发生裂缝的方法是撤去约束，允许结构构件产生自由的变形。因此，在建筑物中，常要设置一定宽度的伸缩缝来减少相互约束，防止裂缝发生❹。

在大体积混凝土结构中❺，由于水泥化学反应，产生了大量的水化热，导致混凝土内外温差过大（内部温度较高，构件外周温度较低），内部混凝土膨胀受到外部混凝土的变形约束，使整个结构外部受拉、内部受压❻。混凝土在硬化初期的抗拉能力较弱，如果内外温差引起的拉应力超过了混凝土此时的抗拉强度或极限拉应变，混凝土就会开裂。因此，浇筑混凝土时，需要进行合理的分层、分块，采用低热水泥，在混凝土内部埋置块石，预冷骨料，加强养护，以及预埋冷却水管通水冷却等。

（2）混凝土收缩引起的裂缝。当混凝土在空气中结硬时，产生的收缩变形受到边界约束的作用，产生附加拉应力，使得混凝土可能产生裂缝❼。

防止或减少收缩裂缝的措施如下：合理地设置伸缩缝，改善水泥的性能，降低水灰比，减少水泥用量，配筋率不宜过高，设置构造钢筋使收缩裂缝分布均匀，避免发生集中的大裂缝，加强混凝土的潮湿养护等。

（3）基础不均匀沉降引起的裂缝。超静定结构基础不均匀沉降时，结构构件被迫变形而引起裂缝。

防止此类裂缝产生的措施是根据地基条件及上部结构形式，采用合理

❶ 结构中主拉应力达到混凝土的抗拉强度时，并不立即产生裂缝，而是当拉应变达到极限拉应变 ε_{tu} 时才出现裂缝。

❷ 下面将详细论述此类裂缝控制及计算问题。

❸ 一般认为，对于正常配筋的构件，斜裂缝宽度不会过大。

❹ 这类裂缝的防治措施详见“水利工程施工”课程相关教材。

❺ 构件的最小尺寸大于 800 mm 时，通常可以认为是大体积混凝土。

❻ 这类应力是自平衡力系，且一般是低温处受拉。

❼ 收缩所引起的表面裂缝大多是“龟裂”，通常与温度变化所引起的裂缝难以区别。

的构造措施，如设置沉降缝等[1]。

（4）混凝土塑性坍落引起的裂缝。在混凝土浇筑后的头几小时内，混凝土还处于塑性状态，如果混凝土出现泌水现象，则在重力作用下有混合料中的固体颗粒向下沉移（混凝土塑性坍落）而水向上浮动的倾向。当这种移动受到钢筋骨架或模板的约束时，上部就容易形成沿钢筋长度方向的裂缝，如图8－6所示。

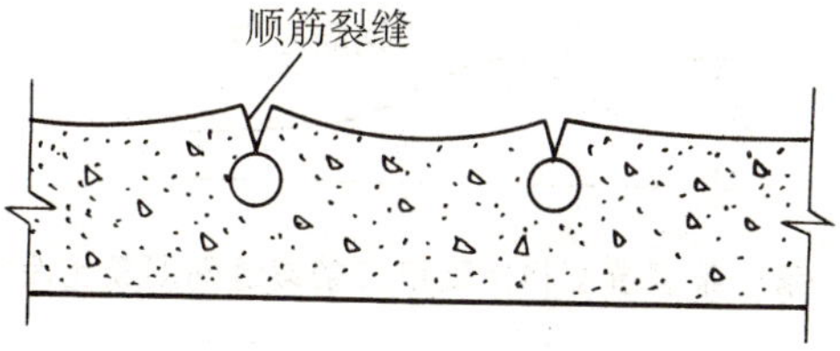

图8－6 混凝土塑性坍落的影响

防止此类裂缝产生的方法如下：选择级配良好的骨料，严格控制水灰比，采用适量的减水剂；施工时，既不能漏振，也不能过振，避免混凝土泌水现象的产生；防止模板沉陷。这种裂缝一旦发生，可以在混凝土终凝以前重新抹面压光，使裂缝闭合[2]。

8.3.2 受力裂缝开展宽度计算理论

由于影响裂缝开展的因素相当复杂，即使对于正截面上的受力裂缝，要想建立一个能概括各种因素的计算公式仍然是十分困难的。目前，裂缝宽度计算公式大体上可以分为两种类型：一类是完全以试验为依据，分析影响裂缝宽度的主要因素，从而建立数理统计公式；另一类是根据裂缝开展的机制，建立理论计算模型，借助试验确定待定系数，最后得到裂缝宽度的半理论半经验公式。《水工混凝土结构设计规范》中的裂缝宽度计算方法便属于后者。

1. 裂缝开展前后的应力状态

在裂缝未出现前，受拉区的钢筋与混凝土共同受力；沿构件长度方向，各个截面的受拉钢筋应力及受拉区混凝土的拉应力大体上保持均等。由于混凝土的不均匀性，各个截面混凝土的实际抗拉强度有差异。随着荷载的增加，在某一最薄弱的截面上将出现第一条裂缝（如图8－7中的截面 a 所示）。有时也可能在几个截面上同时出现一批裂缝。在裂缝截面上，混凝土不再承受拉力而转由钢筋来承担，钢筋应力将突然增大，应变也突增[3]。加上原来受拉伸长的混凝土应力释放后又瞬间产生回缩，故裂缝一出现就会有一定的宽度。

[1] 伸缩缝是断开基础以上的结构，而沉降缝是基础与其以上的结构全部断开。

[2] 此外，冰冻、钢筋锈蚀和碱－骨料化学反应等都可能引起裂缝。

[3] 开裂后，钢筋和混凝土之间将发生内力重分布，开裂的混凝土把其原承担的拉力转由钢筋承受，钢筋负担加重。

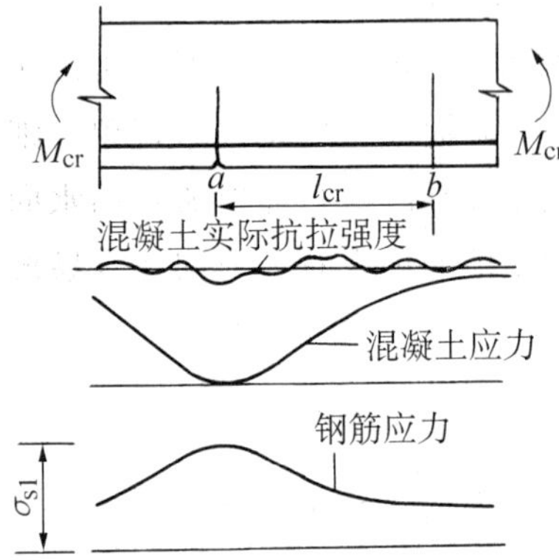

图 8-7　第一条裂缝至将出现第二条裂缝间混凝土及钢筋应力

由于混凝土向裂缝两侧回缩受到钢筋的黏结约束，所以混凝土将随着远离裂缝截面而重新建立起拉应力。当荷载再增加时，在离裂缝截面某一长度处，混凝土的拉应力增大到混凝土的实际抗拉强度，其附近某一薄弱截面又将出现第二条裂缝（如图 8-7 中的截面 b 所示）。如果两条裂缝之间的间距小于最小间距 l_{min} 的 2 倍，则由于黏结力传递的长度不够，混凝土的拉应力不可能达到混凝土的抗拉强度，将不会出现新的裂缝。因此，裂缝的平均间距 l_{cr} 最终将稳定在 $l_{min} \sim 2l_{min}$[❶]。

在裂缝陆续出现后，沿构件长度方向，钢筋与混凝土的应力是随着裂缝的位置而变化的（如图 8-8 所示）。同时，中和轴也随着裂缝的位置呈波浪形起伏。试验表明，对正常配筋率或配筋率较高的梁来说，大概在荷载超过开裂荷载的 50% 时，裂缝间距已基本趋于稳定。也就是说，此后再增加荷载，构件也不产生新的裂缝，而只是使原来的裂缝继续扩展与延伸，荷载越大，裂缝越宽。随着荷载的逐步增加，裂缝之间的混凝土逐渐脱离受拉工作，钢筋应力逐渐趋于均匀。

❶ 裂缝间的混凝土受力是通过黏结力来建立的，离裂缝截面越远，黏结力累积越大，混凝土才能获得足够的拉应力而开裂。若裂缝间距已经很小，则由于黏结力传递的长度不够，裂缝间的累积黏结力就较小，也就不可能再使混凝土应力达到抗拉强度而开裂，所以也就不会产生新的裂缝。

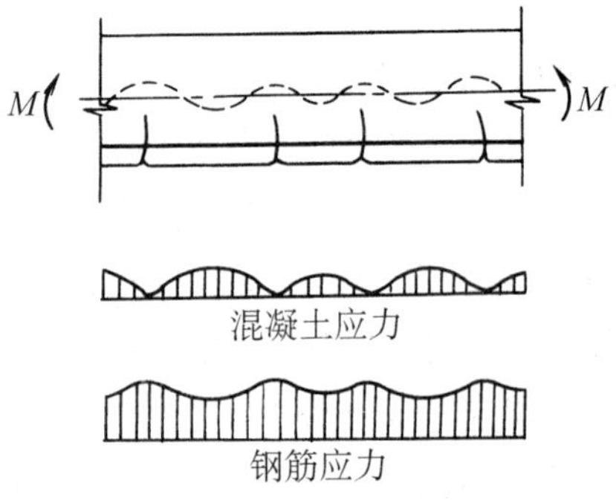

图 8-8　中和轴、混凝土及钢筋应力随着裂缝位置的变化情况

2. 平均裂缝间距

对裂缝间距和裂缝宽度来说，钢筋的作用仅仅影响到它周围的有限区域。裂缝出现后，只是钢筋周围有限范围内的混凝土受到钢筋的约束，而距离钢筋较远的混凝土受钢筋的约束影响就小得多。因此，取如图8－7所示的平均裂缝间距 l_{cr} 的钢筋及其有效约束范围内的受拉混凝土为脱离体，如图8－9所示[1]。

[1] 这相当于轴心受拉构件，左边截面完全开裂、右边截面即将开裂的应力状态。

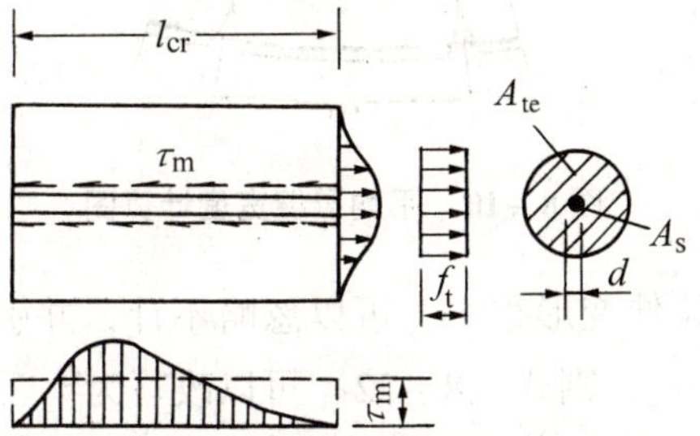

图8－9 混凝土脱离体应力图形

脱离体两端的拉力之差将由钢筋与混凝土之间的黏结力来平衡，即

$$f_t A_{te} - 0 = \tau_m u l_{cr}$$

所以

$$l_{cr} = \frac{f_t A_{te}}{\tau_m u} \tag{8-19}$$

式中：τ_m——l_{cr} 范围内纵向受拉钢筋与混凝土的平均黏结力；

u——纵向受拉钢筋截面的总周长，$u = n\pi d$，n 和 d 分别为钢筋的根数和直径。

A_{te}——有效受拉混凝土的截面面积[2]。

[2] 根据钢筋与混凝土的黏结机制，混凝土应力在钢筋周围不均匀分布，离钢筋越远，黏结传力越小，混凝土应力也就小。这里引入了一个有效受拉混凝土截面面积 A_{te}，在 A_{te} 内可以认为应力均匀。

令 $\rho_{te} = A_s / A_{te}$，代入式（8－19）得

$$l_{cr} = \frac{f_t d}{4\tau_m \rho_{te}} \tag{8-20}$$

由于钢筋和混凝土的黏结力随着混凝土抗拉强度的增大而增大，故可以近似地取 f_t/τ_m 为常数。同时，根据试验研究，构件侧表面钢筋重心水平位置处的裂缝间距与混凝土保护层的厚度 c 呈线性增大关系，因此，式（8－19）可以改写为

$$l_{cr} = k_1 c + k_2 \frac{d}{\rho_{te}} \tag{8-21}$$

式中：k_1、k_2——试验常数。

3. 平均裂缝宽度

平均裂缝宽度等于平均裂缝间距内钢筋和混凝土的平均受拉伸长之差

（如图 8－10 所示），即

$$w_{cr} = \varepsilon_{sm} l_{cr} - \varepsilon_{cm} l_{cr} \tag{8-22}$$

式中：ε_{sm}——裂缝间钢筋的平均拉应变；

ε_{cm}——裂缝间混凝土的平均拉应变。

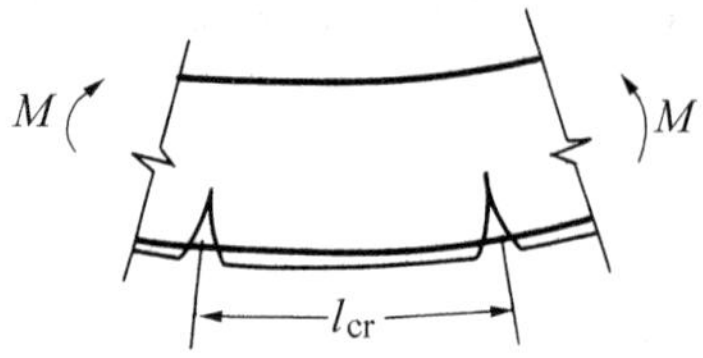

图 8－10　平均裂缝宽度计算图

❶ 可见，裂缝宽度与钢筋应力和平均裂缝间距成正比。

由于混凝土的拉伸变形很小，可以忽略不计，并引进裂缝间钢筋应变不均匀系数 $\psi = \varepsilon_{sm}/\varepsilon_s$，则式（8－22）可以改写为❶

$$w_{cr} = \psi \frac{\sigma_s}{E_s} l_{cr} \tag{8-23}$$

式中：σ_s——裂缝截面处的钢筋应力。

❷ 由于钢筋与混凝土之间存在黏结力，裂缝之间的混凝土和钢筋共同受力，所以钢筋应力小于裂缝截面的应力值。

裂缝间钢筋的应变不均匀系数 $\psi = \varepsilon_{sm}/\varepsilon_s$，反映了裂缝间受拉混凝土参与受拉工作的程度。裂缝间钢筋的平均拉应变 ε_{sm} 肯定小于裂缝截面处的钢筋应变 ε_s❷。显然，ψ 值不会大于 1。ψ 值越小，表示混凝土承受拉力的程度越大；ψ 值越大，表示混凝土承受拉力的程度越小，各个截面中钢筋的应力、应变也比较均匀；当 $\psi = 1$ 时，表示混凝土完全脱离受拉工作，钢筋应力趋于均匀。

随着外力的增加，裂缝之间钢筋的应力逐渐加大，钢筋与混凝土之间的黏结逐步被破坏，混凝土逐渐退出工作，因此，ψ 值必然与钢筋的应力 σ_s 有关。同时，ψ 还与混凝土的抗拉强度、配筋率、钢筋与混凝土之间的黏结性能、荷载作用的时间和性质等有关。准确地计算 ψ 值是相当复杂的，其半理论半经验公式为

$$\psi = 1 - \frac{\alpha f_t}{\sigma_s \rho_{te}} \tag{8-24}$$

式中：α——试验常数。

4. 最大裂缝宽度

以上求得的 w_{cr} 是整个梁段的平均裂缝宽度，而实际上，由于混凝土质量的不均匀，裂缝的间距有疏有密，每条裂缝开展的宽度有大有小，离散性是很大的。同时，随着荷载的持续作用，裂缝宽度还会继续加宽。用以衡量裂缝开展宽度是否超过限值，应以最大宽度为准，而不是其平均值。最大裂缝宽度值可由平均裂缝宽度 w_{cr} 乘以一个扩大系数 α 得到。系数 α 考

虑了裂缝宽度的随机性、荷载的长期作用、钢筋品种及构件受力特征等因素的综合影响。由此可以得出

$$w_{cr} = \alpha\psi \frac{\sigma_s}{E_s} l_{cr} \tag{8-25}$$

《水工混凝土结构设计规范》中的裂缝宽度计算公式是在式（8－25）的基础上，对系数ψ给出了简化，并将l_{cr}代入，结合试验结果后给出的。

5.《水工混凝土结构设计规范》（SL 191—2008）中的最大裂缝宽度计算公式

配置带肋钢筋的矩形、T形及工形截面受拉、受弯和偏心受压钢筋混凝土构件，在荷载效应标准组合下的最大裂缝宽度可按下式计算：

$$w_{max} = \alpha \frac{\sigma_{sk}}{E_s}\left(30 + c + 0.07\frac{d}{\rho_{te}}\right) \tag{8-26}$$ [1]

式中：α——考虑构件的受力特征和荷载长期作用的综合影响系数，对受弯和偏心受压构件，取$\alpha=2.1$；对偏心受拉构件，取$\alpha=2.4$；对轴心受拉构件，取$\alpha=2.7$；

c——最外层纵向受拉钢筋外边缘至受拉区底边的距离，当$c>65$ mm时，取$c=65$ mm；

d——受拉钢筋直径，mm，当钢筋为不同直径时，取换算直径[2] $4A_s/u$，这里u为纵向受拉钢筋的截面总周长；

ρ_{te}——纵向受拉钢筋的有效配筋率，$\rho_{te}=A_s/A_{te}$（当$\rho_{te}<0.03$时，取$\rho_{te}=0.03$）；A_{te}为有效受拉混凝土截面面积［对受弯、偏心受拉及大偏心受压构件，A_{te}取其重心与受拉钢筋A_s重心相一致的混凝土面积，即$A_{te}=2ab$（如图8－11所示），其中，a为受拉钢筋A_s重心至受拉边缘的距离，b为矩形截面的宽度；对有受拉翼缘的T形及工形截面，b为受拉翼缘宽度b_f。对全截面受拉的偏心受拉构件，A_{te}取拉应力较大一侧钢筋的相应有效受拉混凝土截面面积；对轴心受拉构件，A_{te}取为$2al_s$，但不大于构件全截面面积，其中，a为一侧钢筋重心至截面边缘的距离，l_s为沿截面周边配置的受拉钢筋重心连线的总长度］；A_s为受拉区纵向钢筋的截面面积（对受弯、偏心受拉及大偏心受压构件，A_s取受拉区纵向钢筋的截面面积；对全截面受拉的偏心受拉构件，A_s取拉应力较大一侧的钢筋截面面积；对轴心受拉构件，A_s取全部纵向钢筋的截面面积）；

σ_{sk}——按荷载效应的标准组合计算的构件纵向受拉钢筋应力。

[1] 当配筋率相同时，钢筋直径越小，裂缝间距越小，裂缝宽度也越小，即裂缝的分布和开展会密而细，这是控制裂缝宽度的一个重要原则。

[2] 换算直径应使钢筋的截面总周长保持不变，即黏结作用等效。

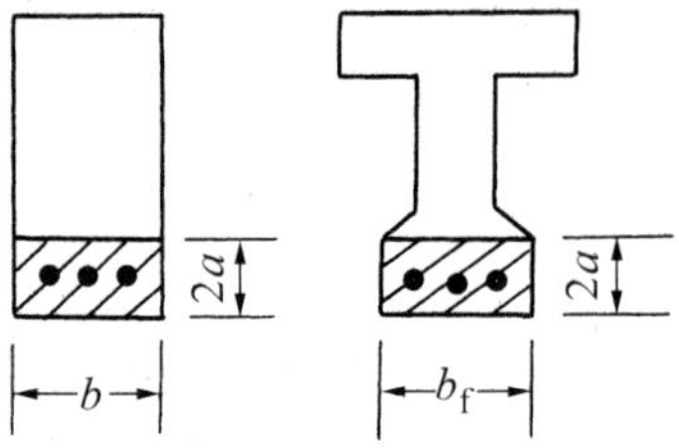

图8-11 《水工混凝土结构设计规范》中A_{te}的取值

按荷载效应标准值计算时的纵向受拉钢筋应力由下列公式计算：

(1) 轴心受拉构件。对于轴心受拉构件，裂缝截面的全部拉力均由钢筋承担，故钢筋应力为

$$\sigma_{sk}=\frac{N_k}{A_s} \tag{8-27}$$

式中：N_k——按荷载标准值计算的轴向拉力值。

(2) 受弯构件。对于受弯构件，在正常使用荷载作用下，可以假定裂缝截面的受压区混凝土处于弹性阶段，应力图形为三角形分布，受拉区混凝土的作用忽略不计[❶]，依截面应变符合平截面假定，求得应力图形的内力臂z，一般可近似地取$z=0.87h_0$，如图8-12所示。故

❶ 见3.4.1小节。

$$\sigma_{sk}=\frac{M_k}{0.87h_0A_s} \tag{8-28}$$

式中：M_k——按荷载标准值计算的弯矩值。

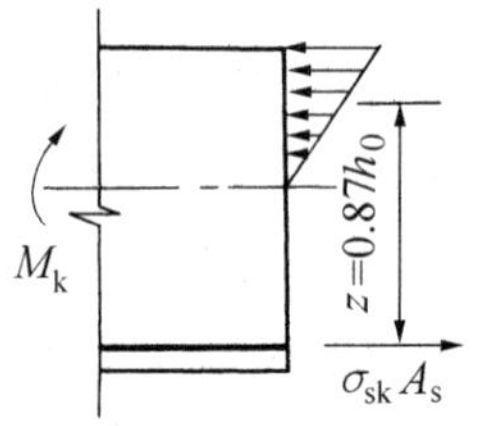

图8-12 受弯构件截面应力图形

(3) 大偏心受压构件。在正常使用荷载作用下，可以假定大偏心受压构件的应力图形同受弯构件。但因按照受压区三角形应力分布假定和平截面假定求内力臂时需要求解三次方程，不便于设计，为此，《水工混凝土结构设计规范》给出了如下考虑截面形状的内力臂近似计算公式[❷]：

❷ 内力臂z为受拉钢筋合力点至受压区合力点的距离。对受压区合力点取矩来求解受拉钢筋应力。

$$z=\left[0.87-0.12(1-\gamma_f')\left(\frac{h_0}{e}\right)^2\right]h_0 \tag{8-29}$$

由如图8-13所示的力矩平衡条件，可得

$$\sigma_{sk} = \frac{N_k}{A_s}\left(\frac{e}{z} - 1\right) \tag{8-30}$$

$$e = \eta_s e_0 + y_s \tag{8-31}$$

$$\eta_s = 1 + \frac{1}{4\,000\,\frac{e_0}{h_0}}\left(\frac{l_0}{h}\right)^2 \tag{8-32}$$

上述各式中：N_k——按荷载标准值计算的轴向压力值；

e——轴向压力作用点至纵向受拉钢筋合力点的距离；

z——纵向受拉钢筋合力点至受压区合力点的距离；

η_s——使用阶段的偏心距增大系数❶；

y_s——截面重心至纵向受拉钢筋合力点的距离；

γ_f'——受压翼缘面积与腹板有效面积的比值，$\gamma_f' = (b_f' - b)h_f'/(bh_0)$，当 $h_f' > 0.2h_0$ 时，取 $h_f' = 0.2h_0$。

❶ 此 η_s 与承载力计算时的 η 稍有不同。

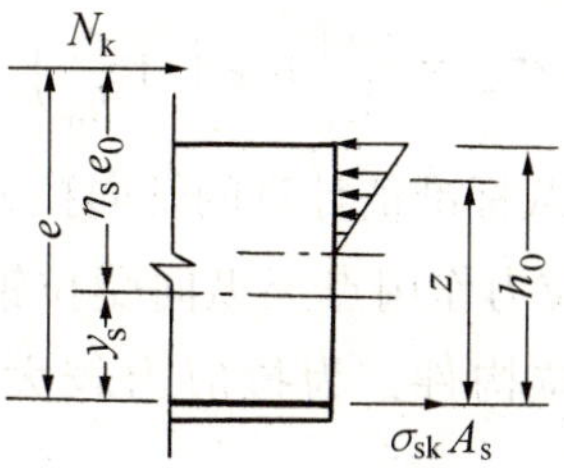

图 8-13 大偏心受压构件截面应力图形

在式（8-32）中，当 $l_0/h \leqslant 14$ 时，可取 $\eta_s = 1.0$。

（4）矩形截面偏心受拉构件。

① 对于大偏心受拉构件，仍可采用与大偏心受压构件相同的假定，利用图 8-14(a) 推求出截面内力臂。研究表明，大偏心受拉构件截面的开裂高度比受弯构件大❷。为方便计算起见，在一般配筋率范围内，内力臂可以近似地取为 $0.9h_0$。

❷ 这里关键是要理解在第Ⅱ阶段，即正常使用条件下各个构件的截面应力特征。

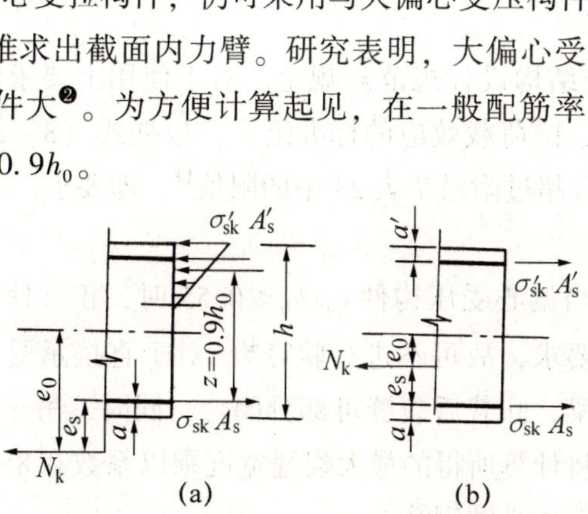

图 8-14 偏心受拉构件截面应力图形

（a）大偏心受拉构件；（b）小偏心受拉构件

由如图 8－14(a) 所示的力矩平衡条件，可得

$$\sigma_{sk} = \frac{N_k}{A_s}\left(1 + 1.1\frac{e_s}{h_0}\right) \quad (8-33)$$

$$e_s = e_0 - \frac{h}{2} + a$$

② 对于小偏心受拉构件，在使用荷载作用下，裂缝一般贯穿整个截面高度（仅当偏心矩较大时，截面还保留较小的受压区），故可以认为其拉力全部由钢筋承担，如图 8－14(b) 所示。对 A_s' 取矩，并假设 $a' = 0.1h_0$，整理得

$$\sigma_{sk} = \frac{N_k}{A_s}\left(1 - 1.1\frac{e_s}{h_0}\right) \quad (8-34)$$

合并式（8－33）和式（8－34），可得偏心受拉构件纵向受拉钢筋应力 σ_{sk} 的统一表达式为[❶]

$$\sigma_{sk} = \frac{N_k}{A_s}\left(1 \pm 1.1\frac{e_s}{h_0}\right) \quad (8-35)$$

上述各式中：N_k——按荷载标准值计算的轴向拉力值；

e_s——轴向拉力作用点至纵向受拉钢筋（对全截面受拉的偏心受拉构件，为拉应力较大一侧的钢筋）合力点的距离。

对大偏心受拉构件，式（8－35）右边括号内第二项取正号；对小偏心受拉构件，则取负号。

8.3.3 裂缝宽度验算

1. 验算要求

《水工混凝土结构设计规范》规定，对于使用上要求限制裂缝宽度的钢筋混凝土构件，按荷载效应的标准组合，根据式（8－25）求得的最大裂缝宽度 w_{max} 不应超过附录 7 表 23 中的限值[❷]，即要求

$$w_{max} \leqslant w_{lim} \quad (8-36)$$

根据试验，当偏心受压构件 $e_0/h_0 \leqslant 0.55$ 时，正常使用阶段裂缝宽度较小，均能满足要求，故可不进行验算[❸]。对于直接承受重复荷载作用的水电站厂房吊车梁，卸载后裂缝可部分闭合，同时，吊车满载的可能性也不是很大，故可将计算所得的最大裂缝宽度乘以系数 0.85。需要控制裂缝宽度的配筋不应选用光圆钢筋。

2. 减小裂缝宽度的方法

如果 w_{max} 超过允许值，则应采取相应措施，如适当减小钢筋直径，使

❶ 求 w_{max} 对应的是求受拉较大侧的钢筋应力。

❷ 对于斜裂缝宽度，当配置受剪承载力所需的腹筋后，使用阶段的裂缝宽度一般小于 0.2 mm，故不必验算。

❸ 当偏心受压构件偏心距 e_0 较小时，拉应力就小，所以一般裂缝宽度较小，可不必验算。

钢筋在混凝土中均匀分布；采用与混凝土黏结较好的变形钢筋；适当增加配筋量（不够经济合理），以降低使用阶段的钢筋应力。这些方法都能在一定程度上减小正常使用条件下的裂缝宽度❶，对于限制裂缝宽度来说，最根本的方法是采用预应力混凝土结构❷。

❶ 可以从 $w_{\max}$ 计算公式看出。

❷ 预应力混凝土结构的特点在第9章中介绍。

【例8-3】 一个矩形截面简支梁，结构安全级别为Ⅱ级，处于露天环境中，截面尺寸 $b \times h = 250\ \text{mm} \times 600\ \text{mm}$，混凝土强度等级采用C20，根据承载能力设计配置HRB335级，纵向受拉钢筋为3Φ22级（$A_s = 1\,140\ \text{mm}^2$）。正常使用期内由荷载标准值计算的弯矩 $M_k = 135\ \text{kN}\cdot\text{m}$。试进行裂缝宽度控制验算。

解 因为该梁处于露天环境中，环境类别为二类，取 $c = 35\ \text{mm}$，

$$a = c + \frac{d}{2} = 35 + \frac{22}{2} = 46\ (\text{mm})$$

$$h_0 = h - a = 600 - 46 = 554\ (\text{mm})$$❸

❸ 钢筋直径由承载力计算确定后，h_0 计算应按实际钢筋直径计算。

由附录7表23可知，$w_{\lim} = 0.3\ \text{mm}$。

$$\sigma_{sk} = \frac{M_k}{0.87h_0A_s} = \frac{135 \times 10^6}{0.87 \times 554 \times 1\,140} = 245.7\ (\text{N/mm}^2)$$

$$\rho_{te} = \frac{A_s}{A_{te}} = \frac{A_s}{2ab} = \frac{1\,140}{2 \times 46 \times 250} = 0.05 > 0.03$$

$$w_{\max} = \alpha \frac{\sigma_{sk}}{E_s}\left(30 + c + 0.07\frac{d}{\rho_{te}}\right)$$

$$= 2.1 \times \frac{245.7}{2 \times 10^5} \times \left(30 + 35 + 0.07 \times \frac{22}{0.05}\right)$$

$$= 0.247\ (\text{mm}) < w_{\lim} = 0.3\ (\text{mm})$$

故裂缝宽度满足要求。

【例8-4】 一个矩形水池池壁，某1 m高垂直截面上按荷载效应标准值计算的弯矩 $M_k = 16.6\ \text{kN}\cdot\text{m}$，轴向拉力 $N_k = 21\ \text{kN}$。池壁厚200 mm，混凝土强度等级为C20，钢筋为HRB335级（$E_s = 2 \times 10^5\ \text{N/mm}^2$）。沿池壁内外侧均匀布置钢筋Φ10@150mm（$A_s = A_s' = 523\ \text{mm}^2$），混凝土保护层厚度 $c = 25\ \text{mm}$，$w_{\lim} = 0.3\ \text{mm}$。试验算裂缝宽度是否满足要求。

解 取1 m高池壁为计算单元，即

$$b = 1\,000\ \text{mm}, \quad h = 200\ \text{mm},$$

$$a = c + \frac{d}{2} = 25 + \frac{10}{2} = 30\ (\text{mm})$$

$$h_0 = h - a = 200 - 30 = 170\ (\text{mm})$$

$$e_0 = \frac{M_k}{N_k} = \frac{16.6}{21} = 0.79\ (\text{m}) = 790\ (\text{mm})$$

$$> \frac{h}{2} - a = 100 - 30 = 70\ (\text{mm})$$

所以为大偏心受拉构件❶。

❶ e_s 的计算同第6章的 e。

$$e_s = e_0 - \frac{h}{2} + a = 790 - 100 + 30 = 720\ (\text{mm})$$

$$\sigma_{sk} = \frac{N_k}{A_s}\left(1 + 1.1\frac{e_s}{h_0}\right) = \frac{21 \times 10^3}{523} \times \left(1 + 1.1 \times \frac{720}{170}\right) = 227.2\ (\text{N/mm}^2)$$

$$\rho_{te} = \frac{A_s}{A_{te}} = \frac{A_s}{2ab} = \frac{523}{2 \times 30 \times 1\,000} = 0.008\,7 < 0.03$$

则取 $\rho_{te} = 0.03$。

$$w_{max} = \alpha\frac{\sigma_{sk}}{E_s}\left(30 + c + 0.07\frac{d}{\rho_{te}}\right)$$

$$= 2.4 \times \frac{227.2}{2 \times 10^5} \times \left(30 + 25 + 0.07 \times \frac{10}{0.03}\right)$$

$$= 0.213\ (\text{mm}) < w_{lim} = 0.3\ (\text{mm})$$

故裂缝宽度满足要求。

8.4 变形验算

8.4.1 钢筋混凝土梁变形计算的特点

1. 弹性材料梁的变形

由材料力学的知识可知，对于匀质弹性材料梁，挠度的计算公式为❷

❷ 不同构件的挠度计算公式详见"材料力学"和"结构力学"课程相关教材。

$$f = S\frac{Ml_0^2}{EI} \tag{8-37}$$

式中：S——与荷载形式、支承条件有关的系数，如计算承受均布荷载的简支梁的跨中挠度时，$S = 5/48$；

l_0——梁的计算跨度；

EI——截面的抗弯刚度❸。

❸ 截面抗弯刚度 EI 体现了截面抵抗弯曲变形的能力，同时也反映了截面弯矩与曲率之间的物理关系。

当梁的截面尺寸和材料确定后，截面的抗弯刚度 EI 就为常数。因此，由式（8-37）可知，弯矩 M 与挠度 f 应为线性关系，如图 8-15 中的虚线 OD 所示。

2. 钢筋混凝土梁的变形

试验研究表明，钢筋混凝土梁随着荷载的增加，其抗弯刚度逐渐降低。适筋梁的弯矩 M 与挠度 f 的关系曲线为图 8-15 中的 $OA'B'C'D'$ 实线，并可分为三个阶段❹：

❹ 第3章梁的试验研究中给出了 $M-f$ 关系曲线。

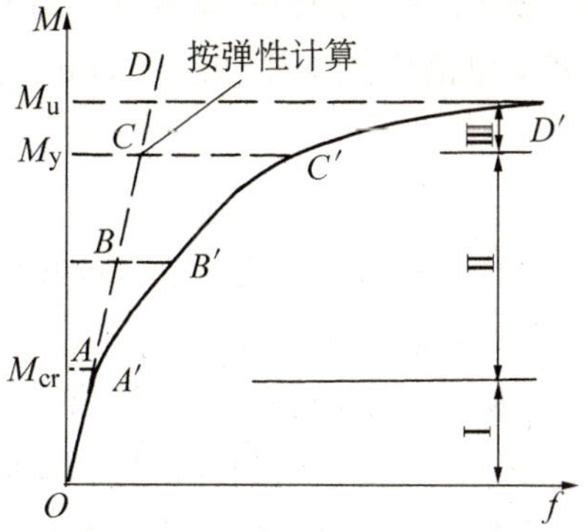

图 8－15　适筋梁实测的 $M-f$ 曲线

（1）裂缝出现之前（阶段Ⅰ），曲线 OA' 与 OA 非常接近。随着荷载的增加，临出现裂缝时，受拉混凝土出现了塑性变形，变形模量也略有降低，所以 f 值增加稍快，曲线略微向下弯曲。

（2）出现裂缝后（阶段Ⅱ），$M-f$ 曲线在开裂瞬间发生明显的转折，出现了第一个转折点（A'）。配筋率越低的构件，转折越明显❶。这不仅因为混凝土塑性的发展，变形模量降低，而且由于截面开裂，并随着荷载的增加，裂缝不断扩展，混凝土的有效受力截面减小，截面的抗弯刚度逐步降低，曲线 $A'B'$ 偏离直线的程度也就随着荷载的增加而非线性增加。

❶ 配筋率低，开裂瞬间裂缝开展就大，刚度突然降低也就多，转折点自然明显。

（3）钢筋屈服后（阶段Ⅲ），$M-f$ 曲线在钢筋刚屈服时出现第二个明显的转折点（C'）。之后，由于裂缝的迅速扩展和受压区出现明显的塑性变形，截面刚度急剧下降，弯矩稍许增加就会引起挠度的剧增。

因此，由于塑性变形的出现以及裂缝的产生和发展，钢筋混凝土梁的变形模量降低，截面惯性矩下降，使截面的抗弯刚度随着荷载的增加而不断降低。对其正常使用状况（属于第Ⅰ、Ⅱ阶段）下的挠度进行计算时，采用恒定的刚度 EI 就不能反映梁的实际工作情况了，所以《水工混凝土结构设计规范》用抗弯刚度 B 取代式（8－37）中的 EI，B 是随弯矩 M 的增大而减小的变量。分析表明，刚度 B 确定后，仍可按材料力学的计算公式计算梁的挠度，即

$$f = S\frac{Ml_0^2}{B} \tag{8-38}$$

所以钢筋混凝土梁的变形（挠度）计算就归结为抗弯刚度 B 的计算。

8.4.2　受弯构件的刚度计算

1. 受弯构件的短期抗弯刚度 B_s❷

（1）不出现裂缝的构件❸。对于不出现裂缝的钢筋混凝土受弯构件，

❷ 短期刚度是指由于荷载的短期作用组合带来的刚度变化。

❸ 此为阶段Ⅰ的刚度计算。

由于混凝土受拉区产生塑性，实际的弹性模量有所降低，需对 EI 加以修正来反映此阶段钢筋混凝土梁的实际工作情况。为此，式（8－38）中的刚度取为

$$B_s = 0.85E_cI_0 \tag{8-39}$$

式中：B_s——不出现裂缝的钢筋混凝土受弯构件的短期刚度；

E_c——混凝土的弹性模量；

I_0——换算截面对其重心轴的惯性矩；

0.85——考虑混凝土出现塑性时弹性模量的降低系数。

❶ 此为阶段Ⅱ的刚度计算。

（2）出现裂缝的构件❶。对于出现裂缝的钢筋混凝土受弯构件，《水工混凝土结构设计规范》先根据大量实测挠度的试验数据，由材料力学中梁的挠度计算公式反算出构件的实际抗弯刚度，再以 $\alpha_E\rho$ 为主要参数进行回归分析。考虑受压、受拉翼缘对刚度的影响后，矩形、T 形及工形截面的短期刚度计算公式为

$$B_s = (0.025 + 0.28\alpha_E\rho)(1 + 0.55\gamma_f' + 0.12\gamma_f)E_cbh_0^3 \tag{8-40}$$

式中：B_s——出现裂缝的钢筋混凝土受弯构件的短期刚度；

ρ——纵向受拉钢筋的配筋率，$\rho = A_s/(bh_0)$，b 为截面肋宽；

γ_f'——受压翼缘面积与腹板有效面积的比值，$\gamma_f' = (b_f' - b)h_f'/(bh_0)$，其中，$b_f'$、$h_f'$ 分别为受压翼缘的宽度、高度，当 $h_f' > 0.2h_0$ 时，取 $h_f' = 0.2h_0$；

γ_f——受拉翼缘面积与腹板有效面积的比值，$\gamma_f = (b_f - b)h_f/(bh_0)$，其中，$b_f$、$h_f$ 分别为受拉翼缘的宽度、高度。

❷ 是指在荷载效应组合中，包括一部分荷载长期作用带来的刚度变化。

2. 受弯构件的抗弯刚度 B❷

在荷载长期作用下，钢筋混凝土梁受压区的混凝土将产生压缩徐变，受拉区的混凝土与钢筋之间将产生黏结滑移徐变，使受拉混凝土不断退出工作，即使荷载不增加，挠度也将随时间的增加而增大。

❸ 受压钢筋除会影响收缩变形以外，还能抑制徐变的发展。

混凝土收缩也会造成梁刚度降低、变形增大。在钢筋混凝土受弯构件中，由于受压区配置的钢筋较少或未配置钢筋❸，所以受压区混凝土可以相对自由地收缩，使梁的上部缩短。而受拉区配置的纵向钢筋较多，混凝土的收缩受到钢筋的约束，使混凝土受拉，甚至可能出现裂缝。因此，混凝土的收缩也会使梁的刚度降低，挠度增大。

可见，荷载长期作用下挠度增加的主要原因是混凝土的收缩和徐变。因此，凡是影响收缩和徐变的因素（见第 1 章所述），都会对长期挠度的增长产生影响。

挠度随时间增长的规律如下：加荷初期，挠度增长较快；加荷后期，挠度虽然持续增大，但增值很小。对一般尺寸的构件，可取 1 000 天或 3 年

的挠度作为最终值；而大尺寸的构件，其挠度的增长期可达10年以上。

考虑荷载长期作用对刚度影响的方法很多，《水工混凝土结构设计规范》引入了一个荷载长期作用下的挠度增大系数 θ 来计算长期刚度❶。

根据国内外对受弯构件长期挠度的观测结果，θ 值可按下式计算：

$$\theta = 2 - 0.4\frac{\rho'}{\rho} \tag{8-41}$$

式中：ρ——受拉钢筋的配筋率，$\rho = A_s/(bh_0)$；

ρ'——受压钢筋的配筋率，$\rho' = A'_s/(bh_0)$。

由式（8－41）可知，当不配受压钢筋时，$\rho'=0$，则 $\theta=2.0$；当 $\rho'=\rho$ 时，$\theta=1.6$；当 ρ' 为中间值时，θ 可按直线内插法求得。

翼缘位于受拉区的倒T形截面，在荷载效应的短期组合下，受拉区混凝土参与受力的程度比矩形截面要大，因而在荷载效应的长期组合下，混凝土退出工作的影响也比矩形截面大。因此，《水工混凝土结构设计规范》将挠度增大系数在式（8－41）的基础上增大20%，即乘以系数1.2。

荷载效应的标准组合，并考虑部分荷载长期作用影响❷的矩形、T形及工形截面受弯构件的抗弯刚度 B 可按下列公式计算：

$$B = \frac{M_k}{M_l(\theta - 1) + M_k}B_s \tag{8-42}$$

式中：B_s——短期刚度，按式（8－40）计算；

M_k——由荷载效应的标准组合计算的弯矩值；

M_l——由荷载效应的长期组合计算的弯矩值；

θ——考虑荷载长期作用对挠度增大的影响系数，按式（8－41）计算。

在一般情况下，$M_l/M_k = 0.4 \sim 0.7$。取 $\theta = 1.6$、1.8、2.0，代入式（8－42）可得

$$B = (0.59 \sim 0.81)B_s$$

为简化计算，《水工混凝土结构设计规范》中采用

$$B = 0.65B_s \tag{8-43}$$

8.4.3 受弯构件的挠度验算

1. 挠度验算

钢筋混凝土受弯构件的抗弯刚度 B 确定后，挠度值就可以应用材料力学公式（8－37），仅需用 B 代替式中的 EI 即可。按荷载效应的标准组合进行计算，所求得的挠度计算值不应超过附录7表25中规定的限值，即

$$f \leqslant f_{lim} \tag{8-44}$$

❶ 也可以用不同方式及在不同程度上考虑混凝土徐变和收缩的影响来计算长期刚度，或直接计算由于荷载长期作用而产生的挠度增长和由收缩引起的翘曲。

❷ 虽为标准组合，但又考虑了其中部分荷载会持续长期作用的影响。

式中：f——按荷载效应的标准组合对应的刚度 B 算得的挠度值。

2. 刚度选择

由以上分析可知，构件的截面刚度随截面的内力和配筋大小而变，即沿构件跨度方向，各个截面的刚度不等。为简化起见，在按式（8－40）计算受弯构件的刚度 B_s 时，对于简支梁，可取跨中截面的刚度，即配筋率 ρ 按跨中截面选取；对于悬臂梁，可取支座截面的刚度，即配筋率 ρ 按支座截面选取；对于等截面的连续构件，刚度可取跨中截面和支座截面刚度的平均值❶。

❶ 此为最小刚度原则，即取同号弯矩区段内截面的最小刚度作为该区段的平均刚度，而按等刚度或分段等刚度的构件进行挠度计算。这样做似乎会使挠度计算值偏大，但实际情况不是这样。因为在剪跨段内还存在剪切变形，甚至可能出现少量斜裂缝，它们都会使梁的实际挠度增大，而这在计算中是没有考虑到的。按最小的截面弯曲刚度，用材料力学方法中不考虑剪切变形影响的公式来计算挠度，在保证必要精度的前提下，简化了计算过程。

3. 提高刚度的方法

若验算挠度不能满足式（8－44），则表示构件的抗弯刚度不足。由式（8－40）可知，增加截面尺寸、提高混凝土强度等级、增加配筋量及选用合理的截面（如T形或工形等），都可以提高构件刚度。但合理而有效的措施是适当增大截面的高度。采用预应力混凝土结构也可以有效地提高构件刚度。

【例 8－5】 某T形截面简支梁（安全级别为Ⅱ级），计算简图如图 8－16(a) 所示。配置受拉钢筋 3Φ20（$A_s = 941\ \text{mm}^2$），混凝土用 C20 级；承受均布永久荷载（含自重）标准值 $g_k = 8\ \text{kN/m}$，可变荷载标准值 $q_k = 10\ \text{kN/m}$，跨中集中可变荷载标准值 $Q_k = 15\ \text{kN}$。试验算该梁跨中挠度是否满足要求。

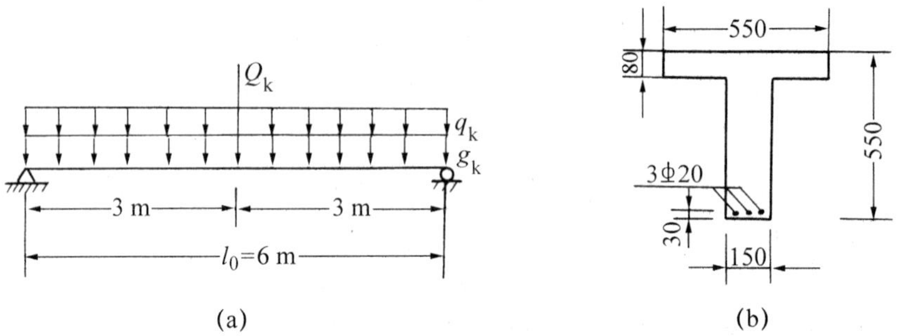

图 8－16 计算简图与截面配筋图

（a）计算简图；（b）截面配筋图

解 （1）计算梁的抗弯刚度。

$$\alpha_E = \frac{E_s}{E_c} = \frac{2.0 \times 10^5}{2.55 \times 10^4} = 7.84$$

$$\rho = \frac{A_s}{bh_0} = \frac{941}{150 \times 520} = 0.012$$

$$\gamma_f' = \frac{(b_f' - b)h_f'}{bh_0} = \frac{(550 - 150) \times 80}{150 \times 520} = 0.41$$

$$B_s = (0.025 + 0.28\alpha_E \rho)(1 + 0.55\gamma_f' + 0.12\gamma_f)E_c bh_0^3$$
$$= (0.025 + 0.28 \times 7.84 \times 0.012) \times (1 + 0.55 \times 0.41 + 0) \times 2.55 \times 10^4 \times 150 \times 520^3$$
$$= 33.84 \times 10^{12} (\text{N} \cdot \text{mm}^2)$$

$$B = 0.65B_s = 0.65 \times 33.84 \times 10^{12} = 22 \times 10^{12} (\text{N} \cdot \text{mm}^2)$$

（2）验算梁的挠度❶。

$$f = \frac{5}{384} \cdot \frac{(g_k + q_k) l_0^4}{B} + \frac{1}{48} \cdot \frac{Q_k l_0^3}{B}$$
$$= \frac{5}{384} \times \frac{(8 + 10) \times 6\,000^4}{22 \times 10^{12}} + \frac{1}{48} \times \frac{15 \times 10^3 \times 6\,000^3}{22 \times 10^{12}} = 16.87\ (\text{mm})$$
$$< f_{\lim} = \frac{l_0}{200} = \frac{6\,000}{200} = 30\ (\text{mm})$$

故挠度满足要求。

❶ 计算公式见“材料力学”课程相关教材。

8.5 混凝土结构的耐久性

结构的耐久性是指结构在使用环境下，对物理的、化学的以及其他使结构材料性能恶化的各种侵蚀的抵抗能力。设计永久性建筑时，耐久性是结构必须满足的功能之一。在设计基准期内，要求结构在正常使用和维修条件下，随时间变化，能满足预定功能的要求。一般混凝土结构的使用寿命都要求大于50年，但有调查资料发现，近几十年来，混凝土结构材质劣化，从而造成失效乃至破坏崩塌的事故在国内外频繁发生，用于混凝土结构修补、重建和改建的费用日益增大。因此，混凝土结构的耐久性问题越来越受到人们的重视。在设计混凝土结构时，除进行承载力计算、变形和裂缝验算以外，还必须进行耐久性设计❷。

混凝土结构的耐久性设计实质上是针对影响耐久性能的主要因素提出相应的对策。

❷ 耐久性设计涉及面广，影响因素多，有别于结构抗力设计，以概念设计为主。

8.5.1 影响混凝土结构耐久性的因素

影响混凝土结构耐久性的因素很多，基本上可以分为内部和外部两方面。其中，内部因素有混凝土的强度、渗透性、保护层的厚度、水泥的品种和标号及用量、外加剂、集料的活性等；外部因素主要有环境温度、湿度、二氧化碳（CO_2）的含量、侵蚀性介质等。这些因素的长期作用使得材料强度降低、结构发生裂缝、混凝土碳化、钢筋锈蚀、构件表面损伤和风化等，最终导致混凝土结构的耐久性不足。

1. 混凝土的冻融破坏

混凝土水化结硬后，内部有很多毛细孔，非结晶水❶滞留在这些毛细孔中。在寒冷地区，由于低温时混凝土毛细孔中的水冻结成冰后产生体积膨胀，引起混凝土结构内部损伤。在多次冻融作用下，混凝土结构内部损伤逐渐积累达到一定程度而引起结构的破坏。

提高混凝土抗冻性的措施如下：降低水灰比；适当掺入减水剂、引气剂；冬季施工时，应掺入防冻剂；注意加强养护，防止早期受冻。

2. 混凝土的碱－集料反应

混凝土的碱－集料反应是指混凝土微孔中来自水泥、外加剂等的可溶性碱溶液和集料中某些活性组分之间的反应。发生碱－集料反应后，会在界面生成可吸水肿胀的凝胶或体积膨胀的晶体，使混凝土产生体积膨胀，严重时，会发生开裂破坏❷。碱溶液还会浸入集料在破碎加工时产生的裂缝中发生反应，使集料受肿胀力作用而被破坏。

碱－集料反应分为两类：一类为碱－硅酸反应，是指碱与集料中的活性组分反应，生成碱硅酸盐凝胶，凝胶吸水肿胀，导致混凝土膨胀或开裂；另一类为碱－碳酸盐反应，是指碱与集料中的微晶体白云石反应，其生成物在白云石周围和周围基层之间的受限空间内结晶生长，使集料膨胀，进而使混凝土膨胀开裂。混凝土由于碱－硅酸盐反应破坏的特征是呈地图形裂缝，碱－碳酸盐反应造成的裂缝中还会有白色浆状物渗出。

为了降低碱－集料化学反应对结构耐久性的影响，应选择优质骨料和低含碱量的水泥，采用较低水灰比的混凝土，并提高混凝土的密实性。

3. 侵蚀性介质的腐蚀

在石化、化学、冶金及港湾等工程结构中，由于环境中化学侵蚀性介质的存在，对混凝土的腐蚀很普遍。常见的侵蚀性介质腐蚀有以下几种：

（1）硫酸盐侵蚀。对混凝土有侵蚀性的硫酸盐存在于某些地区的土壤、工业排放的固体或液体废弃物和海水中。当硫酸盐溶液与水泥石中的氢氧化钙和水化铝酸钙发生化学反应时，将生成钙矾石。当有碳酸根离子（CO_3^{2-}）存在，并处于高湿度的低温下时，还会生成硅灰石膏，产生体积膨胀，从而破坏混凝土。

（2）酸腐蚀。酸不仅仅存在于化工企业，在地下水，特别是沼泽地区或泥炭地区，也广泛存在碳酸和溶有二氧化碳的水。混凝土是碱性材料，遇到酸性物质会产生化学反应，使混凝土产生裂缝、脱落并导致破坏。

❶ 此为混凝土拌和物和易性所必需，但水泥水化反应不需要的多余水分。

❷ 水分是碱－集料反应的充分条件，在干燥环境下很难发生碱－集料反应。

(3) 海水腐蚀。海水中的氯离子 (Cl^-) 和硫酸镁对混凝土有较强的腐蚀作用，并可造成钢筋锈蚀。

4. 钢筋锈蚀

钢筋锈蚀是影响钢筋混凝土结构耐久性最关键的问题。混凝土是一种高碱性的材料，在钢筋表面形成一层致密的氧化膜，有效地保护钢筋不发生锈蚀，但当空气中的二氧化碳进入混凝土内部后，与氢氧化钙反应生成碳酸钙，将使混凝土的碱度降低，这种现象称为混凝土的碳化。当碳化深度发展到钢筋表面时，可使钝化膜遭到破坏。当有氯离子（如海水）渗入时，钝化膜也会提早破坏，钢筋锈蚀就会更加严重。随着混凝土保护层的剥落，钢筋锈蚀速度加快，直到构件破坏。

混凝土中的钢筋锈蚀是电化学腐蚀。首先在裂缝宽度较大处发生个别点的“坑蚀”，进而逐渐形成“环蚀”，同时向裂缝两边扩展，形成锈蚀面，使钢筋截面削弱。锈蚀产生的铁锈体积要比原来的体积增大 3～4 倍，使周围的混凝土产生膨胀拉应力。钢筋锈蚀严重时，体积膨胀可导致沿钢筋长度出现纵向裂缝（如图 8－17 所示）[1]。顺筋裂缝的产生又加剧了钢筋的锈蚀，形成恶性循环。如果混凝土的保护层比较薄，则最终会导致混凝土保护层剥落，钢筋也可能锈断，导致截面承载力降低，直到构件丧失承载力。混凝土保护层的碳化和氯离子等腐蚀介质的影响是钢筋锈蚀的主要原因。

[1] 顺筋胀裂的原理与黏结裂缝出现的原因类似。

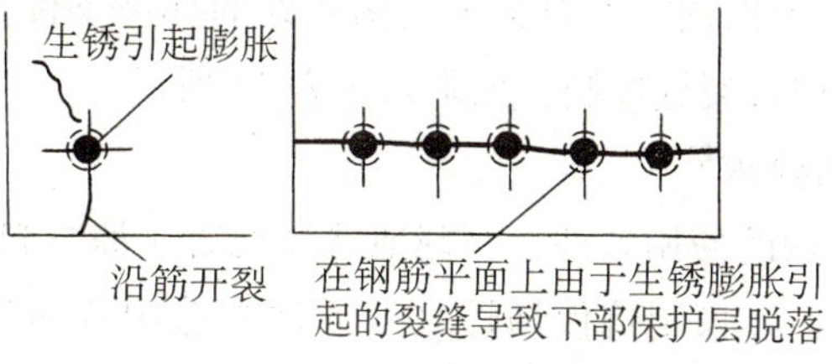

图 8－17 钢筋锈蚀的影响

8.5.2 耐久性的设计原则

耐久性设计的基本原则是根据结构的环境分类和设计工作寿命进行设计。要求在规定的设计工作寿命内，混凝土结构应能在自然环境和人为环境的化学及物理作用下，不出现无法接受的承载力减小、使用功能降低和不能接受的外观破损等耐久性问题。所出现的问题通过正常的维护即可解决，而不能付出很高的代价。

由于混凝土的碳化和钢筋锈蚀是影响混凝土结构耐久性最主要的综合因素，因此，耐久性设计主要是延迟钢筋发生锈蚀的时间，要求

$$T_0 + T_1 \geqslant T \tag{8-45}$$

式中：T——结构预期的使用年限（设计工作寿命）；

T_0——混凝土保护层的碳化时间；

T_1——从钢筋开始锈蚀至出现沿钢筋纵向裂缝的时间。

不同结构的耐久性极限状态应赋予不同的定义。当不允许钢筋锈蚀时，混凝土保护层完全碳化，$T_0 \geqslant T$；当允许钢筋锈蚀一定量值时，$T_0 + T_1 \geqslant T$。

8.5.3 提高耐久性的措施

目前对混凝土结构耐久性的研究尚不够深入，关于耐久性的设计方法也不完善，因此，耐久性设计主要采取以下保证措施：

1. 混凝土保护层的厚度[1]

混凝土保护层的厚度和密实性是决定 T_0 的根本因素，环境条件和保护层的厚度又是 T_1 的决定因素。因此，《水工混凝土结构设计规范》根据混凝土结构所处的环境条件类别，规定了混凝土保护层的最小厚度，如附录 6 表 20 所示。

2. 裂缝控制

裂缝的出现加快了混凝土的碳化，这也是钢筋开始锈蚀的主要条件。因此，《水工混凝土结构设计规范》根据钢筋混凝土结构所处的环境条件类别和构件受力特征，规定分别按混凝土抗裂控制和裂缝宽度控制，如附录 7 表 23 所示；根据预应力混凝土结构所处的环境条件类别和钢筋种类，规定按三个等级进行裂缝控制，如附录 7 表 24 所示。

3. 混凝土的要求[2]

（1）根据结构的使用条件，合理地选择混凝土原材料（如对于接触腐蚀性介质的结构，应采用抗侵蚀性水泥或优先选用普通硅酸盐水泥），注意保证骨料质量，控制混凝土的氯离子含量和碱含量，防止碱－集料反应。

（2）提高混凝土的密实度。改善混凝土的级配，控制最大水灰比和最小水泥用量，掺减水剂或其他外加剂，妥善振捣，加强养护。

（3）选择合适的混凝土抗渗等级和抗冻等级。对抗冻混凝土必须掺加引气剂。

（4）混凝土表面喷涂或涂刷聚合物水泥砂浆、沥青、环氧树脂等防腐层。必要时，在结构表面设置专门的防渗面层。

（5）采用耐腐蚀钢筋。在强腐蚀介质中，使用有环氧涂层或镀锌的钢筋。为了防止氯盐的腐蚀，采用各种钢筋阻锈剂。

[1] 值得注意的是，增大保护层厚度会使裂缝宽度增大。较好的方法是采用防护覆盖层，并规定维修年限。

[2] 具体指标详见《水工混凝土结构设计规范》有关条文。

本章小结

(1) 正常使用极限状态验算，是在满足承载力计算的前提下，针对某些在使用上有特殊要求的构件进行的验算，以满足适用性和耐久性的要求。也就是说，相对于承载能力极限状态的计算来说，正常使用极限状态的验算是属于第二位的问题。

(2) 抗裂构件是指在正常使用阶段不允许发生裂缝的构件。在保持抗裂弯矩相等的前提下，受弯构件的抗裂验算引入了混凝土塑性影响系数，将受拉区为曲线分布的应力图形换算成按直线分布的应力图形。同时，还引入了折算截面的概念，将钢筋的面积换算为混凝土的面积，从而把整个截面看作由同一材料组成。这样就可以借助材料力学公式来建立钢筋混凝土受弯构件的抗裂验算公式。

(3) 钢筋混凝土结构构件，除存在荷载裂缝以外，还存在许多非荷载原因引起的裂缝，对此应引起重视。应从结构构造和施工质量等方面采取措施，避免出现各种有害的非荷载裂缝。

(4) 由于混凝土的非均质性及其抗拉强度的离散性，荷载裂缝的出现和开展均带有随机性，裂缝的间距和宽度则具有不均匀性。但在裂缝出现的过程中存在裂缝基本稳定的阶段，随着荷载的增加，裂缝不会无限加密，因而有平均裂缝间距、平均裂缝宽度以及最大裂缝宽度。在使用阶段允许出现裂缝的构件，其最大裂缝宽度必须严格地限制在《水工混凝土结构设计规范》允许的范围内。

(5) 变形验算基本上采用了材料力学中挠度的计算公式。但是构件截面抗弯刚度根据钢筋混凝土材料的特点，按不允许出现裂缝和允许出现裂缝，考虑荷载长期作用的影响，按荷载效应标准组合进行计算。具体验算时，可以根据最小刚度原则（假定同号弯矩区段各个截面抗弯刚度均近似等于该段内弯矩最大处的截面抗弯刚度)，按材料力学或结构力学的公式进行计算。

(6) 提高构件抗裂能力的主要措施是加大截面尺寸或提高混凝土的强度等级。提高构件截面刚度的有效措施是增加截面高度；减小裂缝宽度的有效措施是增加用钢量和采用直径较细的钢筋。因此，在设计中，常用控制跨高比来满足变形要求；用控制钢筋的应力和直径来满足裂缝宽度的要求。

(7) 影响混凝土结构耐久性的因素复杂，混凝土保护层的碳化和氯离子等腐蚀介质的影响是钢筋锈蚀的主要原因。目前混凝土结构耐久性设计还处于概念设计阶段，需要从混凝土保护层的厚度、裂缝控制和混凝材料等方面采取保证措施。

习　题

一、思考题

8-1　正常使用极限状态验算的目的是什么？验算时，荷载组合和材料强度应如何选择？

8-2 钢筋混凝土受弯构件的抗裂验算、裂缝开展宽度验算和承载力计算各是根据什么应力阶段计算的？这几个阶段应力是如何分布的？

8-3 试比较钢筋混凝土受弯构件抗裂验算公式和材料力学中梁的应力计算公式的异同。在抗裂验算公式中，塑性影响系数的含义是什么？它的取值与哪些因素有关？

8-4 提高构件的抗裂能力有哪些措施？

8-5 减小裂缝宽度的措施有哪些？

8-6 影响钢筋混凝土梁的刚度的因素有哪些？提高构件刚度的有效措施是什么？

8-7 影响混凝土结构耐久性的因素有哪些？应采取哪些措施来保证结构的耐久性？

二、选择题

8-1 有两个截面尺寸、混凝土强度等级、钢筋级别均相同，配筋率 ρ 不同的轴心受拉构件，在它们即将开裂时，(　　)。

A. ρ 大的构件，钢筋应力 σ_s 小

B. ρ 小的构件，σ_s 大

C. 两个构件的 σ_s 均相同

8-2 有两个混凝土强度等级、钢筋品种、钢筋面积均相同，截面尺寸大小不同的轴心受拉构件，当它们开裂时，(　　)。

A. 截面尺寸大的构件，钢筋应力 σ_s 小

B. 截面尺寸小的构件，钢筋应力 σ_s 大

C. 两个构件的 σ_s 均相同

8-3 在其他条件不变的情况下，钢筋混凝土适筋梁裂缝出现时的弯矩 M_{cr} 与破坏时的极限弯矩 M_u 的比值 M_{cr}/M_u，随着配筋率 ρ 的增大而（　　）。

A. 增大　　B. 减小　　C. 不变

8-4 有两根钢筋混凝土梁，甲梁的抗弯承载力比乙梁的抗弯承载力大，则甲梁的刚度(　　)。

A. 比乙梁的刚度大

B. 比乙梁的刚度小

C. 可能比乙梁的刚度大，也可能比乙梁的刚度小

8-5 在长期荷载作用下，钢筋混凝土梁的挠度会随时间而增长，其主要原因是（　　）。

A. 受拉混凝土产生塑性变形

B. 受压混凝土产生塑性变形

C. 受压混凝土产生徐变

三、填空题

8-1　根据《水工混凝土结构设计规范》中的规定，对于承受水压的__________构件、__________构件，应进行抗裂验算；对于发生裂缝后会引起__________的其他构件，也应进行抗裂验算。

8-2　正常使用极限状态验算与承载能力极限状态计算相比，两者所要求的__________不同。对于正常使用极限状态验算，__________通常可取1～2，这是因为超出正常使用极限状态而产生的后果不像超出承载能力极限状态所造成的后果__________。因此，《水工混凝土结构设计规范》规定，对正常使用极限状态验算时，荷载分项系数、材料强度分项系数以及结构系数都取等于__________，即荷载和材料强度分别采用其__________，而不是采用它们的__________值。

8-3　钢筋对钢筋混凝土构件的抗裂能力所起的作用__________。因为混凝土即将开裂时，钢筋的拉应力 $\sigma_s \approx$ __________ N/mm^2，可见，此时钢筋的应力是__________。因此，用增加钢筋的办法来提高构件的抗裂能力是__________，也是__________。构件抗裂能力主要靠__________和提高__________来保证，也可以采用__________或在混凝土中__________等根本措施。

8-4　裂缝的开展是由于钢筋和混凝土之间不再保持__________而出现__________造成的。影响裂缝宽度的因素，除__________以外，主要是钢筋直径 d 与配筋率 ρ 的__________。

8-5　钢筋混凝土构件在荷载作用下，裂缝未出现前，受拉区由钢筋与混凝土共同__________，沿构件长度方向，各个截面的受拉钢筋应力及受拉混凝土应力大体上__________。裂缝出现后，裂缝截面混凝土__________承受拉力，裂缝截面的钢筋应力会__________，钢筋的应变也__________，加上原来因受拉而张紧的混凝土在裂缝出现的瞬间向裂缝两边__________，所以裂缝一出现就会有一定的__________。

8-6　钢筋混凝土构件在荷载作用下，若计算所得的最大裂缝宽度超过允许值，则应采取相应措施，以减小裂缝宽度。例如，可以适当__________钢筋直径；采用__________钢筋；必要时，可以适当__________配筋量，以__________使用阶段的钢筋应力。对于抗裂和限制裂缝宽度来说，最根本的方法是采用__________。

8-7　对于理想弹性体梁，当截面尺寸和材料已定时，截面的抗弯刚度 EI 就为__________，所以其弯矩 M 和挠度 f 成__________关系；而钢筋混凝土梁随着荷载的增加，其刚度值是逐渐__________的，故其弯矩与挠度成__________关系。

8-8　钢筋锈蚀的主要原因是__________和__________。

四、计算题

8-1　有一某水闸系3级水工建筑物，底板厚 $h=1\,600$ mm，$h_0=1\,530$ mm；跨中截面荷载效应值 $M_k=580$ kN·m。采用C20级混凝土和HRB335级钢筋。根据承载力计算，已配置纵向受拉钢筋Φ18@110（$A_s=2\,313$ mm^2）。试验算底板是否抗裂。

8-2　某矩形截面简支梁（安全级别为Ⅱ级），处于露天环境中，截面尺寸 $b\times h=200\ \text{mm}\times 500\ \text{mm}$，计算跨度 $l_0=4.5\ \text{m}$。使用期间承受均布恒载标准值 $g_k=17.5\ \text{kN/m}$（含自重），均布可变荷载标准值 $q_k=11.5\ \text{kN/m}$。混凝土为C20级，钢筋为HRB335级，已配纵向受拉钢筋3ϕ18。试验算裂缝宽度是否满足要求。

8-3　某矩形截面简支梁条件与计算题8-2相同，试验算梁的挠度是否满足要求。

第 9 章

预应力混凝土结构构件计算

学习指导

教学要求：1. 理解预应力混凝土的基本概念。

2. 了解对混凝土施加预应力的方法、预应力损失及其计算方法。

3. 掌握预应力混凝土轴心受拉构件和受弯构件各个阶段的受力分析和设计方法。

学习重点：1. 预应力混凝土轴心受拉构件的应力分析和设计方法。

2. 预应力混凝土受弯构件的应力分析和设计方法。

9.1 概　　述

9.1.1 预应力混凝土结构的基本概念

所谓预应力混凝土结构，就是在外荷载作用之前，先对混凝土施加压力，造成人为的应力状态，它所产生的预压应力能抵消外荷载所引起的部分或全部拉应力❶。这样，在外荷载作用下，裂缝就能延缓或不会产生。即使出现了裂缝，裂缝宽度也不致过大。

❶ 利用混凝土抗压强度高的优点，克服其抗拉强度低的缺点。

预应力的作用可用如图 9－1 所示的梁来说明。在外荷载作用下，梁的下边缘产生拉应力 σ_3，如图 9－1(a) 所示。如果在荷载作用以前，给梁先施加一个偏心压力 N，使得梁的下边缘产生预压应力 σ_1，如图 9－1(b) 所示，那么在外荷载作用后，截面的应力分布将是两者的叠加，如图 9－1(c) 所示。梁的下边缘应力可以为压应力（如 $\sigma_1-\sigma_3>0$）或数值很小的拉应力

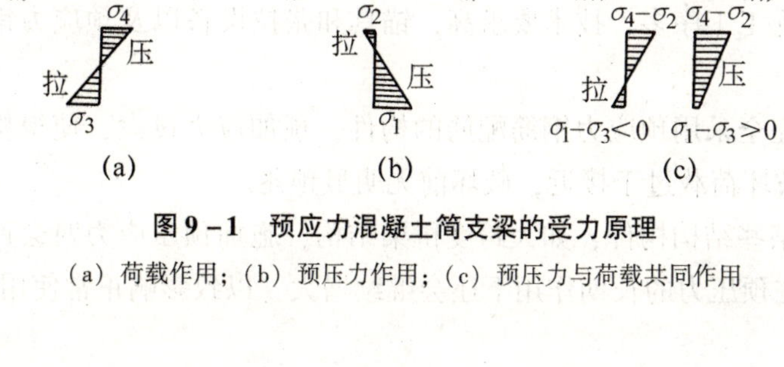

图 9－1　预应力混凝土简支梁的受力原理

(a) 荷载作用；(b) 预压力作用；(c) 预压力与荷载共同作用

（如 $\sigma_1 - \sigma_3 < 0$）。

9.1.2 预应力混凝土结构的特点

与非预应力混凝土结构相比较（如图 9－2 所示），预应力混凝土结构主要有以下几方面的优点：

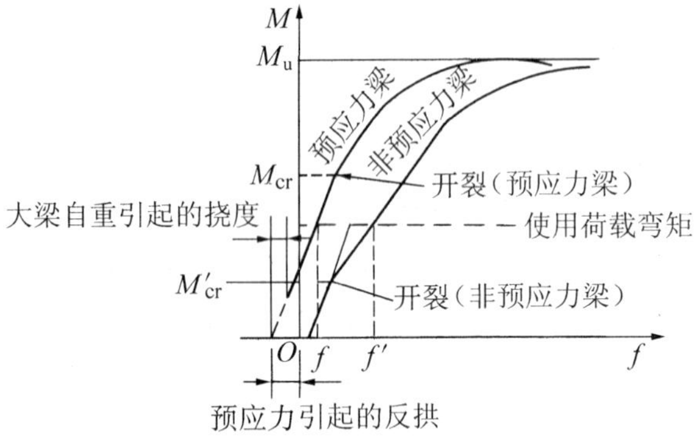

图 9－2 预应力和非预应力结构的比较

（1）预应力混凝土结构在使用荷载作用下不出现裂缝或推迟裂缝的出现，在同样的荷载下，能减小裂缝宽度，提高抗裂性，因此，也提高了构件的刚度，增加了结构的耐久性。如用在处于腐蚀性介质和潮湿环境中的结构以及海洋工程结构中，可以从根本上解决裂缝问题，对水工建筑物的意义尤为重大。

（2）预应力混凝土结构可以合理、有效地利用高强钢筋[1]和高强混凝土，从而节省材料，减轻结构自重，可以建造大跨度结构。

（3）施加纵向预应力可以延缓斜裂缝的形成，使受剪承载力得到提高。

（4）预应力可以降低钢筋的疲劳应力比，因而提高了构件的抗疲劳性能。

可见，预应力技术的采用，使混凝土结构的应用范围进一步扩大，也取得了较好的经济效益[2]。

预应力混凝土构件也存在如下缺点：

（1）施工工序多，技术要求高，锚具和张拉设备以及预应力钢筋等材料较贵。

（2）完全采用预应力钢筋配筋的构件，预加应力过大，使得构件的开裂荷载与破坏荷载过于接近，破坏前无明显预兆。

（3）某些结构构件，如大跨度桥梁结构，施加预压应力时会产生过大的反拱，在预压力的长期作用下还会继续增大，以致影响正常使用。

[1] 预应力混凝土结构中的高强钢筋在使用荷载作用下，其应力可达 500～1 000 N/mm^2。

[2] 充分利用高强度材料，以适应大跨度承重结构的需要，采用预应力是最有效的方法。

9.1.3 预应力混凝土结构的分类

根据设计、制作和施工工艺的特点，预应力混凝土有多种分类方法。

1. 按对构件裂缝控制程度的不同[1]分类

按对构件裂缝控制程度的不同，可以分为以下几类：

（1）全预应力混凝土。在全部荷载，即荷载标准组合作用下，截面不出现拉应力的预应力混凝土，称为全预应力混凝土。其特点如下：

① 抗裂性好。这种混凝土常用于对抗裂或抗腐蚀性能要求较高的结构，如核电站安全壳、储液罐、吊车梁等。

② 抗疲劳性能好。预应力钢筋从张拉到使用阶段的全过程中，其应力值变化幅度小，所以在重复荷载下，抗疲劳性能好。

③ 反拱值可能过大。当活荷载较大时，在正常使用情况下，由于预加应力较高，引起结构的反拱过大，使混凝土在施工阶段产生裂缝，影响上部结构构件的正常使用。

④ 延性较差。构件的开裂荷载与极限荷载较为接近，使得构件的延性较差，对结构的抗震不利。

（2）有限预应力混凝土。在全部荷载，即荷载效应标准组合作用下，截面拉应力不超过混凝土规定的抗拉强度，称为有限预应力混凝土。

（3）部分预应力混凝土[2]。截面允许出现裂缝，但最大的裂缝宽度不得超过允许的限值，称为部分预应力混凝土。其特点如下：

① 节约钢材。可以根据结构构件的不同使用要求、荷载作用情况和环境条件等，对裂缝进行控制，降低了预应力值，从而节约了预应力钢筋和锚具的用量，降低了造价。

② 反拱值不致过大。由于施加预应力较小，故可以避免产生过大的反拱。

③ 延性较好。由于配置了非预应力钢筋，故可以提高构件的延性，有利于结构抗震，并可以改善裂缝分布，减小裂缝宽度。

④ 与全预应力混凝土相比，可以简化张拉、锚固等工艺，其综合经济效果较好。对于抗裂要求不太高的结构构件，部分预应力混凝土已得到广泛应用。

⑤ 计算较为复杂。

2. 按预应力钢筋与混凝土的黏结状况分类

按预应力钢筋与混凝土的黏结状况，可以分为以下几类：

（1）有黏结预应力混凝土。有黏结预应力混凝土是指预应力钢筋与周围的混凝土有可靠的黏结强度，使得预应力钢筋与混凝土在荷载作用下有

[1]《水工混凝土结构设计规范》将裂缝控制等级划分为三级：一级，严格要求不出现裂缝的构件，要求构件受拉边缘混凝土不应产生拉应力；二级，一般要求不出现裂缝的构件，要求构件受拉边缘的拉应力不超过混凝土的抗拉强度；三级，允许出现裂缝的构件，要求构件正截面最大裂缝宽度计算值不超过规定的限值。

[2] 也可以把有限预应力混凝土包含在部分预应力混凝土之中。

相同的变形。例如，先张法和后张法灌浆的预应力混凝土都是有黏结预应力混凝土。

（2）无黏结预应力混凝土。在无黏结预应力混凝土中，预应力钢筋与周围的混凝土没有任何黏结强度。预应力钢筋的应力沿构件长度变化不大，若忽略摩阻力影响，则可以认为是相等的。无黏结预应力混凝土的预应力钢筋由塑料套管或塑料包膜（内涂防腐和润滑用的油脂）包裹，不需在制作构件时预留孔道和灌浆。施工时，可以像普通钢筋一样，放入模板即可浇筑混凝土，张拉工序简单，施工非常方便。但试验表明，无黏结预应力钢筋的钢材强度不能充分发挥，破坏时，钢筋拉应力仅为有黏结预应力钢筋的70%～90%。无黏结预应力混凝土结构设计时，为了综合考虑对其结构性能的要求，必须配置一定数量的有黏结非预应力钢筋。

9.2 施加预应力的方法和预应力混凝土结构的材料

9.2.1 施加预应力的方法

施加预应力的方法，按施加预应力的时间，可以分为先张法和后张法[1]。

[1] 按张拉钢筋的方法，可以分为机械张拉和电热张拉。采用机械张拉钢筋时，所施加力的大小容易控制，精度较高，故在工程中应用得最多。

1. 先张法

先张法，即先张拉预应力钢筋、后浇筑混凝土的方法。其施工的主要工序（如图9-3所示）如下：

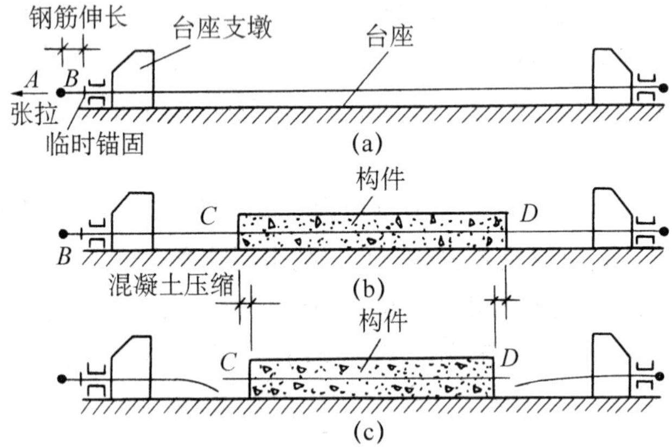

图9-3 先张法构件的施工工序

（a）张拉钢筋；（b）浇筑混凝土；（c）切断钢筋

（1）在台座上张拉预应力钢筋至预定控制应力，然后将预应力钢筋用夹具固定在台座上［如图9-3(a) 所示］。

(2) 支模、绑扎非预应力钢筋，浇筑混凝土构件［如图9-3(b) 所示］。

(3) 待构件混凝土达到一定强度后（一般不低于混凝土设计强度等级的75%，以保证预应力钢筋与混凝土之间具有足够的黏结力），切断或放松钢筋，预应力钢筋的弹性回缩受到混凝土阻止，使混凝土受到挤压，产生预压应力［如图9-3(c) 所示］❶。

❶ 靠黏结力来传递和保持预应力。

先张法需要有用来张拉和临时固定钢筋的台座，因此，初期投资费用较大。但先张法施工工序简单，钢筋靠黏结力自锚，在构件上不需设永久性锚具，临时固定的锚具都可以重复使用。因此，在大批量生产时，先张法构件比较经济，质量容易保证。为了便于吊装运输，先张法一般适用于生产中小型构件。

2. 后张法

后张法是先浇筑混凝土构件，当构件混凝土达到一定的强度后，在构件上张拉预应力钢筋的方法。其施工的主要工序（如图9-4所示）如下：

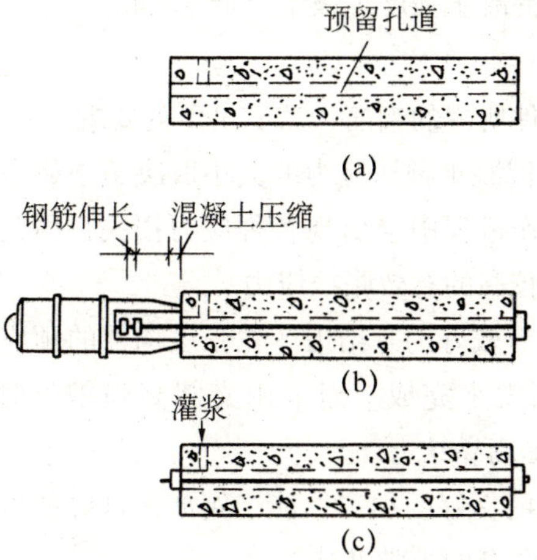

图9-4 后张法构件的施工工序

(a) 浇筑混凝土；(b) 穿筋、张拉、锚固；(c) 灌浆

(1) 浇筑混凝土构件，并在预应力钢筋位置处预留孔道［如图9-4(a) 所示］。

(2) 待混凝土达到一定强度（不低于混凝土设计强度等级的75%）后，将预应力钢筋穿过孔道，以构件本身作为支座张拉预应力钢筋［如图9-4(b) 所示］。此时，构件混凝土将同时受到压缩。

(3) 当预应力钢筋张拉至要求的控制应力时，在张拉端，用锚具将其锚固，使构件的混凝土受到预压应力［如图9-4(c) 所示］❷。

❷ 靠端部承压锚具传递和保持预应力。

后张法不需要台座，构件可以在工厂预制，也可以在现场施工，应用比较灵活，但是对构件施加预应力需要逐个进行，操作比较麻烦。此外，每个构件均需要永久性锚具，用钢量大，因此，成本比较高。后张法适用于运输不方便的大型预应力混凝土构件。

9.2.2 预应力混凝土结构的材料

1. 混凝土

预应力结构构件所用的混凝土，需满足下列要求：

(1) 强度高[1]。高强度混凝土能充分发挥高强度钢筋的性能，建立尽可能高的预应力，从而提高结构构件的抗裂度和刚度，有效地减小构件截面尺寸，减轻自重。

[1] 特别是先张法构件，黏结强度一般是随混凝土强度等级的增加而增加的。后张法因端部承压的要求，混凝土强度也应得到保证。

(2) 收缩、徐变小。这样可以减少收缩、徐变引起的预应力损失。

(3) 快硬、早强。以便尽早施加预应力，加快施工进度，加快设备周转率。

预应力构件的混凝土强度等级不应低于 C30；当采用钢丝、钢绞线作为预应力钢筋时，混凝土强度等级不宜低于 C40。

2. 钢筋

预应力结构构件所用的钢筋，需满足下列要求：

(1) 强度高。混凝土预压应力的大小取决于预应力钢筋张拉应力的大小。由于构件在制作过程中会出现各种应力损失，因此，必须使用高强钢筋，这样才能建立较高的有效张拉应力。

(2) 与混凝土有较好的黏结力。先张法构件的预应力主要依靠钢筋和混凝土之间的黏结力来完成。当采用光圆高强钢丝时，需经过“刻痕”“压波”的方法来提高黏结力。

(3) 具有一定的良好的加工性能。例如，良好的可焊性能，以及钢筋经过镦头后不影响原有的力学性能等。

(4) 具有较好的塑性。高强钢筋的塑性一般较低，为了保证结构或构件在破坏之前有较大的变形能力，必须保证预应力钢筋有足够的塑性。

目前，我国常用的预应力钢筋有下述几种：

(1) 消除应力钢丝，包括光圆钢丝、螺旋肋钢丝和刻痕钢丝三种。

(2) 钢绞线，分为 2 股、3 股和 7 股三种。

(3) 螺纹钢筋和钢棒。

9.2.3 预应力混凝土结构的锚具和夹具

锚具和夹具是锚固和张拉预应力钢筋时所用的工具。在先张法中，张拉钢筋时，要用张拉夹具夹持钢筋，张拉完毕后，要用锚固夹具将钢筋临时锚固在台座上；在后张法中，也要用锚具来张拉和锚固钢筋。通常把锚固在构件端部，与构件连成一体共同受力，不再取下重复使用的工具称为锚具[1]；在张拉过程中夹持钢筋，以后可取下并重复使用的工具称为夹具。锚具与夹具有时也能互换使用。

[1] 有时，为简便起见，将锚具和夹具统称为锚具，其固定钢筋的原理是一样的。

1. 先张法夹具

采用钢丝作为预应力钢筋，可以利用偏心夹具夹住钢筋用卷扬机张拉（如图 9－5 所示），再用锥形锚具或楔形夹具将钢筋临时锚固在台座的传力架上（如图 9－6 所示），锥销（或楔块）可用人工锤入套筒（或锚板）内。这种夹具只能锚固单根或双根钢丝，功效较低。

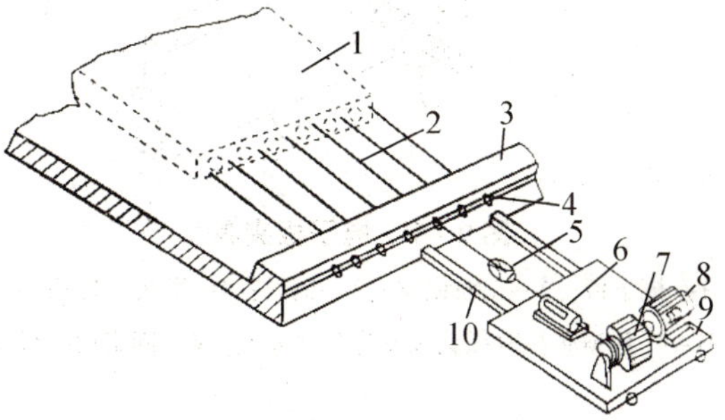

图 9－5 先张法单根钢丝的张拉

1—预制构件（空心板）；2—预应力钢筋；3—台座传力架；4—锥形夹具；5—偏心夹具；6—弹簧秤（控制张拉力）；7—卷扬机；8—电动机；9—张拉车；10—撑杆

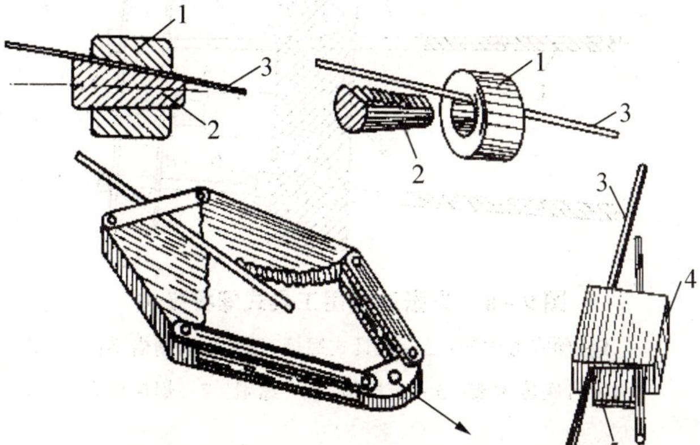

图 9－6 锥形夹具、偏心夹具和楔形夹具

1—套筒；2—锥销；3—预应力钢筋；4—锚板；5—楔块

如果在钢模上张拉多根预应力钢丝，则可以采用梳子板夹具（如图 9－7 所示）。钢丝两端用镦头（冷镦）锚定，利用安装在普通千斤顶内火塞上的爪子钩住梳子板上两个孔洞施力于梳子板，钢丝张拉完毕后立即拧紧螺母，钢丝就临时锚固在钢模横梁上。施工时速度很快。

采用粗钢筋作为预应力钢筋时，对于单根钢筋，最常用的办法是在钢

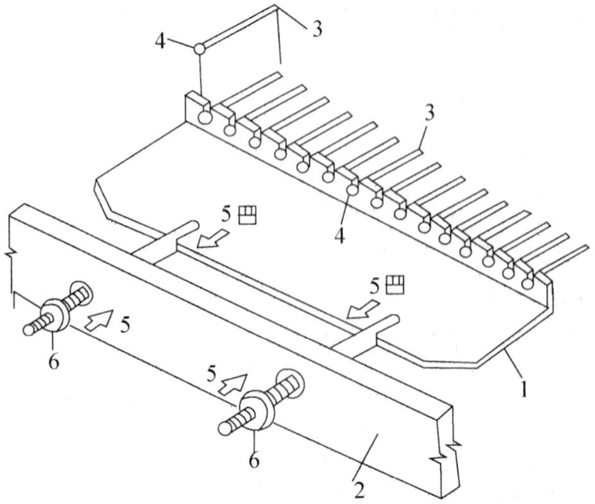

图9－7　梳子板夹具

1—梳子板；2—钢模横梁；3—钢丝；4—镦头（冷镦）；
5—千斤顶张拉时抓钩及支撑位置示意；6—固定用螺母

筋端部连接一个工具式螺杆。螺杆穿过台座的活动钢横梁后用螺母固定，利用普通千斤顶推动活动钢横梁就可以张拉钢筋（如图9－8所示）。

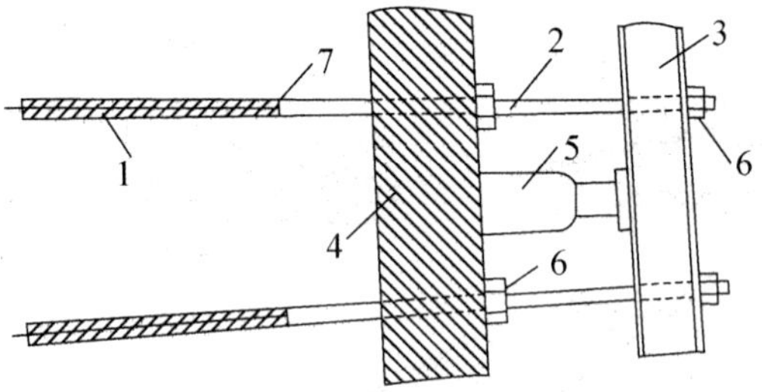

图9－8　先张法利用工具式螺杆张拉

1—预应力钢筋；2—工具式螺杆；3—活动钢横梁；
4—台座传力架；5—千斤顶；6—螺帽；7—焊接接头

工具式螺杆与预应力钢筋之间可以采用焊接连接（如图9－8所示）或者用套筒式连接器连接（如图9－9所示）。套筒式连接器由两个半圆形套筒组成。每个半圆形套筒上焊有两根连接钢筋，使用时，将预应力钢筋和工具式螺杆的端头镦粗，再将套筒夹在两个镦粗头之间，套上钢圈将其箍紧，就可以把预应力钢筋与螺杆连接起来。采用套筒式连接器不仅连接方便，而且可以避免用焊接连接时每次切割预应力钢筋（放张）都要损失一段工具式螺杆长度。对于多根钢筋，则可以考虑采用螺杆镦粗夹具（如图9－10所示）或锥形锚块夹具（如图9－11所示）。

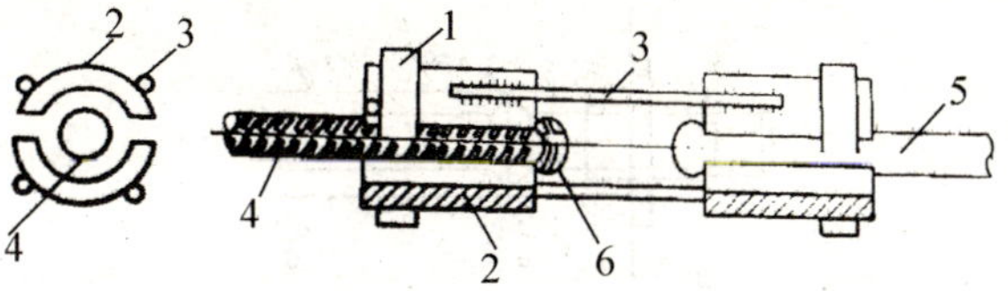

图9-9　套筒式连接器

1—钢圈；2—半圆形套筒；3—连接钢筋；4—预应力钢筋；5—工具式螺杆；6—镦粗头

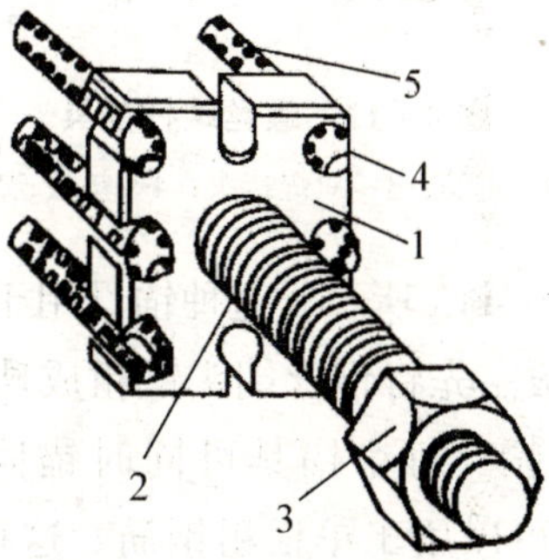

图9-10　螺杆镦粗夹具

1—锚板；2—螺杆；3—螺帽；4—镦粗头；5—预应力钢筋

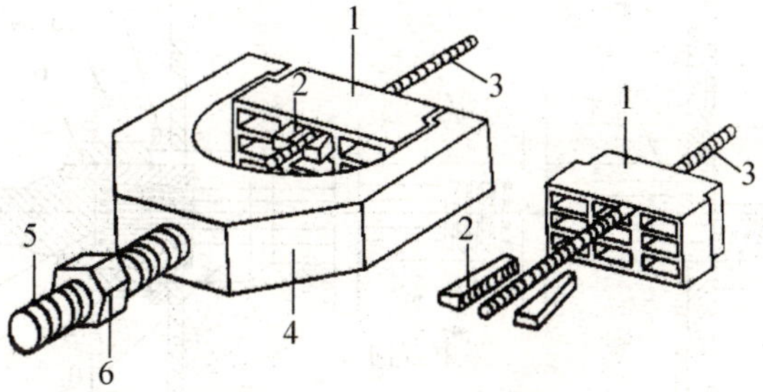

图9-11　锥形锚块夹具

1—锥形锚块；2—锥形夹片；3—预应力钢筋；4—张拉连接器；5—张拉螺杆；6—固定用螺母

2. 后张法锚具

按照预应力钢筋的锚固方式，常用的锚具有以下几种：

(1) 支撑式锚具。

① 螺丝端杆锚具。如图9-12所示，主要用于预应力钢筋张拉端。预应力钢筋与螺丝端杆对焊连接，螺丝端杆另一端与张拉千斤顶相连。张拉终止时，通过螺帽和垫板，将预应力钢筋锚固在构件上。

这种锚具的优点是比较简单、滑移小和便于再次张拉；缺点是对预应力钢筋长度的精度要求高，不能太长或太短，否则螺纹长度不够用。需要特别注意焊接接头的质量，以防止发生脆断。

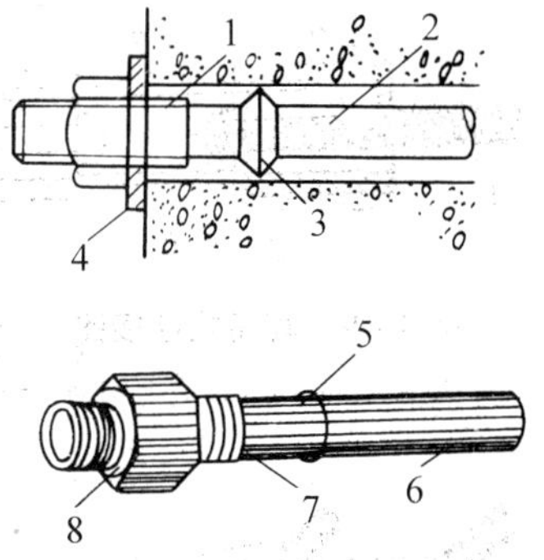

图 9－12　螺丝端杆锚具

1、7—螺丝端杆；2、6—钢筋；3—对焊接头；4—垫板；5—焊接接头；8—螺帽

② 镦头锚具。如图 9－13 所示，这种锚具用于锚固钢筋束。张拉端采用锚杯，固定端采用锚板。先将钢丝端头镦粗成球形，穿入锚杯孔内，边张拉，边拧紧锚杯的螺帽。每个锚具可同时锚固几根到 100 多根 ϕ5～ϕ7 mm 的高强钢丝，也可以用于单根粗钢筋。这种锚具的锚固性能可靠，锚固力大，张拉操作方便，但要求钢筋（丝）的长度有较高的精确度，否则会造成钢筋（丝）受力不均。

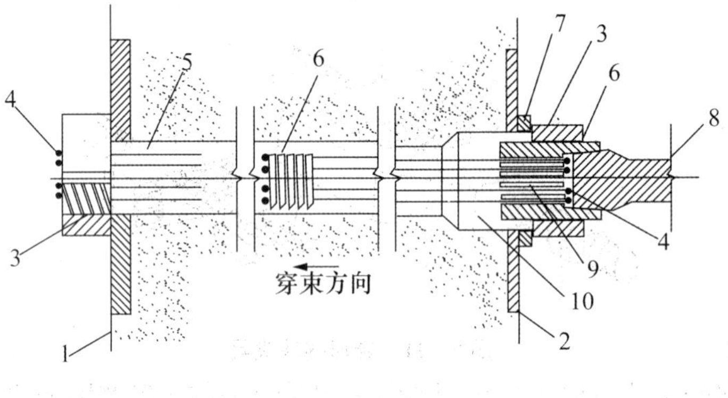

图 9－13　镦头锚具

1—固定端；2—张拉端；3—锚圈（螺帽）；4—钢丝镦头；5—预留孔道；6—锚杯；7—垫板；8—接千斤顶；9—压浆孔；10—预留孔道扩口

（2）锥形锚具。如图 9－14 所示，这种锚具是用于锚固多根直径为 5 mm、7 mm、8 mm、12 mm 的平行钢丝束，或者锚固多根直径为 13 mm、15 mm 的平行钢绞线束。这种锚具由锚环和锚塞两部分组成，锚环在构件混凝土浇灌前埋置在构件端部，锚塞中间有小孔作锚固后灌浆用。由双作用千斤顶张拉钢丝后又将锚塞顶压入锚圈内，利用钢丝在锚塞与锚圈之间的摩擦力锚固钢丝。

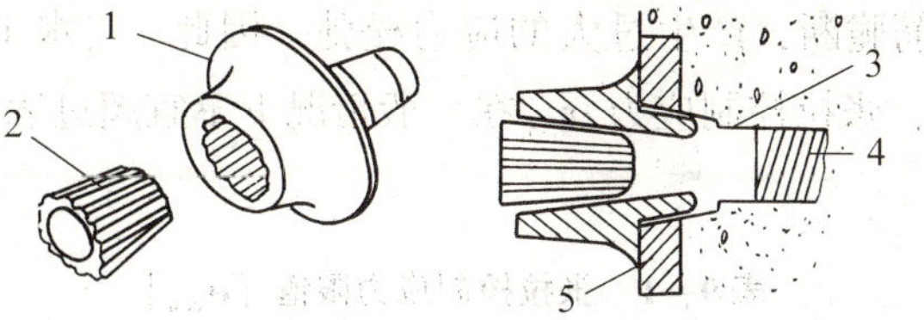

图9-14 锥形锚具

1—锚环；2—锥形塞；3—喇叭管；4—金属管；5—钢垫板

(3) 夹片式锚具[1]。如图9-15所示，可以根据需要，每套锚具锚固1～100根直径为15.2 mm或12.7 mm的钢绞线。每套锚具都是由一个锚座、一个锚环和若干个夹片组成的，钢绞线在每个孔道内通过有牙齿的钢夹片夹住。

[1] 国内常见的夹片式锚具有HVM、OVM、QM等型号。

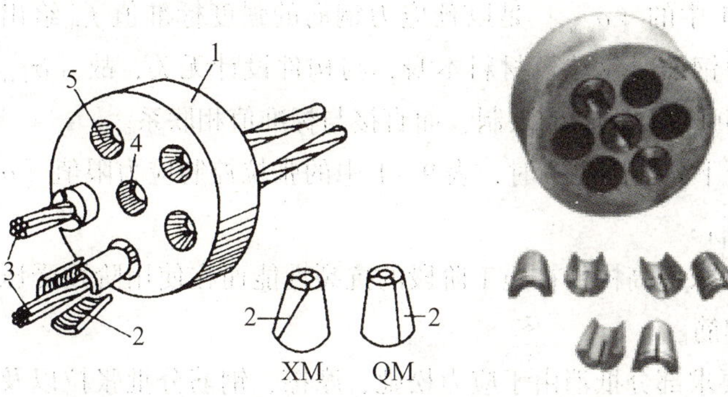

图9-15 夹片式锚具

1—锚环；2—夹片（斜或直片）；3—钢绞线；4—灌浆孔；5—锥台孔洞

除上述一些锚具以外，还有其他多种形式、适合多种用途的锚具。但锚（夹）具的原理是相同的，主要依靠螺丝扣的剪切作用、夹片的挤压与摩擦作用、镦头的局部承压作用，最终都需要带动锚头（锚环、锚杯、螺母等）挤压构件，从而产生预压应力。

9.3 预应力钢筋的张拉控制应力及预应力损失

9.3.1 预应力钢筋的张拉控制应力

张拉控制应力是指张拉预应力钢筋时，预应力钢筋达到的最大应力值，即用张拉设备所控制的张拉力除以预应力钢筋截面面积所得到的应力，用σ_{con}表示。

张拉控制应力的大小直接影响预应力的效果。张拉控制应力的取值越高，预应力钢筋对混凝土的预压作用越大。但如果张拉控制应力取值过高，则可能导致钢筋脆断，产生过大的应力松弛。因此，《水工混凝土结构设计规范》规定，张拉控制应力 σ_{con} 在一般情况下不宜超过表 9-1 中所列的数值❶。

❶ 为了避免 σ_{con} 的取值过低，影响预应力钢筋充分发挥作用，预应力钢筋 σ_{con} 应不小于 $0.4f_{ptk}$。

表 9-1 张拉控制应力限值 [σ_{con}]

项次	钢种	张拉方法	
		先张法	后张法
1	消除应力钢丝、钢绞线	$0.75f_{ptk}$	$0.75f_{ptk}$
2	螺纹钢筋	$0.75f_{ptk}$	$0.70f_{ptk}$
3	钢棒	$0.70f_{ptk}$	$0.65f_{ptk}$

表 9-1 中的 [σ_{con}] 是以预应力钢筋的强度标准值 f_{ptk} 给出的。因为张拉预应力钢筋时仅涉及材料本身，与构件设计无关，故 [σ_{con}] 可不受预应力钢筋强度设计值的限制，而直接与标准值相联系。

在符合下列情况之一时，表 9-1 中的张拉控制应力限值 [σ_{con}] 可以提高 $0.05f_{ptk}$：

（1）要求提高构件在施工阶段的抗裂性能而在使用阶段受压区内设置的预应力钢筋。

（2）要求部分抵消由于应力松弛、摩擦、钢筋分批张拉以及预应力钢筋与张拉台座之间的温差因素而产生的预应力损失。

从表 9-1 可见，对于同一钢种，先张法的钢筋张拉控制应力 σ_{con} 较后张法大一些。这是由于在先张法中，张拉钢筋达到控制应力时，构件混凝土尚未浇筑，当从台座上放松钢筋使混凝土受到挤压时，钢筋已随着混凝土的压缩而回缩，因此，当混凝土受到预压应力时，钢筋的预拉应力已经小于控制应力 σ_{con} 了。而对于后张法来说，在张拉钢筋的同时，混凝土即受到挤压，当钢筋张拉达到控制应力时，混凝土的弹性压缩也已经完成。

9.3.2 预应力损失

由于张拉工艺和材料性能等原因，从张拉钢筋开始到构件使用整个过程中，σ_{con} 将不断降低，这种现象称为预应力损失❷。预应力损失会降低预应力的效果。因此，准确地预估和尽可能地减少预应力损失，对预应力混凝土结构的设计具有十分重要的意义。

❷ 正确认识和计算预应力损失值是非常重要的。虽然预应力损失计算得正确与否对结构的极限承载力影响很小，但是对使用荷载下的性能（反拱、挠度、抗裂度及裂缝宽度）有相当大的影响。若把损失估计得过高，将可能产生所不希望的过大反拱；若估计过低，将导致过早开裂。

引起预应力损失的因素很多，下面分项讨论。

1. 张拉端锚具变形和钢筋内缩引起的预应力损失 σ_{l1}

预应力钢筋在锚固时，由于锚具变形（包括锚具各个部件之间和锚具与构件之间缝隙压缩）和钢筋在锚具中内缩滑移等因素的影响，将使预应力钢筋产生预应力损失，以符号 σ_{l1} 表示。计算这项损失时，只需考虑张拉端，不需考虑锚固端，因为锚固端的锚具变形在张拉过程中已经完成。

（1）对预应力直线钢筋，σ_{l1} 可按下列公式计算：

$$\sigma_{l1} = \frac{a}{l}E_s \tag{9-1}$$

式中：a——张拉端锚具变形和钢筋内缩值，mm，按表9-2取用❶；

l——张拉端至锚固端之间的距离，mm；

E_s——预应力钢筋弹性模量，N/mm^2。

❶ 为了减少张拉端锚具变形和钢筋内缩引起的预应力损失，应尽量减少垫片的数量，增加台座的长度。

表9-2 锚具变形和钢筋内缩值 a

项次	锚具类别		a/mm
1	支撑式锚具（钢丝束镦头锚具）	螺帽缝隙	1
		每块后加垫板的缝隙	1
2	锥塞式锚具（钢丝束的钢制锥形锚具等）		5
3	夹片式锚具	有顶压时	5
		无顶压时	6～8
4	单根螺纹钢筋的锥形锚夹具		5

注：1. 表中的锚具变形和钢筋内缩值也可以根据实测数据或有关规范规定。

2. 其他类型的锚具变形和钢筋内缩值应根据实测数据确定。

（2）对于后张法构件的预应力曲线钢筋（预应力筋为圆弧曲线，对应的圆心角 θ 不大于30°，如图9-16所示），因为张拉时预应力钢筋与孔道壁之间已产生指向锚固端的摩擦力，而当锚具变形、预应力钢筋回缩时，在离张拉端 l_f 范围内，使预应力钢筋与孔道壁之间的摩擦力随之减小，最后转为与原来方向相反的摩擦力，以阻止预应力钢筋的回缩，考虑这种反向摩擦的影响而引起的预应力钢筋损失值 σ_{l1x}。距张拉端 x 处的 σ_{l1x} 可以根据预应力曲线钢筋与孔道壁之间反向摩擦影响长度 l_f 范围内的钢筋变形值等于锚具变形和钢筋内缩值的条件来确定，其计算公式为❷

$$\sigma_{l1x} = 2\sigma_{con}l_f\left(\frac{\mu}{r_c}+\kappa\right)\left(1-\frac{x}{l_f}\right) \tag{9-2}$$

$$l_f = \sqrt{\frac{aE_s}{1\,000\sigma_{con}\left(\frac{\mu}{r_c}+\kappa\right)}} \tag{9-3}$$

❷ 后张法曲线筋的 σ_{l1x} 只发生在端部 l_f 内。

上述各式中：l_f——预应力曲线钢筋与孔道壁之间反向摩擦影响长度，m；

r_c——圆弧曲线预应力筋的曲率半径，m；

μ——预应力筋与孔道壁的摩擦系数，按表 9-3 取用；

κ——考虑孔道每米长度局部偏差的摩擦系数，按表 9-3 取用；

x——张拉端至计算截面的距离，m，应符合 $x \leqslant l_f$ 的规定；

其余符号的意义同前。

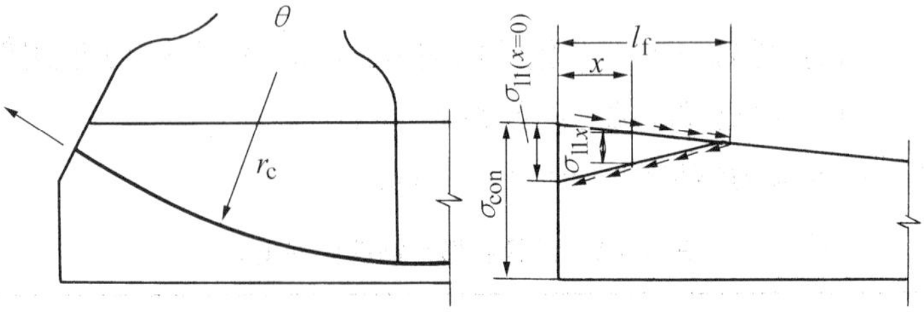

图 9-16　圆弧形曲线预应力钢筋因锚具变形和钢筋内缩引起的预应力损失值示意图

（a）圆弧形曲线预应力钢筋；（b）σ_{l1}

表 9-3　摩擦系数 κ、μ

项次	孔道成型方式	κ	μ	
			钢丝束、钢绞线	螺纹钢筋、钢棒
1	预埋金属波纹管	0.001 5	0.20～0.25	0.50
2	预埋铁皮管	0.003 0	0.35	0.40
3	预埋塑料波纹管	0.001 5	0.14～0.17	—
4	抽芯成型	0.001 5	0.55	0.60
5	预埋钢管	0.001 0	0.25～0.30	—

注：当采用钢丝束的钢制锥形锚具和类似形式的锚具时，尚应考虑锚环口处的附加摩擦损失，此值可以根据实测数据来确定。

2. 预应力筋与孔道壁之间的摩擦引起的预应力损失 σ_{l2}[1]

后张法预应力混凝土构件需要预留孔道，由于施工的原因，会使孔道轴线出现局部偏差，所以在张拉预应力筋时，预应力筋与孔道壁接触摩擦将产生摩擦力。如果采用曲线孔道，由于张拉时预应力筋与孔道壁之间存在径向压力，所以会产生附加摩擦力。摩擦力使得离开张拉端后预应力筋的拉应力逐渐减少（如图 9-17 所示）。这种减少的应力值称为孔道摩擦损失 σ_{l2}，按下式计算：

$$\sigma_{l2} = \sigma_{con}\left(1 - \frac{1}{e^{\kappa x + \mu\theta}}\right) \tag{9-4}$$

[1] 对曲线筋，应根据曲线方程分段计算 σ_{l2}，然后累加。为了减少摩擦损失，可以采用两端张拉或超张拉的方法。但两端张拉时，两端均需考虑锚具损失。超张拉的顺序可以采用如下顺序：从零应力开始张拉至 $1.05\sigma_{con}$，持荷 2 min，卸荷至 $0.85\sigma_{con}$，持荷 2 min，再加载至 σ_{con} 后锚固，这样可以使摩擦损失（特别是在端部曲线部分处）减小。

式中：x——张拉端至计算截面的孔道长度，m，当曲线曲率不大时，也可以近似取该段孔道在纵轴上的投影长度；

θ——从张拉端至计算截面曲线孔道部分切线的夹角，rad。

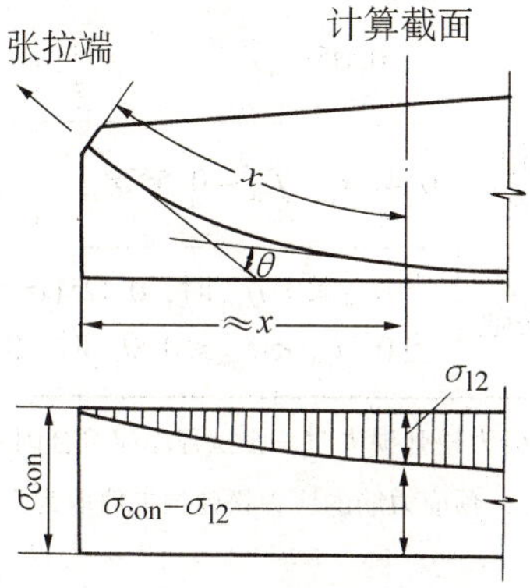

图9－17 曲线配筋摩阻损失示意图

当 $\kappa x+\mu\theta\leqslant 0.2$ 时，σ_{l2} 可按下列近似公式计算：

$$\sigma_{l2}=(\kappa x+\mu\theta)\sigma_{con} \qquad (9-5)$$

3. 混凝土加热养护时，受张拉的钢筋与承受拉力的设备之间的温差引起的预应力损失 σ_{l3} [1]

为了缩短先张法构件的生产周期，常采用蒸汽养护来加快混凝土的硬化。升温时，新浇的混凝土尚未结硬，钢筋受热膨胀，但台座是固定不变的。于是钢筋产生相对伸长，预应力钢筋应力降低，造成预应力损失 σ_{l3}。降温时，因混凝土已结硬，与钢筋粘成整体，两者共同回缩。因此，预应力钢筋损失 σ_{l3} 不能恢复，σ_{l3} 可按下列公式计算：

$$\sigma_{l3}=\alpha E_s\Delta t=0.000\,01\times 2.0\times 10^5\times\Delta t=2\Delta t\ (\text{N/mm}^2) \qquad (9-6)$$

式中：α——钢筋的温度线膨胀系数，近似取为 $1\times 10^{-5}/℃$；

Δt——混凝土加热养护时，受张拉的钢筋与承受拉力的设备之间的温差；

E_s——预应力钢筋的弹性模量。

4. 预应力钢筋应力松弛引起的预应力损失 σ_{l4}

钢筋在高应力作用下，其塑性变形具有随时间而增长的性质。当钢筋长度保持不变时，应力将随时间的增长而降低的现象称为应力松弛。钢筋应力松弛使预应力值降低，所造成的预应力损失称为 σ_{l4}。

《水工混凝土结构设计规范》规定，预应力筋松弛引起的预应力损失按表9－4计算。

[1] 为了减少混凝土加热养护温差引起的预应力损失，(1) 采用两次升温养护，即首先按设计允许的温差范围控制升温，待混凝土凝固并具有一定的强度后，再进行第二次升温。由于第二次升温时，混凝土与钢筋已形成整体，故不再因养护温差而产生预应力损失。(2) 对于在钢模上张拉预应力钢筋的构件，当采用升温养护时，由于钢模与构件同时升温，故可以不考虑这项损失。

表 9-4 预应力筋的应力松弛损失 σ_{l4}[1]

项次	钢筋种类	张拉方式		
			一次张拉	超张拉
1	螺纹钢筋、钢棒		$0.05\sigma_{con}$	$0.035\sigma_{con}$
2	预应力钢丝、钢绞线	普通松弛	$0.4(\sigma_{con}/f_{ptk}-0.5)\sigma_{con}$	$0.36(\sigma_{con}/f_{ptk}-0.5)\sigma_{con}$
		低松弛	当 $\sigma_{con}\leqslant 0.7f_{ptk}$ 时，$0.125(\sigma_{con}/f_{ptk}-0.5)\sigma_{con}$ 当 $0.7f_{ptk}<\sigma_{con}\leqslant 0.8f_{ptk}$ 时，$0.20(\sigma_{con}/f_{ptk}-0.575)\sigma_{con}$	

注：1. 当取表中超张拉的应力松弛损失时，张拉程序应符合国家现行标准的要求。

2. 当 $\sigma_{con}/f_{ptk}\leqslant 0.5$ 时，预应力筋的应力松弛损失值取为零。

5. 混凝土收缩和徐变引起的预应力损失 σ_{l5}

混凝土在硬化时产生的收缩和长期预压作用下的徐变，都会使预应力混凝土构件缩短，预应力钢筋随之回缩，造成预应力损失。混凝土收缩、徐变引起的受拉区和受压区预应力损失 σ_{l5}、σ'_{l5} 可按下式计算[2]：

（1）对于先张法构件，

$$\sigma_{l5}=\frac{45+280\sigma_{pc}/f'_{cu}}{1+15\rho} \quad (9-7)$$

$$\sigma'_{l5}=\frac{45+280\sigma'_{pc}/f'_{cu}}{1+15\rho'} \quad (9-8)$$

（2）对于后张法构件，

$$\sigma_{l5}=\frac{35+280\sigma_{pc}/f'_{cu}}{1+15\rho} \quad (9-9)$$

$$\sigma'_{l5}=\frac{35+280\sigma'_{pc}/f'_{cu}}{1+15\rho'} \quad (9-10)$$

式中：σ_{pc}——在受拉区预应力筋各自合力作用点处的混凝土法向应力；

σ'_{pc}——在受压区预应力筋各自合力作用点处的混凝土法向应力；

f'_{cu}——施加预应力时的混凝土立方体抗压强度；

ρ——受拉区预应力筋和非预应力筋的配筋率，对于先张法构件，$\rho=(A_p+A_s)/A_0$；对于后张法构件，$\rho=(A_p+A_s)/A_n$；

ρ'——受压区预应力筋和非预应力筋的配筋率，对于先张法构件，$\rho'=(A'_p+A'_s)/A_0$；对于后张法构件，$\rho'=(A'_p+A'_s)/A_n$。

在受拉区、受压区预应力筋各自合力作用点处，混凝土法向应力 σ_{pc}、σ'_{pc} 按 9.4 节和 9.5 节公式求得（详见轴心受拉构件、受弯构件相应的计算公式）。此时，预应力损失值仅考虑混凝土预压前（先张法）或卸去千斤

[1] 预应力筋的松弛与下面的因素有关：（1）时间。预应力松弛损失初期发展较快，24 h 约完成 80%，以后发展较慢。（2）张拉控制应力越高，应力松弛损失越大，因此，采取超张拉的方法可以减少松弛损失。此时，超张拉的顺序如下：0 →（1.05 ～ 1.1）σ_{con}，持荷 2 ～ 5 min → 0 → σ_{con}。此外，采用低松弛损失的钢材也可以减少预应力松弛损失。（3）与钢筋种类有关。

[2] 减少 σ_{l5} 的措施如下：（1）采用高标号水泥，减少水泥用量，减少水灰比，采用干硬性混凝土。（2）采用级配良好的骨料，加强振捣，提高混凝土的密实性。（3）加强养护，以减少混凝土收缩（见第 1 章中混凝土的徐变和收缩）。

顶时（后张法）的第一批损失，非预应力筋的应力 σ_{l5}、σ'_{l5} 取为零；σ_{pc}、σ'_{pc} 值不得大于 $0.5f'_{cu}$ ❶；σ'_{pc} 为拉应力时，式（9－8）和式（9－10）中的 σ'_{pc} 应取为零。计算 σ_{pc}、σ'_{pc} 时，可以根据构件制作情况考虑自重的影响。

❶ 是为了避免非线性徐变（见第1章内容）。

式（9－7）～式（9－10）右边第一项分数和第二项分数分别反映混凝土收缩和徐变对应力损失的影响。可以看出，后张法构件的 σ_{l5} 和 σ'_{l5} 数值比先张法构件要小，这是由于后张法构件在张拉钢筋前混凝土的部分收缩已经完成。因此，它对钢筋应力损失的影响也相应地减少了。

应当指出的是，式（9－7）～式（9－10）仅适合于一般相对湿度环境下的结构构件。若构件处于年平均相对湿度低于40%的环境中，则需将求得的 σ_{l5}、σ'_{l5} 值增加30% ❷。

❷ 这是因为环境条件影响徐变和收缩大小（见第1章），自然对 σ_{l5} 也有影响。

6. 螺旋式预应力筋挤压混凝土引起的预应力损失 σ_{l6}

用螺旋式预应力筋作配筋的环形构件，当环形构件的直径小于或等于3 m时，预应力筋对混凝土的挤压会使混凝土产生局部压陷，预应力钢筋环的直径减小，由此引起的预应力损失称为 σ_{l6}。《水工混凝土结构设计规范》规定，$\sigma_{l6}=30\ N/mm^2$ ❸。

❸ 对于直径大于3 m的构件，可以不计该项损失。

9.3.3 预应力损失值的组合

上述各项预应力损失是按不同的张拉方式分阶段发生的。《水工混凝土结构设计规范》将混凝土预压前的损失称为第一批损失 $\sigma_{l\,\mathrm{I}}$，混凝土预压后的损失称为第二批损失 $\sigma_{l\,\mathrm{II}}$。总损失为 $\sigma_l=\sigma_{l\,\mathrm{I}}+\sigma_{l\,\mathrm{II}}$。各项预应力损失的组合如表9－5所示。

表9－5 各阶段预应力损失的组合

预应力损失的组合	先张法构件	后张法构件
混凝土预压前（第一批）的损失 $\sigma_{l\,\mathrm{I}}$	$\sigma_{l1}+\sigma_{l2}+\sigma_{l3}+\sigma_{l4}$	$\sigma_{l1}+\sigma_{l2}$
混凝土预压后（第二批）的损失 $\sigma_{l\,\mathrm{II}}$	σ_{l5}	$\sigma_{l4}+\sigma_{l5}+\sigma_{l6}$

注：1. 先张法构件第一批损失值计入 σ_{l2} 是指有折线式配筋的情况。
2. 先张法构件，σ_{l4} 在第一批和第二批损失中所占的比例，如需区分，可按实际情况确定。

考虑到预应力损失的计算值与实际值可能有误差，避免因总损失计算过小而产生不利影响，《水工混凝土结构设计规范》规定，当总损失值 σ_l 小于下列数值时，σ_l 采用下列数值：

（1）先张法构件，$100\ N/mm^2$。

（2）后张法构件，$80\ N/mm^2$。

9.4 预应力混凝土轴心受拉构件的应力分析和承载力计算❶

预应力混凝土轴心受拉构件从张拉钢筋到构件破坏，截面中混凝土和钢筋的应力变化按两个大阶段进行分析，即施工阶段和使用阶段，每个阶段又包括若干个特征受力过程。

9.4.1 先张法预应力混凝土轴心受拉构件的应力分析❷

先张法预应力混凝土轴心受拉构件的应力分析如表 9－6 所示。

表 9－6 先张法预应力混凝土轴心受拉构件的应力分析

应力状态				应力图形
施工阶段	1	张拉预应力筋，浇筑混凝土，完成第一批预应力损失	a σ_{con} b	$\sigma_c=0$ $(\sigma_{con}-\sigma_{lI})A_p$ $\sigma_s=0$
	2	放松预应力筋，混凝土受到预压	c	$\sigma_{pcI}=(\sigma_{con}-\sigma_{lI})A_p/A_0$ $(\sigma_{con}-\sigma_{lI}-\alpha_E\sigma_{pcI})A_p$ $\alpha_E\sigma_{pcI}A_s$
	3	预应力损失全部出现	d	$\sigma_{pcII}=[(\sigma_{con}-\sigma_l)A_p-\sigma_{l5}A_s]/A_0$ $(\sigma_{con}-\sigma_l-\alpha_E\sigma_{pcII})A_p$ $(\alpha_E\sigma_{pcII}+\sigma_{l5})A_s$
使用阶段	4	加载至混凝土应力为零，即消压状态	e	$\sigma-\sigma_{pcII}=0$，$\sigma=N_0/A_0$ $(\sigma_{con}-\sigma_l)A_p$ $\sigma_{l5}A_s$
	5	混凝土即将开裂	f $N=N_{cr}$	$\sigma-\sigma_{pcII}=f_{tk}$ $(\sigma_{con}-\sigma_l+\alpha_E f_{tk})A_p$ $(\sigma_{l5}-\alpha_E f_{tk})A_s$
		混凝土开裂后	g $N_{cr}<N<N_u$	$\sigma_c=0$　$N_0=(\sigma_{con}-\sigma_l)A_p-\sigma_{l5}A_s$ $\left(\sigma_{con}-\sigma_l+\dfrac{N-N_0}{A_p+A_s}\right)A_p$ $[\sigma_{l5}-(N-N_0)/(A_p+A_s)]A_s$
破坏阶段	6	破坏时	h $N=N_u$	$f_{py}A_p$ f_yA_s

❶ 预应力混凝土轴心受拉构件与普通钢筋混凝土轴心受拉构件相比，其计算假定、计算原理是类似的，计算公式是相衔接的。学习这部分内容时，若与前面有关章节结合起来，则有助于理解。

❷ 了解预应力混凝土构件在各个受力阶段混凝土和钢筋的应力状态，有助于对其计算公式的理解，更有助于对预应力的基本原理和预应力混凝土构件工作特性的理解。

1. 施工阶段

（1）应力状态1——预应力钢筋放张前。张拉钢筋，浇筑混凝土，完成第一批预应力损失张拉预应力钢筋，并固定在台座（或钢模）上，浇筑混凝土及养护。由于锚具变形和钢筋内缩、养护温差、钢筋松弛等原因产生了第一批应力损失 $\sigma_{l\,\mathrm{I}}=\sigma_{l1}+\sigma_{l3}+\sigma_{l4}$，预应力钢筋的应力就降低为 $\sigma_{p0\,\mathrm{I}}$（如表9－6中图b所示），即

$$\sigma_{p0\,\mathrm{I}}=\sigma_{con}-\sigma_{l\,\mathrm{I}} \tag{9－11}$$

$$N_{p0\,\mathrm{I}}=\sigma_{p0\,\mathrm{I}}A_p=(\sigma_{con}-\sigma_{l\,\mathrm{I}})A_p \tag{9－12}$$

式中：A_p——预应力钢筋的截面面积；

$N_{p0\,\mathrm{I}}$——产生第一批损失后预应力钢筋中的总拉力。

由于预应力钢筋仍固定在台座（或钢模）上，预应力钢筋的总预拉力由台座（或钢模）支承平衡，所以混凝土的应力和非预应力钢筋的应力均为零。

（2）应力状态2——预应力钢筋放张后。放松预应力钢筋，混凝土受到预压，当混凝土的强度达到设计强度的75%以上时，即可放松预应力钢筋。这时，混凝土受到预应力钢筋回弹的挤压而产生预压应力 $\sigma_{pc\,\mathrm{I}}$，混凝土受压后产生压缩变形 $\varepsilon_c=\sigma_{pc\,\mathrm{I}}/E_c$。由于钢筋与混凝土的黏结作用，两者变形协调，$\varepsilon_s=\varepsilon_c$，相应预应力筋的拉应力将减少 $\varepsilon_sE_s=\alpha_E\sigma_{pc\,\mathrm{I}}$[1]，预拉应力进一步降低为 $\sigma_{pe\,\mathrm{I}}$（如表9－6中图c所示），即

$$\sigma_{pe\mathrm{I}}=\sigma_{p0\,\mathrm{I}}-\alpha_E\sigma_{pc\,\mathrm{I}}=\sigma_{con}-\sigma_{l\,\mathrm{I}}-\alpha_E\sigma_{pc\,\mathrm{I}} \tag{9－13}$$

非预应力钢筋受到的是压应力，其值为

$$\sigma_{s\,\mathrm{I}}=\alpha_E\sigma_{pc\,\mathrm{I}} \tag{9－14}$$

混凝土的预压应力 $\sigma_{pc\,\mathrm{I}}$ 可由截面内力平衡条件求得，其值为

$$\sigma_{pe\,\mathrm{I}}A_p=\sigma_{pc\,\mathrm{I}}A_c+\sigma_{pc\,\mathrm{I}}\alpha_EA_s$$

则

$$\sigma_{pc\,\mathrm{I}}=\frac{(\sigma_{con}-\sigma_{l\,\mathrm{I}})A_p}{A_c+\alpha_EA_s+\alpha_EA_p}=\frac{(\sigma_{con}-\sigma_{l\,\mathrm{I}})A_p}{A_0} \tag{9－15a}$$

也可以写成

$$\sigma_{pc\,\mathrm{I}}=\frac{N_{p0\,\mathrm{I}}}{A_0} \tag{9－15b}$$ [2]

上述各式中：A_s、A_p——非预应力钢筋和预应力钢筋的截面面积；

A_c——构件混凝土的截面面积，$A_c=A-A_s-A_p$，此处 A 为构件的截面面积；

A_0——换算截面面积，$A_0=A_c+\alpha_EA_s+\alpha_EA_p$。

（3）应力状态3——全部预应力损失出现。由于混凝土收缩和徐变，

[1] α_E 为钢筋与混凝土的弹性模量之比。

[2] 式（9－15b）与材料力学中“轴心受力构件的应力等于外力除以截面面积”的概念相一致，也可以理解为当放松预应力钢筋时，将钢筋回缩力 $(\sigma_{con}-\sigma)A_p$ 看作外力。由于预应力钢筋与混凝土共同变形，因此，构件截面面积中应包括预应力钢筋的折算截面积 α_EA_p 在内，计算时，应采用总的折算截面积 A_0，钢筋回缩力作用在换算截面上产生压应力 $\sigma_{pc\,\mathrm{I}}$。

预应力筋产生第二批应力损失 $\sigma_{l\text{II}}=\sigma_{l5}$。此时，总的应力损失为 $\sigma_l=\sigma_{l\text{I}}+\sigma_{l\text{II}}$。在预应力损失全部出现后，预应力筋的拉应力又进一步降低为 $\sigma_{pe\text{II}}$，相应的混凝土预压应力降低为 $\sigma_{pc\text{II}}$（如表 9-6 中图 d 所示）。这时，

$$\sigma_{pe\text{II}}=\sigma_{con}-\sigma_l-\alpha_E\sigma_{pc\text{II}}=\sigma_{p0\text{II}}-\alpha_E\sigma_{pc\text{II}} \tag{9-16}$$

式中：

$$\sigma_{p0\text{II}}=\sigma_{con}-\sigma_l$$

非预应力钢筋的压应力则为

$$\sigma_{s\text{II}}=\alpha_E\sigma_{pc\text{II}}+\sigma_{l5} \tag{9-17}$$

式中：σ_{l5}——非预应力钢筋因混凝土收缩和徐变所增加的压应力。

由平衡条件可得

$$\sigma_{pe\text{II}}A_p=\sigma_{pc\text{II}}A_c+(\alpha_E\sigma_{pc\text{II}}+\sigma_{l5})A_s$$

则

$$\sigma_{pc\text{II}}=\frac{(\sigma_{con}-\sigma_l)A_p-\sigma_{l5}A_s}{A_0}=\frac{N_{p0\text{II}}}{A_0} \tag{9-18}$$

$$N_{p0\text{II}}=(\sigma_{con}-\sigma_l)A_p-\sigma_{l5}A_s \tag{9-19}$$

式中：$\sigma_{pc\text{II}}$——完成全部损失后混凝土所受的预压应力，称为混凝土的有效预应力[1]；

$N_{p0\text{II}}$——完成全部损失后预应力钢筋中的总预拉力。

[1] $\sigma_{pe\text{II}}$ 为全部应力损失完成后，预应力筋的有效预应力，$\sigma_{pc\text{II}}$ 为预应力混凝土中所建立的“有效预压应力”。由上可知，在外荷载作用以前，预应力构件中钢筋和混凝土的应力都不等于零，混凝土受到很大的压应力，而钢筋已受到很大的拉应力，这是预应力构件与非预应力构件质的差别。

2. 使用阶段

（4）应力状态 4——消压状态。构件在外荷载（轴向拉力 N_0）作用下，使混凝土的有效预压应力 $\sigma_{pc\text{II}}$ 降为零，即截面混凝土应力为零（如表 9-6 中的图 e 所示）。该情况称为消压状态[2]，N_0 称为消压轴力。这时，预应力筋的拉应力由 $\sigma_{pe\text{II}}$ 增加 $\alpha_E\sigma_{pc\text{II}}$，即为 σ_{p0}，与 $\sigma_{p0\text{II}}$ 相同。非预应力钢筋的压应力由 $\sigma_{s\text{II}}$ 减少 $\alpha_E\sigma_{pc\text{II}}$，即降低为 σ_{s0}，即

$$\sigma_{p0}=\sigma_{pe\text{II}}+\alpha_E\sigma_{pc\text{II}}=\sigma_{con}-\sigma_l \tag{9-20}$$

$$\sigma_{s0}=\sigma_{s\text{II}}-\alpha_E\sigma_{pc\text{II}}=\sigma_{l5} \tag{9-21}$$

由平衡条件可得

$$N_0=\sigma_{p0}A_p-\sigma_{l5}A_s=N_{p0\text{II}}=\sigma_{pc\text{II}}A_0$$

式中：$N_{p0\text{II}}$——（可通用 N_{p0} 表示）预应力损失全部出现后，混凝土预压应力为零时（预应力筋合力点处）的预应力筋与非预应力钢筋的合力。

[2] 消压状态是轴心受拉构件混凝土受力性能将由压应力转为拉应力的一个重要标志。如果 $N<N_0$，则构件的混凝土始终处于受压状态；如果 $N>N_0$，则混凝土将出现拉应力，以后拉应力的增量就如同普通钢筋混凝土轴心受拉构件受外荷载后的拉应力增量一样。

（5）应力状态 5——即将开裂与开裂状态。

① 混凝土即将开裂。随着荷载进一步增加到 N_{cr}，混凝土拉应力达到混凝土轴心抗拉强度标准值 f_{tk} 时，裂缝就将出现（如表 9-6 中的图 f 所示）。预应力筋和非预应力钢筋的应力分别为

$$\sigma_p = \sigma_{p0} + \alpha_E f_{tk} = \sigma_{con} - \sigma_l + \alpha_E f_{tk} \tag{9-22}$$

$$\sigma_s = \sigma_{l5} - \alpha_E f_{tk} \tag{9-23}$$

由平衡条件，可得开裂荷载 N_{cr} 为

$$\begin{aligned} N_{cr} &= (\sigma_{con} - \sigma_l + \alpha_E f_{tk})A_p - (\sigma_{l5} - \alpha_E f_{tk})A_s + f_{tk}A_c \\ &= (\sigma_{con} - \sigma_l)A_p - \sigma_{l5}A_s + f_{tk}(A_c + \alpha_E A_s + \alpha_E A_p) \\ &= N_{p0\,\text{II}} + f_{tk}A_0 = \sigma_{pc\,\text{II}}A_0 + f_{tk}A_0 \\ &= (\sigma_{pc\,\text{II}} + f_{tk})A_0 \end{aligned} \tag{9-24a}$$

也可以写成

$$N_{cr} = N_0 + N'_{cr} \tag{9-24b}$$ [1]

式中：N'_{cr}——钢筋混凝土轴心受拉构件的开裂荷载，$N'_{cr} = f_{tk}A_0$。

[1] 也即 $N_{cr} = N_{p0\,\text{II}} + N'_{cr}$。

由式（9－24b）可见，预应力构件的抗裂能力由于多了 $N_{p0\,\text{II}}$ 一项，需要增加一个消压轴力 N_0 而比非预应力构件大大提高。

② 混凝土开裂后。开裂后，在外荷载 N 作用下，所增加的轴向拉力 $N - N_{cr}$ 将全部由钢筋承担（如表9－6中的图 g 所示），预应力筋和非预应力钢筋的拉应力增量分别为 $(N - N_{cr})/(A_p + A_s)$。因此，这时预应力筋和非预应力钢筋的应力为

$$\begin{aligned} \sigma_p &= \sigma_{p0} + \frac{N_{cr} - N_0}{A_p + A_s} + \frac{N - N_{cr}}{A_p + A_s} \\ &= \sigma_{p0} + \frac{N - N_0}{A_p + A_s} = \sigma_{con} - \sigma_l + \frac{N - N_0}{A_p + A_s} \end{aligned} \tag{9-25}$$

同理，

$$\sigma_s = \sigma_{l5} - \frac{N - N_0}{A_p + A_s} \tag{9-26}$$

式（9－25）和式（9－26）为使用阶段求裂缝宽度时的应力表达式。

（6）应力状态6——破坏阶段。当预应力筋、非预应力钢筋的应力达到各自的抗拉强度时，构件就发生破坏（如表9－6中的图 h 所示）。此时，外荷载为构件的极限承载力 N_u，即

$$N_u = f_{py}A_p + f_y A_s \tag{9-27}$$

9.4.2 后张法预应力混凝土轴心受拉构件的应力分析

后张法预应力混凝土轴心受拉构件的应力分析如表9－7所示。

表 9－7　后张法预应力混凝土轴心受拉构件的应力分析

<table>
<tr><th colspan="4">应力状态</th><th>应力图形</th></tr>
<tr><td rowspan="2">施工阶段</td><td>1</td><td>张拉钢筋，第一批预应力损失出现</td><td>a 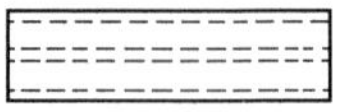
b 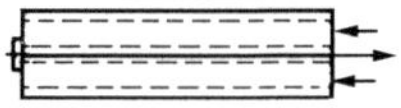</td><td>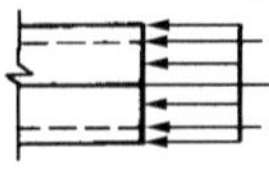</td></tr>
<tr><td>2</td><td>预应力损失全部出现</td><td>c 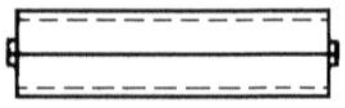</td><td>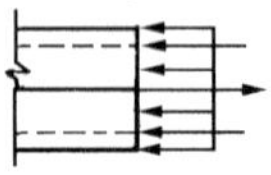</td></tr>
<tr><td rowspan="3">使用阶段</td><td>3</td><td>加载至混凝土应力为零即消压状态</td><td>d 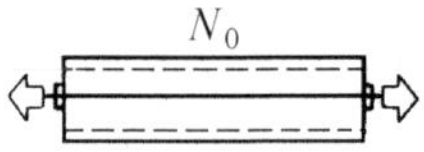</td><td>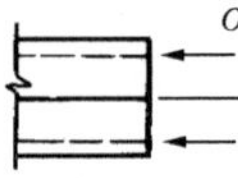</td></tr>
<tr><td>4</td><td>混凝土即将开裂</td><td>e 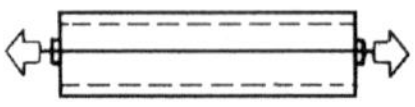</td><td>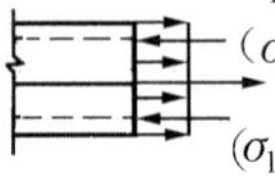</td></tr>
<tr><td></td><td>混凝土开裂后</td><td>f </td><td>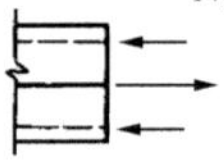</td></tr>
<tr><td>破坏阶段</td><td>5</td><td>破坏阶段</td><td>g </td><td>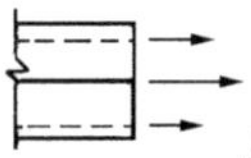</td></tr>
</table>

1. 施工阶段

(1) 应力状态 1——第一批预应力损失出现。对于后张法构件，在浇筑与养护混凝土的过程中，尚未张拉钢筋，在混凝土截面上没有任何应力（如表 9－7 中的图 a 所示）。

当混凝土的强度达到一定强度时张拉钢筋，将钢筋张拉至控制应力，这时在构件上进行张拉，使得在钢筋被张拉的同时，混凝土受到预压应力。

由于预应力钢筋锚具变形、钢筋内缩和摩擦损失，预应力钢筋出现第一批损失（如表 9－7 中的图 b 所示）。于是预应力钢筋的拉应力降低为

$$\sigma_{pe\,I}=\sigma_{con}-\sigma_{l\,I} \tag{9-28}$$

这时，非预应力钢筋的应力和混凝土的预压应力❶为

$$\sigma_{s\,I}=\alpha_E\sigma_{pc\,I} \tag{9-29}$$

❶ 计算轴心受拉构件的混凝土预压应力值的方法，无论是先张法还是后张法，都可以直接将相应阶段某一状态的预应力钢筋和非预应力钢筋的合力当作轴向压力作用在构件上，按材料力学公式求解。

$$\sigma_{pc\,\mathrm{I}} = \frac{(\sigma_{con} - \sigma_{l\,\mathrm{I}})A_p}{A_n} = \frac{N_{p\,\mathrm{I}}}{A_n} \tag{9-30}$$

$$N_{p\,\mathrm{I}} = \sigma_{pe\,\mathrm{I}} A_p = (\sigma_{con} - \sigma_{l\,\mathrm{I}})A_p \tag{9-31}$$

上述各式中：A_n——构件混凝土净截面面积，$A_n = A_c + \alpha_E A_s$；

$N_{p\,\mathrm{I}}$——第一批损失出现后的预应力钢筋和非预应力钢筋的合力，对混凝土来说，也就是作用在净截面上的预压力。

（2）应力状态2——第二批预应力损失出现。混凝土受到压缩后，由于它的收缩、徐变和钢筋应力松弛等原因，产生了第二批应力损失。预应力损失全部出现后（如表9－7中的图c所示），预应力钢筋、非预应力钢筋的应力及混凝土的有效预压应力分别为

$$\sigma_{pe\,\mathrm{II}} = \sigma_{con} - \sigma_l \tag{9-32}$$

$$\sigma_{s\,\mathrm{II}} = \alpha_E \sigma_{pc\,\mathrm{II}} + \sigma_{l5} \tag{9-33}$$

$$\sigma_{pc\,\mathrm{II}} = \frac{(\sigma_{con} - \sigma_l)A_p - \sigma_{l5}A_s}{A_n} = \frac{N_{p\,\mathrm{II}}}{A_n} \tag{9-34}$$

$$N_{p\mathrm{II}} = \sigma_{pe\mathrm{II}} A_p - \sigma_{l5}A_s = (\sigma_{con} - \sigma_l)A_p - \sigma_{l5}A_s \tag{9-35}$$

式中：$N_{p\,\mathrm{II}}$——后张法构件完成全部损失后，预应力钢筋和非预应力钢筋的合力。

与先张法相应的公式相比，除非预应力钢筋应力计算公式（9－29）、式（9－33）与式（9－14）、式（9－17）相同以外，其他的不同如下：

① 由于后张法在张拉预应力钢筋的同时，混凝土就受到了预压应力，弹性压缩变形已经完成。因此，后张法预应力钢筋的应力比先张法少降低$\alpha_E\sigma_{pc\,\mathrm{I}}$、$\alpha_E\sigma_{pc\,\mathrm{II}}$，见式（9－32）与式（9－16）。

② 混凝土的预压应力计算，后张法采用净截面面积A_n，用$N_{p\,\mathrm{II}}$表示；先张法采用换算截面面积A_0[1]，用$N_{p0\,\mathrm{II}}$[2]表示，见式（9－34）与式（9－18）。

后张法中预应力筋常有好几根或好几束，不能同时一起张拉，而必须分批张拉。此时就要考虑到后批张拉钢筋所产生的混凝土弹性压缩（或伸长），使得先批张拉并已锚固好的钢筋的应力又发生变化，也就相当于先批张拉的钢筋又进一步产生了应力损失。这种应力变化的数值为$\alpha_E\sigma_{pc\,\mathrm{I}}$，$\sigma_{pc\,\mathrm{I}}$为后批钢筋张拉时，在先批张拉钢筋重心位置所引起的混凝土法向应力。为了补偿这部分降低了的应力，对先张拉的那些钢筋，常根据$\alpha_E\sigma_{pc\,\mathrm{I}}$值增大（或减小）其张拉控制应力$\sigma_{con}$。

2. 使用阶段

（3）应力状态3——消压状态。与先张法类似，构件在外荷载（消压轴力N_0）作用下，使截面混凝土应力为零（如表9－7中的图d所示）。此时，非预应力钢筋和预应力钢筋的应力分别为[3]

[1] 先张法构件把预应力钢筋面积A_p和非预应力钢筋面积A_s都换算成等效混凝土面积，构成换算截面面积A_0。后张法构件仅把非预应力钢筋面积A_s换算成等效混凝土面积，构成净截面面积A_n。

[2] 先张法预应力钢筋和非预应力钢筋的合力是指混凝土预压应力为零时的情况，用N_{p0}、σ_{p0}、A_0；后张法是指混凝土已有预压应力的情况，用N_p、σ_{pe}、A_n。

[3] 此时，非预应力钢筋和预应力钢筋的合力为N_{p0}，有$N_{p0}=N_0$。

$$\sigma_{s0} = \sigma_{l5} \tag{9-36}$$

$$\sigma_{p0} = \sigma_{le\,II} + \alpha_E\sigma_{pe\,II} = \sigma_{con} - \sigma_l + \alpha_E\sigma_{pc\,II} \tag{9-37}$$

由平衡条件，可得消压轴向拉力为

$$\begin{aligned} N_0 &= \sigma_{p0}A_p + \sigma_{s0}A_s \\ &= (\sigma_{con} - \sigma_l + \alpha_E\sigma_{pc\,II})A_p - \sigma_{l5}A_s \\ &= (\sigma_{con} - \sigma_l)A_p - \sigma_{l5}A_s + \alpha_E\sigma_{pc\,II}A_p \\ &= \sigma_{pc\,II}A_n + \alpha_E\sigma_{pc\,II}A_p \\ &= \sigma_{pc\,II}(A_n + \alpha_E A_p) \\ &= \sigma_{pc\,II}A_0 \end{aligned} \tag{9-38}$$

（4）应力状态4——即将开裂与开裂后状态。

① 混凝土即将开裂。荷载增加到 N_{cr} 使混凝土应力为 f_{tk} 时，构件即将开裂，此时（如表9-7中的图e所示），

$$\sigma_s = \sigma_{l5} - \alpha_E f_{tk} \tag{9-39}$$

$$\sigma_p = \sigma_{con} - \sigma_l + \alpha_E\sigma_{pc\,II} + \alpha_E f_{tk} \tag{9-40}$$

由平衡条件，可得

$$\begin{aligned} N_{cr} &= \sigma_pA_p + \sigma_sA_s + f_{tk}A_c \\ &= (\sigma_{con} - \sigma_l + \alpha_E\sigma_{pc\,II} + \alpha_E f_{tk})A_p + (\alpha_E f_{tk} - \sigma_{l5})A_s + f_{tk}A_c \\ &= (\sigma_{con} - \sigma_l)A_p - \sigma_{l5}A_s + \alpha_E\sigma_{pc\,II}A_p + f_{tk}(A_c + \alpha_E A_s + \alpha_E A_p) \\ &= \sigma_{pc\,II}A_n + \alpha_E\sigma_{pc\,II}A_p + f_{tk}A_0 = \sigma_{pc\,II}A_0 + f_{tk}A_0 \\ &= (\sigma_{pc\,II} + f_{tk})A_0 \end{aligned} \tag{9-41}$$

② 混凝土开裂后，在裂缝截面，轴向力 N 全部由钢筋承担，此时（如表9-7中的图f所示），

$$\sigma_s = \sigma_{l5} - \frac{N - N_0}{A_p + A_s} \tag{9-42}$$

$$\begin{aligned} \sigma_p &= \frac{N}{A_p + A_s} = \frac{N - N_0 + N_0}{A_p + A_s} = \sigma_{p0} + \frac{N - N_0}{A_p + A_s} \\ &= \sigma_{con} - \sigma_l + \alpha_E\sigma_{pc\,II} + \frac{N - N_0}{A_p + A_s} \end{aligned} \tag{9-43}$$

（5）应力状态5——破坏状态。加载到 N_u 时构件即将破坏（如表9-7中的图g所示）。此时，预应力钢筋和非预应力钢筋的应力达到各自的抗拉强度，构件达到极限拉力，即

$$N_u = f_{py}A_p + f_yA_s \tag{9-44}$$

从表9-6和表9-7中可以看出，有如下结论：

（1）无论是先张法还是后张法，非预应力钢筋在任何相应时刻的应力公式形式均相同。这是由于这两种方法中，非预应力钢筋与混凝土协调变

形的起点均是混凝土应力为零。在预应力钢筋应力公式中，后张法比先张法的相应时刻应力多 $\alpha_E\sigma_{pc}$，这是因为后张法构件在张拉钢筋的同时，混凝土受到挤压，当钢筋到达控制应力时，混凝土的弹性压缩已经完成，所以在相同的 σ_{con} 时，后张法构件中预应力钢筋的应力比先张法中的要高。

（2）最后建立在构件混凝土截面上的有效预应力 $\sigma_{pcⅡ}$ 的计算公式［见式（9－18）和式（9－34）］，这两种方法基本相同，只是预应力总损失 σ_l 的具体计算值不同。同时，先张法用换算截面面积 A_0，后张法采用净截面面积 A_n，因为 $A_0>A_n$，所以若这两种方法的 σ_{con} 相同，则后张法构件中建立的预压应力要高一些。

（3）使用阶段计算 N_0、N_{cr}、N_u，这两种方法的公式形式相同，仅对 $\sigma_{pcⅡ}$ 的具体计算不相同。

9.4.3 承载力计算

当构件破坏时，荷载全部由预应力钢筋和非预应力钢筋承担，其正截面承载力由下式计算：

$$KN \leqslant N_u = f_y A_s + f_{py} A_p \tag{9-45}$$

式中：N——轴向拉力设计值；

K——承载力安全系数，按表2－4取用；

f_{py}——预应力钢筋的抗拉强度设计值；

f_y——非预应力钢筋的抗拉强度设计值；

A_p——预应力钢筋的截面面积；

A_s——非预应力钢筋的截面面积。

9.4.4 预应力混凝土构件与普通混凝土构件的特点比较

为进一步了解预应力混凝土构件和普通混凝土构件的特点及其区别，将预应力混凝土构件与普通混凝土构件，在各个受力阶段钢筋和混凝土的应力变化绘成曲线图。由图9－18可以看出，有如下结论：

（1）在普通混凝土构件中，钢筋中的应力值在构件开裂前很小，而预应力构件中的预应力钢筋从张拉直到破坏始终处于高应力状态，混凝土在荷载到达 N_0 以前始终处于受压状态，所以发挥了两种材料各自的特长。

（2）预应力构件出现裂缝比普通混凝土构件迟得多，所以构件抗裂度大为提高，但裂缝出现的荷载与破坏荷载比较接近，延性较差。

（3）当材料强度等级和截面尺寸相同时，预应力混凝土轴心受拉构件与普通混凝土轴心受拉构件的承载力相同。但预应力受弯构件由于受压区应力状态的影响，与普通混凝土受弯构件相比有一定差别。

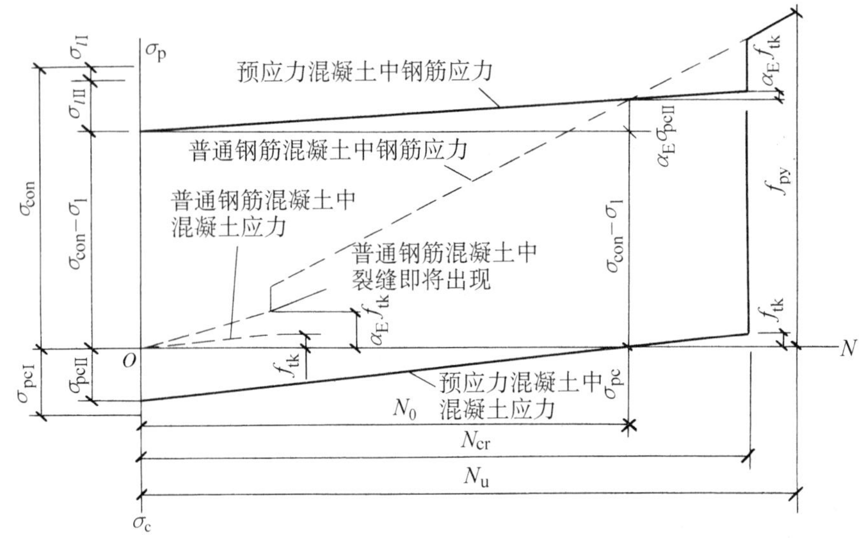

图 9-18　预应力混凝土和普通钢筋混凝土的应力比较

9.5　预应力混凝土受弯构件的应力分析和承载力计算[1]

[1] 由轴心受拉构件施工阶段应力分析得到的概念，对受弯构件的计算同样适用。

预应力混凝土受弯构件各个阶段的应力变化规律基本上与 9.4 节轴心受拉构件所述类似。但由于受力方式不同，故也有它自己的特点。与轴心受拉构件预应力钢筋的重心位于截面中心不同，受弯构件预应力钢筋的重心应尽可能布置在靠近梁的底部（偏心布置），因此，预应力钢筋回缩时的压力对受弯构件截面是偏心受压作用，故截面上的混凝土不仅有预压应力（在梁底部），而且可能有预拉应力（在梁顶部，又称为预拉区）。

以上、下各配有预应力钢筋和非预应力钢筋（相应截面面积为 A'_p、A_p，A'_s、A_s），且截面尺寸为 $b\times h$ 的矩形截面预应力受弯构件为例（如图 9-19 所示），分析先张法、后张法各个阶段的截面应力和内力。

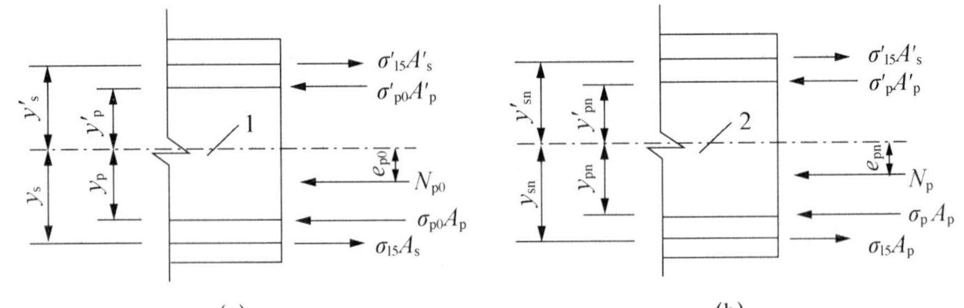

(a)　　(b)

图 9-19　预应力钢筋及非预应力钢筋合力位置

（a）先张法构件；（b）后张法构件

1—换算截面重心轴；2—净截面重心轴

9.5.1　先张法受弯构件的应力分析

先张法受弯构件从张拉钢筋开始直到破坏为止的整个应力变化情况，也可以分为施工阶段和使用阶段（如表 9－8 所示）。

表 9－8　先张法预应力梁的应力变化情况

应力状态					应力图形
施工阶段	1	刚张拉好预应力钢筋	a	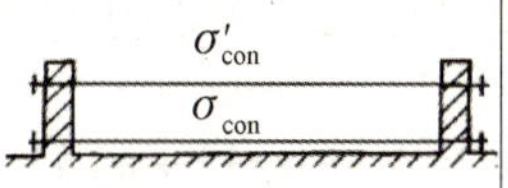	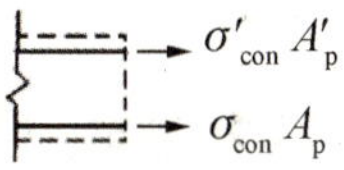
		浇筑混凝土并养护，第一批预应力损失出现	b	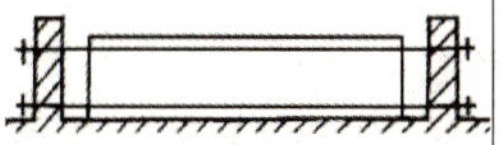	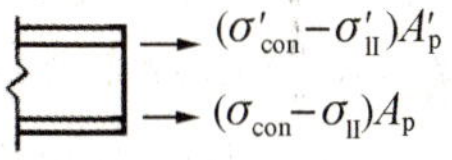
	2	从台座上放松预应力钢筋，混凝土受到预压	c	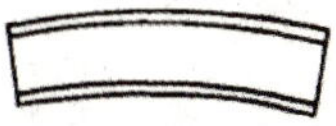	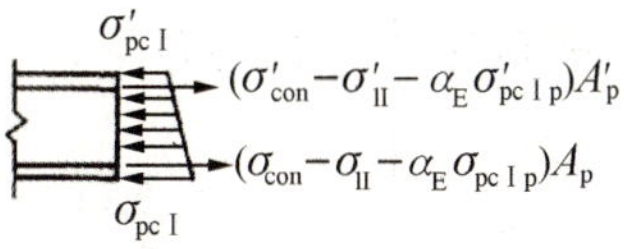
	3	预应力损失全部出现	d	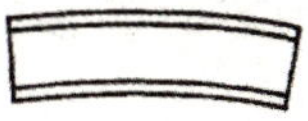	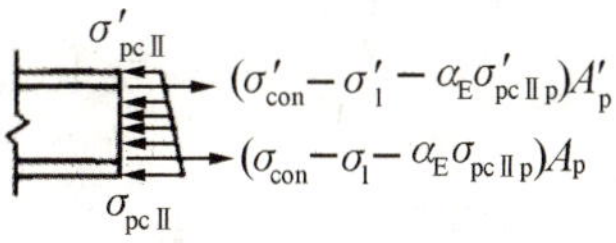
使用阶段	4	荷载作用（加载至受拉边缘混凝土应力为零）	e	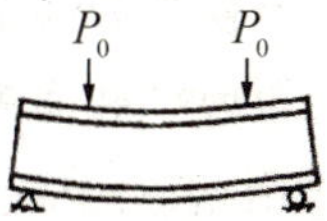	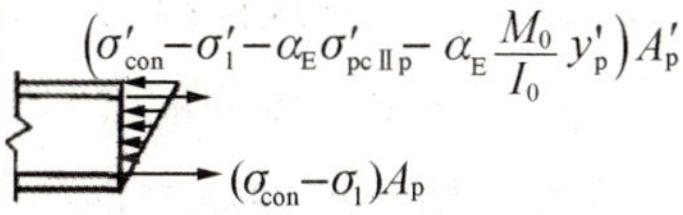
	5	受拉区裂缝即将出现	f	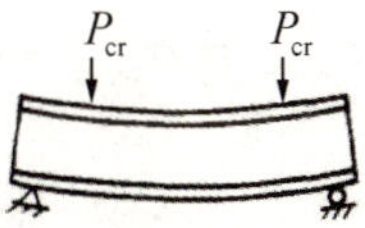	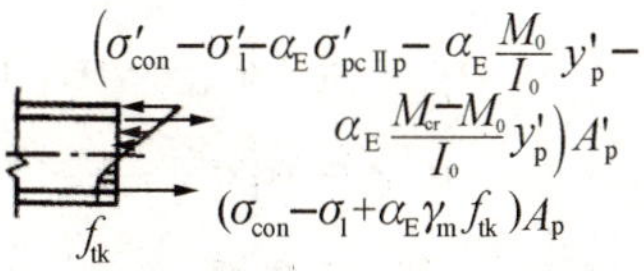
施工阶段	6	破坏时	g	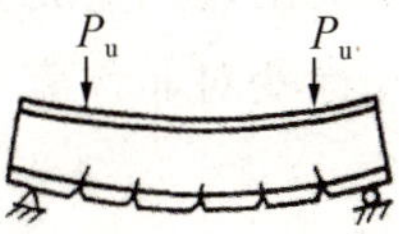	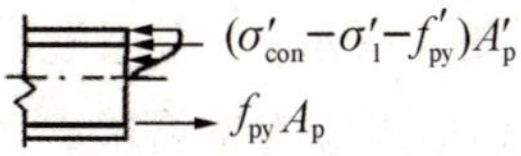

1. 施工阶段

（1）应力状态 1 ——预应力钢筋放张前。放松钢筋前（如表 9－8 图 a、图 b 所示），预应力钢筋和非预应力钢筋的合力 $N_{p0\,\mathrm{I}}$（此时，非预应力钢筋应力为零）为

$$N_{p0\,\mathrm{I}}=(\sigma_{con}-\sigma_{l\,\mathrm{I}})A_p+(\sigma'_{con}-\sigma'_{l\,\mathrm{I}})A'_p \qquad (9-46)$$

（2）应力状态 2——预应力钢筋放张后。放松钢筋后（如表 9－8 图 c 所示），混凝土法向应力为[1]

$$\sigma_{pc\,\mathrm{I}}=\frac{N_{p0\,\mathrm{I}}}{A_0}\pm\frac{N_{p0\,\mathrm{I}}e_{p0\,\mathrm{I}}}{I_0}y_0 \qquad (9-47)$$

式中：A_0——换算截面面积，$A_0=A_c+\alpha_E A_p+\alpha_E A_s+\alpha_E A'_p+\alpha_E A'_s$，不同品种钢筋应分别取用不同的弹性模量计算 α_E 值；

A_c——混凝土截面面积；

I_0——换算截面 A_0 的惯性矩；

$e_{p0\,\mathrm{I}}$——预应力钢筋和非预应力钢筋合力至换算截面重心轴的距离；

y_0——换算截面重心轴至所计算的纤维层的距离。

偏心力 $N_{p0\,\mathrm{I}}$ 的偏心距 $e_{p0\,\mathrm{I}}$ 可按下式求得：

$$e_{p0\,\mathrm{I}}=\frac{\sigma_{p0\,\mathrm{I}}A_p y_p-\sigma'_{p0\,\mathrm{I}}A'_p y'_p}{N_{p0\,\mathrm{I}}} \qquad (9-48)$$

式中：$\sigma'_{p0\,\mathrm{I}}$、$\sigma_{p0\,\mathrm{I}}$——第一批预应力损失出现后，预应力钢筋合力点处混凝土法向应力为零时的预应力钢筋应力，其值分别为

$$\sigma'_{p0\,\mathrm{I}}=\sigma'_{con}-\sigma'_{l\,\mathrm{I}}\,,\ \sigma_{p0\,\mathrm{I}}=\sigma_{con}-\sigma_{l\,\mathrm{I}}$$

y_p——受拉区预应力钢筋合力点至换算截面重心轴的距离；

y'_p——受压区预应力钢筋合力点至换算截面重心轴的距离。

此时，相应的预应力钢筋和非预应力钢筋的应力分别为[2]

$$\sigma'_{pe\,\mathrm{I}}=(\sigma'_{con}-\sigma'_{l\,\mathrm{I}})-\alpha_E\sigma'_{pc\,\mathrm{I}\,p}=\sigma'_{p0\,\mathrm{I}}-\alpha_E\sigma'_{pc\,\mathrm{I}\,p} \qquad (9-49)$$

$$\sigma_{pe\,\mathrm{I}}=(\sigma_{con}-\sigma_{l\,\mathrm{I}})-\alpha_E\sigma_{pc\,\mathrm{I}\,p}=\sigma_{p0\,\mathrm{I}}-\alpha_E\sigma_{pc\,\mathrm{I}\,p} \qquad (9-50)$$

$$\sigma'_{s\,\mathrm{I}}=\alpha_E\sigma'_{pc\,\mathrm{I}\,s} \qquad (9-51)$$

$$\sigma_{s\,\mathrm{I}}=\alpha_E\sigma_{pc\,\mathrm{I}\,s} \qquad (9-52)$$

（3）应力状态 3——全部应力损失出现。完成全部应力损失后（如表 9－8 图 d 所示）。考虑混凝土收缩和徐变对非预应力钢筋的影响，预应力钢筋和非预应力钢筋的合力 $N_{p0\,\mathrm{II}}$ 为

$$N_{p0\,\mathrm{II}}=(\sigma_{con}-\sigma_l)A_p+(\sigma'_{con}-\sigma'_l)A'_p-\sigma_{l5}A_s-\sigma'_{l5}A'_s \qquad (9-53)$$

此时，截面上任意点的混凝土法向应力为

[1] 总拉力（$N_{p0\,\mathrm{I}}$）反过来作用在混凝土截面上（偏心压力），使混凝土产生法向应力。由于此时预应力钢筋与混凝土黏结在一起共同变形，所以类似于轴心受拉式（9－15b），可以把 $N_{p0\,\mathrm{I}}$ 看作外力，作用在换算截面 A_0 上，按材料力学公式计算截面上、下各点的混凝土法向应力。

[2] 四式中 $\sigma'_{pc\,\mathrm{I}\,p}$、$\sigma_{pc\,\mathrm{I}\,p}$ 和 $\sigma'_{pc\,\mathrm{I}\,s}$、$\sigma_{pc\,\mathrm{I}\,s}$ 分别为第一批损失出现后 A'_p、A_p 和 A'_s、A_s 重心处混凝土法向应力值。它们可由式（9－47）求出，只要将式中的 y_0 分别用 y'_p、y_p 及 y'_s、y_s 代替。

$$\sigma_{pc\,\mathrm{II}} = \frac{N_{p0\,\mathrm{II}}}{A_0} \pm \frac{N_{p0\,\mathrm{II}} e_{p0\,\mathrm{II}}}{I_0} y_0 \qquad (9-54)$$[1]

❶ 在利用式（9-54）求换算截面重心轴以下和以上各点的混凝土预应力值时，对等号右边第二项前分别取相应的正号和负号，所求得的混凝土预应力值以压应力为正。

偏心力 $N_{p0\,\mathrm{II}}$ 的偏心距 $e_{p0\,\mathrm{II}}$ 可按下式求得：

$$e_{p0\,\mathrm{II}} = \frac{\sigma_{p0\,\mathrm{II}} A_p y_p - \sigma'_{p0\,\mathrm{II}} A'_p y'_p - \sigma_{l5} A_s y_s + \sigma'_{l5} A'_s y'_s}{N_{p0\,\mathrm{II}}} \qquad (9-55)$$

式中：$\sigma'_{p0\,\mathrm{II}}$、$\sigma_{p0\,\mathrm{II}}$——第二批损失出现后，预应力钢筋合力点处法向应力为零时上、下的预应力钢筋的拉应力，其值分别为

$$\sigma'_{p0\,\mathrm{II}} = (\sigma'_{con} - \sigma'_l),\ \sigma_{p0\,\mathrm{II}} = (\sigma_{con} - \sigma_l)$$

y_s——受拉区非预应力钢筋合力点至换算截面重心轴的距离；

y'_s——受压区非预应力钢筋合力点至换算截面重心轴的距离。

这时，相应的预应力钢筋和非预应力钢筋的应力分别为

$$\sigma'_{pe\,\mathrm{II}} = (\sigma'_{con} - \sigma'_l) - \alpha_E \sigma'_{pc\,\mathrm{II}\,p} = \sigma'_{p0\,\mathrm{II}} - \alpha_E \sigma'_{pc\,\mathrm{II}\,p} \qquad (9-56)$$

$$\sigma_{pe\,\mathrm{II}} = (\sigma_{con} - \sigma) - \alpha_E \sigma_{pc\,\mathrm{II}\,p} = \sigma_{p0\,\mathrm{II}} - \alpha_E \sigma_{pc\,\mathrm{II}\,p} \qquad (9-57)$$

$$\sigma'_{s\,\mathrm{II}} = \sigma'_{l5} + \alpha_E \sigma'_{pc\,\mathrm{II}\,s} \qquad (9-58)$$

$$\sigma_{s\,\mathrm{II}} = \sigma_{l5} + \alpha_E \sigma_{pc\,\mathrm{II}\,s} \qquad (9-59)$$

式（9-56）～式（9-59）中的 $\sigma'_{pc\,\mathrm{II}\,p}$、$\sigma_{pc\,\mathrm{II}\,p}$ 和 $\sigma'_{pc\,\mathrm{II}\,s}$、$\sigma_{pc\,\mathrm{II}\,s}$ 可由式（9-54）求得。

2. 使用阶段

（4）应力状态4——消压状态。外荷载增加至截面弯矩为 M_0 时（如表9-8图e所示），受拉边缘混凝土预压应力刚好为零[2]，这时弯矩 M_0 称为消压弯矩。由于

❷ 与轴心受拉构件不同的是，在消压弯矩 M_0 的作用下，受拉边缘处的混凝土应力为零，截面上其他部位的应力均不为零。

$$\frac{M_0}{W_0} - \sigma_{pc\,\mathrm{II}} = 0$$

所以

$$M_0 = \sigma_{pc\,\mathrm{II}} W_0 \qquad (9-60)$$

式中：W_0——换算截面对受拉边缘弹性抵抗矩，$W_0 = I_0 / y$；

y——换算截面重心至受拉边缘的距离。

此时，上、下预应力钢筋的拉应力 σ'_{p0} 由 $\sigma'_{pe\,\mathrm{II}}$ 减少 $\alpha_E \dfrac{M_0}{I_0} y'_p$，$\sigma_{p0}$ 由 $\sigma_{pe\,\mathrm{II}}$ 增加 $\alpha_E \dfrac{M_0}{I_0} y_p$，即

$$\sigma'_{p0} = \sigma'_{pe\,\mathrm{II}} - \alpha_E \frac{M_0}{I_0} y'_p = \sigma'_{p0\,\mathrm{II}} - \alpha_E \sigma'_{pc\,\mathrm{II}} - \alpha_E \frac{M_0}{I_0} y'_p \qquad (9-61)$$

$$\sigma_{p0} = \sigma_{pe\text{II}} + \alpha_E \frac{M_0}{I_0} y_p = \sigma_{p0\text{II}} - \alpha_E \sigma_{pc\text{II}p} + \alpha_E \frac{M_0}{I_0} y_p \tag{9-62}$$

$$\approx \sigma_{p0\text{II}} = \sigma_{con} - \sigma_l$$

相应的非预应力钢筋的压应力 σ'_{s0}、σ_{s0}、则分别由 $\sigma'_{s\text{II}}$ 增加 $\alpha_E \frac{M_0}{I_0} y'_s$ 和由 $\sigma_{s\text{II}}$ 减少 $\alpha_E \frac{M_0}{I_0} y_s$，具体公式不再列出。

（5）应力状态5[1]——即将开裂。外荷载继续增加至 M_{cr}，这时混凝土拉应力达到混凝土轴心抗拉强度标准值 f_{tk}，截面下边缘混凝土即将开裂（如表9－8图f所示）。此时，截面上受到的弯矩即为开裂弯矩 M_{cr}，

$$M_{cr} = M_0 + \gamma_m f_{tk} W_0 = (\sigma_{pc\text{II}} + \gamma_m f_{tk}) W_0 \tag{9-63a}$$

也可以表示为

$$\sigma = \sigma_{pc\text{II}} + \gamma_m f_{tk} \tag{9-63b}$$

在裂缝即将出现的瞬间，受拉区预应力钢筋的拉应力由 σ_{p0} 增加 $\sigma_E \gamma_m f_{tk}$（近似）[2]，即

$$\sigma_{pcr} \approx \sigma_{p0\text{II}} + \alpha_E \gamma_m f_{tk} \tag{9-64}$$

而受压区预应力钢筋的拉应力由 σ'_{p0} 减少 $\alpha_E \frac{M_{cr} - M_0}{I_0} y'_p$，即

$$\sigma'_{pcr} = \sigma'_{p0} - \alpha_E \frac{M_{cr} - M_0}{I_0} y'_p \tag{9-65}$$

此时，相应的非预应力钢筋的压应力 σ'_{scr}、σ_{scr} 则分别由 σ'_{s0} 增加 $\alpha_E \frac{M_{cr} - M_0}{I_0 y'_s}$ 和由 σ_{s0} 减少 $\sigma_E \gamma_m f_{tk}$。

（6）应力状态6——破坏状态。当外荷载增大至 $M > M_{cr}$ 时，受拉区出现裂缝，裂缝截面受拉混凝土退出工作，全部拉力由钢筋承担。当外荷载增大至构件破坏时（如表9－8图g所示），截面受拉区预应力钢筋和非预应力钢筋的应力先达到屈服强度，然后受压区边缘混凝土应变达到极限压应变致使混凝土压碎，构件达到极限承载力。此时，受压区非预应力钢筋的应力可以达到受压屈服强度。而受压区预应力钢筋的应力 σ'_p 可能是拉应力，也可能是压应力，但不可能达到 f'_{py}。[3]

9.5.2 后张法受弯构件的应力[4]

1. 施工阶段

（1）完成第一批预应力损失后，混凝土的法向应力、预应力和非预应

[1] 此状态为预应力混凝土受弯构件抗裂验算的应力计算模型和理论依据。

[2] 这里与普通钢筋混凝土构件相同，考虑了受拉区混凝土的塑性性质。式（9－63a）中的 γ_m 为受弯构件截面抵抗矩的塑性系数，其值可与普通钢筋混凝土构件一样取用，见附录7表26。

[3] 当截面受压区不配置预应力钢筋 A'_p（$A'_p = 0$）时，则 σ'_{l5} 取零。

[4] 后张法受弯构件的应力分析方法与后张法轴心受拉构件类似，此处不再重述，仅指出它与先张法受弯构件计算公式的不同之处。

力钢筋的合力及合力至净截面重心轴的偏心距分别为

$$\sigma_{pc\,I} = \frac{N_{p\,I}}{A_n} + \frac{N_{p\,I}e_{pn\,I}}{I_n}y_n \qquad (9-66a)$$

$$\sigma'_{pc\,I} = \frac{N_{p\,I}}{A_n} - \frac{N_{p\,I}e_{pn\,I}}{I_n}y'_n \qquad (9-66b)$$

$$N_{p\,I} = (\sigma_{con} - \sigma_{l\,I})A_p + (\sigma'_{con} - \sigma'_{l\,I})A'_p \qquad (9-67)$$

$$e_{pn\,I} = \frac{(\sigma_{con} - \sigma_{l\,I})A_p y_{pn} - (\sigma'_{con} - \sigma'_{l\,I})A'_p y'_{pn}}{N_{p\,I}} \qquad (9-68)$$

（2）全部损失出现后

$$\sigma_{pc\,II} = \frac{N_{p\,II}}{A_n} + \frac{N_{p\,II}e_{pn\,II}}{I_n}y_n \qquad (9-69a)$$

$$\sigma'_{pc\,II} = \frac{N_{p\,II}}{A_n} - \frac{N_{p\,II}e_{pn\,II}}{I_n}y'_n \qquad (9-69b)$$

$$N_{p\,II} = (\sigma_{con} - \sigma_l)A_p + (\sigma'_{con} - \sigma'_l)A'_p - \sigma_{l5}A_s - \sigma'_{l5}A'_s \qquad (9-70)$$

$$e_{pn\,II} = \frac{(\sigma_{con} - \sigma_l)A_p y_{pn} - (\sigma'_{con} - \sigma'_l)A'_p y'_{pn} - \sigma_{l5}A_s y_{sn} - \sigma'_{l5}A'_s y'_{sn}}{N_{p\,II}} \qquad (9-71)$$

式中：A_n——净截面的面积；

I_n——净截面的惯性矩；

y_{pn}——受拉区预应力合力点至净截面重心轴的距离；

y'_{pn}——受压区预应力合力点至净截面重心轴的距离；

y_n——净截面重心轴至所计算应力纤维处的距离。

2. 使用阶段、破坏阶段

后张法受弯构件在使用阶段的消压弯矩、开裂弯矩和破坏时的极限承载力的计算公式与先张法受弯构件相同❶，见先张法构件相应计算公式(9－60)～式（9－65）。

9.5.3 正截面受弯承载力计算

1. 正截面承载力计算公式

矩形截面预应力混凝土受弯构件，与普通钢筋混凝土受弯构件相比，截面中仅多出 A_p 与 A'_p 两项钢筋❷，根据平衡条件 $\sum x = 0$ 和 $\sum M = 0$ 可得（如图9－20所示）

$$KM \le f_c bx\left(h_0 - \frac{x}{2}\right) + f'_y A'_s(h_0 - a'_s) - (\sigma'_{p0} - f'_{py})A'_p(h_0 - a'_p) \qquad (9-72)$$

$$f_c bx = f_y A_s - f'_y A'_s + f_{py}A_p + (\sigma'_{p0} - f'_{py})A'_p \qquad (9-73)❸$$

❶ 只要将 $\sigma_{pn\,II}$ 代入相应的算式即可。

❷ 计算假定和计算方法与钢筋混凝土受弯构件基本相同。

❸ 配置在受压区的预应力钢筋 A'_p 在施工阶段已受到预拉应力 σ'_{pe}，当与 A'_p同一水平处的混凝土应力为零时，A'_p的拉应力为 σ'_{p0}，因而当受压区边缘混凝土达到极限压应变时，预应力钢筋 A'_p的应力为 σ'_p。一般地，破坏时，A'_p无论受拉或受压，均达不到屈服强度，因此，规范近似取 $\sigma'_p = \sigma'_{p0} - f'_{py}$，以简化计算。

式中[1]：M——弯矩设计值；

A_p——受拉区预应力钢筋的截面面积；

A'_p——受压区预应力钢筋的截面面积；

A_s——受拉区非预应力钢筋的截面面积；

A'_s——受压区非预应力钢筋的截面面积；

a'_p——受压区预应力钢筋合力点至受压区边缘的距离；

a'_s——受压区非预应力钢筋合力点至受压区边缘的距离；

σ'_{p0}——受压区的预应力钢筋合力点处混凝土法向应力为零时的预应力钢筋应力。

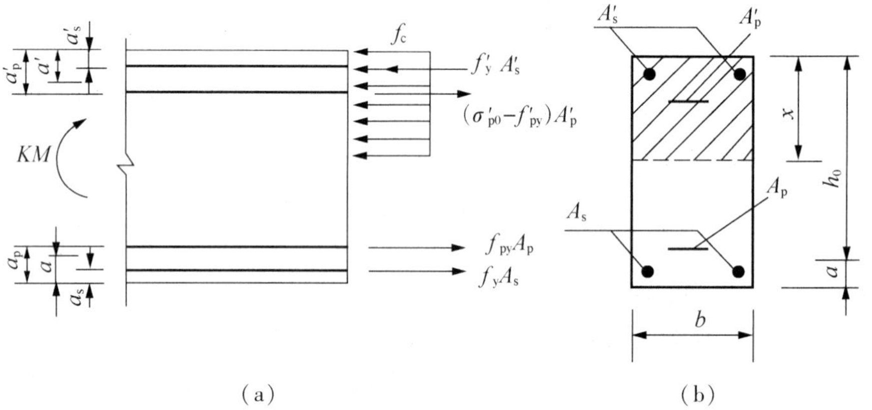

图 9－20　矩形截面梁正截面承载能力计算简图

(a) 纵剖面；(b) 横剖面

2. 适用条件

混凝土受压区计算高度 x 应符合下列要求：

$$x \leqslant 0.85\xi_b h_0 \tag{9-74}$$

$$x \geqslant 2a' \text{ [2]} \tag{9-75}$$

上述各式中：$h_0 = h - a$，这里 a 为受拉区钢筋合力点至受拉区边缘的距离；

a'——受压区钢筋合力点至受压区边缘的距离。

当 $\sigma'_{p0} - f'_{py}$ 为拉应力或 $A'_p = 0$ 时，式（9－75）中的 a' 应用 a'_s 代替。

当不满足式（9－75）时，正截面受弯承载力可按下列公式计算[3]：

$$KM \leqslant f_{py}A_p(h - a_p - a'_s) + f_yA_s(h - a_s - a'_s) + (\sigma'_{p0} - f'_{py})A'_p(a'_p - a'_s) \tag{9-76}$$

式中：a_s——受拉区纵向非预应力钢筋至受拉边缘的距离；

a_p——受拉区纵向预应力钢筋至受拉边缘的距离。

预应力钢筋的相对界限受压区高度 ξ_b 应按下列公式计算[4]：

[1] 其余符号的意义与第 3 章相同。

[2] a、a' 计算中包括预应力钢筋和普通钢筋。$x \geqslant 2a'$ 是钢筋受压时的限制条件，所以 A'_p 受拉或为零时，只需考虑 A'_s 的条件。

[3] 式（9－76）是对 A'_s 取矩得到的，其中，σ'_{p0} 为 9.5 节中的 $\sigma'_{p0\,\mathrm{II}}$。

[4] 普通钢筋对应的 ξ_b 可按第 3 章给出。当截面受拉区配置不同种类的钢筋或不同的预应力值时，其相对界限受压区高度应分别计算，并取较小值。

$$\xi_b = \frac{0.8}{1.0 + \dfrac{f_{py} - \sigma_{p0}}{0.0033E_s}} \tag{9-77}$$

对无明显屈服点的钢筋（钢丝、钢绞线、螺纹钢筋、钢棒），采用“协定流限”作为强度的设计标准，所以式（9-77）应改为

$$\xi_b = \frac{0.8}{1.6 + \dfrac{f_{py} - \sigma_{p0}}{0.0033E_s}} \tag{9-78}$$

式中：f_{py}——预应力钢筋的抗拉强度设计值；

σ_{p0}——预应力钢筋的合力点处混凝土正截面法向应力为零时，预应力钢筋中已存在的拉应力（先张法，$\sigma_{p0}=\sigma_{con}-\sigma_l$；后张法，$\sigma_{p0}=\sigma_{con}-\sigma_l+\sigma_E\sigma'_{pc\,II\,p}$）。

9.5.4 斜截面受剪承载力计算

试验表明，由于预压应力和剪应力的复合作用，增加了混凝土剪压区的高度和骨料之间的咬合力，延缓了斜裂缝的出现和发展，因此，预应力混凝土构件的斜截面受剪承载力比钢筋混凝土构件要高。

对于矩形、T形和工形截面梁，斜截面受剪承载力可按下式计算[1]：

（1）当仅配置箍筋时，

$$KV \leqslant V_c + V_{sv} + V_p \tag{9-79}$$

（2）当配置箍筋和弯起钢筋时（如图9-21所示）：

$$KV \leqslant V_c + V_{sv} + V_p + V_{sb} + V_{pb} \tag{9-80}$$

$$V_p = 0.05N_{p0} \tag{9-81}$$

$$V_{pb} = f_y A_{pb} \sin\alpha_p, \quad V_{sb} = f_y A_{sb} \sin\alpha_s \tag{9-82}$$

上述各式中：N_{p0}——计算截面上混凝土法向应力为零时的预应力钢筋和非预应力筋的合力[2]，$N_{p0}=\sigma_{p0}A_p+\sigma'_{p0}A'_p-\sigma_{l5}A_s-\sigma'_{l5}A'_s$，

先张法 $\sigma_{p0}=\sigma_{con}-\sigma_l$，$\sigma'_{p0}=\sigma'_{con}-\sigma'_l$；

后张法 $\sigma_{p0}=\sigma_{con}-\sigma_l+\alpha_E\sigma_{pc\,II}$，$\sigma'_{p0}=\sigma'_{con}-\sigma'_l+\alpha_E\sigma'_{pc\,II}$；

V_p——由于预压应力所提高的受剪承载力；

V_{pb}——预应力弯起钢筋的受剪承载力；

α_p——斜截面处预应力弯起钢筋的切线与构件纵向轴线的夹角；

A_{pb}——同一弯起平面的预应力弯起钢筋的截面面积。

[1] 与钢筋混凝土受弯构件相比，两者的区别在于预应力混凝土构件的斜截面抗剪能力要在钢筋混凝土构件抗剪计算公式的基础上，加上一项由于预压应力使构件的受剪承载力的提高值 V_p。

[2] 当 $N_{p0}>0.3f_cA_0$ 时，预压应力的作用有所减弱，这时，取 $N_{p0}=0.3f_cA_0$（N_{p0} 不考虑预应力弯起钢筋的作用）。对先张法预应力混凝土梁，在计算预应力钢筋及非预应力钢筋的合力 N_{p0} 时，应考虑预应力钢筋传递长度 l_{tr} 的影响（见9.6.2小节）。

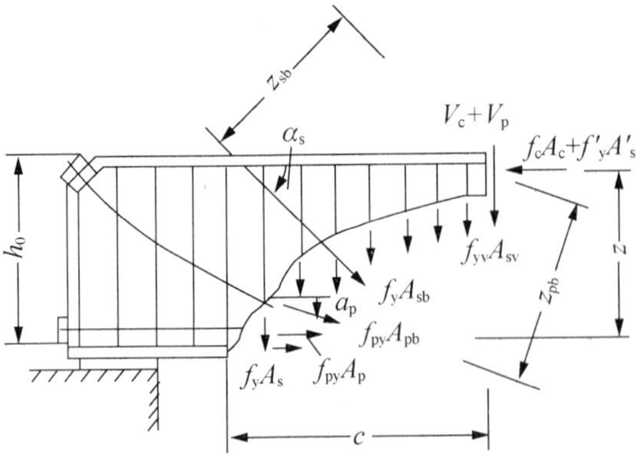

图 9－21　预应力混凝土受弯构件斜截面受剪承载力计算图

对于预应力混凝土连续梁和允许出现裂缝的简支梁，不考虑预应力对受剪承载力的提高作用，即取 $V_p=0$。

预应力混凝土受弯构件受剪承载力计算的截面尺寸限制条件、箍筋的构造要求和验算截面的确定等，均与钢筋混凝土受弯构件的要求相同。

9.6　预应力混凝土构件的抗裂、裂缝宽度及挠度验算[1]

9.6.1　正截面抗裂验算

预应力构件应分别按要求条件进行正截面抗裂验算。

1. 严格要求不出现裂缝的构件（裂缝控制等级为一级）[2]

在荷载效应的标准组合下，应满足如下条件：

$$\sigma_{ck}-\sigma_{pc\,II}\leqslant 0 \tag{9-83}$$

2. 一般要求不出现裂缝的构件（裂缝控制等级为二级）

在荷载效应的标准组合下，应满足如下条件[3]：

$$\sigma_{ck}-\sigma_{pc\,II}\leqslant 0.7\gamma f_{tk} \tag{9-84}$$

式中：σ_{ck}——荷载效应的标准组合下，抗裂验算截面边缘混凝土的法向应力，对于轴心受拉构件，$\sigma_{ck}=N_k/A_0$；对于受弯构件，$\sigma_{ck}=M_k/W_0$。其中，N_k、M_k 分别为由荷载标准值按荷载效应标准组合的轴向力值、弯矩值；W_0 为换算截面对受拉边缘的弹性抵抗矩；A_0 为构件的换算截面面积[4]；

$\sigma_{pc\,II}$——扣除全部预应力损失后在验算截面边缘混凝土的预压应力，对于先张法和后张法构件，轴心受拉时按式(9－18)和式

❶ 这里也简单提及受弯构件的一些不同要求。具体的各个阶段应力分析和承载力计算可参见《水工混凝土结构设计规范》或参考相关书籍。

❷ 预应力混凝土结构设计时，应按附录 7 表 24，根据环境条件类别和预应力钢筋种类，选用不同的裂缝控制等级。

❸ 对于主要荷载均是长期作用的情况，构件抗裂验算边缘不宜出现拉应力。

❹ 具体计算见第 8 章。

(9－34）计算，受弯时按式（9－54）和式（9－69a）和式（9－69b）计算；

γ——受拉区混凝土的塑性影响系数，按表9－9采用；

f_{tk}——混凝土的轴心抗拉强度标准值。

表9－9 受拉区混凝土塑性影响系数

项次	构件类别	γ
1	受弯、偏心受压	γ_m
2	小偏心受拉、轴心受拉	1

注：1. γ_m 为截面抵抗矩的塑性系数，按附录7表26采用。

2. 对大偏心受拉构件，γ 可在1与 γ_m 之间取值。

需要注意的是，对受弯构件，在施工阶段预拉区（构件顶部）出现裂缝的区段，会降低使用阶段正截面的抗裂能力。因此，验算时，式（9－83）和式（9－84）中的 $\sigma_{pc\,II}$ 应乘以系数0.9。

对先张法预应力混凝土构件端部进行承载力计算和抗裂验算时，应该考虑预应力钢筋在其预应力传递长度 l_{tr}（对承载力计算是指锚固长度 l_a）范围内的实际应力值是变化的。假定预应力钢筋的实际预应力按线性规律增大，则在构件端部取为零，在其预应力传递长度的末端取有效预应力值 σ_{pe}，在两点之间可按线性内插法取值（如图9－22所示）。预应力传递长度 l_{tr} 按下式计算[❶]：

$$l_{tr} = \alpha \frac{\sigma_{pe}}{f'_{tk}} d \qquad (9-85)^{❷}$$

式中：σ_{pe}——放张时预应力钢筋的有效预应力[❸]；

d——预应力钢筋的公称直径，按附录5取用；

α——预应力钢筋的外形系数，按表9－10取用；

f'_{tk}——与放张时混凝土立方体的抗压强度 f'_{cu} 相应的轴心抗拉强度标准值。

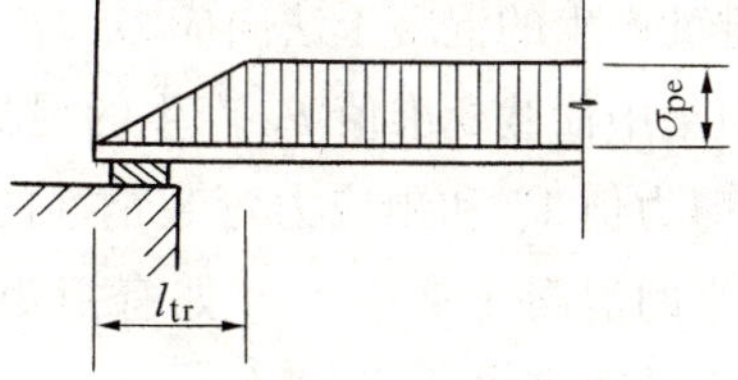

图9－22 预应力钢筋的预应力传递长度 l_{tr} 范围内有效预应力值的变化图

❶ 当采用骤然放松预应力钢筋的施工工艺时，l_{tr}（对承载力计算是 l_a）的起点都应从距构件末端 $0.25l_{tr}$ 处开始计算。

❷ 预应力钢筋的锚固长度 l_a 的确定公式与此类似，$l_a = \alpha \frac{f_{py}}{f_t} d$。

❸ 对承载力计算是指预应力钢筋的抗拉强度设计值 f_{py} 的变化。

表 9-10　预应力钢筋的外形系数

钢筋种类	刻痕钢丝、螺旋槽钢棒	螺旋肋钢丝、螺旋肋钢棒	螺纹钢筋	二、三股钢绞线	七股钢绞线
α	0.19	0.13	0.14	0.16	0.17

9.6.2　斜截面抗裂验算

预应力受弯构件在使用阶段的斜截面抗裂验算，应按下列条件验算[1]：

1. 混凝土主拉应力

对严格要求不出现裂缝的构件（一级控制），

$$\sigma_{tp} \leqslant 0.85 f_{tk} \tag{9-86}$$

对一般要求不出现裂缝的构件（二级控制），

$$\sigma_{tp} \leqslant 0.95 f_{tk} \tag{9-87}$$

2. 混凝土主压应力

对以上两类构件（一、二级控制）[2]，

$$\sigma_{cp} \leqslant 0.6 f_{tk} \tag{9-88}$$

上述各式中：σ_{tp}——荷载标准值作用下混凝土的主拉应力；

σ_{cp}——荷载标准值作用下混凝土的主压应力。

如满足上述条件，则认为斜截面满足抗裂要求；否则，应加大构件的截面尺寸。由于斜裂缝出现以前，构件基本上还处于弹性工作阶段，故可用材料力学公式计算主拉应力和主压应力，即[3]

$$\left.\begin{matrix}\sigma_{tp}\\ \sigma_{cp}\end{matrix}\right\} = \frac{\sigma_x + \sigma_y}{2} \pm \sqrt{\left(\frac{\sigma_x + \sigma_y}{2}\right)^2 + \tau^2} \tag{9-89}$$

$$\sigma_x = \sigma_{pc\,Ⅱ} + \frac{M_k}{I_0} y_0 \tag{9-90}$$ [4]

$$\tau = \frac{(V_k - \sum \sigma_{pe} A_{pb} \sin\alpha_p) S_0}{I_0 b} \tag{9-91}$$

上述各式中：σ_x——由预应力和按荷载标准值计算的弯矩值 M_k 在计算纤维处产生的混凝土法向应力；

σ_y——由集中荷载标准值 F_k 产生的混凝土竖向压应力；

τ——由剪力值 V_k 和预应力弯起钢筋的预应力在计算纤维处产生的混凝土剪应力（如有扭矩作用，尚应考虑扭矩引起的剪应力）；

$\sigma_{pc\,Ⅱ}$——扣除全部预应力损失后，在计算纤维处由预应力产生的混凝土法向应力；先、后张法构件分别按式

[1] 实质上是根据裂缝控制等级的不同要求对截面上混凝土主拉应力和主压应力进行控制。

[2] 主压应力 σ_{cp} 过大会降低斜截面的抗裂能力。

[3] 对于先张法预应力混凝土构件，在验算构件端部预应力传递长度 l_{tr} 范围内的正截面及斜截面抗裂时，计算 $N_{p0Ⅱ}$ 要用降低后的实际预应力值。

[4] 在式（9-89）和式（9-90）中，σ_x、σ_y、σ_{pc}、$\frac{M_k}{I_0}y_0$ 为拉应力时，取正号；为压应力时，取负号。

(9-54)、式(9-69a)和式(9-69b)计算。

σ_{pe}——纵向预应力弯起钢筋的有效预应力；

V_k——按荷载标准值计算得到的剪力值；

S_0——计算纤维层以上部分的换算截面面积对构件换算截面重心的面积矩。

验算斜截面抗裂时，应选取 M 和 V 都比较大的截面或外形有突变的截面（如工形截面腹板厚度变化处）。沿截面高度则选取截面宽度有突变处（如工形截面上、下翼缘与腹板交界处）和换算截面重心处。

如果斜截面受拉区起始端在预应力传递长度 l_{tr} 范围内，在进行斜截面受剪承载力计算和正、斜截面抗裂验算时，预应力筋的合力 N_{p0} 就要按照规范规定的方法进行折减。

9.6.3 裂缝宽度验算

使用阶段允许出现裂缝的预应力混凝土构件（裂缝控制等级为三级），应验算裂缝宽度。按荷载效应的标准组合所求得的最大裂缝宽度 w_{max}（单位：mm），不应超过附录7表24中规定的限值。最大裂缝宽度的计算公式与钢筋混凝土构件类似，即

$$W_{max} = \alpha\alpha_1 \frac{\sigma_{sk}}{E_s}\left(30 + c + \frac{0.07d}{\rho_{te}}\right) \tag{9-92}$$

式中：α——考虑构件受力特征和荷载长期作用的综合影响系数，对预应力混凝土轴心受拉构件，取 $\alpha = 2.7$；对预应力混凝土受弯构件，取 $\alpha = 2.1$；

α_1——考虑钢筋表面形状和预应力张拉方法的系数，对于非预应力钢筋，$\alpha_1 = 1.0$；在先张法中，若采用螺旋肋钢棒，则 $\alpha_1 = 1.0$；若采用钢绞线、钢丝、螺旋槽钢棒，则 $\alpha_1 = 1.2$；在后张法中，若采用螺旋肋钢棒，则 $\alpha_1 = 1.1$；若采用钢绞线、钢丝、螺旋槽钢棒，则 $\alpha_1 = 1.4$[1]；

d——钢筋直径，mm，当钢筋用不同直径时，公式中的 d 改用换算直径 $4(A_s + A_p)/u$，此处，u 为纵向受拉钢筋（A_s 及 A_p）截面总周长，mm。

ρ_{te}——纵向受拉钢筋（非预应力钢筋 A_s 及预应力钢筋 A_p）的有效配筋率，按下列规定计算：$\rho_{te} = \dfrac{A_s + A_p}{A_{te}}$，当 $\rho_{te} < 0.03$ 时，取 $\rho_{te} = 0.03$。其中，A_{te} 为有效受拉混凝土的截面面积，mm^2，对轴心受拉构件，当预应力钢筋配置在截面中心范围时，A_{te} 取为构件

[1] 螺纹钢筋的系数 α_1 取为1.0；采用不同种类的钢筋时，系数 α_1 按钢筋面积加权平均取值。

的全截面面积；对受弯构件，取为其重心与 A_s 及 A_p 重心相一致的混凝土面积，即 $A_{te}=2ab$，其中，a 为受拉钢筋（A_s 及 A_p）重心距截面受拉边缘的距离，b 为矩形截面的宽度；对有受拉翼缘的倒 T 形和工形截面，b 为受拉翼缘宽度；A_p 为受拉区纵向预应力钢筋截面面积，mm^2，对轴心受拉构件，取全部纵向预应力钢筋截面面积；对受弯构件，取受拉区纵向预应力钢筋截面面积；

σ_{sk}——按荷载标准值计算得到的预应力混凝土构件纵向受拉钢筋的等效应力，N/mm^2。

❶ 与第 8 章非预应力构件钢筋应力计算相比较，弄清两者的异同。

σ_{sk}可按下列公式计算❶：

（1）对于轴心受拉构件，

$$\sigma_{sk}=\frac{N_k-N_{p0}}{A_s+A_p} \tag{9-93}$$

（2）对于受弯构件，可由图 9-23 对受压区合力点取矩求得，即

$$\sigma_{sk}=\frac{M_k-N_{p0}(z-e_p)}{(A_s+A_p)z} \tag{9-94}$$

$$z=\left[0.87-0.12(1-\gamma_f')\left(\frac{h_0}{e}\right)^2\right]h_0 \tag{9-95}$$

$$e=\frac{M_k}{N_{p0}}+e_p \tag{9-96}$$❷

❷ 与 e 对应的 N_{p0}，是将 M_k 与 N_{p0} 组成距纵向受拉钢筋合力点距离为 e 的等效偏心压力，而

$$e=\frac{M_k+N_{p0}e_p}{N_{p0}}=\frac{M_k}{N_{p0}}+e_p$$

上述各式中：N_k——由荷载标准值计算的轴向力值；

M_k——由荷载标准值计算的弯矩值；

N_{p0}——混凝土法向应力等于零时全部纵向预应力和非预应力钢筋的合力；

z——纵向非预应力和预应力受拉钢筋合力点至受压区合力点的距离（内力臂）；

e_p——N_{p0}的作用点至纵向预应力和非预应力受拉钢筋合力点的距离。

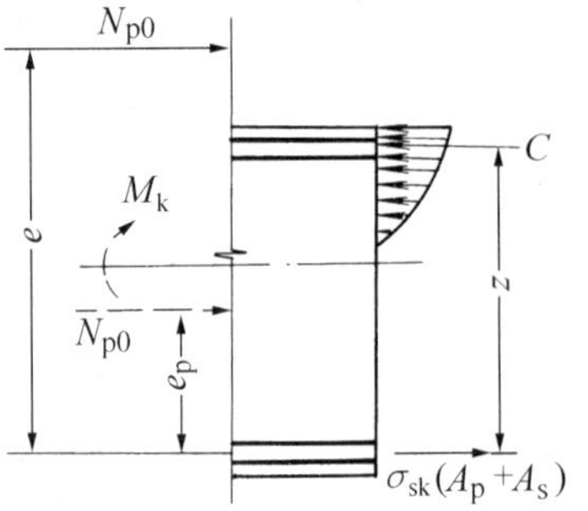

图 9-23　预应力混凝土受弯构件裂缝处截面的应力图形

9.6.4 挠度验算

预应力受弯构件使用阶段的挠度是由两部分组成的：一是外荷载产生的挠度；二是预加应力引起的反拱值。两者可以互相抵消部分，故预应力构件的挠度比非预应力构件小。

1. 外荷载作用下产生的挠度 f_1

外荷载引起的挠度❶可按材料力学的公式进行计算，即

$$f_1 = S\frac{M_k l_0^2}{B} \tag{9-97}$$

式中：S——与荷载形式、支承条件有关的系数；

B——荷载效应的标准组合作用下，预应力混凝土受弯构件的刚度。

B 的值可按下列公式计算：

$$B = 0.65B_{ps} \tag{9-98}$$

式中：B_{ps}——荷载效应的标准组合作用下，预应力受弯构件的短期刚度。

B_{ps}的值可按下列公式计算❷：

（1）对于不出现裂缝的构件，

$$B_{ps} = 0.85E_c I_0 \tag{9-99}$$

（2）对于出现裂缝的构件，

$$B_{ps} = \frac{B_s}{1-0.8\delta} \tag{9-100}$$

式中：B_s——荷载效应的标准组合下，出现裂缝的钢筋混凝土受弯构件的短期刚度，可按8.4.2小节中相应公式求得。但需注意式中纵向受拉钢筋配筋率ρ包括A_s及A_p在内，$\rho=(A_s+A_p)/(bh_0)$；

δ——消压弯矩与由荷载标准值计算的弯矩的比值，即预应力度，

$$\delta = \frac{M'_{p0}}{M_k} \tag{9-101}$$

$$M'_{p0} = N_{p0}(\eta_0 h_0 - e_p) \tag{9-102}$$

$$\eta_0 = \frac{1}{1.5-0.3\sqrt{\gamma'_f}} \tag{9-103}$$

上述各式中❸：M'_{p0}——非预应力钢筋及预应力钢筋合力点处混凝土的法向应力为零时的消压弯矩；

η_0——纵向受拉钢筋重心处混凝土的法向应力为零时的截面内力臂系数；

γ'_f——受压翼缘面积与腹板有效面积的比值，$\gamma'_f=(b'_f-b)h'_f/bh_0$，当$h'_f>0.2h_0$时，取$h'_f=0.2h_0$。

❶ 见第8章介绍。

❷ 对预压时预拉区允许出现裂缝的构件，B_{ps}应降低10%。

❸ 其余符号与第8章相同。

2. 预应力产生的反拱值 f_2

计算预加应力引起的反拱值，可以按偏心受压构件求挠度的公式进行，即

$$f_2 = \frac{N_p e_p l_0^2}{8E_c I_0} \tag{9-104}$$

式中：N_p——扣除全部预应力损失后的预应力钢筋和非预应力钢筋的合力（预压力），先张法为 $N_{p0 \mathrm{II}}$，后张法为 $N_{p \mathrm{II}}$；

e_p——N_p 对截面重心轴的偏心距，先张法为 $e_{p0 \mathrm{II}}$，后张法为 $e_{pn \mathrm{II}}$；

l_0——构件跨度。

考虑到预压应力这一因素是长期存在的，所以反拱值可取为 $2f_2$。

对于永久荷载所占比例较小的构件，应考虑反拱过大对使用上的不利影响❶。

❶ 外加荷载不能抵消过大的反拱值，同样影响构件的正常使用。

3. 荷载作用时的总挠度 f

荷载作用时的总挠度为

$$f = f_1 - 2f_2 \tag{9-105}$$

f 的计算值应不大于附录 7 表 25 中相应构件类型的挠度限值。

9.7 施工阶段验算

9.7.1 混凝土的应力控制

预应力混凝土构件的受力特点，在制作、运输和吊装等施工阶段与使用阶段是不同的。在制作时，构件受到预压力和自重的作用，使构件处于轴心受压或偏心受压状态，构件的全截面受压或下边缘受压、上边缘受拉，如图 9－24(a) 所示。在运输和吊装时，常形成如图 9－24(b) 所示的受力状态。自重和施工荷载在吊点截面处产生的负弯矩如图 9－24(c) 所示，与预压力产生的负弯矩方向相同，如图 9－24(d) 所示，使吊点截面成为最不利的受力截面。因此，预应力混凝土的受弯构件还必须进行施工阶段混凝土法向应力的验算，并控制验算截面边缘的应力值不超过《水工混凝土结构设计规范》规定的允许值❷。

❷ 构件的截面尺寸和配筋一般控制在使用阶段，但施工阶段会因混凝土强度可能还没有达到设计值，不适合承受过大的预压应力，所以有此要求。

施工阶段的截面应力验算，一般是在求得截面应力值后，按是否允许出现裂缝分别对混凝土应力进行控制。

（1）对于施工阶段不允许出现裂缝的构件，或预压时全截面受压的构件，

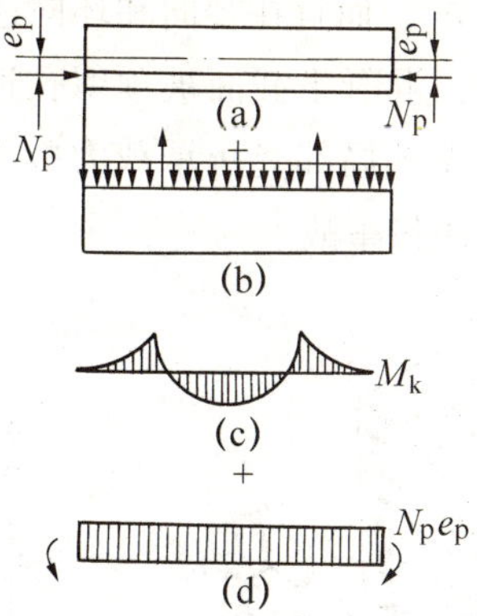

图 9－24　预应力构件制作、吊装时的内力图

(a) 制作阶段；(b) 运输和吊装；(c) 运输吊装时自重产生的弯矩图；(d) 制作阶段产生的弯矩图

$$\sigma_{ct} \leqslant f'_{tk} \tag{9-106}$$

$$\sigma_{cc} \leqslant 0.8 f'_{ck} \tag{9-107}$$

式中：f'_{tk}、f'_{ck}——与各个施工阶段混凝土立方体抗压强度 f'_{cu} 相应的轴心抗拉、抗压强度标准值[1]；

σ_{ct}——相应施工阶段计算截面边缘纤维的混凝土拉应力；

σ_{cc}——相应施工阶段计算截面边缘纤维的混凝土压应力。

截面边缘的混凝土法向应力为[2]

$$\left.\begin{matrix}\sigma_{ct}\\ \sigma_{cc}\end{matrix}\right\} = \sigma_{pc\,I} + \frac{N_k}{A_0} \mp \frac{M_k}{W_0} \tag{9-108}$$

式中：$\sigma_{pc\,I}$——第一批预应力损失出现后的混凝土法向应力；

N_k——构件自重标准值和施工荷载标准值计算截面产生的轴向力值；

M_k——构件自重标准值和施工荷载标准值计算截面产生的弯矩值；

W_0——验算边缘的换算截面弹性抵抗矩。

(2) 对于施工阶段预拉区允许出现裂缝的构件[3]，当预拉区不配置预应力筋 ($A'_p = 0$) 时，

$$\sigma_{ct} \leqslant 2.0 f'_{tk} \tag{9-109}$$

$$\sigma_{cc} \leqslant 0.8 f'_{ck} \tag{9-110}$$

9.7.2　局部承压验算

后张法构件混凝土的预压应力，是由预应力钢筋回缩时通过锚具对构件端部混凝土施加局部挤压力来建立并维持的。在局部挤压力的作用下，端部锚具下的混凝土处于高盈利状态下的三向受力情况，如图 9－25所示，

[1] 可由附录 4 表 11 用直线内插法查得。

[2] 当 σ_{pc} 为压应力时，取正值；为拉应力时，取负值。当 N_k 为轴向压力时，取正值；为轴向拉力时，取负值。当 M_k 产生的边缘纤维应力为压应力时，取正值；为拉应力时，取负值。

[3] 预拉区指施加预应力时形成的拉应力区。预拉区允许出现裂缝的构件，预拉区混凝土已不参加工作，所以按式 (9－109) 计算的截面边缘拉应力值 σ_{ct} 实际上已不存在，但 σ_{ct} (可称为名义拉应力) 值仍可以用来说明受拉的程度。预拉区出现裂缝后，拉力主要由布置在预拉区截面边缘的非预应力纵向钢筋来承担。为了控制裂缝的宽度和高度，同时不使纵向钢筋数量配置过多，限制 $\sigma_{ct} \leqslant 2f'_{tk}$。

不仅纵向有较大的压应力 σ_z，而且在径向和环向还产生拉应力 σ_r、σ_θ。加上构件端部钢筋比较集中，混凝土截面被预留孔道削弱较多，混凝土强度又较低，因此，验算构件端部局部受压承载力极为重要。工程中，常出现因疏忽而导致不该发生的质量事故。

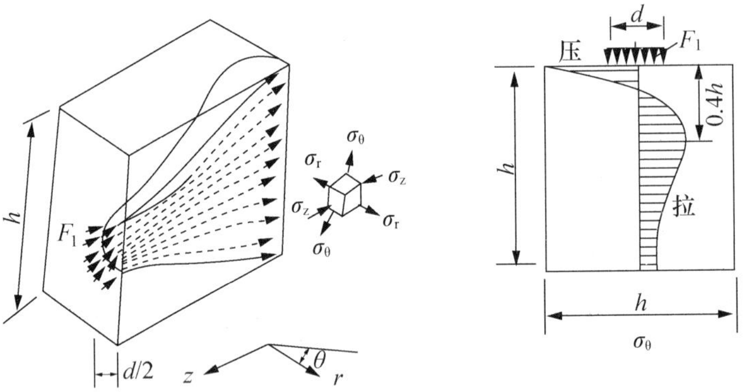

图 9－25　锚具下的混凝土三向受力情况

为了防止混凝土因局部承压强度不足而发生脆性破坏，通常需在局部受压区内配置如图 9－26 所示的方格网式或螺旋式间接钢筋，以约束混凝土的横向变形，从而提高局部受压承载力。

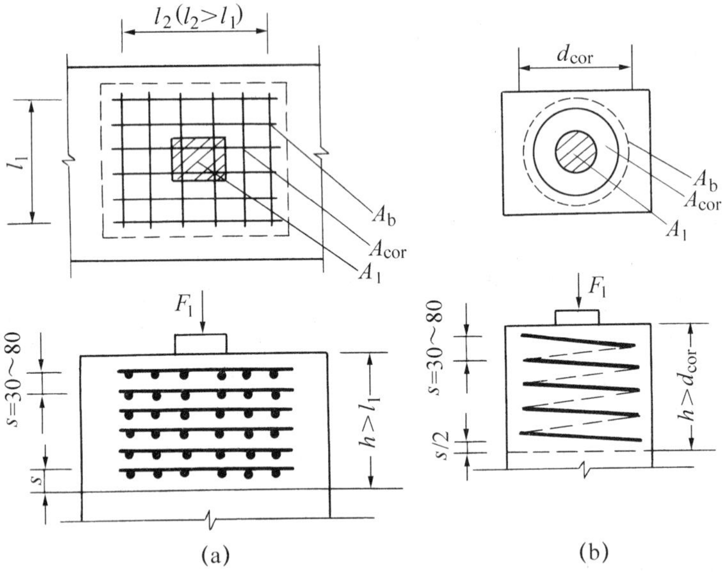

图 9－26　局部受压配筋图

（a）方格网式配筋；（b）螺旋式配筋

1. 局部受压承载力计算

当配置方格网式或螺旋式间接钢筋且符合 $A_{cor} \geqslant A_l$ 时，其局部受压承载力可按下列公式计算：

$$KF_l \leqslant (\beta_l f_c + 2\rho_v \beta_{cor} f_y) A_{ln} \tag{9-111}$$

$$\rho_v = \frac{n_1 A_{s1} l_1 + n_2 A_{s2} l_2}{A_{cor} s}\text{（方格网式）} \tag{9-112}$$

$$\rho_v = \frac{4A_{ss1}}{d_{cor} s}\text{（螺旋式）} \tag{9-113}$$

上述各式中：K——承载力安全系数，可取为1.2；

F_l——局部压力设计值。按 $F_l = 1.05\sigma_{con} A_p$ 计算；

β_l——混凝土局部受压时的强度提高系数[1]，$\beta_l = \sqrt{\dfrac{A_b}{A_l}}$，其中，$A_l$ 为混凝土局部受压面积；A_b 为局部受压时的计算底面积，如图9-27所示[2]；

ρ_v——间接钢筋的体积配筋率（核心面积 A_{cor} 范围内单位混凝土体积中所包含的间接钢筋体积）。

$n_1 A_{s1}$、$n_2 A_{s2}$——方格网沿 l_1、l_2 方向的钢筋根数和单根钢筋截面面积的乘积；

l_1、l_2——钢筋网两个方向的长度，两个方向上钢筋网单位长度的钢筋截面面积相差不应大于1.5倍；

s——钢筋网或螺旋筋的间距，为30～80 mm；

A_{cor}——钢筋网以内的混凝土核心面积，其重心应与 A_l 的重心相重合，$A_{cor} \leqslant A_b$；

d_{cor}——配置螺旋式间接钢筋范围以内的混凝土直径；

A_{ss1}——螺旋式单根间接钢筋的截面面积；

β_{cor}——配置间接钢筋的局部受压承载力提高系数，$\beta_{cor} = \sqrt{\dfrac{A_{cor}}{A_{ln}}}$；

A_{ln}——混凝土局部受压净面积，可按压力沿锚具边缘在垫板中以45°角扩散后传到混凝土的受压面积计算，并应扣除预留孔道面积。

f_c——混凝土的轴心抗压强度设计值；

f_y——钢筋的抗拉强度设计值。

间接钢筋应配置在图9-26中所规定的 h 范围内。$h \geqslant l_1$（方格网式钢筋片不应少于4片）；$h \geqslant d_{cor}$（螺旋式钢筋不应少于4圈）。

[1] 计算 β_l 时，在 A_b 和 A_l 中均不扣除开孔构件的孔道面积。

[2] 计算底面积 A_b 与局部受压面积 A_l 具有相同的重心位置并对称；沿各边向外扩大的有效距离不超过承压板窄边尺寸 b（对圆形承压板，其直径为 a）。

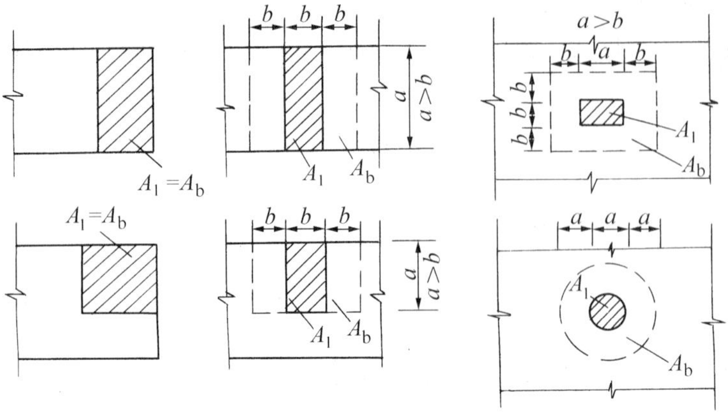

图9－27　局部受压底面积A_b

2. 局部受压区的截面尺寸验算

配置间接钢筋过多，虽然可以较大地提高局部受压承载力，但会造成在过大压力下出现锚具下的混凝土压陷破坏或产生端部裂缝。因此，配置间接钢筋的构件，其局部受压区的截面尺寸应符合下列要求：

$$KF_l \leqslant 1.5\beta_l f_c A_{ln} \qquad (9-114)❶$$

9.8　预应力混凝土结构构件的构造要求

9.8.1　截面形式和尺寸

预应力混凝土构件的截面形式应根据构件的受力特点进行合理选择。对于轴心受拉构件，通常采用正方形或矩形截面；对于受弯构件，宜选用T形、工形或其他空心截面形式❷。此外，沿受弯构件纵轴，其截面形式可以根据受力要求改变，如屋面大梁和吊车梁，其跨中可采用工形截面，而在支座处，为了承受较大的剪力及提供足够的面积布置锚具和局部受压要求，往往做成矩形截面。由于预应力混凝土构件具有较好的抗裂性能和较大的刚度，故其截面尺寸可比钢筋混凝土构件小一些。

对一般的预应力混凝土受弯构件，截面高度一般可取跨度的1/20～1/14，腹板肋宽b取（1/15～1/8）h，剪力较大的梁b也可取（1/8～1/5）h。上翼缘宽度b_f'可取（1/3～1/2）h，厚度h_f'可取（1/10～1/6）h。为便于拆模，上、下翼缘靠近肋处应做成斜坡，上翼缘底面斜坡为1/15～1/10，下翼缘顶面斜坡通常取1∶1。下翼缘宽度b_f和厚度h_f应根据预应力钢筋的多少、钢筋的净距、预留孔道的净距、保护层的厚度、锚具及承力架的尺寸等确定。

❶ 式（9－114）也表示了局部压力下混凝土的抗裂能力，因为端部锚固区混凝土的破坏是在N作用下混凝土膨胀引起的纵向裂缝所导致的。同时，当满足式（9－114）时，锚固区的抗裂要求一般均可满足。当不满足要求时，应加大构件端部锚固区的截面尺寸，调整锚具的位置，提高混凝土的强度等级或在锚固区段配置间接钢筋。

❷ 这些截面形式的惯性矩和抵抗矩较大，也有较大的受压翼缘，节省了腹部混凝土，减轻了自重。

9.8.2 非预应力钢筋[1]

对部分预应力混凝土，当配置一定的预应力钢筋已能使构件符合抗裂或裂缝宽度要求时，按承载力计算所需的其余受拉钢筋可以采用非预应力钢筋。

后张法预应力钢筋在构件端部全部弯起的受弯构件或直线配筋的先张法构件，当其端部与下部支撑结构焊接时，应考虑混凝土收缩、徐变和温度变化引起的不利影响，在端部可能产生裂缝部位，应设置足够的非预应力纵向构造钢筋。

对于施工阶段预拉区不允许出现裂缝的构件，要求预拉区还需配置一定数量的纵向钢筋，其配筋率 $(A_s'+A_p')/A$ 不应小于0.2%，其中，A 为构件截面面积。对后张法构件，则仅考虑 A_s' 而不计入 A_p' 的面积，因为在施工阶段，后张法预应力筋和混凝土之间没有黏结力或黏结力尚不可靠。

对于施工阶段预拉区允许出现裂缝而预拉区不配置预应力钢筋的构件，当 $\sigma_{ct}=2f_{tk}'$ 时，预拉区纵向钢筋的配筋率 A_s'/A 不应小于0.4%；当 $f_{tk}'<\sigma_{ct}<2f_{tk}'$ 时，则在0.2%和0.4%之间按直线内插法取用。

预拉区非预应力纵向钢筋的直径不宜大于14 mm，并应沿构件预拉区的外边缘均匀配置。

[1] 采用预应力钢筋和非预应力钢筋的混合配筋方式，受力性能相对较好。

9.8.3 先张法构件的要求

1. 预应力钢筋（丝）的净间距

预应力钢筋、钢丝的净间距，应根据便于浇灌混凝土、保证钢筋（丝）与混凝土的黏结锚固，以及施加预应力（夹具和张拉设备的尺寸要求）等要求来确定。预应力钢筋之间的净间距不应小于其公称直径或等效直径的1.5倍，且应符合下列规定：对预应力钢丝，不应小于15 mm；对三股钢绞线，不应小于20 mm；对七股钢绞线，不应小于25 mm。

当采用钢丝按单根方式配筋有困难时，可以采用相同直径钢筋并筋的配筋方式。并筋的等效直径，对双并筋，应取为单筋直径的1.4倍；对三并筋，应取为单筋直径的1.7倍。

2. 钢筋、钢丝的锚固

先张法预应力混凝土构件，应保证钢筋（丝）与混凝土之间有可靠的黏结力，宜采用变形钢筋、刻痕钢丝、轧制带肋钢丝、钢绞线等。光圆钢丝与混凝土的黏结强度较低，当采用光圆钢丝时，应根据钢丝的强度、直径和构件的受力特点采取适当的措施，保证钢丝在混凝土中可靠地锚固，防止钢丝滑动。

3. 混凝土保护层的厚度

为了保证钢筋与混凝土的黏结强度，防止放松预应力钢筋时出现纵向劈裂裂缝，必须有一定的混凝土保护层厚度。当预应力筋为钢筋时，其保护层厚度要求与钢筋混凝土构件相同；当预应力筋为钢丝时，其保护层厚度不应小于 15 mm。

4. 端部附加钢筋

为了防止放松预应力筋时构件端部出现纵向裂缝，对预应力筋端部周围的混凝土应采取下列加强措施：

（1）当采用单根预应力钢筋（如板肋的配筋）时，其端部宜设置长度不小于 150 mm 且不少于 4 圈的螺旋筋［如图 9－28(a) 所示］；当有可靠经验时，也可以利用支座垫板上的插筋代替螺旋筋，但插筋数量不应少于 4 根，其长度不宜小于 120 mm［如图 9－28(b) 所示］。

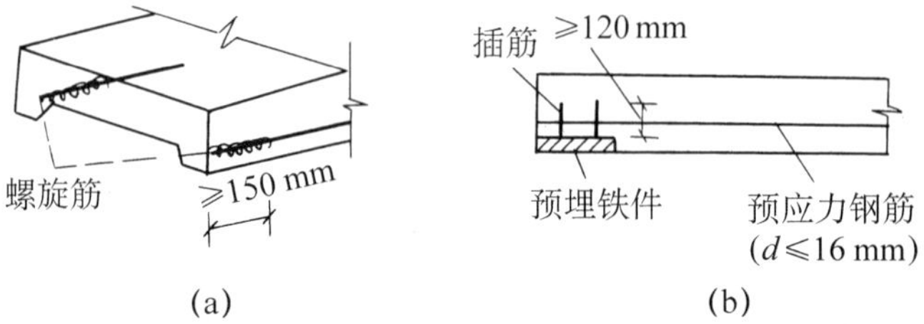

图 9－28　端部钢筋

（a）螺旋筋；（b）插筋

（2）当采用多根预应力钢筋时，在构件端部 $10d$（d 为预应力钢筋的直径）范围内，应设置 3～5 片与预应力钢筋垂直的钢筋网。

（3）当采用钢丝配筋的预应力薄板（如 V 形折板）时，在端部 100 mm 范围内，应适当加密横向钢筋。

9.8.4　后张法构件的要求

1. 预留孔道的构造要求

后张法构件要在预留孔道中穿入预应力钢筋。截面中孔道的布置应考虑到张拉设备的尺寸、锚具尺寸和构件端部混凝土局部受压的强度要求等因素。

（1）孔道的内径应比预应力钢筋束、钢筋对焊接头处、锥形螺杆锚具的套筒等的外径大 10～15 mm，以便穿入预应力钢筋，并保证孔道灌浆的质量。

（2）对预制构件，孔道之间的水平净距不应小于 50 mm；孔道至构件边缘的净距不宜小于 30 mm，且不宜小于孔道的半径。

（3）在构件两端和跨中，应设置灌浆孔或排气孔，其孔距不宜大于12 m。孔道灌浆所用的水泥砂浆强度等级不应低于 M20，其水灰比宜为0.4～0.45。为了减少收缩，宜掺入适当的外加剂。

（4）凡需要起拱的构件，预留孔道宜随构件同时起拱。

2. 曲线预应力钢筋的构造要求[1]

（1）钢丝束、钢绞线束以及钢筋直径 $d\leqslant 12$ mm 的钢筋束，曲率半径不宜小于4 m。

（2）对折线配筋的构件，在折线预应力钢筋弯折处的曲率半径可以适当减小。

（3）曲线段的夹角不宜过大，对于等截面吊车梁，夹角不大于30°。

3. 端部附加钢筋

（1）对后张法预应力混凝土构件的端部锚固区，应按局部受压承载力计算，并配置间接钢筋，其体积配筋率 $\rho_v \geqslant 0.5\%$。

（2）为了防止施加预应力时构件端部产生沿截面中部的纵向水平裂缝，宜将一部分预应力钢筋在靠近支座区段弯起，弯起的预应力钢筋宜沿构件端部均匀布置。

当预应力钢筋在构件端部需集中布置在截面的下部或集中布置在上部和下部时，应在构件端部0.2h（h 为构件端部截面高度）范围内，设置附向焊接钢筋网、封闭式箍筋或其他形式的构造钢筋。

（3）当构件在端部有局部凹进时，为了防止在预加应力过程中，端部转折处产生裂缝，应增设折线构造钢筋。

【例9-1】 试设计某预应力混凝土屋架下弦杆[2]。该下弦杆的长度为24 m，截面尺寸为280 mm×180 mm；混凝土采用C60级，预应力钢筋采用4ϕ^S1×7 的钢绞线，按构造要求布置4Φ12 的非预应力筋；采用后张法，一端张拉，采用 JM12 锚具，孔道为充橡皮管抽芯成型，孔道直径为55 mm；张拉时混凝土的强度 $f'_{cu}=60$ N/mm²；张拉控制应力取

$$\sigma_{con} = 0.70f_{ptk} = 0.70\times 1\,860 = 1\,302\ (\text{N/mm}^2)$$

永久荷载标准值产生的轴向拉力 $N_{GK}=820$ kN，可变荷载标准值产生的轴向拉力 $N_{QK}=320$ kN，承载力安全系数 $K=1.2$。

解 （1）基本资料。

① 材料性能。混凝土 C60 级：

$$f_c = 27.5\ \text{N/mm}^2,\quad f_{ck} = 38.5\ \text{N/mm}^2,\quad f_t = 2.04\ \text{N/mm}^2$$

$$f_{tk} = 2.85\ \text{N/mm}^2,\quad E_c = 3.6\times 10^4\ \text{N/mm}^2$$

预应力钢筋：

$$f_{ptk} = 1\,860\ \text{N/mm}^2,\quad f_{py} = 1\,320\ \text{N/mm}^2,\quad E_p = 1.95\times 10^5\ \text{N/mm}^2$$

[1] 对曲线预应力筋的这一要求是为了减少摩擦损失。

[2] 为一轴心受拉构件。

非预应力钢筋：HRB400 级钢筋 4Φ12，

$A_s = 452\ mm^2$，$f_{yk} = 400\ N/mm^2$，$f_y = 360\ N/mm^2$，$E_s = 2.0 \times 10^5\ N/mm^2$

箍筋：HPB235 级钢筋，

$$f_y = 210\ N/mm^2,\quad E_s = 2.1 \times 10^5\ N/mm^2$$

② 计算内力。轴向拉力设计值为

$$N = 1.05N_{GK} + 1.2N_{QK} = 1\,245\ (kN)$$

荷载标准荷载作用下的轴向拉力为

$$N_K = N_{GK} + N_{QK} = 820 + 320 = 1\,140\ (kN)$$

（2）使用阶段正截面承载力计算。

$$A_p = \frac{KN - f_yA_s}{f_{py}} = \frac{1.2 \times 1\,245 \times 10^3 - 360 \times 452}{1\,320} = 1\,009\ (mm^2)$$

采用 2 束高强低松弛钢绞线，每束 4ϕ^S1 ×7（$d = 15.2$ mm），每根钢绞线的截面面积为 140 mm²，共 8 根，$A_p = 1\,120\ mm^2$，如图 9 –29(c) 所示。

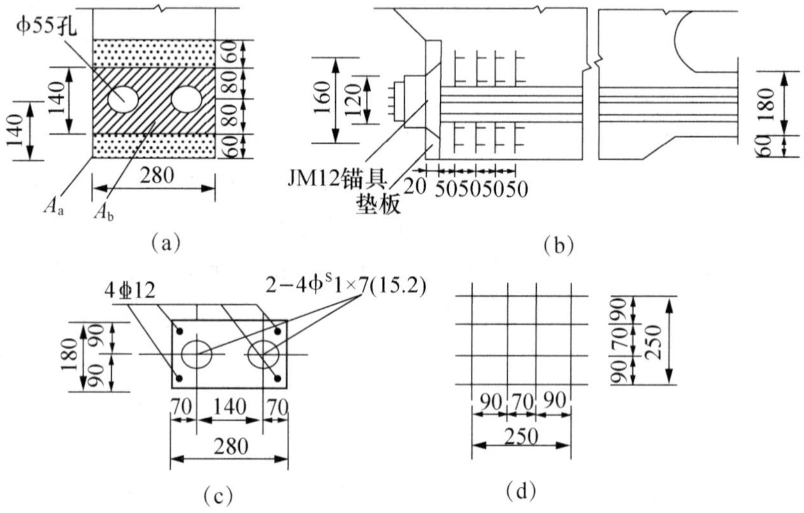

图 9 –29　屋架下弦

（a）受压面积图；（b）下弦端节点；（c）下弦截面配筋；（d）钢筋网片

（3）使用阶段抗裂度验算。

① 截面几何特征。预应力钢筋：

$$\alpha_{Ep} = \frac{E_p}{E_c} = \frac{1.95 \times 10^5}{3.6 \times 10^4} = 5.42$$

非预应力钢筋：

$$\alpha_{Es} = \frac{E_s}{E_c} = \frac{2.0 \times 10^5}{3.6 \times 10^4} = 5.56$$

$$A = 280 \times 180 = 50\,400\ (mm^2)$$

$$A_c = A - 2\times\frac{\pi\times 50^2}{4} - A_s$$

$$= 50\,400 - 2\times\frac{3.14\times 55^2}{4} - 452 = 45\,198.75\ (\text{mm}^2)$$ ❶

❶ 求 A_c 时要扣除孔道面积。

$$A_n = A_c + \alpha_{Es}A_s = 45\,198.75 + 5.56\times 452 = 47\,709\ (\text{mm}^2)$$

$$A_0 = A_n + \alpha_{Ep}A_p = 47\,709 + 5.42\times 1\,120 = 53\,779\ (\text{mm}^2)$$

② 预应力损失计算。张拉控制应力为

$$\sigma_{con} = 0.70 f_{ptk} = 0.70\times 1\,860 = 1\,302\ (\text{N/mm}^2)$$

A. 锚具变形损失 σ_{l1}。查表9-2，夹片式锚具JM12的锚具变形和钢筋内缩值 $a=5$ mm，

$$\sigma_{l1} = \frac{a}{l}E_p = \frac{5}{24\,000}\times 1.95\times 10^5 = 40.6\ (\text{N/mm}^2)$$

B. 孔道摩擦损失 σ_{l2}。按锚固端计算该项损失，所以 $l=24$ m，直线配筋，$\theta=0$，由表9-3查得 $k=0.001\,5$，

$$kx + \mu\theta = 0.001\,5\times 24 + 0 = 0.036$$

则

$$\sigma_{l2} = \left(1 - \frac{1}{e^{kx+\mu\theta}}\right)\sigma_{con} = \left(1 - \frac{1}{e^{0.036}}\right)\times 1\,302 = 46.0\ (\text{N/mm}^2)$$

第一批应力损失值为

$$\sigma_{l\,\mathrm{I}} = \sigma_{l1} + \sigma_{l2} = 40.6 + 46.0 = 86.6\ (\text{N/mm}^2)$$

完成第一批损失后，截面上的混凝土预压应力为

$$\sigma_{pc\,\mathrm{I}} = \frac{(\sigma_{con} - \sigma_{l\mathrm{I}})A_p}{A_n} = \frac{(1\,302 - 86.6)\times 1\,120}{47\,709} = 28.5\ (\text{N/mm}^2)$$

C. 预应力钢筋应力松弛损失 σ_{l4} 为

$$\sigma_{l4} = 0.125\left(\frac{\sigma_{con}}{f_{ptk}} - 0.5\right)\sigma_{con}$$

$$= 0.125\times\left(\frac{1\,302}{1\,860} - 0.5\right)\times 1\,302 = 32.6\ (\text{N/mm}^2)$$

D. 混凝土收缩、徐变损失 σ_{l5} 为

$$\frac{\sigma_{pc\,\mathrm{I}}}{f'_{cu}} = \frac{28.5}{60} = 0.475 < 0.5$$ ❷

❷混凝土达100%设计强度时放松钢筋，这时，$f'_{cu} = f_{cu} = 60\ \text{N/mm}^2$。

$$\rho = \frac{A_s + A_p}{A_n} = \frac{452 + 1\,120}{47\,709} = 0.033$$

$$\sigma_{l5} = \frac{35 + 280\sigma_{pc\,\mathrm{I}}/f'_{cu}}{1 + 15\rho} = \frac{35 + 280\times 0.475}{1 + 15\times 0.5\times 0.033} = 134.7\ (\text{N/mm}^2)$$ ❸

❸ 由于构件对称配置预应力钢筋和非预应力钢筋，$\rho=\rho'$，所以配筋率按其钢筋截面面积的一半进行计算。

第二批应力损失值为

$$\sigma_{l\,\mathrm{II}} = \sigma_{l4} + \sigma_{l5} = 32.6 + 134.7 = 167.3\ (\text{N/mm}^2)$$

总损失值为

$$\sigma_l = \sigma_{l\,\mathrm{I}} + \sigma_{l\,\mathrm{II}} = 86.6 + 167.3 = 253.9\ (\mathrm{N/mm^2}) > 80\ (\mathrm{N/mm^2})$$

③ 抗裂度验算。混凝土有效预压应力为

$$\sigma_{pc\,\mathrm{II}} = \frac{(\sigma_{con} - \sigma_l)A_p}{A_n}$$

$$= \frac{(1\,302 - 253.9) \times 1\,120}{47\,709} = 24.6\ (\mathrm{N/mm^2})$$

$$\sigma_{ck} = \frac{N_k}{A_0} = \frac{1\,140 \times 10^3}{53\,779} = 21.2\ (\mathrm{N/mm^2})$$

$$\sigma_{ck} - \sigma_{pc\,\mathrm{II}} = 21.2 - 24.6 < 0$$

故满足要求。

（4）施工阶段验算。最大张拉力为

$$N_p = \sigma_{con}A_p = 1\,302 \times 1\,120 = 1\,458.24\ (\mathrm{kN})$$

截面上混凝土可承受的压应力为

$$0.8f'_{ck} = 0.8 \times 38.5 = 30.8\ (\mathrm{N/mm^2})$$

$$\sigma_{cc} = \frac{N_p}{A_n} = \frac{1\,458.24 \times 10^3}{47\,709} = 30.6\ (\mathrm{N/mm^2}) < 0.8f'_{ck}$$ [1]

故满足要求。

（5）端部局部承压验算。

① 端部受压区截面尺寸验算。JM12 锚具的直径为 120 mm，锚具下垫板厚 20 mm，局部受压面积可按压力 F_l 从锚具边缘在垫板中按 45°角扩散的面积计算。在计算局部受压计算底面积时，可以近似地按图 9－29(a) 中两条实线所围的矩形面积代替两个圆面积。

$$A_l = 280 \times (120 + 2 \times 20) = 44\,800\ (\mathrm{mm^2})$$

锚具下局部受压计算底面积为

$$A_b = 280 \times (160 + 2 \times 60) = 78\,400\ (\mathrm{mm^2})$$ [2]

混凝土局部受压净面积为

$$A_{ln} = 44\,800 - 2 \times \frac{\pi \times 55^2}{4} = 40\,048\ (\mathrm{mm^2})$$

局部承压强度提高系数为

$$\beta_l = \sqrt{\frac{A_b}{A_l}} = \sqrt{\frac{78\,400}{44\,800}} = 1.25$$

局部承压尺寸验算：

$$1.5\beta_l f_c A_{ln} = 1.5 \times 1.323 \times 27.5 \times 40\,048 = 2\,185.57\ (\mathrm{kN})$$

$$F_l = 1.05\sigma_{con}A_p = 1.05 \times 1\,302 \times 1\,120 = 1\,531.15\ (\mathrm{kN})$$

所以

[1] σ_{cc} 为放松或张拉预应力筋时，混凝土承受的预压应力，对后张法按未加锚具前的张拉端计算，即不考虑锚具和摩擦损失。

[2] A_b 取值受到截面实际尺寸的限制。

$$F_l < 1.5\beta_l f_c A_{ln}$$

故满足要求。

② 局部受压承载力验算。间接钢筋采用4片ϕ8方格网焊接网片，如图9-29(b)所示，间距 $s=50$ mm，网片尺寸如图9-29(d)所示。

$$\beta_{cor} = \sqrt{\frac{A_{cor}}{A_{ln}}} = \sqrt{\frac{62\ 500}{40\ 048}} = 1.25$$

间接钢筋体积配筋率为

$$\rho_v = \frac{n_1 A_{s1} l_1 + n_2 A_{s2} l_2}{A_{cor} s} = \frac{4 \times 50.3 \times 250 + 4 \times 50.3 \times 250}{62\ 500 \times 50} = 0.032$$

$$\begin{aligned}&(\beta f_c + 2\rho_v \beta_{cor} f_y) A_{ln}\\ &= (1.323 \times 27.5 + 2 \times 0.032 \times 1.25 \times 210) \times 40\ 048\\ &= 2\ 129.85 \times 10^3 (\mathrm{N}) = 2\ 129.85\ (\mathrm{kN}) > F_l = 1\ 531.15\ (\mathrm{kN})\end{aligned}$$

故满足要求。

本章小结

(1) 预应力混凝土结构是指在构件受荷载以前，预先对混凝土受拉区施加压应力的结构。预应力混凝土有效、合理地采用高强度的钢材和较高等级的混凝土材料，既提高了结构的抗裂性、刚度和耐久性，又可以减小截面尺寸和减轻结构自重，因而扩大了混凝土结构的使用范围，从本质上改善了钢筋混凝土结构。

(2) 混凝土的预应力是通过张拉构件内的钢筋实现的，根据混凝土浇筑前、后张拉钢筋，将预应力分为先张法和后张法。先张法适用于中小型构件，后张法适用于大型构件。

(3) 张拉应力不得超过《水工混凝土结构设计规范》规定的张拉控制应力。由于张拉工艺和材料性能等原因，其有效应力将会减小，这就是预应力损失。预应力损失是分期分批发生的，在先张法和后张法中，预应力损失有不同的组合。

(4) 设计预应力混凝土构件时，既要保证使用荷载作用下的承载力和抗裂性能，又要满足施工张拉过程中的承载力和抗裂要求。施工阶段与使用阶段的应力状态不同，必须掌握预应力混凝土轴心受拉构件从张拉到荷载作用下，直至破坏各个阶段的应力变化与计算方法，这样才能对预应力混凝土的基本概念有一个全面的了解。对预应力混凝土受弯构件各个阶段的应力状态及其各方面的计算也进行了较详尽的介绍，但作为教学内容可只做一般了解。

习 题

一、思考题

9-1 为什么要对构件施加预应力？其主要优点是什么？

9-2 先张法与后张法有什么异同点？

9-3 为什么在预应力混凝土构件中可以有效地采用高强度的材料？

9-4 什么是控制应力 σ_{con}？为什么其取值不能过高或过低？

9-5 为什么先张法的张拉控制应力比后张法的高一些？

9-6 预应力损失有哪些？先张法与后张法时怎样组合？怎样减少预应力损失值？

9-7 什么是预应力混凝土的换算截面和净截面？

9-8 预应力混凝土轴心受拉构件的截面应力状态阶段及各个阶段的相应应力如何？何谓有效预应力？它与张拉控制应力有何不同？

9-9 预应力混凝土构件应进行哪些计算？

9-10 当钢筋级别相同时，未施加预应力与施加预应力对轴拉构件承载力有无影响？为什么？

9-11 预应力混凝土受弯构件的挠度计算与钢筋混凝土的挠度计算相比，有何特点？

9-12 何谓全预应力混凝土？何谓部分预应力混凝土？是否预应力越大越好、张拉钢筋数量越多越好？

9-13 为什么预应力混凝土构件中一般还需放置适量的非预应力钢筋？

二、填空题

9-1 预应力混凝土构件按施工方法，可以分为________和________。

9-2 先张法主要靠____________，而后张法主要靠____________来传递预应力。

9-3 张拉控制应力 σ_{con} 是____________，后张法的 σ_{con} 取值小于先张法，因为前者____________。

9-4 计算预应力混凝土受弯构件由预应力产生的混凝土法向应力时，对先张法构件用__________截面几何特征值；对后张法构件用__________截面几何特征值。

三、选择题

9-1 普通钢筋混凝土结构不能充分发挥高强钢筋的作用，其主要原因是（　　）。

A. 受压混凝土先破坏

B. 未配高强混凝土

C. 不易满足正常使用极限状态

9-2 对构件施加预应力的主要目的是（　　）。

A. 提高承载力

B. 避免裂缝或减少裂缝（使用阶段），发挥高强材料的作用

C. 对构件进行检验

9-3 条件相同的先张法、后张法轴拉构件，当 σ_{con} 和 σ_l 相同时，对于预应力筋中的应力 $\sigma_{pe\,II}$，（　　）。

A. 两者相等

B. 后张法大于先张法

C. 后张法小于先张法

9-4　条件相同的先张法、后张法轴拉构件，当预应力损失 σ_l 和混凝土的有效预应力 $\sigma_{pcⅡ}$ 相同时，(　　)。

A. 两者的 σ_{con} 相等

B. 后张法的 σ_{con} 大于先张法

C. 后张法的 σ_{con} 小于先张法

9-5　后张法轴拉构件完成全部预应力损失后，预应力钢筋和非预应力钢筋的合力 $N_{pⅡ}$ = 50 kN，若加载至混凝土应力为零，则外载 N_0 为（　　）。

A. $N_0=50$ kN　　B. $N_0>50$ kN　　C. $N_0<50$ kN

9-6　全预应力混凝土结构较难处理的问题是（　　）。

A. 开裂后即失效

B. 反拱过大且随时间增大

C. 对材料和张拉设备要求高

9-7　部分预应力混凝土是指正常使用荷载下，(　　)

A. 允许存在拉应力或有限裂缝宽度

B. 预应力钢筋少且应力较低

C. 仅允许存在拉应力

四、计算题

9-1　屋架预应力混凝土下弦拉杆，长度为24 m，其截面构造如图9-30所示。后张法一端张拉施加预应力，并施行超张拉，孔道直径为48 mm，抽芯成型。预应力钢筋选用2束钢绞线，每束为5根直径为12 mm的钢筋 $[A_p=2\times5\times113.1=1\ 131\ (mm^2)]$，非预应力钢筋为HRB335级钢筋（$A_s=314\ mm^2$），采用JM12锚具，张拉控制应力 $\sigma_{con}=0.75f_{tk}$，混凝土为C40级，施加预应力时，$f'_{cu}=40\ N/mm^2$。内力组合如下：永久荷载作用下的轴向力标准值 $N_{GK}=400$ kN，可变荷载作用下的轴向力标准值 $N_{QK}=130$ kN，裂缝控制等级为二级。试对拉杆进行验算。

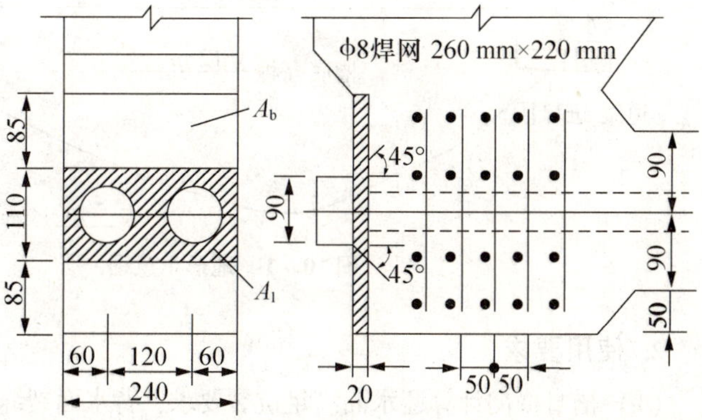

图9-30　习题9-1图

第 10 章

装配式钢筋混凝土矩形渡槽设计

学习指导

教学要求：1. 会运用前面各章的基本理论完成渡槽结构的设计。

2. 掌握从混凝土构件截面到混凝土结构的设计方法、设计内容和设计要求。

3. 掌握完整结构施工图的绘制方法。

学习重点：1. 渡槽上部结构的选型、荷载计算及其效应组合、实际结构计算简图的确定、结构中各个构件配筋的整体协调和构造要求。

2. 施工图的绘制。

10.1 渡槽设计任务

10.1.1 设计题目

某灌区输水渠道上装配式钢筋混凝土矩形截面不带横杆梁式渡槽。

10.1.2 设计资料

1. 设计概况

该输水渠道跨越 100 m 长的低洼地带（如图 10－1 所示），需修建一个渡槽，槽身无通航要求。

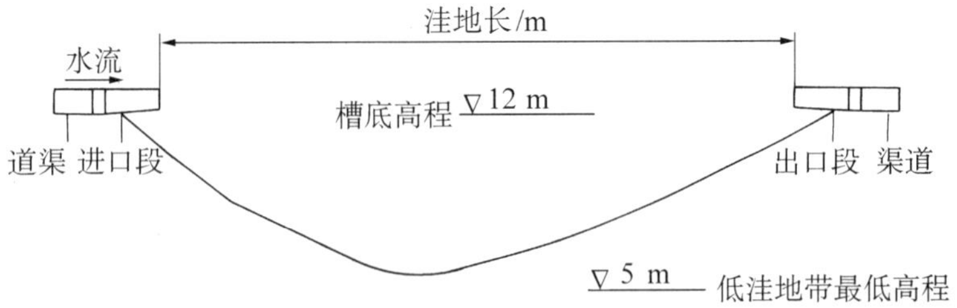

图 10－1　地形示意图

2. 使用要求

（1）槽身横向计算迎水面满足抗裂要求，背水面裂缝宽度满足限值要求。

（2）槽身纵向计算满足抗裂要求，纵向挠度满足限值要求。

3. 设计依据

设计依据《水利水电工程结构可靠度设计统一标准》（GB 50199—94）、《水工混凝土结构设计规范》（SL 191—2008）、《水工建筑物荷载设计规范》（DL 5077—1997）进行。

10.1.3 设计要求

学生在规定时间内，独立设计一节槽身。具体要求如下：

（1）设计计算说明书一份，包括设计题目、设计资料、结构布置和尺寸简图、有关扼要说明（如结构尺寸和材料等选择的理由）、槽身的结构计算（附必要的计算简图）。

计算说明书要求按顺序设计，分章节书写，要有必要的计算公式、简图、主要计算步骤和成果。内容要完整，数据要准确，书写工整，装订成册。

（2）施工详图一张，包括槽身配筋图、钢筋表和必要说明。

图纸要求布局合理、线条粗细清晰，字迹工整，尺寸、符号标注齐全，符合制图标准要求。

10.2 渡槽结构设计指导

10.2.1 概述

1. 渡槽的作用

渡槽是渠道跨越河流、溪谷、洼地和道路的输水建筑物[1]，是水利工程中应用最广的交叉建筑物之一。

[1] 渡槽是过水的桥梁。

2. 渡槽的组成和结构形式

渡槽由与渠道连接的进口段、出口段、槽身和下部支承结构等部分组成（如图 10－2 所示）。进、出口段的布置和设计，槽身的水力计算，进、出口水流连接以及防冲、防渗等措施，可参考水工建筑物有关专著，本章重点介绍渡槽结构造型和槽身的设计计算。

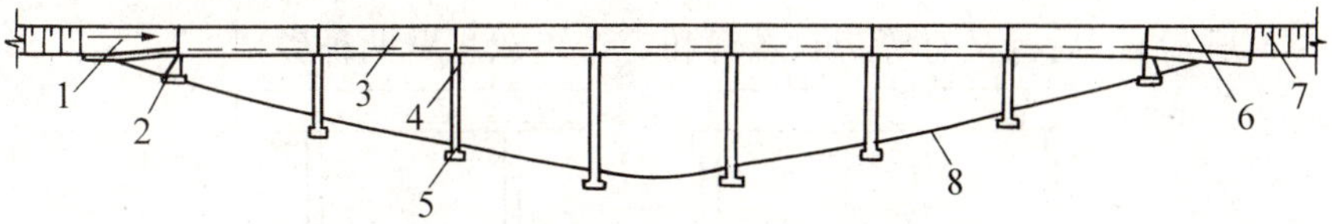

图 10－2 渡槽纵剖面示意图

1—进口段；2—重力式槽台；3—槽身；4—刚架式支墩；
5—基础；6—出口段；7—渠道；8—原地面线

渡槽和一般桥梁类似，由上部结构（槽身）和下部结构（墩、台或刚架）组成。确定渡槽的形式，应根据当地的地形、地质、自然和施工、运行条件。例如，在宽而浅的河道上，当渡槽的过水流量较大时，槽身可以支承在钢筋混凝土刚架上，形成梁式渡槽（如图 10－2 所示）。又如，渡槽跨越峡谷，而峡谷两岸有比较坚硬的基岩时，槽身可以支承在拱上，拱可以用石料或混凝土建造，形成拱式渡槽❶。

❶ 梁式和拱式为常用的两种渡槽形式。槽身都可以用钢筋混凝土建造。

3. 施工方法

根据当地的具体条件和施工情况，钢筋混凝土渡槽可以是现场整体浇筑的，也可以是预制装配式的，还可以是装配整体式的。现场整体浇筑的渡槽因脚手架和模板工作量大、施工工期长，同时受外界气候影响较大，故在实际工程中已较少采用。但是，对于过水流量很大，或者需要通行较大吨位船只的大型渡槽（槽身太重，吊装困难），现场整体浇筑仍然是可选择的施工方法。对于中小型渡槽，通常采用预制装配式，在有足够的吊装能力时，应尽量采用整个槽身一起预制的形式，即槽身侧墙和底板在横截面上为一个整体，每一段槽身预制成一个整体构件，一次吊装就位。这种形式的渡槽具有受力性能好、接缝少、构造简单、施工进度快等优点。采用装配式或装配整体式结构时，在设计和施工中，应注意接头构造，以保证建筑物的整体性和抗渗性❷。

❷ 输水建筑物的抗渗性是很重要的。

10.2.2 渡槽上、下部结构的选型和尺寸确定

1. 上部结构——槽身

（1）纵向结构。纵向结构可以考虑选用梁式渡槽的结构形式。梁式渡槽是指渡槽的槽身支承在支墩或刚架上，在纵向起梁的作用，墙体既能横向挡水，又起纵向大梁抗弯作用，使横向挡水与纵向承重有机合一。

梁式渡槽纵向结构可以按简支和多跨连续布置，主要应考虑受力条件、施工可行性、经济性要求等，并结合跨度选择而定❸。

❸ 连续梁式适应大跨渡槽，受力好，接缝少。但施工难度大，对地基变形较敏感。

采用简支梁式渡槽，施工方便，适应地基的能力强。简支梁式渡槽按支承位置的不同，常见的有单跨简支梁和双悬臂简支梁两种形式（如图 10－3 所示），后者又有等跨双悬臂和等弯矩双悬臂两种类型。

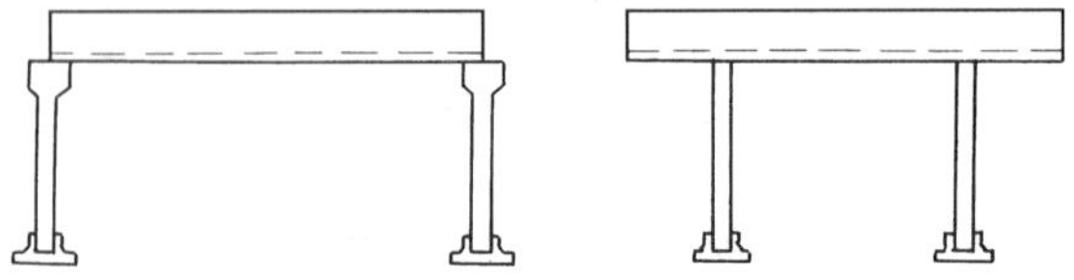

(a)　　(b)

图 10－3　梁式渡槽

（a）简支梁式；（b）双悬臂简支梁式

单跨简支梁式渡槽的优点是吊装方便，不受地形和渡槽高度的限制；其缺点是槽身纵向正弯矩较大，且底板位于受拉区，对抗裂防渗不利。因此，简支梁式槽身的跨度一般需限制在15 m以内。

等跨双悬臂式渡槽的优点是全跨均处于负弯矩图形中[1]，对底板的抗裂防渗有利，且弯矩图形的面积减少，相应地可以减少受力钢筋。因此，槽身跨度可加大至25 m以内（指两个支承点之间的距离）。其缺点是支座负弯矩处侧墙顶部容易开裂，需采取在支座处加高侧墙、设置墙顶大头等结构措施。另外，槽身跨度大、重量大，会增加吊装困难。

等弯矩双悬臂式渡槽的优点是槽身正，负弯矩相同[2]，且绝对值较小，结构受力比较合理。由于槽身支座上部和跨中下部均需配置受力筋，而受力筋从构造上又要求必须延长一定长度，所以钢筋的总用量不一定节省。又因为支承刚架间距不等，对刚架受力也不利，故实际工程中较少采用。

（2）横向结构。矩形断面渡槽具有受力明确、计算可靠、施工简便等优点，大流量的钢筋混凝土梁式渡槽槽身多采用此种形式。U形截面槽身具有过水时水力条件好和受力性能好等优点，但施工较为复杂。

① 矩形断面渡槽结构。矩形断面渡槽可有以下几种：

A. 无横杆式［如图10－4(a) 所示］。在有通航要求或小型渡槽中采用无横杆的矩形槽。槽身侧墙在水平水压力作用下如同一个悬臂板。其缺点是当墙身较高时，侧墙底部弯矩较大[3]。

B. 有横杆式［如图10－4(b) 所示］。在无通航要求的渡槽中常采用有横杆的矩形槽，横杆间距常为2～3 m。槽顶设置的横杆可以作为侧墙顶部的一个支点，槽身横向受力犹如框架结构，从而改善了侧墙和底板的受力条件[4]。

C. 加肋式［如图10－4(c) 所示］。对于槽身高度为2.5～3 m和宽度为3.5～4 m的中型渡槽，可以采用带侧撑和横肋的矩形槽，即在槽身两侧和底板，每隔一定距离设侧撑和横肋，以减小侧墙和底板的厚度。

D. 多纵梁式［如图10－4(d) 所示］。对于大型渡槽，由于槽身较宽，底板承受的荷载较大，为了尽可能降低其厚度，并利于支座受力，还可以设置多道纵向大梁，形成多纵梁式结构[5]。纵梁间距一般为1.5～3.0 m。

E. 箱式［如图10－4(e) 所示］。箱形断面可以改善槽身的受力条件，整体刚度大，还可以加纵、横肋形成梁板式框架结构，以取得较高的技术经济价值。槽身按无压流设计，顶部应留0.2～0.6 m的净空。

② 截面尺寸。槽身截面尺寸取决于过水的要求。过水断面的深宽比(水深与水面宽度之比)，从过水能力来考虑，应取为0.5；但从结构受力来考虑，因侧墙在纵向起梁的作用，加高侧墙可以提高槽身的纵向承载能

❶ 等跨双悬臂式是指两端悬挑的总长度等于跨内长度，使槽身全长上部受拉。

❷ 等弯矩双悬臂式是指支座处上部受拉的负弯矩与跨中下部受拉的最大正弯矩相等。

❸ 适合侧墙不太高的小型渡槽。侧墙底部可低于底板（约200 mm），对底板抗裂有利。

❹ 与无横杆式渡槽相比，受力性能较好，但计算稍复杂。

❺ 根据使用和受力需要，几种形式可组合使用，如加肋式也可以有多道纵梁。这样，侧墙和底板成为双向受力的板，受力条件更好，但施工较为复杂。

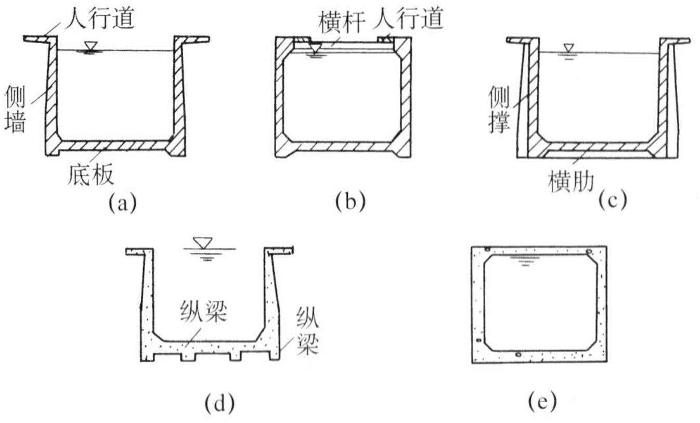

图 10－4　矩形渡槽断面形式

（a）无横杆式；（b）有横杆式；（c）加肋式；（d）多纵梁式；（e）箱式

力，故在实际工程中，深宽比常采用 0.6～0.8。

为了防止风浪引起槽身侧墙顶溢水，侧墙的高度应留有超高（超出槽内校核水深的高度）❶，一般超高可取为 0.2～0.4 m。

❶ 校核水深以上，则侧墙高为校核水深＋超高＋底板厚＋200。槽身总宽为水面宽＋2倍侧墙厚。

当无横杆矩形槽的侧墙较高时，其壁厚常做成上薄下厚（当上、下壁厚相差不大时，为构造方便起见，可以做成等厚度）。为便于垂直浇筑混凝土，顶部的厚度一般不小于 120 mm，侧墙底部承受较大弯矩，其厚度由抗裂或限制裂缝宽度条件来确定，一般为 150～300 mm。底板厚度可以取与侧墙底部相同的厚度❷。

❷ 板厚度经受力计算和经济分析不合适，也可以再改变。

带横杆矩形槽侧墙可以是等厚度的，壁厚为槽身高度的 1/12～1/6，厚度常为 120～250 mm。底板的厚度同侧墙。横杆截面常为正方形，厚度与侧墙相同。

上述几种形式槽身截面的侧墙与底板交接处常设贴角为 30°～60°、边长为 200～300 mm 的托承，以改善交角处的应力状态。

（3）人行道。为了便于交通，上述几种形式均可在槽顶设置人行道和栏杆。箱式渡槽顶板可兼作人行道板；有横杆的渡槽，人行道板（预制的钢筋混凝土铺板）常直接铺设在横杆上；无横杆的渡槽，在侧墙顶挑出悬臂板作为人行道❸。人行道的总宽度一般为 800～1 200 mm，厚度为 60～100 mm。

❸ 此人行道应为不等厚，但厚度应不小于 60 mm。

2. 下部结构——支承刚架和基础

（1）支承刚架。刚架是由横梁和立柱刚性连接（刚节点）所组成的承重结构，在水工建筑中应用很广。槽身支承结构采用刚架形式，具有受力明确、计算可靠、施工简便、经济合理等优点。

① 刚架形式。刚架形式有单刚架、双刚架等（如图 10－5 所示）❶。单刚架的高度 H 一般在 15 m 以内；双刚架承载力高、刚度大，高度一般可在 25 m 以内。根据使用要求，刚架结构可以是单层多跨的或多层多跨的。当刚架的高度在 5 m 以下时，一般采用单层刚架；在 5 m 以上时，宜采用双层刚架或多层刚架。

❶ 双刚架是两排单刚架由纵向短梁连接形成的空间框架结构。多层刚架是指沿高度加横梁分层形成的平面框架结构。

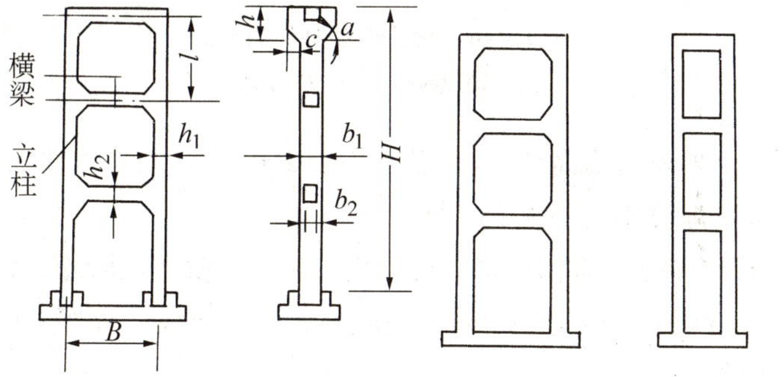

(a)　　(b)

图 10－5　刚架式支墩

（a）单刚架；（b）双刚架

② 刚架尺寸。刚架立柱纵向（顺槽身方向）尺寸 b_1，可取为刚架总高 H❷的 1/30～1/20，常用 350～700 mm；立柱横向（垂直槽身方向）尺寸 h_1，可取为（0.5～0.7）b_1，常用 250～500 mm。为了加大槽身在刚架顶部的支承面积，在刚架顶部沿纵向伸出短悬臂梁（牛腿），悬臂长度 $C \geqslant 0.5b_1$，高度 $h \geqslant b_1$，倾角 $\alpha = 30° \sim 45°$。在刚架两个立柱之间设置横梁，横梁间距 l 一般取等于或略大于立柱间距 B，常取 2.5～5 m。横梁高 h_2 可为跨度 B 的 1/8～1/6，梁宽 b_2 为（0.5～0.7）b_1，为了便于施工，b_2 也可取与立柱宽度 b_1 相同❸。

❷ 刚架计算高度 H 为从基础顶面算起的高度。预制刚架总高 H 还要计入插入杯口的长度。

❸ 刚架横梁和立柱的构造与一般梁、柱一样。下面仅简要介绍刚架节点的构造。

③ 构造要求。因为横梁和立柱的相交节点处受力复杂，所以如何保证刚架节点具有良好的受力性能，是刚架结构设计时应当注意的一个重要问题。

横梁与立柱连接处常设托承，以改善交角处的应力状态，托承做成 30°～45°倾角，其高度为（0.5～1.0）h（h 为柱截面高度），一般可取 100～200 mm。

（2）基础。刚架立柱所受的荷载都要通过基础传给地基，柱下基础的类型很多，如槽身不宽、所受荷载不大，地基又是土基（黏土、砂土、碎石土地基），则基础可以采用混凝土就地浇筑成的单独基础或条形基础❹。

❹ 上部荷载大，浅层地基承载力过低时，可采用桩基。

① 柱下单独基础。常用的柱下单独基础有锥形基础和阶梯形基础两种（如图 10－6 所示）。

A. 锥形基础。锥形基础可采用一阶或二阶，根据坡角的限值与基础的

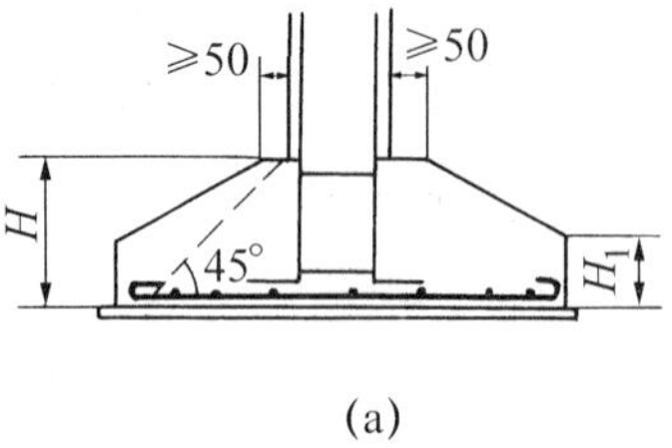

图 10－6 柱下单独基础的形式

（a）锥形基础；（b）阶梯形基础

总高度而定。基础边缘高度 H_1 一般不小于 200 mm，也宜大于 500 mm。基础顶面边坡的坡度不大于 1∶3。

B. 阶梯形基础。阶梯形基础可采用一阶、二阶、三阶等，每阶高度一般为 300～500 mm，阶梯形的外边线应在压力分布线（如图 10－6 中的虚线所示）之外。

预制柱的基础一般为杯形（如图 10－7 所示）。柱的插入深度 h_1 为（0.8～1.2）h（柱的截面长边 h 大时取小值）。h_1 还应满足钢筋锚固长度 l_a 的要求，并应考虑吊装时柱的稳定性，即 $h_1 \geq 0.05$ 倍柱长（指吊装时的柱长）。当 h 在 1 m 以下时，图 10－7 中的 a_1、a_2 可取为 200 mm，t 取为 300 mm。当 h 为 1～1.5 m 时，a_1、a_2 可取为 250 mm，t 取为 350 mm❶。

❶ 要求 $a_2 \geq a_1$，杯壁要配构造钢筋网。

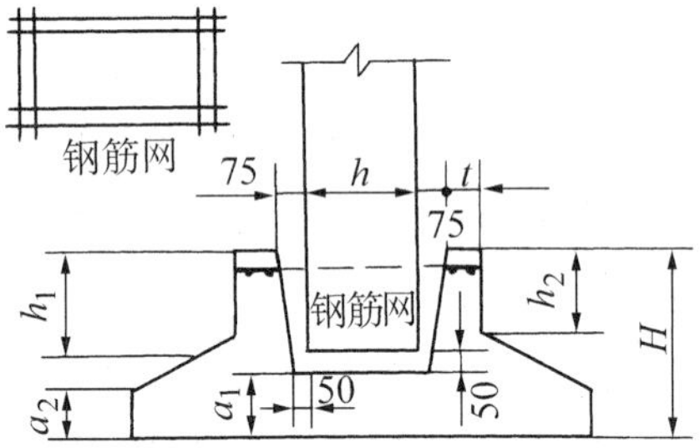

图 10－7 杯形基础的形式

柱下单独基础按受力情况，可以分为轴心受压基础和偏心受压基础❷。轴心受压基础的底面一般为正方形；偏心受压基础的底面一般为矩形，其长宽比一般不大于 2，最大不超过 3。

❷ 轴心受压基础的地基反力均匀分布。

② 条形基础。支承渡槽槽身的刚架，当两个立柱的间距不大，而地基承载力又较低时，通常将两个柱基础连在一起，做成钢筋混凝土条形基础❸，如图 10－8 所示。

❸ 做成单独基础时，两个基础已经很接近，连成整体条形基础较好。实为双杯形基础，其基本要求同单独基础。

基础底面尺寸根据地基土壤承载力确定。基础的最小高度 H 应满足柱和基础交接处混凝土的受冲切承载力和柱中纵向钢筋锚固长度的要求。

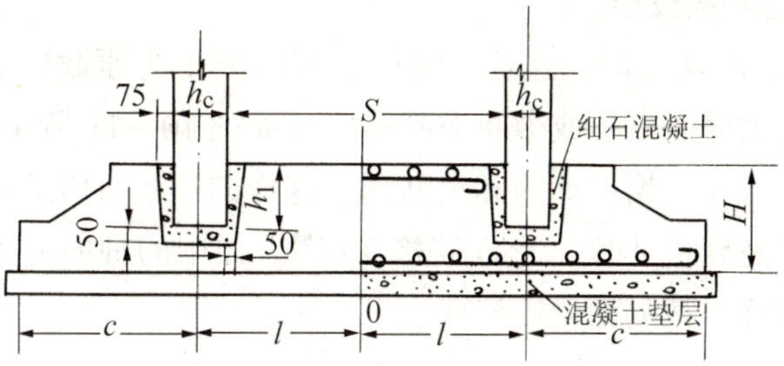

图 10－8 条形基础的形式

当基础有垫层时，垫层的厚度不宜小于 70 mm，对应的混凝土保护层厚度不小于 40 mm；无垫层时，对应的混凝土保护层厚度不小于 70 mm。

（3）立柱与基础的连接。刚架立柱与基础的连接视地基情况，可采用固接或铰接。

① 立柱与基础固接[1]。

[1] 固接可传递弯矩。

A. 刚架采用现浇时，从基础内伸出插筋与柱内钢筋相连接，然后浇筑柱子的混凝土，形成固定支座。插筋的直径、根数、间距和等级应与柱内钢筋相同。插筋一般均应伸至基础底部，并宜做成直钩，放在基础底板钢筋网上，如图 10－9(a) 所示。当基础高度较大时，也可仅将柱子四角处的插筋伸至基础底板的钢筋网上，而其余插筋只伸至基础顶面以下，满足锚固长度 l_a 的要求即可，如图 10－9(b) 所示。插筋长度范围内应配置不少于两个箍筋。

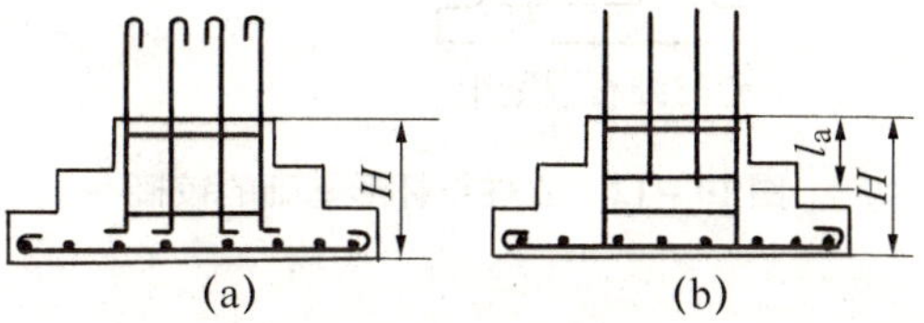

图 10－9 立柱与基础的固接

B. 刚架采用预制，在浇筑杯形基础时，按一定要求将柱子插入杯口内，柱子插入杯口部分的表面应尽量凿毛，周围回填比基础混凝土强度等级高一级的细石混凝土（如 C25 级），即可形成固定支座（如图 10－10 所示）。

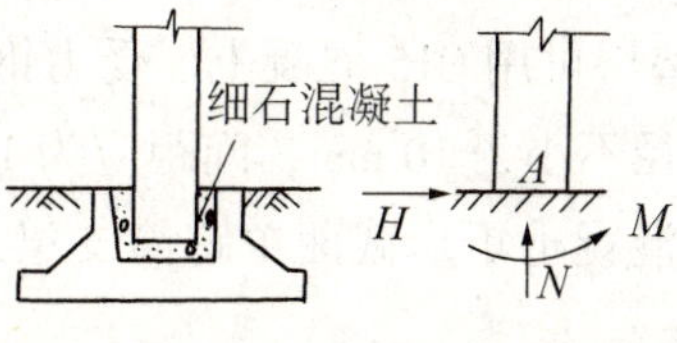

图 10－10 立柱与杯形基础的固接

② 立柱与基础铰接。

A. 刚架采用现浇时，连接处将柱子截面减小为原截面的1/3～1/2，并用交叉钢筋或垂直钢栓或带肋钢筋连接（如图10－11所示）。在紧邻此铰链的柱和基础中应增设箍筋和钢筋网。这样的连接可将此处的弯矩削减到实用上可以忽略的程度，形成铰接支座❶。柱中的轴向力由钢筋和保留的混凝土来传递，按局部受压核算。

❶ 截面尺寸小到传递的弯矩可忽略不计，形成铰接。

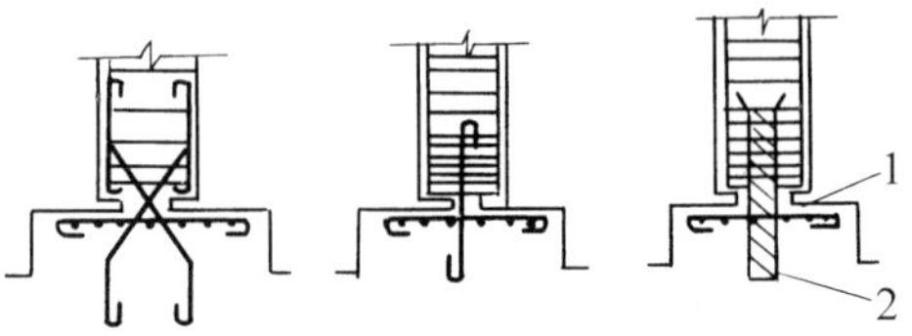

图10－11　立柱与基础的铰接

1—油毛毡或其他垫料；2—带肋钢筋

B. 刚架采用预制，先浇筑杯形基础时，在杯底填以50 mm不低于C25的细石混凝土，将柱子插入杯口内后，周围再用沥青麻丝填实（如图10－12所示）。在荷载作用下，柱脚的水平移动和竖向移动虽都被限制，但它仍可做微小的转动，故可看作铰接支座。

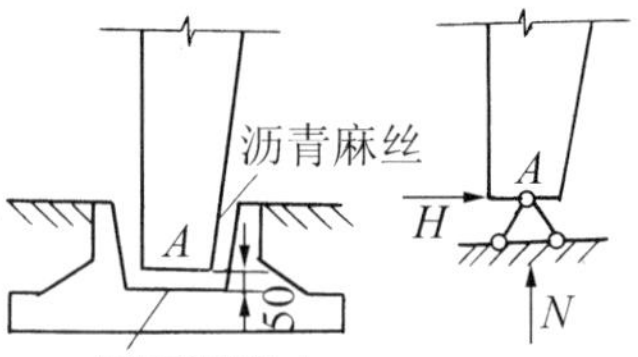

图10－12　立柱与杯形基础的铰接

10.2.3　材料选择

装配式钢筋混凝土渡槽槽身和刚架的混凝土强度等级常用C20～C25❷。钢筋的选择按对梁、板和柱的要求进行，受力钢筋一般采用HRB335热轧钢筋，其他采用HPB235热轧钢筋。

❷ 实用的混凝土强度等级还可以再适当提高。

刚架立柱单独基础或条形基础采用的混凝土强度等级应不低于C20，通常采用C20～C25。垫层可用C15混凝土。受力钢筋一般采用HPB235级或HRB335级钢筋，直径不小于10 mm，间距应为100～200 mm。

下面以装配式钢筋混凝土矩形截面单跨简支梁式渡槽为例，介绍渡槽槽身的设计计算方法。

10.2.4 不带横杆槽身结构设计计算

1. 荷载及其组合

作用于渡槽的荷载有以下几个：

（1）结构自重。

（2）水重和水压力。

（3）人行道上的人群荷载。

（4）预制构件的吊装荷载、施工荷载❶等。

承载力计算的基本荷载组合有以下几种❷：

（1）渡槽槽身中的水深为设计流量下的设计水深时，与同时出现的其他荷载（结构自重 + 人群荷载）的组合。

（2）渡槽槽身中的水深为加大流量下的校核水深时，与同时出现的其他荷载（结构自重 + 人群荷载）的组合。

正常使用的标准荷载组合有以下几种：

（1）设计水深 + 人群荷载 + 结构自重。

（2）校核水深 + 人群荷载 + 结构自重。

2. 槽身横向计算

槽身横向计算时，可沿纵向（顺槽身方向）取单位长度 l m 槽身为脱离体进行计算，计算简图如图 10 - 13 所示❸。

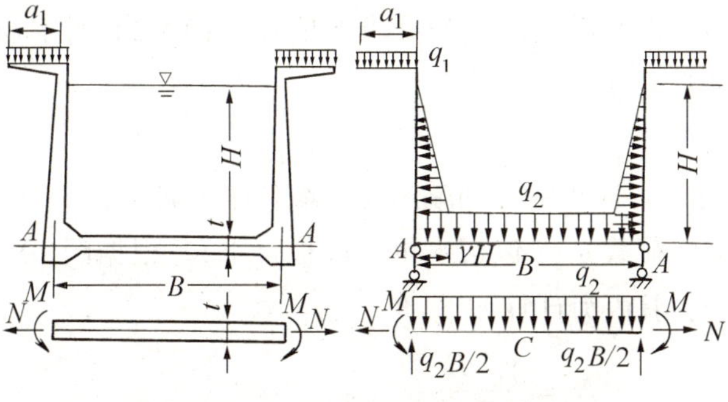

图 10 - 13 无横杆槽身横向计算简图

（1）人行道板计算。

① 内力计算。人行道板为一个支承在侧墙上的悬臂板❹，悬臂长度为 a_1，承受均布荷载 q_1（包括板自重身 g_k 和人群荷载 q_k，栏杆重可以折算在均布自重荷载内）。人行道板承受的最大弯矩设计值为❺

$$M_1 = -\frac{1}{2}(\gamma_G g_k + \gamma_Q q_k)a_1^2 \quad (10-1)$$

式中：γ_G——永久荷载分项系数；

❶ 吊装荷载和施工荷载只在施工阶段出现，且施工荷载已包含此阶段的人群荷载，所以不与使用阶段人行道上的人群荷载同时出现。

❷ 加大流量也是可以人为控制的，所以这两种组合都可视作基本组合。在正常情况下，第二种组合为最不利荷载组合。

❸ 无横杆槽身为一个静定结构。

❹ 人行道板实为槽身的一部分，按受力应不等厚，可以化为等厚度，取侧墙外边缘处截面计算，并均匀配筋。

❺ 弯矩以上部受拉为正。

γ_Q——可变荷载分项系数；

g_k——板自重（可加上 1.5 kN/m^2 的栏杆重）；

q_k——人群荷载标准值。

② 配筋计算。人行道板悬臂根部可按矩形截面（单宽 $b=1\ 000$ mm）受弯构件进行配筋计算。

（2）侧墙计算。

① 内力计算。侧墙为一支承在底板上的悬臂板，主要承受水压力❶，还承受了人行道板传来的轴向力和弯矩，可以略去轴向力的影响，近似按受弯构件计算。按上述两种荷载组合，经比较，可以算出侧墙底部承受的最大弯矩值为❷

$$M_1 = \frac{1}{6}\gamma_Q\gamma H^3 + \frac{1}{2}(\gamma_G g_k + \gamma_Q q_k)a_1^2 \tag{10-2}$$

式中：H——槽内水深（设计水深或校核水深）；

γ——水重度，$\gamma=10$ kN/m^3。

其余符号的意义同前。

② 配筋计算。根据最大弯矩设计值，侧墙底部可按矩形截面受弯构件进行配筋计算。当侧墙较高时，若弯矩沿墙高度变化较大，则可沿墙高取 2～3 个截面进行配筋计算❸，计算方法与底部截面类似（单宽 $b=1\ 000$ mm）。

③ 裂缝控制验算。侧墙除按承载力计算以外，尚应进行抗裂或裂缝宽度验算，侧墙临水面需满足抗裂要求。按式（10－2）计算标准荷载作用下的弯矩值进行验算。

（3）底板计算。

① 内力计算。底板除在两端承受侧墙传来的轴向拉力 N 和弯矩 M_1 以外，还承受竖向荷载 q_2（包括水重和底板自重）。根据图 10－13，按上述两种荷载组合，其内力计算如下：❹

$$N = \frac{\gamma_Q\gamma H^2}{2} \tag{10-3a}$$

$$M_A = -N\frac{t}{2} + M_1 \tag{10-3b}$$

$$M_C = \frac{1}{8}(\gamma_Q\gamma H + \gamma_G\gamma_c t)B^2 + M_A \tag{10-3c}$$

式中：M_A——底板端部弯矩；

M_C——底板跨中最大弯矩；

t——底板厚度；

γ_c——钢筋混凝土重度；

❶ 三角形分布的水压底部最大为 γH。内力计算中隐含了 $b=1$ m。

❷ 弯矩以侧墙外侧受拉为正。

❸ 一般选底部和中部两个截面进行计算。中部截面以下按底部用量配，中部截面以上按中部用量配。实即底部受力钢筋伸过中部后切断一部分（1/3～1/2），其余伸到侧墙顶，但要注意构造要求。

❹ 轴力以受拉为正，弯矩以下部受拉为正，要注意单位统一。

B——底板宽度（从侧墙中心线计算）。

② 配筋计算。底板为一偏心受拉构件，计算表明，两端最大负弯矩 M_A 由上述两种荷载组合算得的最大值决定；跨中最大正弯矩 M_C 的最不利荷载组合为水深取 $B/2$ 时，其中人行道按无人群荷载的基本组合考虑。

可按矩形截面（单宽 $b = 1\ 000$ mm）受弯构件，对端部和跨中截面分别进行配筋计算。

③ 裂缝控制验算。底板进行抗裂及裂缝宽度验算的荷载标准组合同侧墙。

在选择人行道板、侧墙和底板钢筋时，要注意钢筋间距互相协调（如图 10－14 所示），以方便施工时绑扎钢筋。

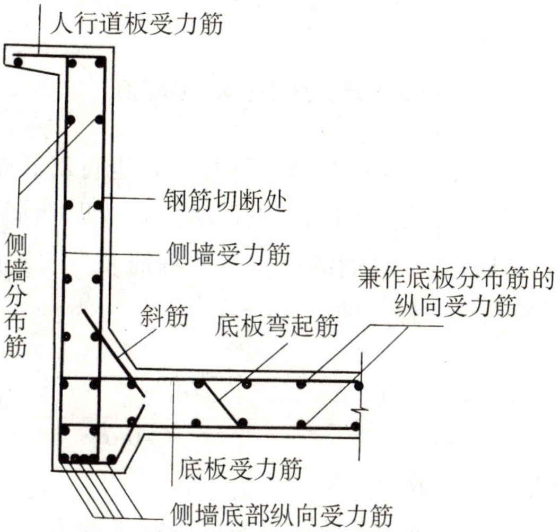

图 10－14　槽身配筋图

3. 槽身纵向计算

（1）内力计算。槽身根据其支承位置的不同，常做成简支梁式或双悬臂简支梁式。无论哪一种形式，槽身纵向均为静定结构，内力计算简单，现以简支梁式的槽身为例进行介绍。

将每跨槽身视为支承于刚架上的简支梁，计算跨度 $l_0 = 1.05 l_n$（l_n 为净跨）。梁上作用的荷载为槽身自重（包括侧墙、底板、横杆和人行道板）+ 槽内水重 + 人群荷载，为一均布荷载梁❶。

（2）配筋计算。梁的截面为由侧墙和底板组成的┓┗┛┏形截面，可以折算成工字形截面（如图 10－15 所示）。由于结构和荷载均对称，故也可取一半进行计算。按上述两种荷载组合求得梁的内力，对跨中截面按工字形截面进行受弯承载力计算。受力筋主要放在侧墙底部，占受力钢筋总面积

❶ 有横杆时，其自重也化为均布荷载。

❶ 有利于增大抗弯力臂。

❷ 在底板上下布置，不够再加配。

的75%左右[1]，其余25%左右放在底板部位（如图10－14所示），可兼作底板横向分布筋[2]。

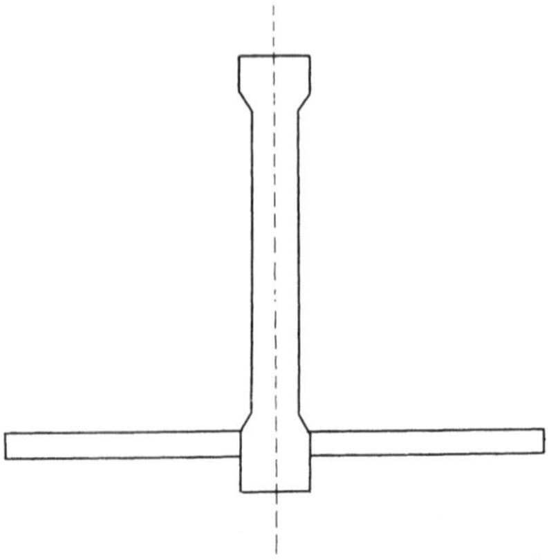

图10－15　槽身纵向计算截面

另外，还应进行斜截面受剪承载力计算，在进行斜截面受剪承载力计算时要注意，不可把横向计算中的侧墙受力筋兼作纵向计算中的箍筋。当$0.7f_tbh_0<KV<0.2f_cbh_0$时，侧墙纵向需另配箍筋和弯起钢筋[3]。弯起钢筋面积（A_{sb}）的计算与梁一样，即

❸ 这里配箍筋会使侧墙配筋过于复杂，一般可不配，其构造功能由横向计算中的侧墙受力筋兼作，而只配弯起钢筋抗剪。需作抵抗弯矩图决定弯起钢筋的位置，钢筋不能切断。

$$A_{sb}=\frac{KV-V_c-V_{sv}}{f_y\sin\alpha_s}=\frac{KV-0.7f_tbh_0-1.25f_{yv}\dfrac{A_{sv}}{s}h_0}{f_y\sin\alpha_s} \tag{10-4}$$

式中：α_s——弯起角，可取60°。

如果$KV\leq0.7f_tbh_0$，则不需进行斜截面受剪承载力计算，但仍需按构造要求配置弯起钢筋；如果$KV>0.2f_cbh_0$，则应增大截面尺寸或提高混凝土的强度等级[4]。

❹ 式（10－4）中的b均指工字形截面的肋宽。

（3）抗裂验算。由于简支梁式的槽身底板在纵向计算中全处于受拉区，因此，为了防止开裂渗水，槽身纵向尚需进行抗裂验算。

（4）挠度验算。渡槽槽身为大跨度结构，为了保证结构的正常使用，应按荷载效应的标准组合验算其最大挠度，并限制其不超过相应的限值。

❺ 预制槽身要考虑伸缩缝宽度。

（5）吊装验算。预制装配式槽身[5]可采用两根钢索套吊，而在槽身吊点位置的周围预埋固定吊环。当起吊高度满足吊装要求时，吊点可设在槽身的端部，这样槽身就不需要进行吊装验算了，因为槽身底部的纵向钢筋足够抵抗吊装荷载产生的弯矩；当起吊高度不满足吊装要求时，可将吊点移至离槽身0.2l左右处，以降低起吊高度，如图10－16所示，此时就需进行吊装验算。吊装荷载g为槽身自重乘以动力系数

1.3[1]，按施工阶段的基本组合考虑。

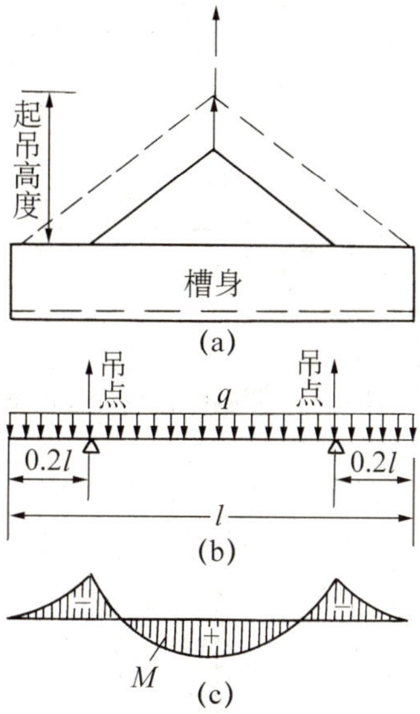

图 10－16 槽身吊装示意图

(a) 槽身吊装图；(b) 槽身荷载图；(c) 槽身弯矩图

槽身在起吊时视作双悬臂梁，验算吊点截面处配置在侧墙顶部的钢筋是否满足抵抗最大负弯矩要求[2]。由对称关系，可取半边槽身进行验算。

10.2.5 带横杆槽身结构设计计算

带横杆槽身结构与不带横杆槽身结构只是在槽身横向内力计算和受力状态上有所不同，类似的部分这里不再叙述。下面简单介绍槽身横向计算要点。

1. 内力计算

槽身横向内力计算同样是沿槽身纵向取单位长度为脱离体进行计算。侧墙与底板为整体连接，交接处为刚性节点，横杆与侧墙也是整体连接，但因横杆的刚度远比侧墙刚度小，故假定横杆与侧墙铰接。根据一些资料，当槽身与槽宽之比为0.6～0.8，且侧墙和底板厚度相等或相差不大时，侧墙底部和底板跨中的弯矩均发生于槽内水深为最大水深的情况下。为简化计算，其水位可近似取至横杆中心线处，带横杆槽身横向计算简图如图10－17所示，利用结构力学方法计算内力[3]。

(1) 侧墙。侧墙可近似简化为承受内侧向水压力的受弯构件，如图10－18所示。

[1] 动力系数是考虑起吊的加速度作用效果。

[2] 吊装验算属于承载力复核。以检验上述计算的配置钢筋能否抵抗吊装荷载作用。

[3] 横向内力计算是超静定结构。

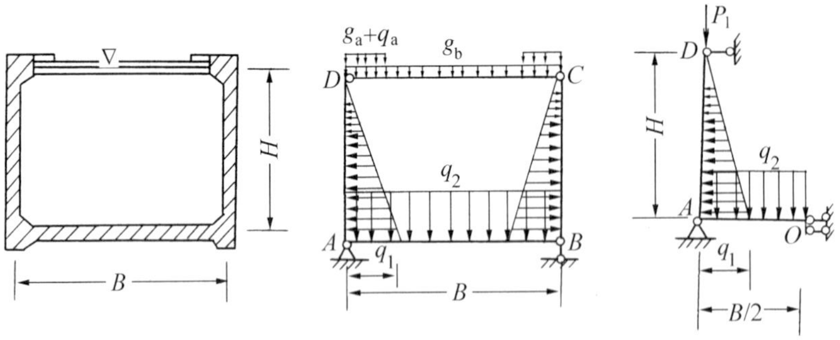

图 10－17　带横杆槽身计算简图

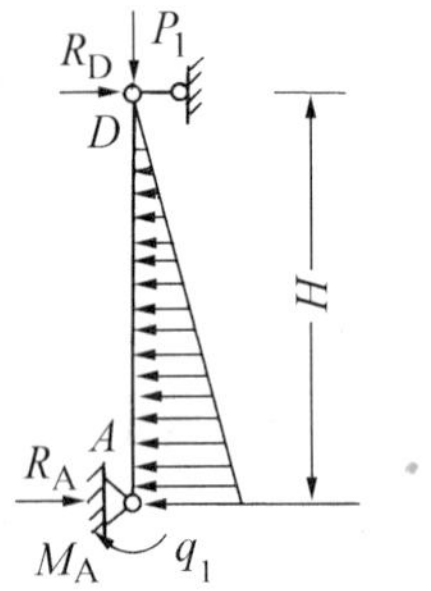

图 10－18　侧墙计算简图

侧向水压力设计值为

$$q_1 = \gamma_Q \gamma H$$

底板承受的水重及自重设计值为

$$q_2 = \gamma_Q \gamma H + \gamma_G \gamma_c t$$

则侧墙底端弯矩为（以外侧受拉为正）

$$M_A = -\frac{q_1}{15}H^2 + \left(\frac{q_1}{15}H^2 - \frac{q_2}{12}B^2\right)\frac{3I_1/H}{3I_1/H + 2I_2/B} \qquad (10-5)$$ [1]

[1] 由结构力学弯矩分配法得出。

式中：γ_Q——水压力分项系数，取为 1.1；

γ_c——钢筋混凝土的重力密度；

t_1——侧墙的厚度，mm；

t——底板的厚度，mm；

I_1——侧墙的截面惯性矩，mm^4，$I_1 = \frac{1\,000 \times t_1^3}{12}$；

I_2——底板的截面惯性矩，mm^4，$I_2 = \frac{1\,000 \times t^3}{12}$。

（2）底板。底板除承受槽内水重和自重以外，还承受两边侧墙传来的轴向拉力，其计算简图如图 10－19 所示。

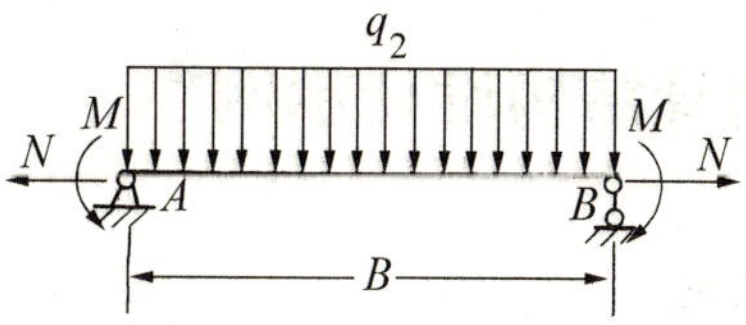

图 10－19 底板计算简图

对于支座截面，底板两端的最大负弯矩同侧墙底部弯矩，计算见式（10－5）。

对于跨中截面，距底板左端 x 截面的弯矩为

$$M_x = \frac{q_2}{2}(Bx - x^2) + M_A$$

$x = B/2$，即底板的跨中弯矩最大：

$$M_0 = \frac{1}{8}q_2 B^2 + M_A \tag{10-6}$$

底板承受的轴向力 N_A（以压力为正）为

$$N_A = \frac{M_A}{H} - \frac{q_1 H}{3} \tag{10-7}$$

（3）横杆。横杆除承受轴向拉力 N_D 以外，还承受自重和人行道板传来的荷载，内力计算如图 10－20 所示。图中，g_A 为横杆的自重，q_B 为人行道板传来的荷载，

$$N_D = \left(\frac{M_A}{H} + \frac{1}{6}q_1 H\right)s \tag{10-8}$$

式中：s——横杆的间距，m。

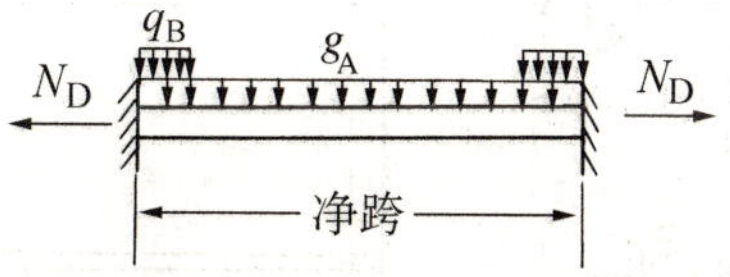

图 10－20 横杆计算简图

利用结构力学的方法计算横杆支座截面和跨中弯矩，这里不再列出。

（4）人行道板。人行道板承受自重和人群荷载，按简支梁计算跨中弯矩，横杆的间距 s 为其支座之间的距离。

2. 配筋计算

根据计算出的内力，侧墙和人行道板按受弯构件、底板和横杆按偏心受拉构件进行截面设计计算。

10.3 渡槽槽身结构设计示例❶

❶ 为不带横杆的渡槽，依据10.2节的指导和相关规范进行。

10.3.1 基本资料

（1）某输水渠道钢筋混凝土渡槽，其设计水深为2.2 m，校核水深为2.6 m，每节槽身长12 m。

（2）建筑物等级。过水流量低，属于小型渡槽，建筑物等级为4级。

（3）结构环境条件。二类——露天环境、长期处于水下的环境。

（4）建筑材料。根据渡槽工作条件，混凝土采用C20级，受力钢筋采用HRB335级热轧钢筋，分布钢筋采用HPB235级热轧钢筋。

（5）荷载。钢筋混凝土重力密度 $\gamma_c = 25\ kN/m^3$；水的重力密度 $\gamma = 10\ kN/m^3$；人群荷载为2.5 kN/m^2；施工荷载为2.5 kN/m^2。

（6）使用要求。槽身迎水面满足抗裂要求，背水面满足裂缝宽度控制要求；槽身纵向满足抗裂要求和挠度要求。

10.3.2 设计步骤

1. 槽身尺寸的拟定

确定渡槽过水断面3.1 m×2.2 m，槽壁内侧高度取2.8 m，水面宽度取3.1 m，初拟渡槽槽身尺寸如图10－21所示。渡槽每跨长15 m，采用简支梁式，在支座处加设横肋。

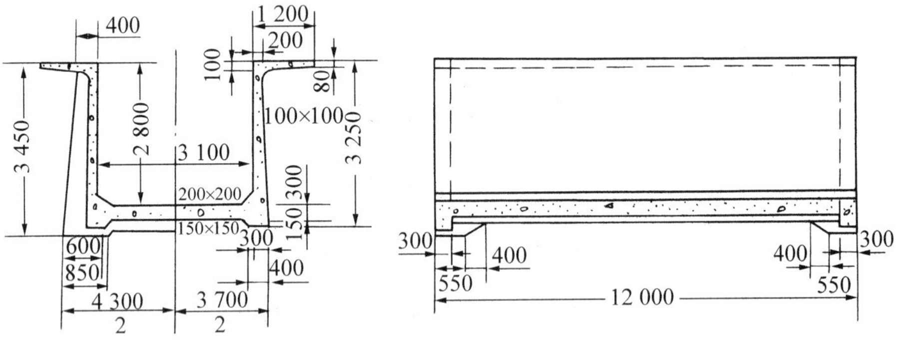

图10－21 槽身结构尺寸

2. 计算参数

（1）建筑物等级为4级，查表2－4，基本组合的承载力安全系数 $K=1.15$。

（2）查表2－5，永久荷载分项系数 $\gamma_G=1.05$，一般可变荷载分项系

数 $\gamma_Q=1.2$，可控制可变荷载分项系数 $\gamma_Q=1.1$。

（3）二类环境条件，查附录6表20，混凝土保护层厚度 $c=25$ mm（板）、35mm（梁）。

（4）C20级混凝土，查附录4表6，强度设计值 $f_c=9.6\ N/mm^2$，$f_t=1.1\ N/mm^2$；查附录4表11，强度标准值 $f_{ck}=13.4\ N/mm^2$，$f_{tk}=1.54\ N/mm^2$；查附录4表7，弹性模量 $E_c=2.55\times10^4\ N/mm^2$。

（5）HRB335级钢筋，查附录4表8，强度设计值 $f_y=300\ N/mm^2$；查附录4表10，弹性模量 $E_s=2.0\times10^5\ N/mm^2$。HPB235级钢筋，查附录4表8，强度设计值 $f_y=210\ N/mm^2$；查附录4表10，弹性模量 $E_s=2.1\times10^5\ N/mm^2$。纵向受力钢筋的最小配筋率 ρ_{min} 见附录6表22。

（6）查附录7表23，裂缝宽度限值 $w_{lim}=0.3$ mm；查附录7表25，挠度限值 $f_{lim}=l_0/500$。

3. 槽身横向计算

沿槽身纵向切取单位长度进行计算。

（1）人行道面板。计算简图如图10－22所示，人行道板根部的截面尺寸为 $b\times h=1\,000\ mm\times100\ mm$。自重为

$$g_k=(0.08+0.10)\times1\times\frac{25}{2}=2.25\ (kN/m)$$

人群荷载为 $q_k=2.5\ kN/m$。人行道板的最大弯矩在根部。

$$\begin{aligned}M_1&=-\frac{1}{2}(\gamma_G g_k+\gamma_Q q_k)a_1^2\\&=-\frac{1}{2}\times(1.05\times2.25+1.2\times2.5)\times1.0^2=-2.68\ (kN\cdot m)\end{aligned}$$

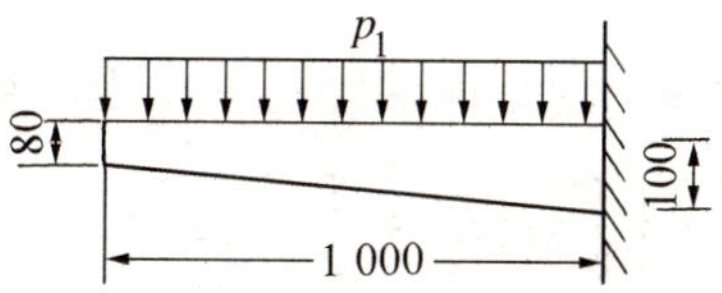

图10－22 人行道板计算简图

槽身所处的环境为二类环境，取 $a=30$ mm，故

$$h_0=h-a=100-30=70\ (mm)$$

$$\alpha_s=\frac{KM}{f_c b h_0^2}=\frac{1.15\times2.68\times10^6}{9.6\times1\,000\times70^2}=0.065$$

$$\xi=1-\sqrt{1-2\alpha_s}=1-\sqrt{1-2\times0.065}=0.068<0.85\xi_b=0.468$$

则

$$A_s = \frac{f_c b \xi h_0}{f_y} = \frac{9.6 \times 1\,000 \times 0.068 \times 70}{300} = 152\ (\mathrm{mm^2})$$

为与侧墙钢筋协调，实配ф10@250（实际上，$A_s = 314\ \mathrm{mm^2}$），

$$\rho = \frac{A_s}{bh_0} = \frac{314}{1\,000 \times 70} = 0.45\% > \rho_{min} = 0.15\%$$

满足最小配筋率的要求。

（2）侧墙。

① 配筋计算。设计水深 $H = 2.2$ m，校核水深 $H = 2.6$ m。

在侧墙计算中，需用到人行道悬臂的计算跨度 a_1，a_1 是取至侧墙中心的。由于侧墙是变厚度的，因此，a_1 对沿墙高的各个截面来说，实为一变数。但为简化计算，均取 $a_1 = 1.0 + 0.1 = 1.1$（m）。

侧墙中侧墙底端截面Ⅰ的弯矩最大[1]。另外，为了截断部分由截面Ⅰ延伸向上的竖向钢筋，距墙底 1.0 m 处再选取一计算截面Ⅱ计算，如图 10－23 所示。

[1] 偏于安全考虑，承载力计算中不计托承的影响，按等截面处理。

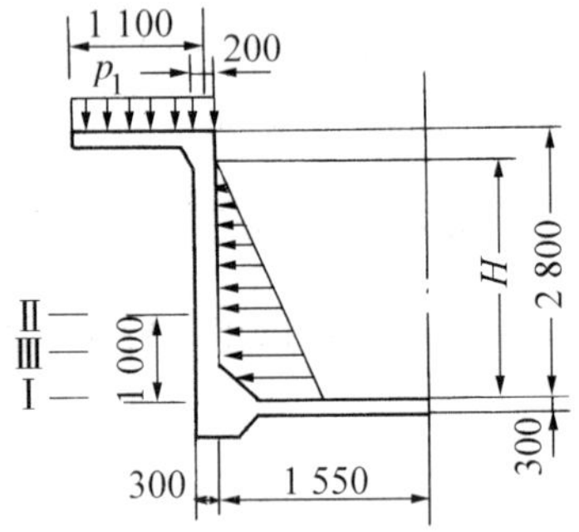

图 10－23　侧墙结构受力图

计算内力时，静水压力的分项系数 $\gamma_Q = 1.1$[2]。截面Ⅰ配筋：

[2] 可控制的可变荷载。

$$M_Ⅰ = -\left[\frac{1}{6}\gamma_Q \gamma H^3 + \frac{1}{2}(\gamma_G g_k + \gamma_Q q_k) a_1^2\right]$$

当为设计水位（$H = 2.2$ m）时，

$$M_Ⅰ = -\left[\frac{1}{6} \times 1.1 \times 10 \times 2.2^3 + \frac{1}{2} \times (1.05 \times 2.25 + 1.2 \times 2.5) \times 1.1^2\right]$$

$$= -22.77\ (\mathrm{kN \cdot m})$$

当为校核水位（$H = 2.6$ m）时，

$$M_Ⅰ = -\left[\frac{1}{6} \times 1.1 \times 10 \times 2.6^3 + \frac{1}{2} \times (1.05 \times 2.25 + 1.2 \times 2.5) \times 1.1^2\right]$$

$$= -35.47\ (\mathrm{kN \cdot m})$$

由上述计算结果可知，配筋计算由校核水位控制。此时，

$$M_{\mathrm{I}} = -35.47\ \mathrm{kN \cdot m}^{❶},\quad b \times h = 1\,000\ \mathrm{mm} \times 300\ \mathrm{mm}$$

取 $a = 30$ mm，$h_0 = 300 - 30 = 270$ (mm)。

$$\alpha_s = \frac{KM}{f_c b h_0^2} = \frac{1.15 \times 35.47 \times 10^6}{9.6 \times 1\,000 \times 270^2} = 0.058$$

$$\xi = 1 - \sqrt{1 - 2\alpha_s} = 1 - \sqrt{1 - 2 \times 0.058} = 0.06 < 0.85\xi_b = 0.468$$

则

$$A_s = \frac{f_c b \xi h_0}{f_y} = \frac{9.6 \times 1\,000 \times 0.06 \times 270}{300} = 518.4\ (\mathrm{mm}^2)$$

选Φ10@125（实际上，$A_s = 628\ \mathrm{mm}^2$）

$$\rho = \frac{A_s}{bh_0} = \frac{628}{1\,000 \times 270} = 0.2\% > \rho_{min} = 0.15\%$$

截面Ⅱ配筋：

$$M_{\mathrm{II}} = -\left[\frac{1}{6} \times 1.1 \times 10 \times (2.6 - 1)^3 + \frac{1}{2} \times (1.05 \times 2.25 + 1.2 \times 2.5) \times 1.1^2\right]$$
$$= -10.75\ (\mathrm{kN \cdot m})$$

求得 $A_s = 130.46\ \mathrm{mm}^2$，选配Φ10@250（实际上，$A_s = 314\ \mathrm{mm}^2$）❷。

由截面Ⅰ向上延伸的钢筋通过截面Ⅱ再向上延伸锚固长度后截断一半。

② 侧墙迎水面的抗裂计算。计算截面取在托承顶边截面Ⅲ—Ⅲ处❸。

校核水深时，计算水深 $H = 2.6 - 0.2 = 2.4$ (m)，则

$$M_{\mathrm{III}k} = -\left[\frac{1}{6}\gamma H^3 + \frac{1}{2}(g_k + q_k)a_1^2\right]$$
$$= -\left[\frac{1}{6} \times 10 \times 2.4^3 + \frac{1}{2} \times (2.25 + 2.5) \times 1.1^2\right]$$
$$= -16.21\ (\mathrm{kN \cdot m})$$

利用近似公式，计算换算截面的几何参数如下：由于

$$y_0 = (0.5 + 0.425\alpha_E \rho)h$$

$$\alpha_E = \frac{E_s}{E_c} = \frac{2.0 \times 10^5}{2.55 \times 10^4} = 7.84$$

$$\rho = \frac{A_s}{bh_0} = \frac{628}{1\,000 \times 270} = 0.233\%$$

所以换算截面至受压边缘的距离为

$$y_0 = (0.5 + 0.425 \times 7.84 \times 0.233\%) \times 300 = 152.3\ (\mathrm{mm})$$

换算截面的惯性矩为

$$I_0 = (0.083\,3 + 0.19\alpha_E \rho)bh^3$$
$$= (0.083\,3 + 0.19 \times 7.84 \times 0.233\%) \times 1\,000 \times 300^3$$
$$= 2.34 \times 10^9\ (\mathrm{mm}^4)$$

❶ 如前所述，校核水位为基本组合，安全系数 $K = 1.15$。

❷ 此配筋保证了协调与简便。

❸ 截面 III 距墙底 0.2 m，计算水深为 2.4 m。考虑托承的截面加大作用，此截面才是危险截面。

查附录7 表26，矩形截面抵抗矩塑性系数 $\gamma_m = 1.55$ ，考虑截面高度影响，乘以修正系数（$0.7 + 300/h$）[1]，则

$$\gamma_m = 1.1 \times 1.55 = 1.705$$

[1] 该修正系数不应大于1.1。

混凝土拉应力限制系数为荷载效应标准组合 $\alpha_{ct} = 0.85$ ，则

$$\begin{aligned} M_{Ⅲk} &= 16.21\ (\text{kN}\cdot\text{m}) \\ &< \gamma_m \alpha_{ct} f_{tk} W_0 \\ &= \gamma_m \alpha_{ct} f_{tk}\left(\frac{I_0}{h - y_0}\right) \\ &= 1.705 \times 0.85 \times 1.54 \times 1.584 \times 10^7 \\ &= 35.35\ (\text{kN}\cdot\text{m}) \end{aligned}$$

故侧墙迎水面满足抗裂要求。

（3）底板。

① 支座截面配筋计算。底板板厚与侧墙底同厚，$t = 300$ mm。底板每米跨长承受的荷载包括以下几个：

自重

$$g_k = 1 \times 0.3 \times 25 = 7.5\ (\text{kN/m})$$

设计水位水重

$$q_k = 10 \times 2.2 = 22\ (\text{kN/m})$$

校核水位水重

$$q_k = 10 \times 2.6 = 26\ (\text{kN/m})$$

计算简图如图10－24所示，

$$N_A = \left(\frac{1}{2}\gamma_Q \gamma H^2\right),\quad M_A = M_Ⅰ + N_A \frac{t}{2}$$ [2]

[2] $M_Ⅰ$ 为侧墙Ⅰ截面的弯矩值。

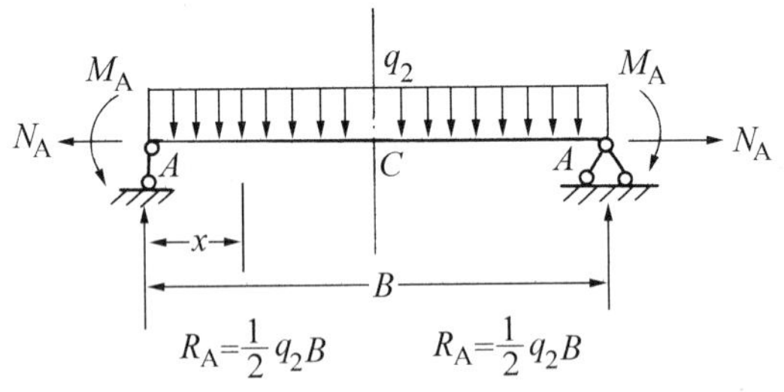

图10－24　底板计算简图

设计水位时，$H = 2.2$ m，

$$N_A = \frac{1}{2} \times 1.1 \times 10 \times 2.2^2 = 26.62\ (\text{kN})$$

$$M_A = -22.77 - 26.62 \times \frac{0.3}{2} = -26.76\ (\text{kN} \cdot \text{m})$$

$$e_0 = \frac{M_A}{N_A} = \frac{26.76 \times 10^6}{26.62 \times 10^3} = 1\ 005\ (\text{mm})$$

$$> \frac{h}{2} - a = \frac{300}{2} - 30 = 120\ (\text{mm})$$

为大偏心受拉构件。

校核水位时，$H = 2.6$ m，

$$N_A = \frac{1}{2} \times 1.1 \times 10 \times 2.6^2 = 37.18\ (\text{kN})$$

$$M_A = -35.47 - 37.18 \times \frac{0.3}{2} = -41.047\ (\text{kN} \cdot \text{m})$$ ❶

❶ 上部受拉。

$$e_0 = \frac{M}{N} = \frac{41.047 \times 10^6}{37.18 \times 10^3} = 1\ 104\ (\text{mm})$$

$$> \frac{h}{2} - a = \frac{300}{2} - 30 = 120\ (\text{mm})$$

为大偏心受拉构件。

由以上计算结果，应采用校核水位计算出的内力进行配筋计算，

$$N_A = 37.18\ (\text{kN}), \quad M_A = 41.047\ (\text{kN} \cdot \text{m})$$

$$e = e_0 - \frac{h}{2} + a = 1\ 104 - \frac{300}{2} + 30 = 984\ (\text{mm})$$

令

$$x = 0.85\xi_b h_0 = 0.468 \times 270 = 126.4\ (\text{mm})$$

则

$$A_s' = \frac{KNe - \alpha_{sb} f_c b h_0}{f_y'(h_0 - a')}$$

$$= \frac{1.15 \times 37.18 \times 10^3 \times 984 - 0.358 \times 9.6 \times 1\ 000 \times 270^2}{300 \times (270 - 30)}$$ ❷

❷ α_{sb} 的计算见第3章。

$$< 0$$

选用Φ10@250（实际上，$A_s = 314\ \text{mm}^2$），重新求解受压区计算高度 x。

$$\alpha_s = \frac{KNe - f_y' A_s'(h_0 - a)}{f_c b h_0^2}$$

$$= \frac{1.15 \times 37.18 \times 10^3 \times 984 - 300 \times 314 \times (270 - 30)}{9.6 \times 1\ 000 \times 270^2} = 0.028$$

$$\xi = 1 - \sqrt{1 - 2\alpha_s} = 1 - \sqrt{1 - 2 \times 0.028} = 0.028\ 4 < 0.85\xi_b = 0.468$$

则

$$x = \xi h_0 = 0.0284 \times 270 = 7.668\ (\text{mm})$$
$$< 2a' = 2 \times 30 = 60\ (\text{mm})$$

对 A_s' 的合力点取矩求出 A_s ❶。由

❶ 取 $x = 2a'$ 计算。

$$e' = \frac{h}{2} - a' + e_0 = \frac{300}{2} - 30 + 1104 = 1224\ (\text{mm})$$

则

$$A_s = \frac{KNe'}{f_y(h_0 - a)} = \frac{1.15 \times 37.18 \times 10^3 \times 1224}{300 \times (270 - 30)} = 726.87\ (\text{mm}^2)$$

选用Φ10/12@125（实配 $A_s = 767\ \text{mm}^2$）（靠近底板的顶面），

$$\rho = \frac{A_s}{bh_0} = \frac{767}{1000 \times 270} = 0.284\% > 0.15\%$$

故满足要求。

② 跨中截面的配筋计算。当水深

$$H = \frac{B}{2} = \frac{3.4}{2} = 1.7\ (\text{m})$$

且人行道上无人群荷载时，跨中截面的正弯矩最大❷。此时，

❷ 经分析试算后得到的结论。

$$M_c = \frac{1}{8}(\gamma_Q \gamma H + \gamma_c t \gamma_G)B^2 + M_A$$

$$N_c = \frac{1}{2}\gamma_Q \gamma \left(\frac{B}{2}\right)^2$$
$$= \frac{1}{2} \times 1.1 \times 10 \times 1.7^2 = 15.895\ (\text{kN})$$

$$M_A = M_1 + N_c \frac{t}{2}$$
$$= -\left(\frac{1}{6} \times 10 \times 1.1 \times 1.7^3 + \frac{1}{2} \times 1.05 \times 2.25 \times 1.1^2\right)$$
$$- 15.895 \times \frac{0.3}{2}\ ❸$$
$$= -12.82\ (\text{kN} \cdot \text{m})$$

❸ $N_{B/2}$ 即水深 $H = B/2$ 的 N_c 值。

$$M_c = \frac{1}{8} \times (1.1 \times 10 \times 1.7 + 25 \times 0.3 \times 1.05) \times 3.4^2 - 12.82\ ❹$$
$$= 25.581\ (\text{kN} \cdot \text{m})$$

❹ 下部受拉。

于是

$$e_0 = \frac{M_c}{N_c} = \frac{25.581 \times 10^6}{15.895 \times 10^3} = 1609.4\ (\text{mm}) \approx 1609\ (\text{mm})$$
$$> \frac{h}{2} - a = 120\ (\text{mm})$$

$$e = e_0 - \frac{h}{2} + a = 1610 - \frac{300}{2} + 30 = 1490\ (\text{mm})$$

计算过程同底板的支座截面。

$$A'_s = \frac{KNe - \alpha_{sb} f_c bh_0{}^2}{f'_y(h_0 - a')} < 0$$

选用ϕ10@250（实配 A_s = 314 mm^2）（靠近底板的顶面）。

重新求解受压区计算高度 x。由

$$\alpha_s = \frac{KNe - f'_y A'_s(h_0 - a)}{f_c bh_0^2}$$
$$= \frac{1.15 \times 15.895 \times 10^3 \times 1\,490 - 300 \times 314 \times (270 - 30)}{9.6 \times 1\,000 \times 270^2}$$
$$= 0.006\,8$$

$$\xi = 1 - \sqrt{1 - 2\alpha_s} = 1 - \sqrt{1 - 2 \times 0.006\,8} = 0.006\,8$$
$$< 0.85\xi_b = 0.468$$

故

$$x = \xi h_0 = 0.006\,8 \times 270 = 1.836\ (\text{mm})$$
$$< 2a' = 2 \times 30 = 60\ (\text{mm})$$

对 A'_s 的合力点取矩求出 A_s 。由

$$e' = \frac{h}{2} - a' + e_0 = \frac{300}{2} - 30 + 1\,610 = 1\,730\ (\text{mm})$$

故

$$A_s = \frac{KNe'}{f_y(h_0 - a)} = \frac{1.15 \times 15.895 \times 10^3 \times 1\,730}{300 \times (270 - 30)} = 442\ (\text{mm}^2)$$

计算所需钢筋均少于底板支座截面，为协调起见，参照支座截面配筋，取用

A_s：ϕ10/12@125（实配 A_s = 767 mm^2）（靠近底板的底面）；

A'_s：ϕ10@250（实配 A'_s = 314 mm^2）（靠近底板顶面且伸入侧墙）。

跨中的ϕ12@250 钢筋靠近支座附近弯起至支座上部截面[1]。

③ 底板迎水面的抗裂计算。取 x = 0.4 m 托承边缘为计算截面，且校核水位 H = 2.6 m 时内力较大。由

$$M_{k(x=0.4)} = \left(\frac{q_k}{2}Bx - \frac{1}{2}q_k x^2\right) - M_{Ak}$$

$$M_{Ak} = M_{Ik} + N_{k(x=0.4)}\frac{t}{2},\quad M_{Ik} = M_{1k} + \frac{1}{6}\gamma H^3,\quad q_k = \gamma H + \gamma_c t$$

$$N_{k(x=0.4)} = \frac{1}{2}\gamma H^2 = \frac{1}{2} \times 10 \times 2.6^2 = 33.8\ (\text{kN})$$

于是

[1] 采用弯起式连续配筋，支座截面的钢筋由跨中上部直筋和下部弯起筋共同组成，整体性好。

$$M_{k(x=0.4)} = \left(\frac{q_k}{2}Bx - \frac{1}{2}q_k x^2\right) - \left(M_{1k} + \frac{N_{k(x=0.4)}}{2}t\right)$$

$$= \left(\frac{33.5}{2} \times 3.4 \times 0.4 - \frac{33.5}{2} \times 0.4^2\right) -$$

$$\left[\frac{1}{6} \times 10 \times 2.6^3 + \frac{1}{2} \times (2.25 + 2.5) \times 1.1^2 + \frac{33.8}{2} \times 0.3\right]$$

$$= -17.14\ (\text{N} \cdot \text{m})$$

计算换算截面的几何参数如下：换算截面面积为

$$A_0 = bh + \alpha_E A_s + \alpha_E A_s'$$

$$= 1\,000 \times 300 + 7.84 \times 628 + 7.84 \times 314$$

$$= 3.07 \times 10^5 (\text{mm}^2)$$

换算截面重心至受压边缘的距离为

$$y_0 = \frac{\frac{bh^2}{2} + \alpha_E A_s h_0 + \alpha_E A_s{}' \alpha'}{bh_0 + \alpha_E A_s + \alpha_E A_s'}$$

$$= \frac{1\,000 \times 300^2 \times 0.5 + 7.84 \times 628 \times 270 + 7.84 \times 314 \times 30}{1\,000 \times 300 + 7.84 \times 628 + 7.84 \times 314}$$

$$= 150.96\ (\text{mm})$$

换算截面的截面惯性矩为

$$I_0 = \frac{by_0^3}{3} + \frac{b(h - y_0)^3}{3} + \alpha_E A_s (h_0 - y_0)^2 + \alpha_E A_s' (y_0 - a')^2$$

$$= \frac{1\,000 \times 150.96^3}{3} + \frac{1\,000 \times (300 - 150.96)^3}{3} +$$

$$7.84 \times 628 \times (270 - 150.96)^2 + 7.84 \times 314 \times (150.96 - 30)^2$$

$$= 2.356 \times 10^9 (\text{mm}^4)$$

则

$$W_0 = \frac{I_0}{h_0 - y_0} = \frac{2.356 \times 10^9}{300 - 150.96} = 1.581 \times 10^7 (\text{mm}^3)$$

对矩形截面抵抗矩塑性系数修正：

$$\gamma_m = 1.1 \times 1.55 = 1.705$$

于是

$$\frac{M_k}{W_0} + \frac{\gamma_m N_k}{A_0} = \frac{17.14 \times 10^6}{1.581 \times 10^7} + \frac{1.705 \times 33.8 \times 10^3}{3.07 \times 10^5} = 1.27$$

$$< \gamma_m \alpha_{ct} f_{tk} = 1.705 \times 0.85 \times 1.54 = 2.23$$

故底板迎水面满足抗裂要求。

④ 底板背水面的裂缝宽度验算。当水深

$$H = \frac{B}{2} = \frac{3.4}{2} = 1.7\ (\mathrm{m})$$

且人行道上无人群荷载时，由荷载的标准值产生的跨中截面的正弯矩最大。此时，

$$N_{\mathrm{ck}} = \frac{1}{2}\gamma\left(\frac{B}{2}\right)^2$$

$$= \frac{1}{2} \times 10 \times 1.7^2 = 14.45\ (\mathrm{kN})$$

$$M_{\mathrm{Ak}} = M_{\mathrm{Ik}(B/2)} + N_{\mathrm{ck}}\frac{t}{2}$$

$$= -\left(\frac{1}{6} \times 10 \times 1.7^3 + \frac{1}{2} \times 2.25 \times 1.1^2\right) - 14.45 \times \frac{0.3}{2}$$

$$= -11.72\ (\mathrm{kN \cdot m})$$

$$M_{\mathrm{ck}} = \frac{1}{8}(\gamma H + \gamma_{\mathrm{c}} t)B^2 + M_{\mathrm{Ak}}$$

$$= \frac{1}{8} \times (10 \times 1.7 + 25 \times 0.3) \times 3.4^2 - 11.72$$

$$= 23.7\ (\mathrm{kN \cdot m})$$

于是

$$e_0 = \frac{M_{\mathrm{ck}}}{N_{\mathrm{ck}}} = \frac{23.7 \times 10^6}{14.45 \times 10^3} = 1\,640\ (\mathrm{mm}) > \frac{h}{2} - a = 120\ (\mathrm{mm})$$

$$e_{\mathrm{s}} = e_0 - \frac{h}{2} + a = 1\,640 - \frac{300}{2} + 30 = 1\,520\ (\mathrm{mm})$$

靠近底板的底面配筋ϕ10/12@125（实配 $A_{\mathrm{s}} = 767\ \mathrm{mm}^2$），

$$\sigma_{\mathrm{sk}} = \frac{N_{\mathrm{k}}}{A_{\mathrm{s}}}\left(1 + 1.1\frac{e_{\mathrm{s}}}{h_0}\right)$$

$$= \frac{14.45 \times 10^3}{767} \times \left(1 + 1.1 \times \frac{1\,520}{270}\right) = 135.5\ (\mathrm{N/mm^2})$$

$$\rho_{\mathrm{te}} = \frac{A_{\mathrm{s}}}{A_{\mathrm{te}}} = \frac{767}{2 \times 30 \times 1\,000} = 0.012\,8 < 0.03$$

取为0.03，

$$W_{\max} = \alpha\frac{\sigma_{\mathrm{sk}}}{E_{\mathrm{s}}}\left(30 + c + 0.07\frac{d}{\rho_{\mathrm{te}}}\right)$$

$$= 2.4 \times \frac{135.5}{2 \times 10^5} \times \left(30 + 25 + 0.07 \times \frac{11}{0.03}\right)$$

$$= 0.131\ (\mathrm{mm}) < W_{\lim} = 0.3\ (\mathrm{mm})$$

故底板背水面裂缝宽度满足要求。

4. 槽身纵向计算

❶ 为方便起见，所有荷载都用 q 表示。

（1）荷载统计[❶]。人群荷载为

$$q_{1k}=2\times2.5\times1.2\times1=6\ (\mathrm{kN/m})$$

人行道面板重为

$$q_{2k}=2\times2.25\times1\times1=4.5\ (\mathrm{kN/m})$$

侧墙自重（略去托承）为

$$q_{3k}=2\times\frac{0.2+0.3}{2}\times(2.8+0.45)\times25=40.625\ (\mathrm{kN/m})$$

底板自重为

$$q_{4k}=0.3\times3.1\times25=23.25\ (\mathrm{kN/m})$$

校核水深时水重为

$$q_{5k}=10\times3.1\times2.6=80.6\ (\mathrm{kN/m})$$

设计水深时水重为

$$q_{5k}=10\times3.1\times2.2=68.2\ (\mathrm{kN/m})$$

荷载设计值统计：设计水位工况时，

$$q=1.05\times(40.625+23.25+4.5)+1.2\times6+1.1\times68.2=154.01\ (\mathrm{kN/m})$$

校核水位工况时，

$$q=1.05\times(40.625+23.25+4.5)+1.2\times6+1.1\times80.6=167.87\ (\mathrm{kN/m})$$

荷载标准值统计：设计水位工况时，

$$q_k=6+4.5+40.625+23.25+68.2=142.58\ (\mathrm{kN/m})$$

校核水位工况时，

$$q_k=6+4.5+40.625+23.25+80.6=155\ (\mathrm{kN/m})$$

（2）计算简图。槽身每边支承宽度 550 mm，如图 10－25 所示。

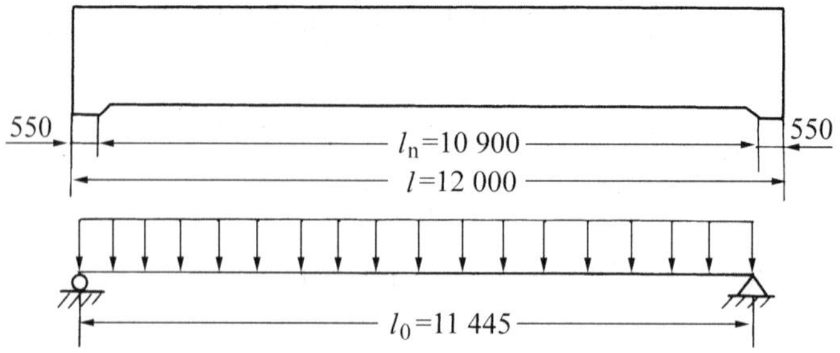

图 10－25　纵向计算简图

净跨为

$$l_n = 12 - 2 \times 0.55 = 10.9\ (\mathrm{m})$$

计算跨度为

$$l_0 = 1.05 l_n = 1.05 \times 10.9 = 11.445\ (\mathrm{m})$$

梁的截面是由侧墙和底板组成的U形截面，可折算成工形截面。

侧墙近似取

$$\text{平均厚度} = \frac{200 + 300}{2} = 250\ (\mathrm{mm}),\ b = 2 \times 250 = 500\ (\mathrm{mm})$$

工形截面受压翼缘 b'_f 的确定：人行道板板厚 $h'_f = 100$ mm，于是

$$\frac{h'_f}{h_0} = \frac{100}{3\,250 - 70} = 0.03 < 0.05$$

$$b'_f = b = 2 \times 250 = 500\ (\mathrm{mm})\ ❶$$

❶ 因翼缘相对较薄，故不考虑受压翼缘作用。

受拉翼缘 b_f 的确定：底板板厚 $h_f = t = 300$ mm，于是

$$0.05 < \frac{h_f}{h_0} = \frac{300}{3\,250 - 70} = 0.094 < 0.1$$

故

$$b'_f = b + 6h'_f = 500 + 6 \times 300 = 2\,300\ (\mathrm{mm})$$

按倒T形截面计算，如图10－26所示。

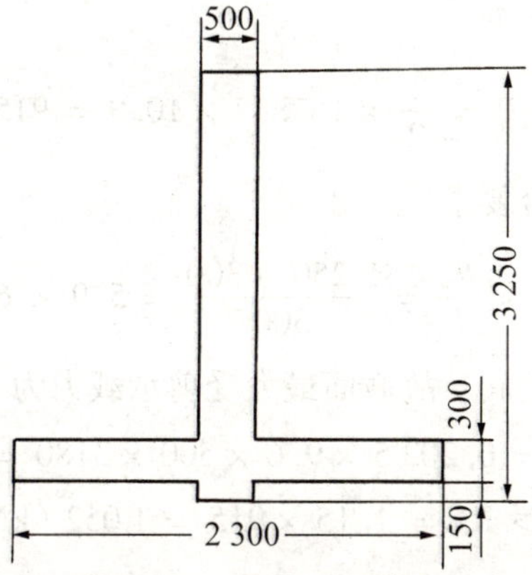

图10－26 纵向计算截面

（3）正截面配筋计算。设计水位工况时，

$$M = \frac{1}{8} q l_0^2 = \frac{1}{8} \times 154.01 \times 11.445^2 = 2\,522\ (\mathrm{kN \cdot m})$$

校核水位工况时，

$$M = \frac{1}{8} q l_0^2 = \frac{1}{8} \times 167.87 \times 11.445^2 = 2\,749\ (\mathrm{kN \cdot m})$$

❶ 取 $a=70$ mm。

故取校核水位工况进行配筋计算❶。

$$\alpha_s=\frac{KM}{f_c b h_0^2}=\frac{1.15\times 2\,749\times 10^6}{9.6\times 500\times 3\,180^2}=0.065$$

$$\xi=1-\sqrt{1-2\alpha_s}=1-\sqrt{1-2\times 0.065}=0.067<0.85\xi_b=0.468$$

$$A_s=\frac{f_c b\xi h_0}{f_y}=\frac{9.6\times 500\times 0.067\times 3\,180}{300}=3\,409\ (\text{mm}^2)$$

配置在侧墙底部的钢筋面积为

$$A_s=3\,409\times 75\%=2\,556\ (\text{mm}^2)$$

选配 10Φ10 + 10Φ16（实配 $A_s=2\,796\ \text{mm}^2$），即每片侧墙的底部配置 5Φ10 +5Φ16。

配置在底板部位的钢筋面积为

$$A_s=3\,409\times 25\%=852\ (\text{mm}^2)$$

则底板单位宽度内钢筋面积为

$$\frac{852}{3\,100}=0.27\ (\text{mm}^2/\text{mm})$$

❷ 此钢筋与底板横向计算的配筋互兼分布钢筋。

选配Φ10@250（实配 $A_s=0.314\ \text{mm}^2/\text{mm}$）❷。

侧墙和底板内的实际配筋总量为

$$A_s=0.314\times 3\,100+2\,796=3\,769\ (\text{mm})$$

（4）斜截面配筋计算。

$$V=\frac{1}{2}ql_n=\frac{1}{2}\times 167.87\times 10.9=915\ (\text{kN})$$

下面验算截面是否符合要求。

$$4<\frac{h_w}{b}=\frac{3\,250-300}{500}=5.9<6$$

介于薄腹梁和厚腹梁之间，故截面最大受剪承载力为

$$0.202\,5f_c b h_0=0.202\,5\times 9.6\times 500\times 3180=3\,090\ (\text{kN})$$
$$>KV=1.15\times 915=1\,052\ (\text{kN})$$

故截面满足要求。

计算混凝土的抗剪承载力为

$$0.7f_t b h_0=0.7\times 1.10\times 500\times 3\,180=1\,224\ (\text{kN})$$
$$>KV=1\,052\ (\text{kN})$$

故按构造配置箍筋，实际由侧墙横向计算的钢筋兼顾。另外，侧墙底部的纵筋可在靠近支座时弯起部分加强斜截面抗剪。

（5）抗裂验算。先计算换算截面的几何参数。换算截面重心至受压边缘的距离为

$$y_0=\frac{\frac{bh^2}{2}+(b_f-b)h_f(h-0.5h_f)+\alpha_E A_s h_0}{bh+(b_f-b)h_f+\alpha_E A_s}$$

$$=\frac{500\times3\,250^2\times0.5+(2\,300-500)\times300\times(3\,250-0.5\times300)+7.84\times3\,769\times3\,180}{500\times3\,250+(2\,300-500)\times300+7.84\times3\,769}$$

$$=2\,009\ (\text{mm})$$

换算截面的截面惯性矩为

$$I_0=\frac{by_0^3}{3}+\frac{b_f(h-y_0)^3}{3}-\frac{(b_f-b)(h-y_0-h_f)^3}{3}+\alpha_E A_s(h_0-y_0)^2$$

$$=\frac{500\times2\,009^3}{3}+\frac{2\,300\times(3\,250-2\,009)^3}{3}-\frac{(2\,300-500)\times(3\,250-2009-300)^3}{3}+7.84\times3\,769\times(3\,250-2\,009)^2$$

$$=2.36\times10^{12}(\text{mm}^4)$$

则

$$W_0=\frac{I_0}{h_0-y_0}=\frac{2.36\times10^{12}}{3\,250-2\,009}=1.90\times10^9(\text{mm}^3)$$

由于

$$\frac{b_f}{b}=\frac{2\,300}{500}=4.6>2,\quad \frac{h_f}{h_0}=\frac{300}{3\,250-70}=0.094<0.2$$

故取 $\gamma_m=1.40$。

然后对查得的截面抵抗矩塑性系数进行修正（当 $h>3\,000$ 时，取 $h=3\,000$），

$$\gamma_m=\left(0.7+\frac{300}{3\,000}\right)\times1.40=1.12$$

校核水位时，

$$M_k=\frac{1}{8}q_k l_0^2=\frac{1}{8}\times155\times11.445^2=2\,538\ (\text{kN})$$

$$<\gamma_m f_{tk}\alpha_{ct}W_0=1.12\times1.54\times0.85\times1.90\times10^9$$

$$=2\,785.55\ (\text{kN}\cdot\text{m})$$

故槽身纵向计算截面满足抗裂要求。

（6）挠度验算。$M_k=2\,538\ \text{kN}\cdot\text{m}$，槽身未开裂，则

$$B_s=0.85E_cI_0$$

$$=0.85\times2.55\times10^4\times2.36\times10^{12}=5.12\times10^{16}(\text{N}\cdot\text{mm}^2)$$

$$B = 0.65B_s = 3.328 \times 10^{16}(\text{N} \cdot \text{mm}^2)$$

$$f = s\frac{M_k l_0^2}{B} = \frac{5}{48} \times \frac{2\,538 \times 10^6 \times 11\,445^2}{3.328 \times 10^{16}} = 1.04\ (\text{mm})$$

$$< f_{\lim} = \frac{l_0}{500} = \frac{11\,445}{500} = 22.89\ (\text{mm})$$

故挠度满足要求。

（7）吊装验算。设吊点位置距端部

$$0.2l = 0.2 \times 12 = 2.4\ (\text{m})$$

吊装时荷载为槽身自重的 1.3 倍。

$$q_k = 6 + 4.5 + 40.625 + 23.25 = 74.375\ (\text{kN/m})$$

$$q = 1.3q_k = 1.3 \times 74.375 = 96.69\ (\text{kN/m})$$

吊点处的内力为

$$M = \frac{1}{2}ql_0^2 = \frac{1}{2} \times 96.69 \times 2.4^2 = 278.47\ (\text{kN} \cdot \text{m})$$

$$\alpha_s = \frac{KM}{f_c b h_0^2} = \frac{1.15 \times 278.47 \times 10^6}{9.6 \times 500 \times 3\,180^2} = 0.006\,6$$

$$\xi = 1 - \sqrt{1 - 2\alpha_s} = 1 - \sqrt{1 - 2 \times 0.006\,6} = 0.006\,6 < 0.85\xi_b = 0.468$$

$$A_s = \frac{f_c b \xi h_0}{f_y} = \frac{9.6 \times 500 \times 0.006\,6 \times 3\,180}{300} = 335.8\ (\text{mm}^2)$$

按构造配置，每片侧墙的顶部设 2ϕ12 的负筋（实配 $A_s = 452\ \text{mm}^2$）。

由于

$$M_c = \frac{1}{8}ql_1^2 - \frac{1}{2}ql_2^2,\quad l_1 = 12\ \text{m},\quad l_2 = 2.4\ \text{m}$$

故跨中弯矩为

$$M_c = \frac{1}{8} \times 96.69 \times 12^2 - \frac{1}{2} \times 96.69 \times 2.4^2 = 1\,462\ (\text{kN} \cdot \text{m})$$

吊装验算时，槽身跨中弯矩值低于使用阶段配筋计算时的弯矩值，故原配筋能满足吊装的要求。

5. 槽身施工图绘制[1]

根据上述计算结果，绘制槽身施工图，如图 10－27 所示。

[1] 槽身端部横剖面图为端部横肋的配筋图。读者可以自己列出钢筋表。

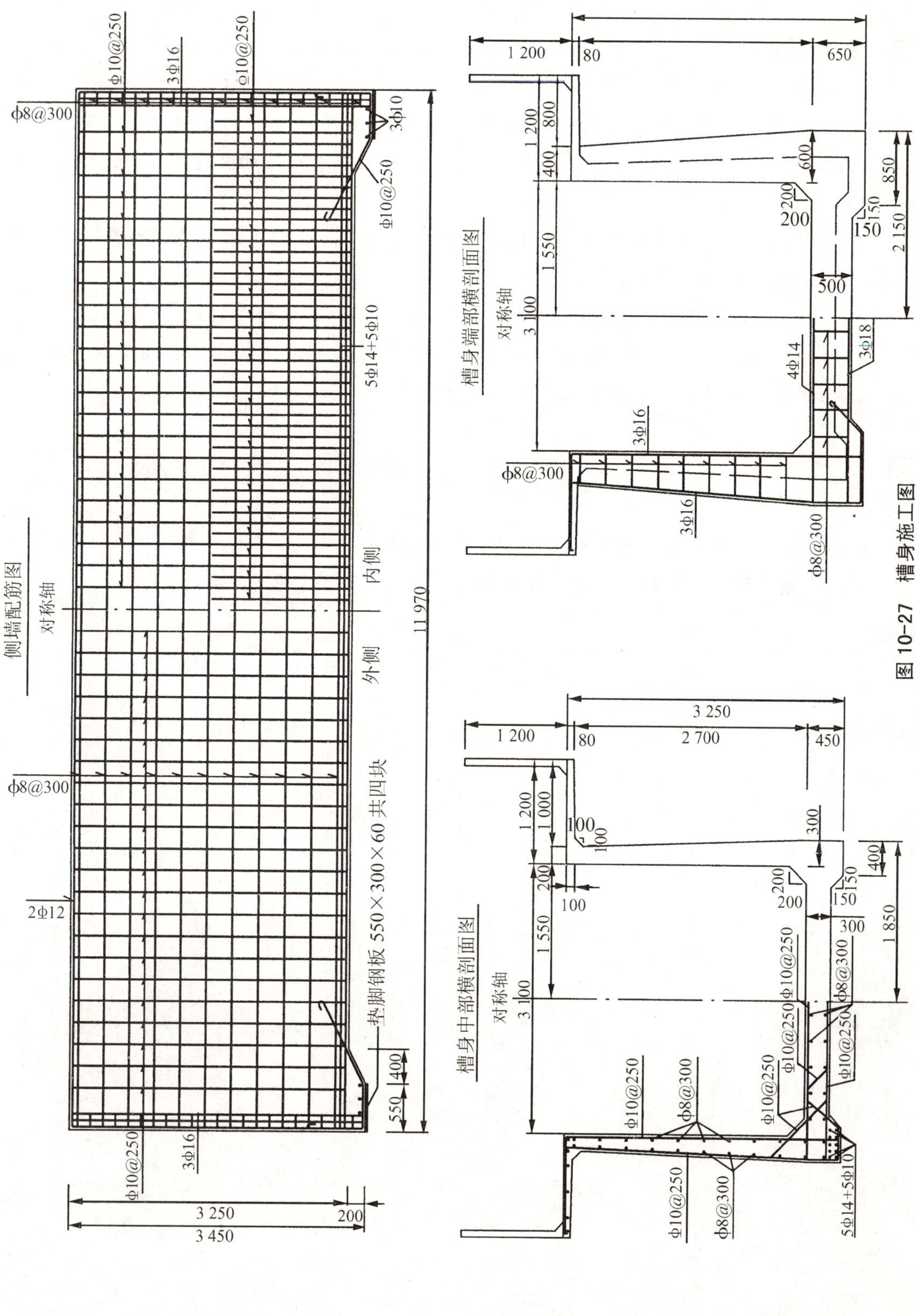
侧墙配筋图
对称轴
内侧
外侧
垫脚钢板 550×300×60 共四块
11 970
3 250
200
3 450
槽身端部横剖面图
槽身中部横剖面图

图 10-27 槽身施工图

本章小结

(1) 渡槽是过水建筑物，选择结构形式要考虑过水能力，也要考虑受力合理性，还要兼顾施工难易程度，达到技术与经济的统一。梁式矩形渡槽在这方面具有一定的优越性，在工程中最为常用。

(2) 对渡槽的使用要求决定了其组成构件的设计要求。在满足承载力的前提下，裂缝控制一定要满足，避免影响渡槽的正常使用。

(3) 结构设计的关键是计算简图的建立、荷载的正确计算和合理组合。

(4) 实际工程设计时，结构构件的尺寸一般是先考虑构造要求和工程经验初步选择，然后根据承载能力和正常使用极限状态的计算进行适度调整。

习　题

10-1　常见的矩形断面渡槽有几种？各有什么特点？

10-2　槽身横向计算如何进行？各部分配筋布置应如何考虑为最优？

参考文献

[1] 中华人民共和国国家能源局. 中华人民共和国电力行业标准：水工混凝土结构设计规范（DL/T 5057—2009）. 北京：中国电力出版社，2010.

[2] 中华人民共和国水利部. 中华人民共和国水利行业标准：水工混凝土结构设计规范（SL 191—2008）. 北京：中国水利水电出版社，2009.

[3] 中华人民共和国原能源部，中华人民共和国水利部. 中华人民共和国国家标准：水利水电工程结构可靠度设计统一标准（GB 50199—94）. 北京：中国计划出版社，1994.

[4] 电力工业部中南勘测设计研究院. 中华人民共和国电力行业标准：水工建筑物荷载设计规范（DL 5077—1997）. 北京：中国电力出版社，1998.

[5] 中华人民共和国建设部. 中华人民共和国国家标准：混凝土结构设计规范（GB 50010—2002）. 北京：中国建筑工业出版社，2002.

[6] 中华人民共和国建设部. 中华人民共和国国家标准：建筑结构可靠度设计统一标准（GB 50068—2001）. 北京：中国建筑工业出版社，2002.

[7] 中华人民共和国建设部. 中华人民共和国国家标准：建筑结构荷载规范（GB 50009—2001）. 北京：中国建筑工业出版社，2002.

[8] 中华人民共和国建设部. 中华人民共和国国家标准：建筑地基基础设计规范（GB 50007—2002）. 北京：中国建筑工业出版社，2002.

[9] 河海大学，武汉大学，大连理工大学，等. 水工钢筋混凝土结构学. 4 版. 北京：中国水利水电出版社，2009.

[10] 陈礼和. 水工钢筋混凝土结构. 南京：河海大学出版社，2003.

[11] 赵瑜. 水工钢筋混凝土结构. 北京：中央广播电视大学出版社，2002.

[12] 袁建力. 建筑结构. 北京：中国水利水电出版社，1998.

[13] 翟爱良，郑晓燕. 钢筋混凝土结构计算与设计. 北京：中国水利水电出版社，1999.

[14] 沈蒲生，罗国强，熊丹安. 混凝土结构：上册. 3 版. 北京：中国建筑工业出版社，1997.

[15] 赵鲁光. 水工钢筋混凝土结构习题与课程设计. 北京：中国水利水电出版社，1998.

[16] 赵国藩，李树瑶，廖婉卿，等. 钢筋混凝土结构的裂缝控制. 北京：海洋出版

社，1991.

[17] 丁大钧. 钢筋混凝土结构学. 上海：上海科学技术出版社，1985.

[18] 郭继武. 混凝土结构与砌体结构：按新规范. 北京：高等教育出版社，1990.

[19] 陶学康. 后张预应力混凝土设计手册. 北京：中国建筑工业出版社，1996.

[20] 赵国藩，曹居易，张宽权. 工程结构可靠度. 北京：水利电力出版社，1984.

[21] 沈蒲生，罗国强. 混凝土结构疑难释义：附解题指导. 2 版. 北京：中国建筑工业出版社，1997.

[22] 朱海堂，王博. 水工混凝土结构例题习题与设计. 郑州：黄河水利出版社，1998.

[23] 腾智明，张惠英. 混凝土结构及砌体结构：上册. 北京：中央广播电视大学出版社，1995.

[24] 周氏，章定国，钮新强. 水工混凝土结构设计手册. 北京：中国水利水电出版社，1998.

[25] 赵文华，陈德亮，颜其照，等. 渡槽. 2 版. 北京：水利电力出版社，1989.

[26] 叶列平. 混凝土结构：上册. 北京：清华大学出版社，2002.

[27] 王铁成. 混凝土结构基本构件设计原理. 北京：中国建材工业出版社，2001.

[28] 王振东. 混凝土及砌体结构：上册. 北京：中国建筑工业出版社，2002.

[29] 吴培明. 混凝土结构：上册. 武汉：武汉工业大学出版社，2001.

[30] 陈礼和. 水工钢筋混凝土结构学习辅导及习题. 北京：中国水利水电出版社，2009.

[31] 赵瑜. 水工钢筋混凝土结构. 北京：中央广播电视大学出版社，2003.

[32] 宋玉普，王清湘，王立成. 水工钢筋混凝土结构. 北京：中国水利水电出版社，2010.

附　　录

附录1　水工结构若干作用随时间变异的分类

水工结构若干作用随时间变异的分类可按表1进行。

表1　水工结构若干作用随时间变异的分类

结构类型＼作用类型	建筑物及设备自重	土压力	围岩压力及地应力	预应力	静水压力	浪压力	渗透压力	浮托力	水流冲击力及脉动压力	温度作用及湿度作用	泥沙压力	孔隙水压力	风荷载	雪荷载	冰压力	冻胀作用	灌浆压力	水击压力	冲击、碰撞及制动力	人群及堆放物品荷载	外水压力	地震作用
混凝土坝、水闸	G	G	—	G	Q A	Q	Q	Q	Q	Q	G Q	—	—	—	Q	Q	Q	—	—	Q	—	Q A
土石坝、堤	G	G	—	—	Q A	Q	Q	Q	Q	Q	G	Q	—	—	Q	Q	Q	—	—	Q	—	Q A
溢洪道闸墩	G	G	—	G	Q A	Q	Q	Q	Q	Q	—	—	—	—	Q	—	—	—	Q	—	—	Q A
水电站厂房、泵房	G	G	—	G	Q A	Q	Q	Q	Q	Q	G Q	—	Q	Q	Q	—	Q	—	Q	Q	—	Q A
隧洞、调压井、地下结构	G	—	G	G	Q A	—	Q	—	—	Q	—	—	—	—	—	—	Q	Q	—	—	Q	Q A
引水、泄水明管或埋管	G	G	—	G	Q	—	Q	—	—	Q	—	—	—	—	—	—	—	Q	—	—	Q	Q A
水工闸门	G	—	—	—	Q A	Q	—	—	Q	Q	Q	—	Q	—	Q	—	—	—	—	—	—	—
塔式进水口	G	G	—	—	Q A	Q	Q	Q	Q	Q	G Q	—	Q	—	Q	—	—	—	Q	Q	Q	Q A
护坦、消能工	G	—	—	—	Q	Q	Q	Q	Q	—	—	—	—	—	Q	Q	—	—	—	—	—	—
挡土结构、护岸	G	G	—	—	Q	—	—	Q	—	—	—	—	—	—	—	Q	—	—	Q	Q	Q	Q A

续表

作用类型 / 结构类型	建筑物及设备自重	土压力	围岩压力及地应力	预应力	静水压力	浪压力	渗透压力	浮托力	水流冲击力及脉动压力	温度作用及湿度作用	泥沙压力	孔隙水压力	风荷载	雪荷载	冰压力	冻胀作用	灌浆压力	水击压力	冲击、碰撞及制动力	人群及堆放物品荷载	外水压力	地震作用
渠道桥梁、渡槽	G	—	—	G	Q	—	—	Q	—	Q	—	—	Q	Q	Q	Q	—	—	Q	Q	—	Q A
码头、船闸闸墙	G	G	—	—	Q A	Q	Q	Q	Q	Q	—	—	—	—	Q	Q	—	—	Q	Q	Q	Q A
升船机塔架	G	—	—	—	Q A	Q	Q	—	—	Q	G Q	—	Q	—	Q	Q	—	—	Q	Q	—	Q A

注：G 为永久荷载，Q 为可变荷载，A 为偶然荷载。

附录 2 水利水电工程等别和水工建筑物级别

1. 水利水电工程等别

水利水电工程等别划分，应根据其工程规模、效益和在国民经济中的重要性按表 2 确定。

表 2 水利水电工程等别划分

工程等别	水库总库容/ $\times 10^8 m^3$	防洪		排涝	灌溉	供水	水力发电
		保护城镇及工业区	保护农田面积/ $\times 10^4\ hm^2$	排涝面积/ $\times 10^4\ hm^2$	灌溉面积/ $\times 10^4\ hm^2$	供给城镇及矿区	装机容量/ MW
一	>10	特别重要	>33.30	>13.33	>10	特别重要	>750
二	10～1.0	重要	33.30～6.67	13.33～4.0	10～3.33	重要	750～250
三	1.0～0.1	中等	6.67～2.0	4.0～1.0	3.33～2.0	中等	250～25
四	0.1～0.01	一般	2.0～0.33	1.0～0.20	2.0～0.03	一般	25～0.5
五	<0.01		<0.33	<0.2	<0.03		<0.5

注：1. 总库容指校核洪水位的静库容。

2. 灌溉面积和排涝面积指设计面积。

3. 挡潮工程的等别参照防洪工程规定，在潮灾特别严重的地区，其工程等别可适当提高。

4. 供水工程的重要性，应根据城市及工矿区和生活区的供水规模、经济效益和社会效益分析确定。

2. 水工建筑物级别

水工建筑物的级别，应根据其所属工程等别及其在工程中的作用和重要性按表 3 确定。

表 3　水工建筑物级别

工程级别	永久性建筑物级别		临时性建筑物级别
	主要建筑物	次要建筑物	
一	1	3	4
二	2	3	4
三	3	4	5
四	4	5	5
五	5	5	

注：1. 永久性建筑物指工程运行期间使用的建筑物，根据其重要性，可以分为主要建筑物和次要建筑物。其中，主要建筑物指失事后将造成下游灾害或严重影响工程效益的建筑物，如堤坝、水闸、电站厂房和泵站等；次要建筑物指失事后不致造成下游灾害或对工程效益影响不大，并且易于修复的建筑物，如挡土墙、导流墙和护岸等。

2. 临时性建筑物指工程施工期间使用的建筑物，如导流建筑物、施工围堰等。

3. 等级为二至五等的工程或时间工程，在某些特殊情况下，经论证，可以提高或降低其建筑物的级别。

附录 3　结构安全级别和结构环境条件类别

1. 结构安全级别

水工混凝土结构设计时，应按水工建筑物的级别，采用不同水工建筑物的结构安全级别。水工建筑物的结构安全组织按表 4 划分为三级。

表 4　水工建筑物结构安全级别

水工建筑物级别	水工建筑物结构安全级别
1	Ⅰ
2、3	Ⅱ
4、5	Ⅲ

注：对有特殊安全要求的水工建筑物，其结构安全级别应经专门研究确定。

2. 结构环境条件类别

水工混凝土结构所处的环境条件可按表 5 分为五个类别。

表 5　水工混凝土结构所处的环境类别

环境类别	环境条件
一	室内正常环境
二	室内潮湿环境；露天环境；长期处于地下或水下的环境
三	淡水水位变化区；有轻度化学侵蚀性地下水的地下环境；海水水下区

续表

环境类别	环境条件
四	海上大气区；轻度盐雾作用区；海水水位变动区；中度化学侵蚀性环境
五	使用除冰盐的环境；海水浪溅区；重度盐雾作用区，严重化学侵蚀性环境

注：1. 海上大气区与海水浪溅区的分界线为设计最高水位加 1.5 m；轻度盐雾作用区为离涨潮线 50～500 m 的陆上室内环境；海水水位变动区与海水浪溅区的分界线为设计最高水位减 1.0 m；海水水位变动区与海水水下区的分界线为设计最低水位减 1.0 m；重度盐雾作用区为离涨潮线 50 m 内的陆上室内环境。

2. 冻融比较严重的二类、三类环境条件下的建筑物，可以将其环境类别分别提高为三类、四类。

附录 4　材料强度的标准值、设计值及材料的弹性模量

1. 混凝土的强度设计值和弹性模量

在构件结构设计时，混凝土强度设计值和弹性模量应分别按表 6 和表 7 采用。

表 6　混凝土强度设计值　　单位：N/mm^2

强度种类	符号	混凝土强度等级									
		C15	C20	C25	C30	C35	C40	C45	C50	C55	C60
轴心抗压	f_c	7.2	9.6	11.9	14.3	16.7	19.1	21.1	23.1	25.3	27.5
轴心抗拉	f_t	0.91	1.10	1.27	1.43	1.57	1.71	1.80	1.89	1.96	2.04

注：计算现浇的钢筋混凝土柱时，如截面的长边或直径小于 300 mm，则表中强度设计值应乘以系数 0.8；当构件质量（如混凝土成型、截面和轴线尺寸等）确有保证时，可不受此限制。

表 7　混凝土弹性模量 E_c　　单位：$\times 10^4\ N/mm^2$

混凝土强度等级	C15	C20	C25	C30	C35	C40	C45	C50	C55	C60
E_c	2.20	2.55	2.80	3.00	3.15	3.25	3.35	3.45	3.55	3.60

2. 钢筋的强度设计值和弹性模量

在构件结构设计时，普通钢筋的抗拉强度设计值 f_y 及抗压强度设计值 f'_y 和预应力钢筋的抗拉强度设计值 f_{py} 及抗压强度设计值 f'_{py} 分别按表 8 和表 9 采用。钢筋弹性模量按表 10 采用。

表 8　普通钢筋强度设计值

单位：N/mm²

钢筋种类		符　号	f_y	f'_y
热轧钢筋	HPB235（Q235）	ϕ	210	210
	HRB335（20MnSi）	Φ	300	300
	HRB400（20MnSiV、20MnSiNb、20MnTi）	Φ	360	360
	RRB400（K20MnSi）	$Φ^{R}$	360	360

注：在钢筋混凝土结构中，当轴心受拉和小偏心受拉构件的钢筋强度设计值大于 300 N/mm² 时，仍应按 300 N/mm² 取用。

表 9　预应力钢筋强度设计值

单位：N/mm²

预应力钢筋种类		符　号	f_{ptk}	f_{py}	f'_{py}
钢绞线	1×2 1×3 1×3I 1×7 （1×7）C	$ϕ^{S}$	1 470	1 040	390
			1 570	1 110	
			1 670	1 180	
			1 720	1 200	
			1 770	1 250	
			1 820	1 290	
			1 860	1 320	
			1 960	1 380	
消除应力钢丝	光圆 螺旋肋 刻痕	$ϕ^{P}$ $ϕ^{H}$ $ϕ^{I}$	1 470	1 040	410
			1 570	1 110	
			1 670	1 180	
			1 770	1 250	
			1 860	1 320	
钢棒	螺旋槽 螺旋肋	$ϕ^{HG}$ $ϕ^{HR}$	1 080	760	400
			1 230	870	
			1 420	1 005	
			1 570	1 110	
螺纹钢筋	PSB785	$ϕ^{PS}$	980	650	
	PSB830		1 030	685	
	PSB930		1 080	720	
	PSB1080		1 230	820	

注：当预应力钢丝、钢绞线的强度标准值不符合表 13 的规定时，其强度设计值应进行换算。

表 10　钢筋弹性模量

单位：N/mm^2

钢筋种类	E_s
HPB235 级钢筋	2.1×10^5
HRB335 级钢筋、HRB400 级钢筋、RRB400 级钢筋	2.0×10^5
消除应力钢丝（光圆钢丝、螺旋肋钢丝、刻痕钢丝）	2.05×10^5
钢绞线	1.95×10^5
螺纹钢筋、钢棒（螺旋槽钢棒、螺旋肋钢棒）	2.0×10^5

注：必要时，钢绞线也可以采用实测的弹性模量。

3. 混凝土和钢筋的强度标准值

混凝土强度标准值应按表 11 采用，普通钢筋强度标准值应按表 12 采用，预应力钢筋强度标准值应按表 13 采用。

表 11　混凝土强度标准值

单位：N/mm^2

强度种类	符号	混凝土强度等级									
		C15	C20	C25	C30	C35	C40	C45	C50	C55	C60
轴心抗压	f_{ck}	10.0	13.4	16.7	20.1	23.4	26.8	29.6	32.4	35.5	38.5
轴心抗拉	f_{tk}	1.27	1.54	1.78	2.01	2.20	2.39	2.51	2.64	2.74	2.85

表 12　普通钢筋强度标准值

钢筋种类		符　号	d/mm	f_{yk}/(N/mm^2)
热轧钢筋	HPB235（Q235）	Φ	8～20	235
	HRB335（20MnSi）	Φ	6～50	335
	HRB400（20MnSiV、20MnSiNb、20MnTi）	Φ	6～50	400
	RRB400（K20MnSi）	$Φ^R$	8～40	400

表 13　预应力钢筋强度标准值

<table>
<tr><th colspan="2">种　　类</th><th>符　号</th><th>公称直径</th><th>f_{ptk}/(N/mm^2)</th></tr>
<tr><td rowspan="15">钢绞线</td><td rowspan="3">1×2</td><td rowspan="15">ϕ^S</td><td>5、5.8</td><td>1 570、1 720、1 860、1 960</td></tr>
<tr><td>8、10</td><td>1 470、1 570、1 720、1 860、1 960</td></tr>
<tr><td>12</td><td>1 470、1 570、1 720、1 860</td></tr>
<tr><td rowspan="4">1×3</td><td>6.2、6.5</td><td>1 570、1 720、1 860、1 960</td></tr>
<tr><td>8.6</td><td>1 470、1 570、1 720、1 860、1 960</td></tr>
<tr><td>8.74</td><td>1 570、1 670、1 860</td></tr>
<tr><td>10.8、12.9</td><td>1 470、1 570、1 720、1 860、1 960</td></tr>
<tr><td>1×3I</td><td>8.74</td><td>1 570、1 670、1 860</td></tr>
<tr><td rowspan="4">1×7</td><td>9.5、11.1、12.7</td><td>1 720、1 860、1 960</td></tr>
<tr><td>15.2</td><td>1 470、1 570、1 670、1 720、1 860、1 960</td></tr>
<tr><td>15.7</td><td>1 770、1 860</td></tr>
<tr><td>17.8</td><td>1 720、1 860</td></tr>
<tr><td rowspan="3">(1×7) C</td><td>12.7</td><td>1 860</td></tr>
<tr><td>15.2</td><td>1 820</td></tr>
<tr><td>18.0</td><td>1 720</td></tr>
<tr><td rowspan="6">消除应力钢丝</td><td rowspan="4">光圆
螺旋肋</td><td rowspan="4">ϕ^P
ϕ^H</td><td>4、4.8、5</td><td>1 470、1 570、1 670、1 770、1 860</td></tr>
<tr><td>6、6.25、7</td><td>1 470、1 570、1 670、1 770</td></tr>
<tr><td>8、9</td><td>1 470、1 570</td></tr>
<tr><td>10、12</td><td>1 470</td></tr>
<tr><td rowspan="2">刻痕</td><td rowspan="2">ϕ^I</td><td>≤5</td><td>1 470、1 570、1 670、1 770、1 860</td></tr>
<tr><td>>5</td><td>1 470、1 570、1 670、1 770</td></tr>
<tr><td rowspan="2">钢棒</td><td>螺旋槽</td><td>ϕ^{HG}</td><td>7.1、9、10.7、12.6</td><td rowspan="2">1 080、1 230、1 420、1 570</td></tr>
<tr><td>螺旋肋</td><td>ϕ^{HR}</td><td>6、7、8、10、12、14</td></tr>
<tr><td rowspan="4">螺纹钢筋</td><td>PSB785</td><td rowspan="4">ϕ^{PS}</td><td rowspan="4">18、25、32、40、50</td><td>980</td></tr>
<tr><td>PSB830</td><td>1 030</td></tr>
<tr><td>PSB930</td><td>1 080</td></tr>
<tr><td>PSB1080</td><td>1 230</td></tr>
</table>

注：1. 钢绞线的直径 d 指钢绞线外接圆的直径，即《预应力混凝土用钢绞线》(GB/T 5224—2003) 中的公称直径 D_n；钢丝、螺纹钢筋和钢棒的直径 d 均指公称直径。

2. 1×3I 为 3 根刻痕钢丝捻制的钢绞线；(1×7) C 为 7 根钢丝捻制又经模拔的钢绞线。

3. 根据国家标准，同一规格的钢丝（钢绞线、钢棒）有不同的强度级别，因此，表中对同一规格的钢丝（钢绞线、钢棒）列出了相应的 f_{ptk} 值，在设计中可自行选定。

附录 5　钢筋的计算截面面积

钢筋的公称直径、公称截面面积和公称质量表如表 14 所示。

表 14　钢筋的公称直径、公称截面面积和公称质量表

公称直径/mm	不同根数钢筋的计算截面面积/mm^2									单根钢筋公称质量/(kg/m)
	1	2	3	4	5	6	7	8	9	
6	28. 3	57	85	113	142	170	198	226	255	0. 222
6. 5	33. 2	66	100	133	166	199	232	265	299	0. 260
8	50. 3	101	151	201	251	302	352	402	453	0. 395
10	78. 5	157	236	314	393	471	550	628	707	0. 617
12	113. 1	226	339	452	565	679	792	904	1 017	0. 888
14	153. 9	308	462	616	770	924	1 078	1 232	1 385	1. 210
16	201. 1	402	603	804	1 005	1 206	1 407	1 608	1 809	1. 580
18	254. 5	509	763	1 018	1 272	1 527	1 781	2 036	2 290	2. 000
20	314. 2	628	942	1 257	1 571	1 885	2 199	2 513	2 827	2. 470
22	380. 1	760	1 140	1 521	1 901	2 281	2 661	3 041	3 421	2. 980
25	490. 9	982	1 473	1 964	2 454	2 945	3 436	3 927	4 418	3. 850
28	615. 8	1 232	1 847	2 463	3 079	3 695	4 310	4 926	5 542	4. 830
32	804. 2	1 609	2 413	3 217	4 021	4 826	5 630	6 434	7 238	6. 310
36	1 017. 9	2 036	3 054	4 072	5 089	6 107	7 125	8 143	9 161	7. 990
40	1 256. 6	2 513	3 770	5 027	6 283	7 540	8 796	10 053	11 310	9. 870
50	1 964. 0	3 928	5 892	7 856	9 820	11 784	13 748	15 712	17 676	15. 420

各种钢筋间距时每米板宽中的钢筋截面面积如表 15 所示。

表 15　各种钢筋间距时每米板宽中的钢筋截面面积

钢筋间距/mm	钢筋直径（mm）为下列数值时的钢筋截面面积/mm^2															
	6	6/8	8	8/10	10	10/12	12	12/14	14	14/16	16	16/18	18	20	22	25
70	404	561	718	920	1 122	1 369	1 616	1 907	2 199	2 536	2 872	2 354	3 635	4 488	5 430	7 012
75	377	524	670	859	1 047	1 278	1 508	1 780	2 053	2 367	2 681	3 037	3 393	4 189	5 068	6 545
80	353	491	628	805	982	1 198	1 414	1 669	1 924	2 218	2 513	2 847	3 181	3 927	4 752	6 136
85	333	462	591	758	924	1 127	1 331	1 571	1 811	2 088	2 365	2 680	2 994	3 696	4 472	5 775
90	314	436	559	716	873	1 065	1 257	1 484	1 710	1 972	2 234	2 531	2 827	3 491	4 224	5 454
95	298	413	529	678	827	1 009	1 190	1 405	1 620	1 886	2 116	2 398	2 679	3 307	4 001	5 167
100	283	393	503	644	785	958	1 131	1 335	1 539	1 775	2 011	2 278	2 545	3 142	3 801	4 909
110	257	357	457	585	714	871	1 028	1 214	1 399	1 614	1 828	2 071	2 313	2 856	3 456	4 462
120	236	327	419	537	654	798	942	1 113	1 283	1 480	1 676	1 899	2 121	2 618	3 168	4 091
125	226	314	402	515	628	767	905	1 068	1 232	1 420	1 608	1 822	2 036	2 513	3 041	3 927
130	217	302	387	495	604	737	870	1 027	1 184	1 366	1 547	1 752	1 957	2 417	2 924	3 776
140	202	280	359	460	561	684	808	954	1 100	1 268	1 436	1 627	1 818	2 244	2 715	3 506
150	188	262	335	429	524	639	754	890	1 026	1 183	1 340	1 518	1 696	2 094	2 534	3 272

续表

钢筋间距/mm	钢筋直径（mm）为下列数值时的钢筋截面面积/mm²															
	6	6/8	8	8/10	10	10/12	12	12/14	14	14/16	16	16/18	18	20	22	25
160	177	245	314	403	491	599	707	834	962	1 110	1 257	1 424	1 590	1 963	2 376	3 068
170	166	231	296	379	462	564	665	785	906	1 044	1 183	1 340	1 497	1 848	2 236	2 887
180	157	218	279	358	436	532	628	742	855	985	1 117	1 266	1 414	1 745	2 112	2 727
190	149	207	265	339	413	504	595	703	810	934	1 058	1 199	1 339	1 653	2 001	2 584
200	141	196	251	322	393	479	565	668	770	888	1 005	1 139	1 272	1 571	1 901	2 454
220	129	178	228	293	357	436	514	607	700	807	914	1 036	1 157	1 428	1 728	2 231
240	118	164	209	268	327	399	471	556	641	740	838	949	1 060	1 309	1 584	2 045
250	113	157	201	258	314	383	452	534	616	710	804	911	1 018	1 257	1 521	1 963
260	109	151	193	248	302	369	435	514	592	682	773	858	979	1 208	1 462	1 888
280	101	140	180	230	280	342	404	477	550	634	718	814	909	1 122	1 358	1 753
300	94	131	168	215	262	319	377	445	513	592	670	759	848	1 047	1 267	1 636
320	88	123	157	201	245	299	353	417	481	554	630	713	795	982	1 188	1 534
330	86	119	152	195	238	290	343	405	466	538	609	690	771	952	1 152	1 487

注：表中钢筋直径有写成分式者，如6/8，指直径6 mm、8 mm钢筋间隔配置。

预应力混凝土用钢绞线的公称直径、公称截面面积和公称质量表如表16所示。

表16 预应力混凝土用钢绞线的公称直径、公称截面面积和公称质量表

种 类	公称直径/mm	公称截面面积/mm²	公称质量/(kg/m)
1×2	5.0	9.8	0.077
	5.8	13.2	0.104
	8.0	25.1	0.197
	10.0	39.3	0.309
	12.0	56.5	0.444
1×3	6.2	19.8	0.155
	6.5	21.2	0.166
	8.6	37.7	0.296
	8.74	38.6	0.303
	11.2	58.9	0.462
	12.9	84.8	0.666
1×3I	8.74	38.6	0.303
1×7	9.5	54.8	0.430
	11.1	74.2	0.582
	12.7	98.7	0.775
	15.2	140.0	1.101
	15.7	150.0	1.178
	17.8	191.0	1.500
(1×7) C	12.7	112.0	0.890
	15.2	165.0	1.295
	18.0	223.0	1.750

预应力混凝土用钢丝的公称直径、公称截面面积和公称质量表如表17所示。

表17　预应力混凝土用钢丝的公称直径、公称截面面积和公称质量表

公称直径/mm	公称截面面积/mm^2	公称质量/(kg/m)
4.0	12.57	0.099
4.8	18.10	0.142
5.0	19.63	0.154
6.0	28.27	0.222
6.25	30.68	0.241
7.0	38.48	0.302
8.0	50.26	0.394
9.0	63.62	0.490
10.0	78.54	0.616
12.0	113.10	0.888

预应力混凝土用螺旋槽、螺旋肋钢棒的公称直径、公称截面面积和公称质量表如表18所示。

表18　预应力混凝土用螺旋槽、螺旋肋钢棒的公称直径、公称截面面积和公称质量表

公称直径/mm	不同根数钢棒的公称截面面积/mm^2									单根钢筋公称质量/(kg/m)
	1	2	3	4	5	6	7	8	9	
6	28.3	57	85	113	142	170	198	226	255	0.222
7	38.5	77	116	154	193	231	270	308	347	0.302
7.1	40.0	80	120	160	200	240	280	320	360	0.314
8	50.3	101	151	201	251	302	352	402	453	0.395
9	64.0	128	192	256	320	384	448	512	576	0.502
10	78.5	157	236	314	393	471	550	628	707	0.617
10.7	90.0	180	270	360	450	540	630	720	810	0.707
12	113.1	226	339	452	565	679	792	904	1 017	0.888
12.6	125.0	250	375	500	625	750	875	1 000	1 125	0.981
14	153.9	308	462	616	770	924	1078	1232	1 385	1.210

预应力混凝土用螺纹钢筋的公称直径、公称截面面积和公称质量表如表19所示。

表 19　预应力混凝土用螺纹钢筋的公称直径、公称截面面积和公称质量表

公称直径/mm	公称截面面积/mm²	公称质量/(kg/m)
18	254. 5	2. 11
25	490. 9	4. 10
32	804. 2	6. 65
40	1 256. 6	10. 34
50	1963. 5	16. 28

附录 6　一般构造规定

1. 混凝土保护层的最小厚度

混凝土保护层的最小厚度（从钢筋外边缘算起）不应小于钢筋直径和表 20 中所列的数值，同时也不宜小于粗骨料最大粒径的 1. 25 倍。表中环境类别具体划分见附录 3。

表 20　混凝土保护层的最小厚度　　单位：mm

项　次	构件类别	环境件类别				
		一	二	三	四	五
1	板、墙	20	25	30	45	50
2	梁、柱、墩	30	35	45	55	60
3	截面厚度不小于 2. 5m 的底板及墩墙	—	40	50	60	65

注：1. 直接与地基接触的结构底层钢筋或无检修条件的结构，其保护层的厚度应适当增大。
2. 有抗冲耐磨要求的结构面层钢筋，其保护层的厚度应适当增大。
3. 混凝土强度等级不低于 C30 且浇筑质量有保证的预制构件或薄板，保护层的厚度可按表中数值减小 5 mm。
4. 钢筋表面涂塑或结构外表面敷设永久性涂料或面层时，保护层的厚度可适当减小。
5. 钢筋端头的保护层不应小于 15 mm。
6. 严寒和寒冷地区受冻的部位，其保护层的厚度还应符合《水工建筑物抗冰冻设计规范》(SL 211—2006)的规定。

2. 钢筋的最小锚固长度

在支座锚固的纵向受位钢筋，当计算中充分利用其强度时，伸入支座的锚固长度不应小于表 21 中规定的数值。纵向受压钢筋的锚固长度不应小于表中所列数值的 0. 7 倍。

表 21　受拉钢筋的最小锚固长度 l_a

钢筋类型	混凝土强度等级					
	C15	C20	C25	C30	C35	≥C40
HPB235 级	40d	35d	30d	25d	25d	20d
HRB335 级	—	40d	35d	30d	30d	25d
HRB400 级、RRB400 级	—	50d	40d	35d	35d	30d

注：1. d 为钢筋的直径。

2. HPB235 级钢筋的 l_a 值不包括端部弯钩长度。

3. 当 HRB335 级、HRB400 级和 RRB400 级钢筋的直径大于 25 mm 时，其 l_a 应乘以修正系数 1.1。

4. HRB335 级、HRB400 级和 RRB400 级的环氧树脂涂层钢筋，其 l_a 应乘以修正系数 1.25。

5. 当钢筋混凝土在施工过程中易受扰动（如滑模施工）时，其 l_a 应乘以修正系数 1.1。

6. 当 HRB335 级、HRB400 级和 RRB400 级钢筋在锚固区的间距大于 180 mm，混凝土保护层的厚度大于钢筋直径的 3 倍或大于 80 mm 且配有箍筋时，其 l_a 可乘以修正系数 0.8。

7. 除构造需要的锚固长度以外，当受力钢筋的实际配筋截面面积大于其设计计算面积时，如有充分的依据和可靠的措施，其最小锚固长度可乘以设计计算面积与实际配筋截面面积的比值。但对有抗震设防要求和直接承受动力荷载的结构构件，不应采用此项修正。

8. 构件顶层水平钢筋（其下浇筑的新混凝土的厚度大于 1 m 时）的 l_a 宜乘以修正系数 1.2。

9. 经上述修正后的最小锚固长度不应小于表中所列数值的 0.7 倍，且不应小于 250 mm。

3. 钢筋混凝土构件的纵向受力钢筋的配筋率

钢筋混凝土构件的纵向受力钢筋的配筋率不应小于表 22 中规定的数值。

表 22　钢筋混凝土构件纵向受力钢筋的最小配筋率 ρ_{min}

项次	分类		钢筋等级		
			HPB235 级	HRB335 级	HRB400 级、RRB400 级
1	受弯构件、偏心受拉构件的受拉钢筋	梁	0.25%	0.20%	0.20%
		板	0.20%	0.15%	0.15%
2	轴心受压柱的全部纵向钢筋		0.60%	0.60%	0.55%
3	偏心受压构件的受拉或受压钢筋	柱、拱	0.25%	0.20%	0.20%
		墩墙	0.20%	0.15%	0.15%

注：1. 项次 1、3 中相应的配筋率是指钢筋截面面积与构件肋宽乘以有效高度的混凝土截面面积的比值，即 $\rho=\frac{A_s}{bh_0}$ 或 $\rho'=\frac{A'_s}{bh_0}$；项次 2 中相应的配筋率是指全部纵向钢筋截面面积与柱截面面积的比值。

2. 当温度、收缩等因素对结构产生的影响较大时，纵向受拉钢筋的最小配筋率应适当增大。

3. 当结构有抗震设防要求时，钢筋混凝土框架结构构件的最小配筋率应按相应抗震要求取值。

附录7　构件抗裂、裂缝宽度、挠度验算中的有关限值及系数值

1. 构件裂缝宽度允许值

需要进行裂缝宽度验算的钢筋混凝土结构构件，其最大裂缝宽度计算值不应超过表23中所规定的允许值。表中环境类别具体划分见附录3。

表23　钢筋混凝土结构构件最大裂缝宽度限值　　单位：mm

环境类别	一	二	三	四	五
最大裂缝宽度限值	0.40	0.30	0.25	0.20	0.15

注：1. 表中的规定适用于采用热轧钢筋的钢筋混凝土结构，当采用其他类别的钢筋时，其裂缝控制要求可按专门标准确定。
2. 当结构构件的混凝土保护层厚度大于50 mm时，表中裂缝宽度限值可增加0.05。
3. 当结构构件不具备检修维护条件时，表中最大裂缝宽度限值宜适当减小。
4. 当结构构件承受水压且水力梯度 $i>20$ 时，表中最大裂缝宽度限值宜减小0.05。水力梯度是指作用水头与该处结构厚度之比。
5. 当结构构件表面设有专门可靠的防渗面层等防护措施时，最大裂缝宽度限值可适当加大。
6. 对严寒地区，当年冻融循环次数大于100时，表中最大裂缝宽度限值宜适当减小。

需要进行抗裂和裂缝宽度验算的预应力混凝土构件，其裂缝控制等级和正截面抗裂拉应力限制系数应按表24选用；最大裂缝宽度计算值不应超过表24中所列的限值。

表24　预应力混凝土构件裂缝控制等级、混凝土拉应力限制系数和最大裂缝宽度限值

环境类别	一	二	三、四、五
裂缝控制等级	三级	二级	一级
最大裂缝宽度限值或拉应力限制系数 α_{ct}/mm	0.20	0.7	0

注：表中的规定适用于采用预应力钢丝、钢绞线、螺纹钢筋和钢棒的预应力混凝土结构，当采用其他类别的钢筋时，其裂缝控制要求可按专门标准确定。

2. 构件挠度限值

需要进行挠度验算的受弯构件，其最大挠度计算值不应超过表25中所规定的限值。

表25　受弯构件的挠度限值

项　次	构件类别		挠度限值
1	吊车梁	手动吊车	$l_0/500$
		电动吊车	$l_0/600$

续表

项　次	构件类别		挠度限值
2	渡槽槽身、架空管道	$l_0 \leqslant 10$ m	$l_0/400$
		$l_0 > 10$ m	$l_0/500$（$l_0/600$）
3	工作桥及启闭机下大梁		$l_0/400$（$l_0/500$）
4	屋盖、楼盖	$l_0 < 6$ m	$l_0/200$（$l_0/250$）
		6 m$\leqslant l_0 \leqslant$12 m	$l_0/300$（$l_0/350$）
		$l_0 > 12$ m	$l_0/400$（$l_0/450$）

注：1. l_0 为构件的计算跨度。

2. 括号内的数字适用于使用上对挠度有较高要求的构件。

3. 如果构件制作时预先起拱，则在验算最大挠度值时，可以将计算所得的挠度减去起拱值；对预应力混凝土构件尚可减去预加应力所产生的反拱值。

4. 悬臂构件的挠度限值按表中相应数值乘 2 取用。

3. 截面抵抗矩塑性系数

矩形、T 形、工形等截面抵抗矩的塑性系数 γ_m 值如表 26 所示。

表 26　截面抵抗矩的塑性秒数 γ_m 值表

项次	截面特征		γ_m	截面图形
1	矩形截面		1.55	
2	翼缘位于受压区的 T 形截面		1.50	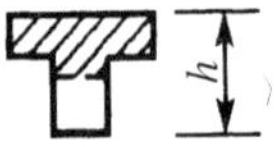
3	对称工形或箱形截面	$b_f/b \leqslant 2$，h_f/h 为任意值	1.45	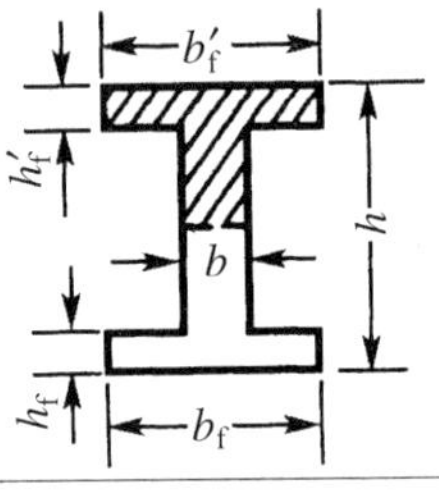
		$b_f/b > 2$，$h_f/h \geqslant 0.2$	1.40	
		$b_f/b > 2$，$h_f/h < 0.2$	1.35	
4	翼缘位于受拉区的 T 形截面	$b_f/b \leqslant 2$，h_f/h 为任意值	1.50	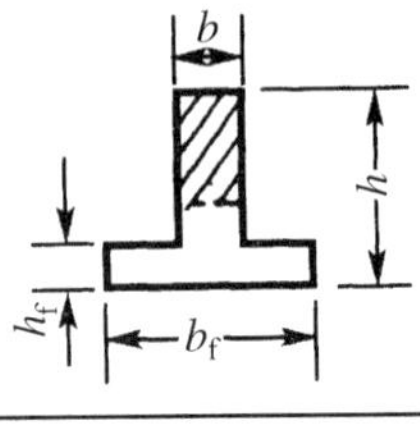
		$b_f/b > 2$，$h_f/h \geqslant 0.2$	1.55	
		$b_f/b > 2$，$h_f/h < 0.2$	1.40	

续表

项次	截面特征	γ_m	截面图形
5	圆形和环形截面	$1.6-0.24d_1/d$	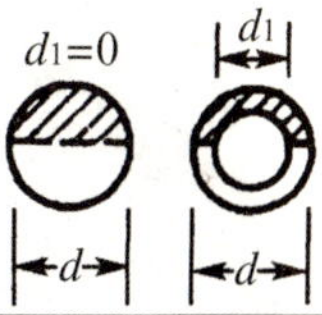
6	U 形截面	1.35	

注：1. 对 $b_f'>b_f$ 的工形截面，可按项次 2 与项次 3 之间的数值采用；对 $b_f'<b_f$ 的工形截面，可按项次 3 与项次 4 之间的数值采用。

2. 根据 h 值的不同，表内数值尚应乘以修正系数 $0.7+300/h$，其值应不大于 1.1，其中，h 以 mm 计。当 $h>3\ 000$ mm 时，取 $h=3\ 000$ mm。对圆形和环形截面，h 即外径 d。

3. 对于箱形截面，表中 b 值是指各肋宽度的总和。